MATHÉMATIQUES

&

APPLICATIONS

Directeurs de la collection:
G. Allaire et M. Benaïm

48

Antoine Henrot
Michel Pierre

Variation et optimisation de formes

Une analyse géométrique

Avec 29 figures

 Springer

Antoine Henrot

École des Mines de Nancy-INPL
Institut Élie Cartan Nancy
Université Henri Poincaré
B.P. 239, 54506 Vandœuvre-lès-Nancy Cedex, France
antoine.henrot@iecn.u-nancy.fr

Michel Pierre

École Normale Supérieure de Cachan, Antenne de Bretagne
et Institut de Recherche Mathématique de Rennes
Antenne de Bretagne de l'ENS Cachan
Campus de Ker Lann
35170 Bruz, France
michel.pierre@bretagne.ens-cachan.fr

Library of Congress Control Number: 2005927230

Mathematics Subject Classification (2000): 49Q10, 49Q05, 49Q12,49K20, 49K40, 53A10, 35R35, 58E25, 31B15, 65K10, 93B29, 74P20, 74P15, 74G65, 76M30

ISSN 1154-483X
ISBN-10 3-540-26211-3 Springer Berlin Heidelberg New York
ISBN-13 978-3-540-26211-4 Springer Berlin Heidelberg New York

Springer est membre du Springer Science+Business Media
© Springer-Verlag Berlin Heidelberg 2005
springeronline.com
Imprimé en Allemagne

Imprimé sur papier non acide   41/3142/YL - 5 4 3 2 1 0 -

A Isabelle et Martine
avec notre tendre reconnaissance
pour leurs encouragements
...et pour leur patience

Préface

Ce livre a germé lors de cours de DEA professés dans les universités de Nancy, Besançon et Rennes. Le but de ces cours était une initiation aux approches modernes de l'optimisation de formes, s'appuyant seulement sur un niveau de connaissance de première année de Master de mathématiques, mais permettant déjà d'aborder les questions ouvertes de ce domaine de recherche en pleine effervescence. Le livre a gardé cette orientation initiale en s'étoffant substantiellement dans certaines directions, mais avec ce même souci d'y rassembler et développer les outils mathématiques nécessaires à la lecture plutôt que de renvoyer sans cesse à la littérature.

Nous avons, par exemple, présenté l'essentiel de ce qu'il est utile de connaître sur la capacité classique associée à l'espace d'énergie H^1. Nous avons largement détaillé le cas particulier d'optimisation de forme associée au problème de Dirichlet: ceci constitue un modèle simple, mais significatif des questions d'actualité qui font généralement intervenir des systèmes d'équations aux dérivées partielles plus élaborés. On y constate qu'avant d'aborder l'optimisation proprement dite de forme, il est nécessaire d'avoir compris le comportement du modèle sous l'action de *variations* de ces formes: ceci explique l'apparition conjuguée des deux termes dans le titre du livre.

Dans le même esprit, nous avons aussi consacré un chapitre à la dérivation par rapport à la forme, sujet difficile, très vite technique, mais indispensable. Nous avons visé une présentation rigoureuse avec cependant le souci de l'efficacité dans les calculs (deux aspects un peu antagonistes).

Par ailleurs, nous avons présenté ce qui concerne les diverses topologies sur les ouverts de $\mathbb{R}^N$ les plus fréquemment utilisées en visant à offrir une sorte de "FAQ" sur le sujet.

Les deux derniers chapitres sont de nature un peu différente. L'un concerne l'étude des propriétés géométriques des formes optimales: nous avons choisi de la présenter à l'aide d'exemples en privilégiant la variété des approches possibles. L'autre, le dernier, doit être compris comme une sensibilisation à des approches tout à fait différentes de l'optimisation de formes, d'impact récent majeur, et encore en pleine évolution.

Enfin, nous avons tenu à insérer une petite note bibliographique en bas de page à chaque première fois où le nom d'un mathématicien (non contemporain) est cité. Nous nous sommes inspirés pour cela, entre autres, de l'excellent livre de B. Hauchecorne et D. Suratteau [143] et du très riche site http://www-gap.dcs.st-and.ac.uk/ history/Mathematicians/

Nancy et Bruz
le 17 février 2005

Antoine Henrot
Michel Pierre

Ecole des Mines de Nancy
et Institut Elie Cartan
Antenne de Bretagne de
l'Ecole Normale Supérieure de Cachan
et Institut de Recherche Mathématique de Rennes

Table des matières

1

Introduction, Exemples

1.1 Introduction

Optimiser la forme d'un objet afin de le rendre le plus efficace possible ou le plus résistant ou le plus aérodynamique ou le plus harmonieux ou le plus léger ou le plus silencieux ou le plus furtif ou le plus proche d'un idéal visé...ou le moins cher possible, c'est clairement une activité très ancienne. Mais l'avènement des ordinateurs et l'explosion récente de la modélisation et du calcul scientifique ont considérablement renouvelé le sujet en posant toutes sortes de nouvelles questions et ont réactivé ce domaine de recherche mathématique identifié sous le nom d'*optimisation de forme*.

On cherche à y trouver des maxima ou des minima de fonctions, c'est-à-dire à y résoudre et analyser des problèmes du type : trouver Ω^* solution de

$$\Omega^* \in \mathcal{O}, \quad F(\Omega^*) = \min_{\Omega \in \mathcal{O}} F(\Omega) \qquad (1.1)$$

où $\mathcal{O}$ est un ensemble de parties de $\mathbb{R}^N$, dites domaines ou formes *admissibles*, et F est une fonctionnelle définie sur $\mathcal{O}$ à valeurs dans $\mathbb{R}$, dite *fonctionnelle de forme*.

Les questions mathématiques associées à (1.1) sont nombreuses et variées
- Existence d'une solution et, pour ce faire, l'étude de la dépendance de la fonction $F(\Omega)$ par rapport aux domaines Ω, le contrôle de la variation de $F(\cdot)$, ou de fonctions intermédiaires, par rapport aux formes Ω, les propriétés de compacité de la famille des formes admissibles,...
- Obtention de conditions nécessaires (et parfois suffisantes) d'optimalité, soit du premier ordre (dérivée première nulle), soit du second ordre (dérivée seconde positive), les dérivations étant à prendre par rapport à la forme qui est ici la variable.
- Les propriétés qualitatives et géométriques des éventuelles solutions : connexité, convexité, symétries, régularité ou singularités des domaines.

– Le calcul effectif des formes optimales.

Dans ce livre, nous allons aborder ces différents points, sauf les questions spécifiques de calcul numérique des solutions, d'autres livres, e.g. [218] ou [140], y étant presque entièrement consacrés.

Nous donnons tout d'abord, dans ce premier chapitre, quelques exemples significatifs de problèmes d'optimisation de forme. Les premiers seront plutôt académiques et les suivants plus orientés vers des situations concrètes avec de possibles applications industrielles. Ils sont seulement illustratifs; beaucoup d'autres exemples peuvent être trouvés dans la littérature (par exemple celle citée plus loin).

Le deuxième chapitre est consacré à l'étude de différentes topologies sur les parties de $\mathbb{R}^N$. En effet, les preuves mathématiques d'existence de solutions pour des problèmes d'optimisation passent presque toujours par l'introduction de topologies adéquates combinée avec des arguments de compacité et de continuité. Ensuite, le chapitre 3 est naturellement consacré à l'étude de la continuité par rapport au domaine de la solution d'un problème aux limites, solution qui intervient bien souvent dans l'expression de la fonctionnelle qu'on cherche à minimiser comme on va le voir dans les exemples ci-dessous. Nous nous concentrons, en particulier, sur le cas modèle du problème de Dirichlet et nous y rappelons tout ce qui est nécessaire sur la capacité classique associée à l'espace H^1. Le chapitre 4 présente diverses approches pour prouver l'existence d'une *solution classique* pour un problème d'optimisation de forme. Ce type de problème étant *génériquement mal posé*, pour pouvoir prouver l'existence d'une solution, on est souvent amené, soit à restreindre l'ensemble des parties admissibles par des contraintes géométriques, soit au contraire à élargir l'ensemble des parties admissibles en autorisant des *solutions relaxées*: ceci est évoqué au chapitre 7. Auparavant, le chapitre 5 est consacré à l'obtention des conditions d'optimalité du premier et du second ordre et développe la notion de dérivée par rapport à une forme. Quant au chapitre 6, il est consacré à l'étude des propriétés géométriques de la solution d'un problème d'optimisation de forme : éventuelles symétries, convexité, caractère étoilé, connexité.

Plusieurs livres sur l'optimisation de forme sont parus ces dernières années: Pironneau 1984 [218] qui fait un tour assez général du sujet, Banichuk 1990, [28] sur l'optimisation de structures, Sokolowski-Zolésio 1992, [242] assez général, qui, entre autres, décrit la manière d'obtenir des conditions d'optimalité, Bendsoe 1995 [31], plus spécifiquement consacré à l'optimisation de structures (indiquons d'ailleurs qu'il existe davantage d'ouvrages sur l'optimisation de structures écrits par des mécaniciens, nous renvoyons à [12] pour une bibliographie beaucoup plus complète), Haslinger-Neittaanmäki 1996, [140] sur des questions numériques et en particulier l'approche par éléments finis, Kawohl-Pironneau-Tartar-Zolésio 2000, [180] compte-rendu d'une série de cours présentant des avancées récentes dans le domaine, Delfour-Zolésio 2001, [110] avec une approche plus géométrie différentielle et une utilisation approfondie de la fonction distance orientée, Allaire 2002, [12] très complet sur l'optimisation topologique par la méthode de l'homogénéisation, Tartar 2000,[248] qui rassemble les idées fondatrices de l'auteur sur l'homogénéisation, Bucur-Buttazzo 2002, [53] plutôt orienté vers la question de l'existence de solutions et les outils capacitaires, Bendsoe-Sigmund 2003, [34] également consacré à l'optimisation topologique, Laporte-Le Tallec 2003, [190] faisant le point sur un certain nombre de méthodes numériques en optimisation de forme, Haslinger-Mäkinen 2003, [139] avec un point de vue assez appliqué. Rappelons l'important travail [205], [206] de Murat-Simon, publié seulement en interne, sur la dérivation de forme. Signalons aussi un cours de troisième année de l'Ecole Polytechnique, *Conception optimale de structures*, dû à Grégoire Allaire, qui peut faire une excellente introduction au sujet. Citons enfin un article de synthèse récent, dans la série *Le point sur...* des CRAS Mécanique, [16]. Bien sûr, de nombreux articles spécifiques du sujet seront cités aux endroits appropriés dans ce livre.

1.2 Quelques exemples académiques

1.2.1 Problèmes isopérimétriques

Ces questions remontent à l'Antiquité. Un exemple classique est le suivant: on dispose d'une clôture de longueur prédéterminée et on veut trouver la forme du champ le plus grand possible qui puisse être entouré par cette clôture. Les Grecs savaient déjà que la réponse à ce problème isopérimétrique est un disque. La traduction mathématique en est l'inégalité isopérimétrique: si Ω est un domaine du plan d'aire finie $|\Omega|$ et de périmètre $P(\Omega)$, on a

$$|\Omega| \leq \frac{1}{4\pi} P(\Omega)^2, \tag{1.2}$$

avec égalité uniquement pour le disque. Le nom de "problème de la reine Didon" est souvent associé à une variante du problème précédent: celle où le domaine cherché Ω a déjà une partie de son bord imposée. En effet, on peut lire dans *l'Enéide* de Virgile que la reine Didon, après s'être enfuie de Tyr, débarque sur les lieux de la future Carthage. Le maître des lieux accepte tout au plus de lui accorder un territoire qu'elle puisse délimiter par une peau de bœuf. Découpant la peau en une fine lanière, la reine Didon choisit alors de dessiner un territoire s'appuyant sur la côte et dont la frontière libre (matérialisée par la lanière) est un arc de cercle qui fournit effectivement un domaine avec la plus grande surface possible et, par là, une solution à ce problème isopérimétrique.

L'analogue de l'inégalité isopérimétrique en dimension N quelconque, s'écrit:

$$|\Omega|^{N-1} \leq \frac{1}{N^N V_N} P(\Omega)^N. \tag{1.3}$$

où, cette fois, le périmètre $P(\Omega)$ correspond à la surface du bord ou "surface latérale" du domaine N−dimensionnel Ω, $|\Omega|$ est son volume et V_N est le volume de la boule unité; de plus, l'égalité a lieu si et seulement si Ω est une boule. Il a fallu attendre le 19ème siècle pour voir une démonstration mathématique de (1.2). J. Steiner[1], voir [244], en a donné plusieurs preuves très élégantes en présupposant l'existence d'un domaine réalisant le minimum. Sa démonstration a été complétée par la suite par C. Carathéodory[2]. L'inégalité isopérimétrique en dimension 3 est due à H.A. Schwarz[3], cf [236] et le cas général (1.3) semble dû à E. Schmidt[4] in [232]. Par la suite, d'autres preuves apparurent, nous renvoyons à [36], [38] ou [212]. Citons par exemple une preuve élémentaire de (1.2) utilisant les séries de Fourier[5], dans [36]. Plusieurs des données historiques ci-dessus sont tirées de [27]. On renvoie aussi à l'article détaillé et intéressant de R. Osserman [212] et au livre de F. Morgan [201] pour d'autres références sur l'inégalité isopérimétrique.

De la même façon, on peut considérer le problème où on inverse le rôle joué par le volume $|\Omega|$ et la surface du bord (ou périmètre) $P(\Omega)$:

$$\min\{P(\Omega),\ \Omega \text{ domaine borné } de\ \mathbb{R}^N,\ |\Omega| = S_0\}. \qquad (1.4)$$

Là encore la solution est la boule, toujours en vertu de l'inégalité isopérimétrique (1.2) ou (1.3). Remarquons que, si ces questions isopérimétriques s'énoncent et se conçoivent facilement, les preuves sont le plus souvent très ardues et certains problèmes restent encore à l'heure actuelle ouverts. Par exemple, si on se pose la question de déterminer la surface dans $\mathbb{R}^3$ d'aire minimale qui englobe un domaine Ω doublement connexe de volumes v_1 et v_2 donnés

---

[1] Jacob STEINER, 1796-1863, suisse, fut professeur à Berlin, on a dit de lui qu'il était le plus grand géomètre depuis le grec Appolonius. On le retrouvera au chapitre 6 avec la symétrisation de Steiner.

[2] Constantin CARATHÉODORY, 1873-1950, allemand d'origine grecque, contributions en théorie de la mesure, calcul des variations et applications conformes.

[3] Hermann Amandus SCHWARZ, 1843-1921, allemand, élève de Weierstrass, professeur à Göttingen et Berlin. Ses travaux portent sur les fonctions analytiques, les équations aux dérivées partielles et la théorie du potentiel. Il est connu pour l'inégalité de Cauchy-Schwarz ainsi que pour le théorème de Schwarz établissant l'égalité des dérivées secondes croisées.

[4] Erhard SCHMIDT, 1876-1959, allemand, professeur à Berlin. Travaux en Analyse fonctionnelle, espaces de Hilbert (on lui doit le célèbre procédé d'orthonormalisation de Schmidt) et équations intégrales.

[5] Joseph FOURIER, 1768-1830, enseignant à l'Ecole Polytechnique dès 1794, Préfet de l'Isère, puis du Rhône, élu en 1816 à l'Académie des Sciences dont il devient bientôt le secrétaire perpétuel, puis à l'Académie française. On lui doit (entre autres) la modélisation mathématique de la conduction de la chaleur, avec son célèbre mémoire sur la théorie analytique de la chaleur et l'introduction des séries trigonométriques - qui portent son nom -. Bien que longtemps négligé par la communauté mathématique, il est sans doute l'un des mathématiciens les plus cités de nos jours, voir [175].

(i.e. Ω a deux composantes connexes qui ont pour volume respectif v_1 et v_2), la question est encore ouverte et ce n'est qu'en 1995 que J. Hass, M. Hutchings et R. Schlafly, cf [141] et [142] ont résolu le cas particulier $v_1 = v_2$ en prouvant que la solution est donnée par deux morceaux de sphère séparés par un disque. Notons que cette question est très fortement liée aux problèmes de surface minimale et de bulles de savon (voir ci-dessous). En effet la surface d'un film de savon est d'aire minimale, pour le volume d'air qu'elle contient, car la bulle cherche à minimiser son énergie élastique qui est proportionnelle à cette aire. Une généralisation de ces questions est évoquée ci-dessous: c'est le cas des surfaces capillaires.

Dans les exemples qui précèdent, prouver l'existence d'une solution n'est pas toujours facile, voir par exemple l'article de F. Almgren et J. Taylor dans [18] pour le problème de la double bulle où ils utilisent des outils de théorie géométrique de la mesure. Le chapitre 4 de ce livre est consacré à la question de l'existence d'une solution, y compris pour des problèmes d'optimisation de forme liés aux équations aux dérivées partielles. Notons que dans les problèmes ci-dessus, il n'y a pas exactement unicité de la solution mais seulement unicité à un déplacement près.

1.2.2 Surfaces minimales et surfaces capillaires

Le problème des surfaces minimales, qui correspond au problème des surfaces d'équilibre prises par les bulles ou films de savon, est illustré dans la section mathématique de nombreux musées des sciences de par le monde. On se donne un cadre filiforme rigide (non planaire en général) et on le plonge dans un bain d'eau savonneuse. La question est de déterminer la forme du film de savon qui se formera quand on remontera le cadre. Mathématiquement, cela revient à se donner une courbe gauche γ de $\mathbb{R}^3$ et l'on peut démontrer (principe de moindre énergie) que la forme prise par le film de savon correspond à une surface S s'appuyant sur γ et qui soit d'aire minimale. On est donc en présence d'un problème d'optimisation de forme:

$$|S^*| = \min\{|S|, \ S \text{ surface de bord } \gamma\},$$

où $|S|$ désigne l'aire de la surface S; on dit que S^* est la *surface minimale* associée à γ. Nous démontrerons, dans un chapitre ultérieur, qu'une des caractéristiques des surfaces minimales est que leur courbure moyenne est nulle en tout point (en dehors de γ).

Le problème des surfaces capillaires en est une généralisation. On considère un récipient dans lequel on met un liquide. Ce liquide adhère à la paroi par capillarité et la question est de trouver la forme prise par l'interface liquide-air (ou surface "libre" du liquide). Pour de plus amples développements de cette question, nous renvoyons, par exemple, au livre de R. Finn, [117]. Mathématiquement, la donnée est un ouvert borné, à frontière régulière D de $\mathbb{R}^3$ correspondant à l'intérieur du récipient, ainsi que le volume de liquide V_0. Si on note Ω l'espace occupé par le liquide, l'énergie totale du système récipient plus liquide est somme, d'une part de l'énergie de tension superficielle qui s'écrit

$$E_1(\Omega) := \text{Aire}(\partial\Omega \cap D) + \cos\gamma\,\text{Aire}(\partial\Omega \cap \partial D)$$

et d'autre part de l'énergie potentielle de gravité

$$E_2(\Omega) := -\int_\Omega K(x)\,dx$$

où γ est un angle donné et K une fonction bornée tous deux caractéristiques du liquide ainsi que de la paroi du récipient.

Le principe de moindre énergie indique que la forme Ω cherchée sera celle qui minimise l'énergie totale. On est donc conduit au problème d'optimisation de forme

$$\min\{E_1(\Omega) + E_2(\Omega),\ \Omega \subset D, |\Omega| = V_0\}.$$

A l'aide des outils du chapitre 5, on peut montrer que la solution du problème a une courbure moyenne égale à K partout sur sa surface libre ($\partial\Omega \cap D$) et que celle-ci fait un angle θ avec la paroi du récipient.

1.2.3 Problèmes de valeurs propres

A priori, on peut se poser un problème d'optimisation de forme pour toute fonctionnelle qui dépend de la forme du domaine. Un autre exemple qui a beaucoup intéressé (et qui continue à intéresser) les mathématiciens est celui des valeurs propres de l'opérateur Laplacien [6] avec différents types de conditions au bord. Faisons un rapide point sur la question qui sera de nouveau abordée lors des chapitres 4, 5 et 6. Nous renvoyons également à [156], [157] pour un point plus détaillé et de nombreuses références.

Valeurs propres du Laplacien avec condition de Dirichlet

Minimiser les valeurs propres du Laplacien avec condition de Dirichlet [7] est une longue histoire puisqu'elle remonte au grand physicien anglais Lord Rayleigh [8] qui conjectura dans son très classique ouvrage "The theory of sound"

---

[6] Pierre Simon, marquis de LAPLACE, 1749-1827, grand astronome et mathématicien français; a fait considérablement progressé la théorie de la gravitation, la mécanique céleste et les mathématiques associées comme les équations différentielles et aux dérivées partielles. On lui doit aussi des contributions remarquables en théorie des probabilités.

[7] Peter Gustav LEJEUNE-DIRICHLET, 1805-1859, allemand, professeur dans les universités de Breslau, Berlin, Göttingen. Contributions en théorie des nombres, sur les séries de Fourier...et au problème de Dirichlet.

[8] John RAYLEIGH, 1842-1919, anglais, il était davantage physicien que mathématicien. Ses travaux portèrent sur l'acoustique, l'optique et la propagation des ondes dans les fluides. Ils furent couronnés par l'attribution du prix Nobel de physique en 1904.

(datant de 1894) que la première valeur propre du Laplacien-Dirichlet devait être minimum, parmi les domaines plans de surface donnée, pour le disque. Il fallut attendre 1923-1924 pour que, simultanément G. Faber [9], dans [115] et E. Krahn [10], dans [186] et [187] prouvent cette conjecture grâce à un argument de symétrisation. Cette preuve, désormais classique, est présentée au théorème 6.1.9 du chapitre 6. Le cas de la deuxième valeur propre du Laplacien-Dirichlet s'en déduit assez aisément comme le remarqua E. Krahn, dans [187] (notons que cette remarque passa inaperçue, si bien que la preuve du fait que le minimum de λ_2 est atteint pour la réunion de deux boules identiques est souvent attribuée à G. Szegö [11] comme le remarque G. Pólya [12] dans [220]). La preuve est elle aussi présentée au chapitre 6.

FIG. 1.1 –. *Le disque minimise λ_1 (à gauche); deux disques identiques minimisent λ_2 (au centre); le "stade" ne minimise pas λ_2 parmi les ouverts convexes, mais presque! (à droite).*

Tout se complique à partir de la troisième valeur propre! Si l'existence d'un minimum pour λ_3 (toujours à volume fixé) est désormais connue, (voir Buttazzo-Dal Maso [63], Bucur-Henrot dans [56] et le chapitre 4), on ne sait pas pour quel domaine il est atteint. On conjecture néanmoins qu'il s'agit là encore de la boule en dimension 2 et 3 ou de la réunion de trois boules identiques en dimension $N \geq 4$. Wolff et Keller ont prouvé dans [253] que le disque est minimum local pour λ_3. Pour la quatrième valeur propre, il est probable que le minimum est atteint pour la réunion de deux boules (dont les rayons sont en rapport $\sqrt{\frac{j_{0,1}}{j_{1,1}}}$ en dimension 2, où $j_{0,1}$ et $j_{1,1}$ sont respectivement les

---

[9] Georg FABER, 1877-1966, allemand, professeur à Munich. A laissé son nom aux polynômes permettant de développer des fonctions analytiques dans des domaines du plan.

[10] Edgar KRAHN, 1894-1961, a joué un rôle important pour le développement des mathématiques en Estonie et a laissé des travaux en géométrie différentielle, probabilité, dynamique des gaz et élasticité.

[11] Gabor SZEGÖ, 1895-1985, hongrois, a enseigné en Allemagne, puis aux Etats-Unis; travaux sur les polynômes orthogonaux et les matrices de Toeplitz

[12] György POLYA, 1887-1985, d'origine hongroise, naturalisé américain, a enseigné à Zurich avant d'émigrer aux Etats-Unis; est connu pour ses travaux en théorie des nombres, analyse fonctionnelle et statistique.

premiers zéros positifs des fonctions de Bessel[13] J_0 et J_1), cf Figure 1.2. Au vu des précédents résultats, P. Szegö avait cru pouvoir conjecturer que le minimum pour n'importe quelle valeur propre du Laplacien-Dirichlet devait être atteint pour une boule ou une réunion de boules. Or cette conjecture s'avère fausse: Wolff et Keller ont remarqué que pour la treizième valeur propre, le carré est meilleur que n'importe quelle réunion de disques de même volume! Des essais numériques, cf [213] et Figure 1.2, suggèrent d'ailleurs que, dès la cinquième valeur propre, le minimum n'est plus à chercher parmi les boules ou réunions de boules. Parmi les rares résultats positifs dans ce contexte, citons encore celui d'Ashbaugh et Benguria qui résolvèrent ainsi une conjecture de Payne-Pólya-Weinberger: la boule réalise le minimum du quotient $\dfrac{\lambda_1}{\lambda_2}$, (cf [23]). La liste des problèmes ouverts est beaucoup plus impressionnante.

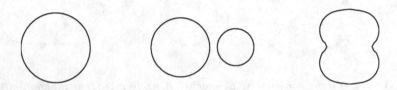

FIG. 1.2 —. *Le disque minimise probablement λ_3 (à gauche); deux disques qui minimisent probablement λ_4 (au centre); un domaine candidat pour minimiser λ_5 (à droite).*

Nous en énonçons quelques-uns ci-dessous; pour d'autres problèmes et une bibliographie complète, nous renvoyons à [22], [156], [215], [216], [233], [254], [255].

Problème ouvert 1. Prouver qu'il existe un minimum pour λ_n, parmi les ouverts de volume donné. Le théorème de Buttazzo-DalMaso, [63] qui sera démontré au chapitre 4 prouve ce résultat uniquement pour des quasi-ouverts **confinés** (c'est-à-dire inclus dans un ouvert borné fixe D). La technique de concentration-compacité utilisée dans [56] pour traiter le cas d'ouverts non confinés permet de prouver l'existence d'un minimum pour λ_n pourvu qu'on ait au préalable prouvé l'existence d'un minimum **borné** pour λ_k, $k = 1 \ldots n - 1$.

Problème ouvert 2. Soit D un ouvert fixé. D'après le théorème de Buttazzo-DalMaso (voir théorème 4.7.6 et corollaire 4.7.12 ou [63]), le problème

$$\min\{\lambda_1(\Omega),\ \Omega \subset D, |\Omega| = A \text{ (donné)}\}$$

---

[13] Friedrich Wilhelm BESSEL, 1784-1846, né en Westphalie. Astronome et géodésiste avant tout, il introduit les fonctions qui portent son nom pour étudier le mouvement à trois corps.

possède toujours une solution qui est *a priori* un quasi-ouvert (cf Définition 3.3.38). Dans [148], M. Hayouni prouve qu'il existe toujours un ouvert solution. En fait, si D est connexe, tout minimum est un ouvert [49] et il est régulier [48] (si D n'est pas connexe, on construit facilement des situations pathologiques, cf. Exercice 4.10). Bien sûr, si la constante A est suffisamment petite pour que la boule de volume A soit contenue dans D, alors elle est solution du problème. Le cas intéressant est donc celui où la boule de volume A est "trop grosse" pour tenir dans D. Dans ce cas, le minimum Ω^* va venir toucher le bord de D. En effet, si ce n'était pas le cas, en supposant Ω^* suffisamment régulier pour pouvoir faire un calcul de dérivée comme au chapitre 5, on prouverait que la dérivée normale de la première fonction propre est constante sur le bord de Ω^*. Mais alors, le théorème de Serrin cf [237], voir aussi 6.1.11, prouverait que Ω^* est une boule. Le bord de Ω^* est donc constitué de parties qui sont situées sur le bord de D et de parties libres. On pourrait se demander si les parties libres sont constituées de morceaux de sphère. Il n'en est rien comme c'est prouvé dans [159]. Elles sont régulières en dimension deux [48]. On peut se demander si Ω^* est convexe quand D l'est.

Problème ouvert 3. Prouver que parmi les polygones à n côtés d'aire donnée, λ_1 est minimum pour le polygone régulier. On sait le faire dans les cas $n = 3$ et $n = 4$ (c'est un exercice élémentaire utilisant la symétrisation de Steiner), mais pour $n \geq 5$ cette technique ne marche plus puisque la symétrisation de Steiner augmente le nombre de côtés!

Problème ouvert 4. Prouver que λ_3 est minimum (toujours parmi les ouverts de volume donné) pour une boule en dimension 2 ou 3, pour la réunion de trois boules identiques en dimension supérieure ou égale à 4.

Problème ouvert 5. Prouver que λ_4 est minimum (toujours parmi les ouverts de volume donné) pour la réunion de deux boules en dimension 2 ou 3.

Problème ouvert 6. Le minimum de λ_2 étant atteint pour la réunion de deux boules identiques, il est tentant de vouloir considérer le cas d'ouverts connexes: le minimum de λ_2 parmi les ouverts connexes de volume donné est-il atteint? On voit facilement que la réponse est non. Si on considère l'ouvert Ω_ε formé par la réunion de deux boules jointes par un tuyau très fin d'épaisseur ε, un argument simple de γ-convergence (cf chapitre 3) permet de prouver que les valeurs propres de Ω_ε convergent, quand $\varepsilon \to 0$, vers les valeurs propres des deux boules. Ainsi l'infimum de λ_2 est le même, qu'on rajoute l'hypothèse de connexité ou non et il est facile de voir alors qu'il n'est pas atteint par un ouvert connexe.

En revanche, si on se pose la même question dans le cadre **convexe**, le problème redevient intéressant. S'il est facile de prouver l'existence d'un minimum (voir par exemple [92]), il est beaucoup moins facile de l'identifier. On a pensé un moment que le minimum était atteint pour le convexe *le plus proche* de deux boules, c'est-à-dire le "stade", enveloppe convexe de deux disques identiques tangents (comme une piste d'athlétisme), cf

Figure 1.1. Dans [159], on réfute cette conjecture. On montre néanmoins que l'ouvert optimal a une forme assez proche de celle du stade puisqu'il possède sur son bord deux segments et que ceux-ci sont parallèles. Mais, il n'est pas facile de bien l'identifier, ni même de montrer qu'il possède un ou deux axes de symétrie!

Valeurs propres du Laplacien avec d'autres conditions au bord

Le problème de minimisation des valeurs propres du Laplacien-Neumann sous contrainte de volume n'a guère d'intérêt. En effet, si on considère un rectangle très étiré $]0, L[\times]0, l[$, on peut toujours s'arranger en choisissant L assez grand pour que la n-ième valeur propre du rectangle soit $\mu_n = \frac{(n-1)^2\pi^2}{L^2}$. On voit donc, en faisant tendre L vers l'infini, que l'infimum de μ_n est toujours 0. Il est d'ailleurs atteint pour n'importe quel ouvert s'écrivant comme la réunion d'au moins n composantes connexes disjointes. Si on veut retrouver un problème intéressant avec les valeurs propres du Laplacien-Neumann, on peut se poser le problème de la **maximisation** des valeurs propres parmi les ouverts de volume donné. Ainsi G. Szegö en dimension 2, puis H. Weinberger en dimension quelconque, ont prouvé dans [247] et [251], voir aussi [233], que le maximum de μ_2 est atteint pour la boule. Plus généralement, l'existence d'un ouvert convexe qui maximise la n-ième valeur propre μ_n (à volume fixé) est prouvée par S. Cox et M. Ross dans [93].

Là aussi la question d'identifier ce maximum pour $n \geq 3$ reste complètement ouverte.

Si on considère maintenant la "troisième condition au bord" ou condition de Fourier ou de Robin du type $(1 - \alpha)\frac{\partial u}{\partial n} + \alpha u = 0$ sur le bord de Ω, on retrouve alors en dimension 2 un résultat similaire à l'inégalité de Rayleigh-Faber-Krahn: le disque minimise la première valeur propre du Laplacien avec cette condition au bord, (cf la thèse de M.H. Bossel, [41]).

Placement optimal d'un obstacle

On se donne un ouvert Ω fixé dans $\mathbb{R}^N$ et un trou ω dont *seule la forme* est fixée (on pourra par exemple considérer un trou circulaire où ω est un petit disque).

Il s'agit de placer le trou ω dans l'ouvert Ω de façon à maximiser ou minimiser la première valeur propre du Laplacien avec condition de Dirichlet $\lambda_1(\Omega \setminus \omega)$. L'intuition qu'on a est que, pour minimiser $\lambda_1(\Omega \setminus \omega)$, le trou ω doit venir sur le bord de Ω, tandis que pour la maximiser, ω doit venir se localiser le plus au "centre" possible. Le problème de maximisation a été étudié par J. Hersch dans [168]. Il montre que, parmi tous les domaines plans annulaires d'aire A dont les bords extérieurs et intérieurs ont des longueurs respectives L et L_0 vérifiant $L^2 - L_0^2 = 4\pi A$, celui qui maximise la première valeur propre du Laplacien-Dirichlet est l'anneau situé entre deux disques concentriques.

Curieusement, ce résultat a été retrouvé par la suite par plusieurs auteurs: E. Harrel, P. Kröger et K. Kurata [138]; voir aussi S. Kesavan [182]. On peut également se poser la même question avec un trou de forme non fixée, mais de mesure donnée.

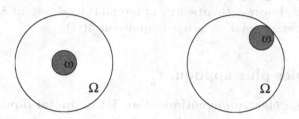

FIG. 1.3 –. *La position du trou qui maximise* $\lambda_1(\Omega \setminus \omega)$ *(à gauche); une position qui minimise* $\lambda_1(\Omega \setminus \omega)$ *(à droite).*

Valeurs propres d'autres opérateurs

On peut considérer le même type de questions pour d'autres opérateurs que le Laplacien. De célèbres problèmes et conjectures concernent par exemple le bi-Laplacien $\Delta^2 = \Delta(\Delta)$.

La plaque encastrée. Il s'agit de minimiser la première valeur propre $\Gamma(\Omega)$ du problème

$$\begin{cases} \Delta^2 u = \Gamma(\Omega)u \text{ dans } \Omega \\ \quad u = 0 \qquad \text{sur } \partial\Omega \\ \quad \frac{\partial u}{\partial n} = 0 \qquad \text{sur } \partial\Omega \end{cases} \qquad (1.5)$$

Là encore, Lord Rayleigh avait conjecturé que, pour la première valeur propre de ce problème, le minimum (parmi les ouverts de volume donné) était atteint par la boule. G. Pólya et G. Szegö ont réussi à en donner une preuve en supposant de plus que la fonction propre associée était positive (ce qui n'a aucune raison d'être le cas pour le bi-Laplacien qui ne satisfait pas le principe du maximum). Récemment cette conjecture a été prouvée par N.S. Nadirashvili, pour la dimension 2 dans [209] et par M. Ashbaugh et R. Benguria pour la dimension 3 dans [24]. Le problème reste ouvert en dimension $N \geq 4$.

La plaque gauchie (ou **buckling problem**). Il s'agit de minimiser la première valeur propre $\Lambda(\Omega)$ du problème

$$\begin{cases} -\Delta^2 u = \Lambda(\Omega)\Delta u \text{ dans } \Omega \\ \quad u = 0 \qquad \text{sur } \partial\Omega \\ \quad \frac{\partial u}{\partial n} = 0 \qquad \text{sur } \partial\Omega \end{cases} \qquad (1.6)$$

Cette fois, c'est G. Pólya et G. Szegö qui ont conjecturé que, pour la première valeur propre de ce problème, le minimum (parmi les ouverts de

volume donné) était une fois de plus atteint par la boule. Là aussi, ils ont
pu le prouver en supposant que la fonction propre associée était positive.
Le problème reste ouvert dans toute sa généralité. H. Weinberger et B.
Willms ont trouvé une élégante preuve en dimension 2, mais en supposant
de plus qu'il existait un minimum et que celui-ci était régulier. M. Ashbaugh et D. Bucur ont partiellement rempli le fossé restant à franchir en
prouvant l'existence d'un ouvert minimisant $\Lambda(\Omega)$.

1.3 Exemples plus appliqués

1.3.1 Formage électromagnétique d'un jet de métal liquide

On considère un jet de métal liquide qui tombe dans un champ électromagnétique créé par un courant alternatif parcourant des conducteurs verticaux
(cf figure 1.4). On veut déterminer la forme prise par une section horizontale
du jet (le problème est supposé localement invariant par translations verti-
cales): c'est donc là aussi un problème à frontière libre. Celle-ci est en équilibre
sous l'action des forces électromagnétiques créées par le champ magnétique
total, des forces de tension superficielle et des différences de pression existant
entre l'intérieur du liquide et l'extérieur.

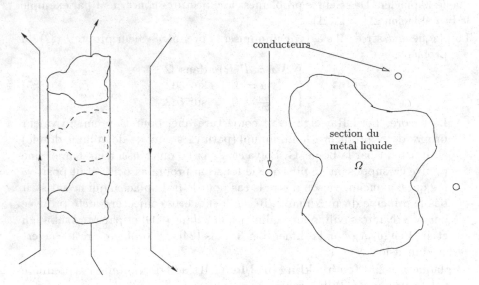

FIG. 1.4 –. *Colonne de métal liquide entre des fils conducteurs (à gauche) sa
section horizontale (à droite)*

L'hypothèse d'invariance verticale locale permet de considérer un modèle bidimensionnel. Nous supposons la fréquence du courant imposé suffisamment

grande pour utiliser un modèle magnétostatique portant sur les valeurs effi-caces des diverses grandeurs en jeu. Nous renvoyons à [160], [161] pour da-vantage de détails et une étude mathématique du problème et à [89] et [217] pour une étude et des exemples numériques.

Notant Ω la section horizontale du jet (qui est donc la zone occupée par le métal liquide, cf Figure 1.4), le champ magnétique total $\mathbf{B}$ est solution des équations de Maxwell [14] :

$$\begin{cases} \text{rot} \mathbf{B} = \mu_0 \mathbf{j}_0 & \text{dans } \Omega^c \\ \text{div} \mathbf{B} = 0 & \text{dans } \Omega^c \\ \mathbf{B.n} = 0 & \text{sur } \partial\Omega \end{cases} \qquad (1.7)$$

où $\mu_0 = 4\pi 10^{-7}$ est la perméabilité magnétique du vide, $\mathbf{j}_0 = (0, 0, j_0)$ est le vecteur densité de courant (vertical) et $\mathbf{n}$ la normale extérieure à Ω. La relation $\text{div}\,\mathbf{B} = 0$ implique que le champ $\mathbf{B}$ dérive d'un potentiel, c'est-à-dire que $\mathbf{B}$ peut s'écrire

$$\mathbf{B} = \begin{pmatrix} \frac{\partial\psi}{\partial y} \\ -\frac{\partial\psi}{\partial x} \\ 0 \end{pmatrix} \qquad (1.8)$$

où ψ est une fonction définie sur Ω^c et bornée à l'infini (ψ est évidemment définie à une constante près). De plus la relation $\mathbf{B.n} = 0$ sur $\partial\Omega$ montre que ψ est constante sur $\partial\Omega$ et puisque ψ est définie à une constante près, on peut toujours choisir $\psi = 0$ sur $\partial\Omega$ si bien que le système (1.7) devient

$$\begin{cases} -\Delta\psi = \mu_0 j_0 & \text{dans } \Omega^c \\ \psi = 0 & \text{sur } \partial\Omega \\ \psi \text{ bornée à l'infini.} \end{cases} \qquad (1.9)$$

Dans ce cas, l'énergie électromagnétique peut s'écrire

$$J_1(\Omega) := \frac{1}{2\mu_0} \int_{\Omega^c} |\nabla\psi(x)|^2 \, dx - \int_{\Omega^c} j_0 \psi(x) \, dx \qquad (1.10)$$

et l'énergie de tension superficielle

$$J_2(\Omega) := \tau \int_{\partial\Omega} ds = \tau P(\Omega) \qquad (1.11)$$

où $\tau \geq 0$ est une constante caractéristique du métal (et qui dépend aussi de la température) appelée constante de tension superficielle. L'énergie totale est donc

$$J(\Omega) = J_1(\Omega) + J_2(\Omega) = \frac{1}{2\mu_0} \int_{\Omega^c} |\nabla\psi(x)|^2 \, dx - \int_{\Omega^c} j_0 \psi(x) \, dx + \tau P(\Omega),$$

$$(1.12)$$

---

[14] James Clerk MAXWELL, 1831-1879, physicien et mathématicien écossais à qui l'on doit les équations de l'électromagnétisme.

avec ψ solution de (1.9). Compte-tenu du fait que la surface de la section de métal liquide est imposée, la recherche de la position d'équilibre correspond donc à la minimisation de la fonctionnelle énergie J :

$$\min\{J(\Omega); \quad |\Omega| = S_0\}. \tag{1.13}$$

Remarque: Cet exemple est typique de nombreux problèmes d'optimisation de forme où la fonctionnelle à minimiser a une expression du type

$$J(\Omega) = F(\Omega, \psi_\Omega) \tag{1.14}$$

où ψ_Ω est la solution d'une équation aux dérivées partielles posée sur Ω.

1.3.2 Optimisation d'un aimant

Dans certains systèmes électroniques (système d'injection dans une voiture par exemple), on peut trouver l'appareillage représenté à la Figure 1.5. Il s'agit d'un aimant situé en face d'une roue dentée. Le champ magnétique créé par l'aimant est évidemment différent suivant que c'est une roue ou un creux de la roue dentée qui se trouve en face de l'aimant. Une petite sonde, placée entre l'aimant et la roue dentée, mesure cette différence de champ magnétique. Pour rendre le système plus fiable, il convient de donner à cette différence la plus grande valeur possible. Pour ce faire, on peut agir sur la forme de l'aimant. On note Ω_0 l'aimant, Γ_0 son bord, S la sonde, K^T (resp. K^H) désigne la roue

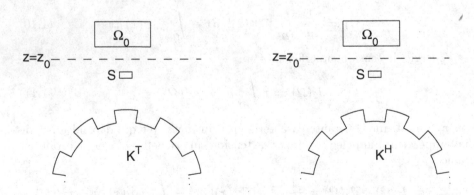

FIG. 1.5 –. *L'aimant en face d'une dent (à gauche), en face d'un creux (à droite)*

dentée, quand une dent (resp. un creux) est situé(e) en face de l'aimant. On notera Ω^T et Ω^H le complémentaire dans $\mathbb{R}^3$ de K^T et K^H. On introduit φ^T (resp. φ^H) le potentiel magnétique scalaire dans chacune des situations. φ^T se calcule en résolvant le problème extérieur :

$$\begin{cases} -\Delta \varphi^T = L_0 & \text{dans } \Omega^T \\ \varphi^T = 0 & \text{sur } \partial \Omega^T \\ \varphi^T(X) \to 0 \text{ quand } |X| \to +\infty \end{cases} \qquad (1.15)$$

où L_0 est la forme linéaire sur $H_0^1(\Omega^T)$ définie par:

$$< L_0, w >:= \int_{\Gamma_0} \mathbf{M_0}.\mathbf{n}\, w\, d\sigma \qquad (1.16)$$

(ici $\mathbf{M_0}$ désigne le vecteur aimantation, $\mathbf{n}$ est le vecteur normal extérieur à Γ_0). Il s'agit alors de trouver la forme de l'aimant qui maximise la fonctionnelle:

$$J(\Omega_0) = \frac{1}{2} \int_S |\nabla \varphi^T(X)|^2 - |\nabla \varphi^H(X)|^2 \, dX. \qquad (1.17)$$

Ce problème a été l'objet d'une thèse industrielle, le lecteur intéressé pourra consulter les résultats dans [167].

1.3.3 Segmentation d'images

Le but est ici de "segmenter" une image, c'est-à-dire de déterminer des "contours" à l'intérieur desquels l'image est d'une intensité (on dira un niveau de gris) à peu près homogène (constante dans le meilleur cas). Les domaines d'application sont par exemple l'imagerie médicale ou spatiale.

Mathématiquement, la donnée d'une image peut être la donnée de D un ouvert borné de $\mathbb{R}^2$ (par exemple un carré) et de $g(x,y)$ une fonction définie sur D et à valeurs dans $[0,1]$ qui s'appelle "le niveau de gris": on associe à chaque point de l'image (à chaque pixel en réalité) un nombre compris entre 0 et 1 (plus l'image est pâle en ce point, plus ce nombre est proche de 0 et inversement pour la valeur 1- il s'agit, bien sûr, ici d'images en noir et blanc-). On veut alors déterminer un ensemble de contours $K \subset D$, où K est un compact (typiquement une réunion de courbes) et une fonction $u : D \mapsto [0,1]$ satisfaisant aux critères suivants:

– u est voisin de g,

– u est régulière et varie peu à l'intérieur de chaque composante connexe de $D \setminus K$ (au mieux, elle serait constante),

– la longueur totale de K doit rester petite (sinon il y aurait décomposition de l'image en un trop grand nombre de petits morceaux).

Une modélisation, proposée par Mumford et Shah en 1985, consiste à minimiser la fonctionnelle

$$J(K,u) := a \int_D (u-g)^2 \, dx + b \int_{D \setminus K} |\nabla u(x)|^2 \, dx + c\,"\text{Longueur}"(K) \qquad (1.18)$$

parmi les fermés $K \subset D$ et les fonctions $u \in H^1(D \setminus K)$. Dans (1.18), chaque intégrale correspond clairement à l'un des critères définis précédemment et les constantes positives a, b, c sont là pour donner plus de poids à l'un ou à l'autre de ces critères. Le terme "Longueur" est un peu vague, tout dépend bien sûr de la classe des contours admissibles considérés (arcs rectifiables,...). Il pourra être remplacé, pour plus de généralité, par la mesure de Hausdorff[15] monodimensionnelle (voir chapitre 3). Cette fonctionnelle a donné lieu à de nombreuses recherches. On peut citer par exemple comme point de départ pour une recherche bibliographique [8], [39], [200] ainsi que [104], [105], [107], [191] et le livre de G. David [106] pour les questions de régularité et [42], [44], [73] pour diverses approches numériques.

1.3.4 Identification de fissures ou de défauts

Un enjeu important dans le contrôle non destructif de structures ou de matériaux réside dans la possibilité de détecter d'éventuels défauts (fissures, fractures par exemple) à l'intérieur d'un matériau ou d'un système. En général, l'intérieur du matériau est inaccessible et il s'agit d'identifier les défauts à partir d'observations effectuées sur le bord du domaine.

Un modèle possible consiste à utiliser les propriétés de conduction du matériau (en thermique ou en électricité). Notons Ω le matériau; si γ désigne la fissure (inconnue), on peut imposer un flux f sur le bord de Ω, la température (ou le potentiel) u_γ est alors solution de

$$\begin{cases} \Delta u_\gamma = 0 & \text{dans} \quad \Omega \setminus \gamma \\ \frac{\partial u_\gamma}{\partial n} = 0 & \text{sur} \quad \gamma \\ \frac{\partial u_\gamma}{\partial n} = f & \text{sur} \quad \partial \Omega \,. \end{cases} \tag{1.19}$$

On mesure maintenant $u_\gamma = g$ sur une partie du bord ou sur tout le bord et, à l'aide de cette mesure, on cherche à reconstituer la fissure. On peut voir cela comme un problème d'optimisation de forme (c'est en réalité un problème inverse géométrique), car pour déterminer γ, on peut chercher à minimiser la fonctionnelle

$$J(\gamma) = \int_{\partial \Omega} (u_\gamma - g)^2 \, dx \,.$$

Mathématiquement, plusieurs questions peuvent se poser:
- L'identifiabilité: c'est un problème d'unicité, il s'agit de savoir si pour des données f et g, il y a une seule fissure γ qui peut convenir.
- L'identification: c'est la question de l'existence d'une telle fissure. Quelle est la classe des fonctions g qui correspondent à une telle situation? Pour d'autres types de problèmes, de quelles données et mesures a-t-on besoin pour identifier l'inconnue?

---

[15] Félix HAUSDORFF, 1868-1942, allemand, a enseigné à Leipzig, Greisswald, Bonn. Célèbre pour ses apports en axiomatique de la topologie et à la théorie des espaces métriques.

– La sensibilité vis-à-vis des données est une question cruciale. Dans les problèmes inverses, on a souvent un très mauvais comportement de la solution vis-à-vis de perturbations sur les données. Du coup, la mise en œuvre numérique s'avère souvent très délicate.

On peut imaginer d'autres types de problèmes et de modèles dans le même esprit. Il peut s'agir par exemple de détecter des nappes de pétrole (ou de minerai) dans le sous-sol grâce à une technique analogue. Dans ce cas, l'inconnue géométrique n'est plus une fissure, mais il faut identifier les différentes couches du sous-sol, via leurs différentes conductivités. Comme introduction à ces sujets, on pourra consulter par exemple [9], [21], [40], [51], [121], [123].

1.3.5 Problèmes de renforcement ou d'isolation

Considérons un corps conducteur Ω; on souhaite entourer ce corps (ou seulement une partie de son bord) par un isolant de manière à améliorer ses performances. On note $\varepsilon h(x)$, $x \in \partial\Omega$, l'épaisseur d'isolant au-dessus du point x du bord, voir Figure 1.6. On peut introduire

$$\Gamma_\varepsilon(h) = \{x + \delta h(x)n(x), \ x \in \partial\Omega, \ 0 < \delta < \varepsilon, \ (n(x) \text{ normale au point } x)\}$$

et on notera $\Omega_\varepsilon(h) = \overline{\Omega} \cup \Gamma_\varepsilon(h)$. S'il s'agit par exemple d'un problème d'iso-

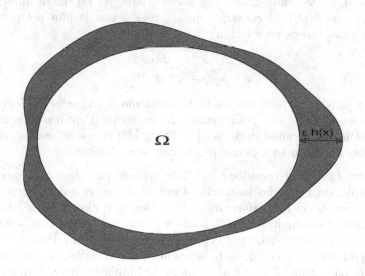

FIG. 1.6 –. *Renforcement*

lation thermique, on peut considérer que le conducteur Ω a une conductivité égale à 1, tandis que la couche isolante a une faible conductivité ε (ce n'est pas gênant de prendre le même paramètre que dans la définition de la couche isolante: cela revient à normaliser la fonction h).

On peut considérer plusieurs problèmes d'optimisation. Par exemple, on peut se donner une source de chaleur f, calculer la température u à l'intérieur de $\Omega_\varepsilon(h)$ qui est solution du problème suivant où χ_Ω désigne la fonction caractéristique de Ω:

$$\begin{cases} -\mathrm{div}\left[(\chi_\Omega + \varepsilon(1 - \chi_\Omega))\nabla u\right] = f & \text{dans } \Omega_\varepsilon(h) \\ u = 0 & \text{sur } \partial\Omega_\varepsilon(h). \end{cases} \qquad (1.20)$$

Il faut alors choisir la couche d'isolant, c'est-à-dire h, pour maximiser la chaleur totale

$$J(h) = \int_{\Omega_\varepsilon(h)} f(x)u(x)\,dx$$

avec u solution de (1.20). Si on veut une action plus indépendante des sources de chaleur possibles, on peut aussi poser le problème en terme de valeurs propres. Désignons par $\lambda(\Omega, \varepsilon, h)$ la première valeur propre du problème:

$$\begin{cases} -\mathrm{div}\left[(\chi_\Omega + \varepsilon(1 - \chi_\Omega))\nabla\phi\right] = \lambda(\Omega, \varepsilon, h)\phi & \text{dans } \Omega_\varepsilon(h) \\ \phi = 0 & \text{sur } \partial\Omega_\varepsilon(h)\,. \end{cases} \qquad (1.21)$$

Cette valeur propre détermine le taux avec lequel $\Omega_\varepsilon(h)$ dissipe la chaleur et donc fournit une bonne mesure de la qualité de l'isolation. On est alors conduit à rechercher h qui **minimise** $\lambda(\Omega, \varepsilon, h)$. Remarquons que, dans la littérature, c'est surtout le cas limite $\varepsilon \to 0$ qui a été étudié. A. Friedman montre, en particulier, que $\lambda(\Omega, \varepsilon, h)$ converge, quand $\varepsilon \to 0$ vers la plus petite valeur propre du problème de type Robin:

$$\begin{cases} -\Delta\phi = \xi\phi & \text{dans } \Omega \\ \phi + h\frac{\partial\phi}{\partial n} = 0 & \text{sur } \partial\Omega\,. \end{cases} \qquad (1.22)$$

Nous renvoyons à [91] pour une étude du problème de recherche du h optimal dans ce contexte et à [62] pour l'étude du problème d'optimisation associé à (1.20). On pourra aussi consulter [1], [230], [43] et les références que ces articles contiennent pour d'autres problèmes de renforcement.

On peut également considérer le même type de problème en acoustique. Par exemple, on recherche la couche d'isolant à mettre sur la paroi d'une pièce pour améliorer les performances acoustiques. Il peut s'agir d'une salle de concert ou d'un amphithéâtre et, dans ce cas on voudra une très bonne restitution du son dans une partie de la pièce. On peut aussi considérer le cas d'un véhicule (voiture, avion) ou d'une habitation à proximité d'une source de bruit (autoroute par exemple) et il s'agira alors de limiter au maximum le bruit. On le voit, les critères peuvent être différents, mais les techniques mathématiques peuvent également varier. On peut choisir de travailler en temporel, par exemple avec l'équation des ondes, ou en fréquentiel, par exemple avec l'équation d'Helmholtz [16]. Pour fixer les idées, reprenons le problème de la voiture.

---

[16] Hermann von HELMHOLTZ, allemand, 1821-1894. Philosophe et physicien, il a travaillé sur la propagation des ondes acoustiques.

La source de bruit f est, par exemple, le moteur et a pour support un compact C (voir Figure 1.7). On représente l'habitacle du véhicule par la région

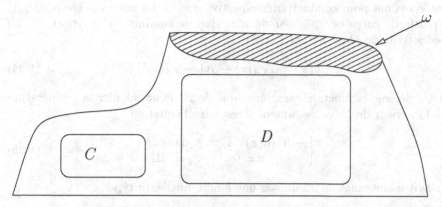

FIG. 1.7 –. *Isolation phonique d'un véhicule*

D et l'ensemble du véhicule par Ω. On cherche quelle peut être la meilleure couche d'isolant ω à coller sur le plafond du véhicule (on dispose d'une quantité d'isolant donnée). En temporel, un modèle très simple consiste à résoudre le problème des ondes avec condition absorbante sur la paroi isolante:

$$\begin{cases} \dfrac{\partial^2 u}{\partial t^2} - \Delta u = f & \text{dans }]0, T[\times \Omega \\ u(0,x) = 0 \quad \dfrac{\partial u}{\partial t}(0,x) = 0 & \text{dans } \Omega \\ \dfrac{\partial u}{\partial n} + \alpha u = 0 & \text{sur } \partial\omega \text{ (condition absorbante)} \\ \dfrac{\partial u}{\partial n} = 0 & \text{sur } \partial\Omega \setminus \partial\omega \text{ condition réfléchissante.} \end{cases}$$

$$(1.23)$$

On peut alors rechercher ω de façon à minimiser la fonctionnelle

$$J(\omega) := \int_0^T \int_D |u(t,x)|^2 \, dt dx \,.$$

Le passage en fréquentiel a pour objet de tâcher de rendre le problème plus indépendant de la source de bruit et du temps. Il pourra s'agir, par exemple, d'agir sur quelques fréquences propres particulièrement désagréable pour l'oreille. Par exemple, on peut rechercher ω pour qu'il n'y ait aucune fréquence dans une plage de valeurs donnée.

1.3.6 Mélange de matériaux et optimisation de structures

En mécanique des structures ou en thermique, on est souvent confronté à la situation suivante: on dispose de deux (ou plusieurs) matériaux aux propriétés mécaniques ou thermiques différentes, l'un des matériaux pouvant d'ailleurs être l'air ou le vide, et on cherche à fabriquer un matériau composite ayant les meilleures propriétés possibles. Par exemple, en thermique, si les deux matériaux ont pour conductivité respective α et β, on notera A (resp. $\Omega \setminus A$) la partie du corps occupée par du matériau de conductivité α (resp. β). La conductivité de Ω peut donc s'écrire

$$a(x) = \alpha \chi_A(x) + \beta(1 - \chi_A(x)) \tag{1.24}$$

où χ_A désigne la fonction caractéristique de A. Pour calculer la température u à l'intérieur de Ω, on est amené à résoudre l'équation

$$\begin{cases} -\mathrm{div}(a(x)\nabla u) = f & \text{dans } \Omega \\ u = 0 & \text{sur } \partial\Omega. \end{cases} \tag{1.25}$$

Il s'agit maintenant de minimiser une fonctionnelle du type

$$J(A) := \int_A g(x, u(x))\, dx + \int_{\Omega \setminus A} h(x, u(x))\, dx\,. \tag{1.26}$$

Ce problème sera étudié au chapitre 7: il conduit en général à utiliser une forme relaxée et des techniques d'homogénéisation, car tel quel il ne possède pas de solutions classiques.

Dans le même ordre d'idées, les travaux en mécanique des structures sont très nombreux. Un exemple de problème modèle est le suivant. On cherche à fabriquer une structure de rigidité maximale ou de poids minimal (pylône électrique par exemple). Cette structure est contenue dans un ouvert Ω de $\mathbb{R}^N$ qui est soumis à des conditions aux limites particulières, par exemple une partie $\partial\Omega_N$ de son bord est soumis à un force de surface f, tandis que sur l'autre partie $\partial\Omega_D$, on impose un déplacement nul. La structure cherchée ω est un matériau élastique qui est donc un sous-ensemble de Ω obtenu à partir de celui-ci en enlevant un certain nombre de trous (sur le bord de ces trous on mettra une condition au bord de traction nulle). On suppose que le comportement élastique de ω est gouverné par un tenseur isotrope A et on écrit le système de l'élasticité:

$$\begin{cases} \sigma = Ae(u), & e(u) = (\nabla u + \nabla^t u)/2, & \mathrm{div}\,\sigma = 0 \text{ dans } \omega \\ u = 0 \text{ sur } \partial\Omega_D, & \sigma \cdot n = f \text{ sur } \partial\Omega_L, & \sigma \cdot n = 0 \text{ sur } \partial\omega \setminus \partial\Omega. \end{cases} \tag{1.27}$$

Une bonne mesure de la rigidité de la structure est donnée par sa compliance définie par:

$$c(\omega) = \int_{\partial\Omega_L} f \cdot u = \int_\omega Ae(u) \cdot e(u) = \int_\omega A^{-1}\sigma \cdot \sigma. \tag{1.28}$$

Il s'agit alors de maximiser $c(\omega)$ à volume fixé (ou de minimiser le volume à $c(\omega)$ fixé). La figure 1.8 (aimablement communiquée par G. Allaire) illustre

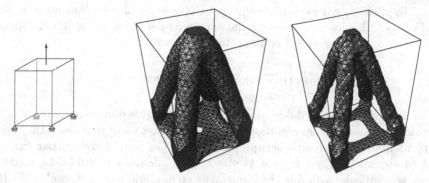

FIG. 1.8 –. Tétrapode: conditions aux limites (à gauche), forme optimale relaxée (au milieu), forme optimale pénalisée (à droite).

bien ce type de problème. L'une des difficultés majeures de ce type de problème est que la topologie de la structure cherchée est inconnue *a priori*, ce qui rend inefficace les méthodes de calcul usuelles reposant sur la dérivée par rapport au domaine présentée au chapitre 5. De plus, il n'existe pas en général de solution classique, c'est-à-dire de structure ω^* optimale. Heuristiquement, on s'en convainc en vérifiant qu'on peut améliorer une structure donnée en remplaçant un gros trou par beaucoup de petits trous, ce qui améliore la rigidité, voir section 4.2. C'est pourquoi, dans ce type de problèmes, les méthodes issues de l'homogénéisation vont trouver toute leur force. Les premiers travaux dans ce domaine sont ceux de Murat et Tartar [207], Cherkaev et Lurie [79], [80], Kohn et Strang [185]. De nombreux travaux ultérieurs ont montré l'efficacité de ces méthodes pour des problèmes concrets, citons par exemple [14], [15], [32]. Nous renvoyons à [12] et les références qu'il contient pour davantage de détails.

1.3.7 Exemples en aéronautique

Historiquement, l'aéronautique est sans doute le domaine industriel qui a été le plus concerné par l'optimisation de forme. Parmi les problèmes qui ont été très étudiés, on peut citer

- optimisation du profil d'une aile pour améliorer la pénétration dans l'air (voir ci-dessous) ou la portance
- tentative de rendre les avions moins bruyants (en particulier les avions supersoniques)
- recherches sur les avions furtifs (ou sur les sous-marins).

Dans ce dernier cas, on veut rendre l'avion le plus invisible possible pour les radars ennemis. On peut, pour cela, bien sûr jouer sur la forme de l'avion, mais aussi sur l'épaisseur et la nature de la couche de peinture: on rejoint là les problèmes de renforcement ou d'isolation traités au paragraphe 1.3.5.

Explicitons par exemple ce que peut être le problème d'optimiser le profil d'une aile d'avion. On trouvera davantage de détails dans [218]. On introduit la traînée $\mathcal{T}$ d'une aile A comme étant la quantité

$$\mathcal{T} = \int_A \left[\mu(\nabla u + \nabla u^T) - \frac{2\mu}{3} \operatorname{div} u \right] n - \int_A Pn \qquad (1.29)$$

où u est la vitesse du fluide, μ sa viscosité, P sa pression, ces quantités se calculant en résolvant les équations de Navier-Stokes compressibles dans le complémentaire du domaine occupé par l'avion. On peut chercher, par exemple, à minimiser $\mathcal{T} u_\infty$ où u_∞ est la vitesse de l'aile dans le fluide. Le problème est très difficile, à la fois théoriquement et numériquement (nombre de Reynolds[17] élevé, tourbillons, équations de Navier[18]- Stokes[19] 3-D sur domaine non borné,...). Outre le livre de Pironneau déjà cité, on pourra consulter [173], [198], [199].

---

[17] Osborne REYNOLDS, 1842-1912, ingénieur britannique, connu pour ses travaux en hydrodynamique, en hydraulique et en théorie de la lubrification.

[18] Claude NAVIER, 1785-1836, a professé à l'Ecole Polytechnique et à l'Ecole des Ponts et Chaussées; il a laissé son nom en mécanique des fluides.

[19] George STOKES, 1819-1903, physicien et mathématicien britannique; on lui doit de nombreuses contributions aux équations aux dérivées partielles pour la mécanique des fluides.

2

Topologies sur les domaines de $\mathbb{R}^N$

2.1 Pourquoi une topologie?

Nous venons de voir dans le chapitre 1 plusieurs exemples de problèmes du type (1.1), c'est-à-dire de la forme

$$\min_{\Omega \in \mathcal{O}} F(\Omega) \qquad (2.1)$$

où $\mathcal{O}$ est un ensemble de parties ou de "domaines" de $\mathbb{R}^N$. Une des toutes premières tâches du mathématicien est

1. de s'assurer que $m = \inf\{F(\Omega), \Omega \in \mathcal{O}\}$ est fini;
2. (d'essayer) de montrer que cet *inf* est atteint (et donc que c'est bien un minimum). On dit qu'on a alors un théorème **d'existence**.

La première étape est, en général, facile. Pour l'existence du minimum, une méthode systématique consiste à prendre une suite minimisante Ω_n, c'est-à-dire une suite de domaines Ω_n de $\mathcal{O}$ telle que

$$\lim_{n \to \infty} F(\Omega_n) = m. \qquad (2.2)$$

Une telle suite existe toujours si $\mathcal{O}$ est non vide, par définition d'une borne inférieure. Il s'agit alors de montrer que Ω_n "tend" (en un sens à préciser: c'est justement l'objet du reste de ce chapitre) vers un domaine $\Omega^\star$ de $\mathcal{O}$ et que $F(\Omega^\star) \leq m$. On voit donc naturellement apparaître la nécessité de disposer d'une topologie sur l'ensemble des domaines admissibles. Ensuite, l'existence de $\Omega^\star$ provient d'une propriété de *compacité* de la suite Ω_n pour cette topologie. Enfin, l'inégalité "$F(\Omega^\star) \leq m$" correspond à la semi-continuité inférieure de la fonctionnelle F "le long" de cette suite Ω_n. Ainsi, la preuve de l'existence d'un minimum passe par l'application d'un théorème du type *"Une fonction semi-continue inférieurement sur un compact atteint son minimum"*. On peut résumer cette approche générale dans la proposition suivante:

Proposition 2.1.1 *On suppose que $\mathcal{O}$ est muni d'une topologie τ pour laquelle*

1. $F : \mathcal{O} \mapsto \mathbb{R}$ est séquentiellement semi-continue inférieurement, c'est-à-dire

$$\Omega_n \xrightarrow{\tau} \Omega \Longrightarrow F(\Omega) \leq \liminf_{n \to \infty} F(\Omega_n);$$

2. Toute suite F-bornée est séquentiellement compacte, c'est-à-dire

$$\sup_n |F(\Omega_n)| < +\infty \Longrightarrow \exists (\Omega_{n_k})_{k \geq 1}, \exists \Omega \in \mathcal{O} \; ; \; \Omega_{n_k} \xrightarrow{\tau} \Omega.$$

Alors si F est minorée, il existe $\Omega^\star \in \mathcal{O}$ tel que

$$F(\Omega^\star) = \min\{F(\Omega), \Omega \in \mathcal{O}\}.$$

La démonstration de cette proposition ne fait que reprendre les idées explicitées ci-dessus. Noter que seules des notions séquentielles suffisent.

Remarque Comme on l'a vu dans les exemples du chapitre précédent, la fonctionnelle $F(\Omega)$ est souvent de la forme $F(\Omega) = J(\Omega, u_\Omega)$ où u_Ω est la solution d'une équation aux dérivées partielles (e.d.p.) posée sur Ω (ou d'un système de telles équations). La propriété *1.* de la proposition précédente va donc nécessiter une "bonne" dépendance continue de la solution de l'e.d.p. u_Ω par rapport à Ω. C'est précisément ce que nous étudierons dans le chapitre 3 pour le cas d'opérateurs elliptiques.

2.2 Différentes topologies sur les domaines

2.2.1 Introduction

Il y a une particularité dans les problèmes d'optimisation de forme qui est à la fois une difficulté et une richesse: c'est la liberté qu'on a de choisir une topologie sur l'ensemble des domaines où le problème est posé pour montrer l'existence d'un minimum. Le plus souvent, en effet, il n'existe pas de topologie "naturelle". C'est d'ailleurs une situation assez générale quand on se pose un problème d'optimisation[1], mais la situation se complique dans le cas de l'optimisation de forme, car il n'existe pas de topologie "canonique" sur les domaines de $\mathbb{R}^N$, ni même sur les ouverts de $\mathbb{R}^N$.

Quand on cherche à introduire une topologie de manière à appliquer un résultat du type de la proposition 2.1.1, on est confronté à deux exigences de nature contradictoire. En effet, si l'on souhaite que la famille des domaines

---

[1] Quand on se pose un problème du type $\min\{J(a); a \in A\}$, il n'est *a priori* pas question de topologie. L'introduction d'une topologie sur A n'est qu'un cadre mathématique pour prouver l'existence d'un minimum en utilisant l'outil puissant de l'analyse qu'est la compacité.

avec laquelle on travaille soit compacte, on a intérêt à choisir une topologie la moins fine possible (c'est-à-dire contenant le moins d'ouverts possibles). En revanche, si on a besoin que la fonctionnelle à minimiser soit continue ou semi-continue inférieurement (s.c.i.), on a intérêt à avoir une topologie la plus fine possible. Tout l'art de l'analyste va donc consister à "naviguer" entre ces deux exigences antagonistes.

Nous allons présenter ici un peu plus en détail trois topologies parmi les plus utilisées pour des familles de domaines "sans trop de régularité": la première concerne même tous les ensembles mesurables de $\mathbb{R}^N$; les deux autres concernent les familles *d'ouverts* de $\mathbb{R}^N$. Mais, en fonction du contexte, nous serons amenés à travailler avec d'autres topologies plus adaptées. Des commentaires seront faits à ce sujet à la fin du chapitre.

2.2.2 La convergence des fonctions caractéristiques

Une première idée naturelle est de "mettre en bijection" les ensembles (Lebesgue [2]-)mesurables E de $\mathbb{R}^N$ avec leur fonction caractéristique χ_E (qui, par définition, vaut 1 sur E et 0 en dehors): c'est un élément de l'espace fonctionnel $L^\infty(\mathbb{R}^N)$, et aussi de tous les espaces $L^p(\mathbb{R}^N), 1 \leq p \leq \infty$, dès que E est borné (ou plus généralement de mesure de Lebesgue finie). On peut alors utiliser les topologies usuelles sur les fonctions caractéristiques.

Bien sûr, χ_E n'est définie que presque partout. Ainsi cette représentation des domaines ne fait pas la différence entre un ouvert et le même ouvert privé d'un compact de mesure nulle. Or on sait que, par exemple, la solution du problème de Dirichlet pour le laplacien sur cet ouvert peut en être modifiée. Ce point de vue conduira donc à des limitations sérieuses pour certaines fonctionnelles de formes. Il s'avère cependant intéressant de l'utiliser.

Une propriété intéressante (que nous développerons un peu plus au paragraphe 2.2.6 sur la compacité, voir la proposition 2.2.26) est que, quelle que soit la suite E_n d'ensembles mesurables qu'on se donne, la suite des fonctions caractéristiques χ_{E_n} est **-faiblement compacte dans L^∞*, c'est-à-dire qu'il existe $\chi \in L^\infty(\mathbb{R}^N)$ tel que

$$\forall \psi \in L^1(\mathbb{R}^N), \lim_{n \to \infty} \int_{\mathbb{R}^N} \chi_{E_n} \psi = \int_{\mathbb{R}^N} \chi \psi. \tag{2.3}$$

L'aspect moins favorable est qu'en général, la fonction limite χ n'est pas une fonction caractéristique (cf. exercice 2.1). Nous savons seulement qu'elle prend ses valeurs entre 0 et 1 (cf. proposition 2.2.26). Toutefois, la limite est une fonction caractéristique si la convergence est *"forte"* au sens qu'elle a lieu dans L^p_{loc} pour un certain $p \in [1, \infty[$. En effet, on peut alors en extraire une sous-suite qui converge presque partout; donc la limite χ ne prend que les

---

[2] Henri LEBESGUE, 1875-1941, français, enseignant à Rennes, Poitiers et Collège de France. On lui doit des contributions majeures à la théorie de l'intégration et aux séries de Fourier.

valeurs $0, 1$ et elle coïncide avec la fonction caractéristique de l'ensemble où elle prend la valeur 1.

Il est intéressant de noter que la limite *-faible n'est une fonction caracté-ristique que si la limite est forte. Plus précisément, nous avons:

Proposition 2.2.1 *Si $(E_n)_{n \geq 1}$ et E sont des parties mesurables de $\mathbb{R}^N$ telles que χ_{E_n} converge *-faiblement dans $L^\infty(\mathbb{R}^N)$ (au sens de (2.3)) vers χ_E, alors $\chi_{E_n} \longrightarrow \chi_E$ dans $L^p_{loc}(\mathbb{R}^N)$ pour tout $p < +\infty$ et p.p..*

Démonstration: Par hypothèse on a

$$\forall \psi \in L^1(\mathbb{R}^N), \quad \lim_{n \to \infty} \int_{\mathbb{R}^N} (\chi_{E_n} - \chi_E) \psi(x)\, dx = 0. \qquad (2.4)$$

Notons B_R la boule de centre 0 et de rayon R et E^c le complémentaire de E. On prend alors $\psi = \chi_{B_R} \chi_{E^c}$ dans (2.4) et on en déduit

$$0 = \lim_{n \to \infty} \int_{\mathbb{R}^N} \chi_{E_n} \chi_{B_R} \chi_{E^c}(x)\, dx = \lim_{n \to \infty} |B_R \cap (E_n \setminus E)|,$$

où $|\cdot|$ désigne la mesure de Lebesgue dans $\mathbb{R}^N$. Maintenant, si on prend $\psi = \chi_{B_R}$ dans (2.4) on obtient

$$0 = \lim_{n \to \infty} \int_{B_R} (\chi_{E_n} - \chi_E)(x)\, dx = \lim_{n \to \infty} \left\{ |B_R \cap (E_n \setminus E)| - |B_R \cap (E \setminus E_n)| \right\}.$$

Donc aussi $|B_R \cap (E \setminus E_n)| \to 0$. Or

$$\int_{B_R} |(\chi_{E_n} - \chi_E)(x)|^p\, dx = |B_R \cap (E \setminus E_n)| + |B_R \cap (E_n \setminus E)|, \qquad (2.5)$$

ce qui démontre la proposition.   □

Remarque 2.2.2 En général la convergence n'a pas lieu dans $L^p(\mathbb{R}^N)$ tout entier comme le montre l'exemple de E_n égal à la boule de centre x_n et de rayon 1, où x_n est une suite tendant vers l'infini: on a alors $\chi_{E_n} \rightharpoonup 0$ *-faiblement dans $L^\infty(\mathbb{R}^N)$ (0 est la fonction caractéristique de l'ensemble vide), mais $\|\chi_{E_n}\|_{L^p}$ ne tend pas vers 0 puisqu'elle est constante non nulle.

Suite aux remarques ci-dessus, il est assez naturel de prendre comme (pre-mière) définition de la convergence des E_n celle qui apparaît dans la proposi-tion 2.2.1, soit:

Définition 2.2.3 *Soient $(E_n)_{n \geq 1}$ et E des ensembles mesurables de $\mathbb{R}^N$. On dira que E_n converge au sens des fonctions caractéristiques vers E quand n tend vers l'infini si*

$$\chi_{E_n} \longrightarrow \chi_E \quad \text{dans } L^p_{loc}(\mathbb{R}^N)\,, \ \forall p \in [1, \infty[. \qquad (2.6)$$

Remarque 2.2.4 Dans (2.6), on peut bien sûr prendre n'importe quel $p < \infty$ puisque comme $|\chi_{E_n} - \chi_E|$ prend les seules valeurs 0 et 1, on a, pour tout p fini, $|\chi_{E_n} - \chi_E|^p = |\chi_{E_n} - \chi_E|$ et donc $\|\chi_{E_n} - \chi_E\|_{L^p} = \|\chi_{E_n} - \chi_E\|_{L^1}^{1/p}$. En revanche, le cas $p = \infty$ n'a aucun intérêt puisque $\|\chi_{E_n} - \chi_E\|_{L^\infty} = 1$ dès que E_n et E diffèrent sur un ensemble de mesure non nulle .

Remarque 2.2.5 Il est intéressant de noter que pour des E_n restant dans un ensemble fixe B de mesure finie, la convergence ainsi définie coïncide avec celle de la métrique δ définie sur les ensembles mesurables de $\mathbb{R}^N$ (modulo l'égalité presque partout) par: pour E_1, E_2 mesurables dans $\mathbb{R}^N$,

$$\delta(E_1, E_2) := Arctg(|E_1 \Delta E_2|), \tag{2.7}$$

où Δ désigne la différence symétrique des ensembles E_1, E_2 soit

$$E_1 \Delta E_2 = (E_1 \setminus E_2) \cup (E_2 \setminus E_1).$$

L'équivalence des notions de convergence s'obtient immédiatement à l'aide de l'identité (2.5) où on remplace B_R par B. Rappelons que l'espace quotient des ensembles mesurables de $\mathbb{R}^N$ modulo l'égalité presque partout, muni de cette métrique, est complet et que l'application du théorème de Baire [3] à cet espace fournit des résultats puissants sur l'uniforme intégrabilité des fonctions (cf. exercice 2.10).

Remarque 2.2.6 *A propos d'autres convergences faibles sur les fonctions caractéristiques:* si les $(E_n)_{n \geq 1}$ sont inclus dans un ensemble B de mesure finie, les χ_{E_n} sont aussi bornées dans $L^p(R^N)$ pour tout $p \in [1, \infty[$. Pour $p \in]1, \infty[$, par réflexivité de L^p, on peut alors extraire de χ_{E_n} une sous-suite convergeant faiblement vers 0 dans $L^{p'}(\mathbb{R}^N)$ où p' est le conjugué de p ($1/p + 1/p' = 1$), c'est-à-dire qu'il existe $\chi \in L^p(\mathbb{R}^N)$ tel que

$$\forall \psi \in L^{p'}(\mathbb{R}^N), \lim_{n \to \infty} \int_{\mathbb{R}^N} \chi_{E_n} \psi = \int_{\mathbb{R}^N} \chi \psi. \tag{2.8}$$

On note souvent

$$\chi_{E_n} \stackrel{\sigma(L^p, L^{p'})}{\longrightarrow} \chi_E,$$

cette convergence faible, $\sigma(L^p, L^{p'})$ étant une notation assez classique pour la topologie faible associée où le premier argument L^p de $\sigma(\cdot, \cdot)$ indique l'espace où se trouvent les fonctions et où le deuxième argument $L^{p'}$ indique l'espace des fonctions tests (voir par exemple [45]). Cette notation s'applique aussi à $p = 1, p' = \infty$ tandis que la topologie L^∞*-faible se note -de façon similaire- $\sigma(L^\infty, L^1)$.

---

[3] René BAIRE, 1874-1932, français, enseigne d'abord en lycée, puis à l'Université à Montpellier et Dijon. Ses travaux portent sur les nombres irrationnels, les fonctions réelles et la théorie des ensembles.

Bien sûr, les fonctions χ obtenues dans (2.8) et (2.3) coïncident puisque les intégrales $\int \chi\,\psi$ sont les mêmes dans les deux cas pour tout $\psi \in L^1 \cap L^{p'}$.

Noter que, dans l'énoncé de la proposition 2.2.1, on peut remplacer l'hypothèse de convergence L^∞*-faible (ou $\sigma(L^\infty, L^1)$) par toute convergence dans $\sigma(L^p, L^{p'})$ pour un p quelconque dans $[1, \infty[$. Pour $p = 1$, l'hypothèse serait cependant plus forte puisqu'elle impliquerait alors la convergence dans $L^p(\mathbb{R}^N)$ pour tout entier p fini, c'est-à-dire qu'il y aurait conservation de la masse à l'infini (remplacer χ_{B_R} par la fonction constante égale à 1 dans la démonstration) -voir aussi l'exercice 2.10-.

2.2.3 La convergence des ouverts au sens de Hausdorff

Définition

Dans ce paragraphe, nous nous restreignons au cas de domaines *ouverts* et nous supposons toujours qu'ils sont "confinés", c'est-à-dire qu'il existe un (grand) compact B **fixé** de $\mathbb{R}^N$ qui contient tous les ouverts considérés. On note $\mathcal{K}_B$ la famille des compacts non vides inclus dans B. Nous commençons par rappeler la définition de la distance de Hausdorff sur $\mathcal{K}_B$; nous notons $d(\cdot, \cdot)$ la distance euclidienne[4] dans $\mathbb{R}^N$.

Définition 2.2.7 *Etant donnés K_1 et K_2 dans $\mathcal{K}_B$, on pose*

$$\begin{aligned}
\forall x \in B, d(x, K_1) &:= \inf_{y \in K_1} d(x, y) \\
\rho(K_1, K_2) &:= \sup_{x \in K_1} d(x, K_2) \\
d^H(K_1, K_2) &:= \max(\rho(K_1, K_2), \rho(K_2, K_1)).
\end{aligned} \qquad (2.9)$$

C'est un exercice élémentaire de montrer que d^H est une distance sur $\mathcal{K}_B$; on l'appelle *distance de Hausdorff*. On montre que $\mathcal{K}_B$, muni de d^H est complet et même compact (voir le théorème 2.2.23).

Nous pouvons maintenant définir la convergence au sens de Hausdorff pour des ouverts de B:

Définition 2.2.8 *Soient $(\Omega_n)_{n \geq 1}$ et Ω des ouverts inclus dans B. On dira que la suite Ω_n converge au sens de Hausdorff vers Ω si*

$$d^H(B \setminus \Omega_n, B \setminus \Omega) \longrightarrow 0 \quad \text{quand } n \to \infty. \qquad (2.10)$$

On notera alors $\Omega_n \xrightarrow{H} \Omega$.

Remarque 2.2.9 La terminologie de *"convergence au sens de Hausdorff"* sera donc utilisée à la fois pour les compacts de B et pour les ouverts de B bien que les notions soient bien distinctes; cette ambiguïté ne pose pas de problème et permet par ailleurs de ne pas alourdir les définitions.

---

[4] EUCLIDE, 330 av. J.C.-275 av. J.C. environ, mathématicien grec dont les treize livres qui composent *Les Eléments* ont eu une influence considérable sur le développement des mathématiques.

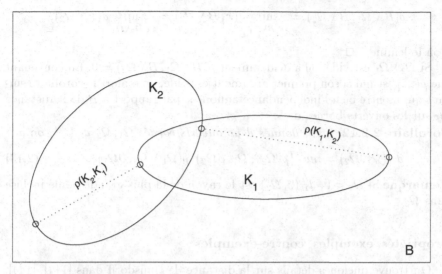

FIG. 2.1 —. *Distance de Hausdorff des compacts*

Cette convergence est clairement associée à la métrique définie sur l'ensemble $\mathcal{O}_B$ des ouverts de B par

$$\forall\, \Omega_1, \Omega_2 \in \mathcal{O}_B,\; d_H(\Omega_1, \Omega_2) := d^H(B \setminus \Omega_1, B \setminus \Omega_2). \qquad (2.11)$$

Noter que $B \setminus \Omega$ est bien un compact non vide si $\Omega \in \mathcal{O}_B$. *Nous utiliserons donc la notation d_H pour la distance des ouverts et nous conservons d^H pour la distance des compacts.*

Remarque 2.2.10 Il est intéressant de noter que la définition de cette métrique ne dépend en fait pas de B: plus précisément, si $\hat{B}$ est une autre boule fermée contenant les ouverts Ω_1, Ω_2, nous avons

$$d^H(B \setminus \Omega_1, B \setminus \Omega_2) = d^H(\hat{B} \setminus \Omega_1, \hat{B} \setminus \Omega_2).$$

Ceci peut se voir à l'aide du lemme élémentaire suivant intéressant en soi:

Lemme 2.2.11 *Si $\Omega_2 \setminus \Omega_1$ est non vide (i.e. Ω_2 non inclus dans Ω_1),*

$$\rho(B \setminus \Omega_1, B \setminus \Omega_2) = \rho(\Omega_2 \setminus \Omega_1, \partial\Omega_2). \qquad (2.12)$$

Démonstration: Pour tout x dans B,

$$d(x, B \setminus \Omega_2) = \begin{cases} 0 & \text{si } x \in B \setminus \Omega_2 \\ d(x, \partial\Omega_2) & \text{si } x \in \Omega_2. \end{cases}$$

Ainsi, si $\Omega_2 \setminus \Omega_1$ est non vide,

$$\rho(B \setminus \Omega_1, B \setminus \Omega_2) = \sup_{x \in B \setminus \Omega_1} d(x, B \setminus \Omega_2) = \sup_{x \in \Omega_2 \setminus \Omega_1} d(x, \partial \Omega_2),$$

d'où le lemme. □

Si $\Omega_2 \setminus \Omega_1$ est vide, on a évidemment $\rho(B \setminus \Omega_1, B \setminus \Omega_2) = 0$. En convenant que $\rho(.,.)$ est nul si son premier argument est vide, on a alors le corollaire suivant qui montre bien l'indépendance annoncée par rapport à B de la distance d_H sur les ouverts bornés de $\mathbb{R}^N$:

Corollaire 2.2.12 *Etant donnés deux ouverts bornés Ω_1, Ω_2 de $\mathbb{R}^N$, on a*

$$d_H(\Omega_1, \Omega_2) = max\{\rho(\Omega_2 \setminus \Omega_1, \partial \Omega_2), \rho(\Omega_1 \setminus \Omega_2, \partial \Omega_1)\}. \tag{2.13}$$

Remarque Si $\Omega_1 = \emptyset$, $d_H(\emptyset, \Omega_2)$ est le rayon de la plus grande boule incluse dans Ω_2.

Propriétés, exemples, contre-exemples

On trouve quelques détails sur la distance de Hausdorff dans [111], [144], [228]. Il nous a semblé opportun d'énumérer ici plusieurs résultats utiles concernant cette distance très employée en optimisation de forme. Les démonstrations, souvent élémentaires, en sont esquissées. Nous commençons par la **convergence au sens de Hausdorff des compacts:**

1. Une suite décroissante de compacts non vides converge vers son intersection.

   (Si K_n est une telle suite, $K := \cap_n K_n$ et $x_n \in K_n$ tel que $d(x_n, K) = \rho(K_n, K)$, il existe x_∞ valeur d'adhérence de x_n et on a: $d(x_\infty, K) = \lim_{n \to \infty} d(x_n, K)$ par monotonie et $d(x_\infty, K) = 0$ puisque $x_\infty \in K$ par construction. Ainsi, $\rho(K_n, K)$ tend vers 0 et, bien sûr, $\rho(K, K_n) = 0$.)

2. Une suite croissante de compacts non vides inclus dans B converge vers la fermeture de sa réunion.

   (Si K_n est une telle suite, $K := \overline{\cup_n K_n}$, $x_n \in K$ tel que $d(x_n, K_n) = \rho(K, K_n)$, il existe $x_\infty \in K$, valeur d'adhérence de x_n. Par monotonie et puisque pour tout $\bar{x} \in \cup_n K_n$, $d(\bar{x}, K_n) = 0$ pour n assez grand, on a:
   $\lim \rho(K, K_n) = \lim d(x_n, K_n) = \lim d(x_\infty, K_n) = 0$.)

3. Si K_n converge vers K au sens de Hausdorff:

$$K = \cap_n \left(\overline{\cup_{p \geq n} K_p}\right) = \{x \in B; \exists x_{n_p} \in K_{n_p}, x_{n_p} \overset{p \to \infty}{\longrightarrow} x\}$$
$$= \{x \in B; \exists x_n \in K_n, x_n \overset{n \to \infty}{\longrightarrow} x\}. \tag{2.14}$$

   (D'après *1.* ci-dessus, $F_n := \overline{\cup_{p \geq n} K_p}$ converge vers $F := \cap_n F_n$; d'autre part, $d_H(K_n, F_n) = \rho(F_n, K_n) \leq \sup_{p \geq n} \rho(K_p, K_n) \to 0$ puisque K_n est une suite de Cauchy[5]; il en résulte $F = K$, d'où la première égalité ci-dessus. Les deux autres sont faciles.)

---

[5] Augustin-Louis CAUCHY, 1789-1857, a laissé une oeuvre mathématique considérable, en particulier en analyse: fonctions holomorphes, équations différentielles, notion de continuité, intégrale, mais aussi en théorie des groupes, des déterminants, des formes quadratiques, et aussi pour l'étude mathématique de l'élasticité.

4. **Inclusion** L'inclusion est stable pour la convergence au sens de Hausdorff.
L'application $(K_1, K_2) \in \mathcal{K}_B \times \mathcal{K}_B \to \rho(K_1, K_2)$ est continue et même lipschitzienne. Puisque $\big((K_1 \subset K_2) \Leftrightarrow \rho(K_1, K_2) = 0 \big)$, la continuité de l'inclusion pour la métrique de Hausdorff s'en suit.)

5. Voici une autre définition utile de la distance de Hausdorff où pour $\alpha > 0$ et K compact, nous notons $K^\alpha = \{x \in \mathbb{R}^N ; d(x, K) \leq \alpha\}$:

$$d^H(K_1, K_2) = \inf\{\alpha > 0 ; K_2 \subset K_1^\alpha \text{ et } K_1 \subset K_2^\alpha\}. \qquad (2.15)$$

(Ceci provient immédiatement de l'équivalence

$$(K_2 \subset K_1^\alpha) \Leftrightarrow \sup_{x \in K_2} d(x, K_1) \leq \alpha.)$$

6. **Fonctions** $d(\cdot, K_n)$: On a l'équivalence

$$d^H(K_n, K) \to 0 \Leftrightarrow d(\cdot, K_n) \overset{L^\infty(B)}{\longrightarrow} d(\cdot, K).$$

Ceci sera démontré plus loin (cf. proposition 2.2.25).

Nous résumons maintenant quelques propriétés de la **convergence de Hausdorff des ouverts** que nous serons amenés à utiliser par la suite. Les trois premières s'obtiennent par passage au complémentaire à partir de la convergence pour les compacts.

1. Une suite croissante d'ouverts inclus dans B converge au sens de Hausdorff vers sa réunion.

2. Une suite décroissante d'ouverts converge vers l'intérieur de l'intersection de tous les ouverts.

3. **Inclusion**: L'inclusion est stable pour la convergence au sens de Hausdorff, c'est-à-dire

$$\left.\begin{array}{c} \Omega_n^1 \overset{H}{\longrightarrow} \Omega^1 \\ \Omega_n^2 \overset{H}{\longrightarrow} \Omega^2 \\ \Omega_n^1 \subset \Omega_n^2 \text{ pour tout } n \end{array}\right\} \implies \Omega^1 \subset \Omega^2. \qquad (2.16)$$

Remarque 2.2.13 Il n'est cependant *pas vrai* que
(F compact $\subset \Omega_n$ ouverts, $\Omega_n \overset{H}{\longrightarrow} \Omega$ ouvert) implique $F \subset \Omega$;
Exemple: $\{0\} \subset]-1/n, 1/n[\overset{H}{\longrightarrow} \emptyset$.

4. **Proposition 2.2.14** *Soit Ω_n une suite d'ouverts qui converge au sens de Hausdorff vers l'ouvert Ω et soit $x \in \partial\Omega$. Alors, il existe une suite de points x_n avec $x_n \in \partial\Omega_n$ qui converge vers x.*

(Soit $x \in \partial\Omega$ et supposons par l'absurde que sa distance à $\partial\Omega_n$ ne tende pas vers 0. Ainsi, il existe une boule fermée $\bar{B}(x, \eta), \eta > 0$ dont l'intersection avec une sous-suite $\partial\Omega_{n_k}$ est vide. Par connexité, elle est incluse dans Ω_{n_k} ou dans son complémentaire. Par stabilité de l'inclusion pour la convergence de Hausdorff des ouverts et des fermés, on a donc $B(x, \eta) \subset \Omega$

ou $\bar{B}(x,\eta) \subset \Omega^c$, ce qui contredit que x est au bord de Ω.)

Notons que, d'après (2.14), la proposition 2.2.14 indique que, si $\partial \Omega_n$ converge au sens de Hausdorff vers un compact K, alors $\partial \Omega \subset K$. L'inclusion est stricte, en général, comme le montre l'exemple précédent $\Omega_n =$ $]-1/n, 1/n[$.

5. **Intersection**: L'intersection finie est stable pour la convergence au sens de Hausdorff,

$$\left. \begin{array}{l} \Omega_n^1 \xrightarrow{H} \Omega^1 \\ \Omega_n^2 \xrightarrow{H} \Omega^2 \end{array} \right\} \Longrightarrow \Omega_n^1 \cap \Omega_n^2 \xrightarrow{H} \Omega^1 \cap \Omega^2. \qquad (2.17)$$

(On utilise $d_H(\Omega_n^1 \cap \Omega_n^2, \Omega^1 \cap \Omega^2) \leq max\{d_H(\Omega_n^1, \Omega^1), d_H(\Omega_n^2, \Omega^1)\}$.)

6. **Réunion**: En revanche pour la réunion, nous avons tout au plus une inclusion:

$$\left. \begin{array}{l} \Omega_n^1 \xrightarrow{H} \Omega^1 \\ \Omega_n^2 \xrightarrow{H} \Omega^2 \\ \Omega_n^1 \cup \Omega_n^2 \xrightarrow{H} \Omega \end{array} \right\} \Longrightarrow \Omega^1 \cup \Omega^2 \subset \Omega. \qquad (2.18)$$

Ceci résulte immédiatement du point *3.* précédent. Mais, l'inclusion peut être stricte comme le montre l'exemple monodimensionnel:

$$\Omega_n^1 =]0,1[\setminus \bigcup_{k=1}^{n-1} \{\frac{k}{n}\}$$

$$\Omega_n^2 = \bigcup_{k=1}^{n-1}]\frac{k}{n} - \frac{1}{2^n}, \frac{k}{n} + \frac{1}{2^n}[.$$

On a $\Omega_n^1 \xrightarrow{H} \emptyset$ et $\Omega_n^2 \xrightarrow{H} \emptyset$ tandis que $\Omega_n^1 \cup \Omega_n^2 =]0,1[\xrightarrow{H}]0,1[$. Il se peut même que $\Omega_n^1 \cup \Omega_n^2$ ne converge pas. Construisons par exemple, à partir de la suite ci-dessus, la nouvelle suite

$$\widehat{\Omega}_n^1 := \Omega_n^1, \quad \widehat{\Omega}_n^2 := \left\{ \begin{array}{l} \Omega_n^1 \text{ si n pair} \\ \Omega_n^2 \text{ si n impair}. \end{array} \right.$$

A nouveau, $\widehat{\Omega}_n^1, \widehat{\Omega}_n^2 \xrightarrow{H} \emptyset$, mais $\widehat{\Omega}_n^1 \cup \widehat{\Omega}_n^2$ a les deux points d'adhérence $\emptyset$ et $]0,1[$.

7. **Proposition 2.2.15** *Si la suite d'ouverts Ω_n converge vers Ω et si K est un compact inclus dans Ω, alors K est inclus dans Ω_n pour n assez grand.*

(Puisque $0 < \inf_{x \in K} d(x, B \setminus \Omega)$ et que $d(\cdot, B \setminus \Omega) \leq d(\cdot, B \setminus \Omega_n) + d^H(B \setminus \Omega_n, B \setminus \Omega)$, on en déduit que $\inf_{x \in K} d(x, B \setminus \Omega_n) > 0$ pour n assez grand).

Remarque 2.2.16 On utilisera en particulier cette propriété sous la forme suivante: si φ est une fonction à support compact dans Ω, alors φ est aussi à support dans Ω_n pour n assez grand.

8. **Convexité**: elle est préservée par la convergence de Hausdorff des ouverts:

$$\big((\Omega_n)_{n\geq 1} \text{ convexes}, \ \Omega_n \xrightarrow{H} \Omega\big) \Rightarrow \Omega \text{ convexe.} \qquad (2.19)$$

(D'après la propriété précédente, si $x, y \in \Omega$, alors $x, y \in \Omega_n$ pour n grand; mais alors $]x, y[\subset \Omega_n$ et ceci se conserve à la limite par stabilité de l'inclusion).

En revanche, l'enveloppe convexe n'est pas préservée par la convergence de Hausdorff. Si on reprend l'exemple de l'ouvert Ω_n^1 du point *6.* ci-dessus, Ω_n^1 converge vers l'ensemble vide, mais son enveloppe convexe converge vers l'intervalle $]0, 1[$. Par contre, l'enveloppe convexe est une application continue pour la convergence de Hausdorff des compacts (voir exercice 2.5).

9. **Connexité**: La convergence de Hausdorff ne préserve pas la connexité des ouverts. Pour trouver un contre-exemple, il faut passer en dimension 2 car un intervalle ouvert qui converge au sens de Hausdorff ne peut converger que vers un intervalle. On peut prendre pour contre-exemple dans $\mathbb{R}^2$

$$\Omega_n =]0, 2[\times]0, 1[\setminus\{1\} \times [\frac{1}{n}, 1] \text{ ou } \Omega_n = B(0, 2) \setminus \{e^{ik\pi/n}, 0 \leq k < n\}.$$

qui convergent respectivement vers $]0, 1[\times]0, 1[\cup]1, 2[\times]0, 1[$ et la boule de rayon 2 privée du cercle unité (voir Figure 2.2). En revanche, on peut

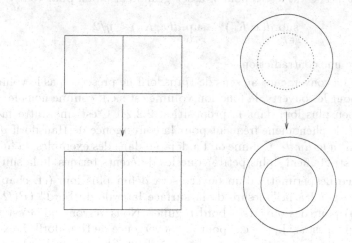

FIG. 2.2 −. *La distance de Hausdorff ne préserve pas la connexité*

montrer qu'elle préserve la connexité pour les compacts. Compte-tenu de l'importance de cette propriété pour la suite (cf. la proposition suivante et le théorème de Šverak 3.4.14), nous mettons ce résultat un peu plus en évidence et nous en donnons la preuve:

Proposition 2.2.17 *Soit K_n une suite de compacts connexes qui convergent au sens de Hausdorff vers un compact K. Alors K est connexe. Plus généralement, si K_n a au plus p composantes connexes avec $p \geq 1$ indépendant de n, alors il en est de même de K.*

Remarque 2.2.18 On utilisera ce résultat pour les ouverts: *soit Ω_n une suite d'ouverts convergeant vers Ω dont le complémentaire dans B a au plus p composantes connexes; alors le complémentaire de Ω a aussi au plus p composantes connexes.*

Démonstration: Supposons par l'absurde que K ait strictement plus de p composantes connexes. Il est alors réunion disjointe de $p + 1$ fermés non vides $F^i, i = 1, ..., p+1$: en effet, comme K n'est pas connexe, il est réunion de deux fermés disjoints non vides; si $p \geq 2$, l'un de ces deux fermés n'est pas connexe et à son tour, il est réunion de deux fermés disjoints; on continue par récurrence pour obtenir que K est réunion de $p+1$ fermés disjoints. Notons η le minimum des distances $d^H(F^i, F^j), 1 \leq i < j \leq p+1$; comme les F^i sont compacts et disjoints, on a $\eta > 0$. Ainsi, les $p + 1$ ouverts $\omega_i = \{x \in B; d(x, F^i) < \eta/2\}$ sont disjoints. Or pour n assez grand, $\rho(K_n, K) < \eta/2$; donc, $K_n \subset \cup_i \omega_i$ et les ω_i constituent un recouvrement de K_n par $p + 1$ ouverts disjoints. Il en résulte que K_n a au moins $p + 1$ composantes connexes dès que $K_n \cap \omega_i \neq \emptyset$ pour tout $i = 1, ..., p+1$. C'est le cas pour n assez grand car alors, pour tout i:

$$\sup_{x \in F^i} d(x, K_n) \leq \sup_{x \in K} d(x, K_n) < \eta/2.$$

On a donc une contradiction.

10. **Volume**: La convergence au sens de Hausdorff ne préserve pas le volume. En fait, pour les ouverts, la fonction volume est s.c.i. comme nous le verrons un peu plus loin dans la proposition 2.2.21. C'est une autre façon d'exprimer le phénomène fréquent pour la convergence de Hausdorff *d'effondrement à la limite*. Comme on l'a déjà vu dans des exemples, la limite peut être strictement "plus petite" que les différents termes de la suite.

11. **Périmètre** Le périmètre d'un ouvert sera défini plus loin (cf. chapitre 4); il correspond à la "mesure de la surface latérale du bord" ($P(\Omega) = \int_{\partial\Omega} d\sigma(x)$) pour des ouverts à bord régulier. Nous verrons que c'est une fonction qui n'est s.c.i., ni s.c.s. pour la convergence de Hausdorff. L'exemple d'une suite de domaines ressemblant à des timbres avec des dents de plus en plus petites (cf Figure 2.3), montre qu'on peut avoir le périmètre de la limite strictement plus petit que la limite inf des périmètres des ouverts de la suite. Pour un exemple en sens inverse, on peut prendre pour Ω une couronne $\Omega = B(0,1) \setminus \overline{B(0,R)}, R < 1$. On plaque alors sur le trou central une grille de taille $\frac{1}{n}$ et on ne conserve que les noeuds de la grille situés dans le disque central, soit $x_1, x_2, \ldots, x_p$. On pose $\Omega_n = B(0,1) \setminus (\bigcup_{i=1}^{p}\{x_i\})$ et on vérifie que $\Omega_n \xrightarrow{H} \Omega$, mais $P(\Omega_n) = 2\pi < P(\Omega) = 2\pi(1 + R)$.

12. **Diamètre**: Le diamètre est continu pour la convergence de Hausdorff.

 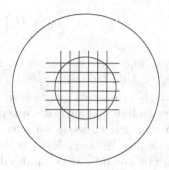

FIG. 2.3 –. *Le périmètre n'est pas continu pour la distance de Hausdorff*

2.2.4 La convergence au sens des compacts

Cette dernière notion de convergence est peut-être *a priori* moins naturelle, mais elle s'avère utile quand on s'intéresse à la continuité de la solution d'une équation aux dérivées partielles vis à vis de variations du domaine, cf [189], [181]. C'est donc une notion intéressante dans notre situation (cf la remarque à la fin du premier paragraphe).

Définition 2.2.19 *Soient* $(\Omega_n)_{n \in N}$ *et* Ω *des ouverts de* $\mathbb{R}^N$. *On dira que* Ω_n *converge au sens des compacts vers* Ω, *et on notera* $\Omega_n \xrightarrow{K} \Omega$ *si*

(i) $\forall K$ compact $\subset \Omega$, on a $K \subset \Omega_n$ pour n assez grand

(ii) $\forall L$ compact $\subset \overline{\Omega}^c$, on a $L \subset \overline{\Omega_n}^c$ pour n assez grand. $\qquad$ (2.20)

Un (gros) inconvénient de cette notion de convergence est qu'il n'y a pas unicité de la limite: on vérifie immédiatement que, si la suite Ω_n converge au sens des compacts vers Ω, alors elle converge aussi vers tout ouvert ω tel que $\omega \subset \Omega$ et $\bar{\omega} = \bar{\Omega}$. En fait, la topologie associée n'est pas séparée. Cette topologie est définie sur la famille $\mathcal{O}$ des ouverts de $\mathbb{R}^N$ à partir de la base d'ouverts $\mathcal{V}_{K,L}$ suivante où à chaque couple de compacts K, L de $\mathbb{R}^N$ on associe la famille d'ouverts de $\mathbb{R}^N$:

$$\mathcal{V}_{K,L} := \{\omega \text{ ouvertde } \mathbb{R}^N; K \subset \omega, L \subset \bar{\omega}^c\}.$$

On vérifie facilement que $\{\mathcal{V}_{K,L}; K, L \text{ compacts de } R^N\}$ constitue bien une base d'ouverts sur l'ensemble $\mathcal{O}$ des ouverts de $\mathbb{R}^N$ (stabilité par intersection finie) et que la topologie associée génère bien la notion de convergence au sens des compacts ci-dessus (cf. exercice 2.8). Mais cette topologie n'est pas séparée: on peut trouver deux ouverts distincts Ω_1 et Ω_2 de $\mathbb{R}^N$ tels que tous les $\mathcal{V}_{K,L}$ contenant Ω_1 rencontrent tous les $\mathcal{V}_{\hat{K},\hat{L}}$ contenant Ω_2. Prenons par exemple pour Ω_1 la boule unité et

$$\Omega_2 := \Omega_1 \bigcap \bigcup_{k=1}^{\infty} B(x_k, r_k), \qquad (2.21)$$

où x_k est une suite de points de Ω_1 **dense** dans Ω_1 et où $r_k > 0$ avec $\sum_{k \geq 1} r_k^N < 1$ de telle sorte que Ω_2 soit distinct de Ω_1. On a alors $\Omega_2 \subset \Omega_1$ et $\bar{\Omega}_1 = \bar{\Omega}_2$ et on voit que la boule $B_n := B(0, 1 + 1/n)$ appartient à tout voisinage de l'un ou l'autre dès que n est assez grand. Donc, B_n converge vers les **deux** ouverts ci-dessus au sens des compacts quand n tend vers l'infini. Comme de plus les choix des x_k et des r_k comme ci-dessus sont infinis, la suite B_n a en fait une infinité de limites différentes! Il est vrai qu'en dehors de Ω_1, les autres limites sont plutôt pathologiques.

On se retrouve ainsi dans une situation un peu comparable à celle de la convergence au sens des fonctions caractéristiques: on a unicité de la limite à condition de travailler modulo une relation d'équivalence adéquate, en l'occurrence ici:

$$\Omega_1 \simeq \Omega_2 \iff \overline{\Omega}_1 = \overline{\Omega}_2. \qquad (2.22)$$

Proposition 2.2.20 *La topologie quotient sur l'espace quotient de $\mathcal{O}$ par cette relation d'équivalence est séparée (cf. exercice 2.8).*

Il existe d'autres notions de convergence pour les ouverts qu'on peut décrire assez simplement: convergence des frontières, convergence au sens de Kuratowski[6], convergence au sens topologique, mais nous ne les utiliserons pas ici. En revanche, une notion de convergence beaucoup moins explicite mais très importante qu'on introduira au chapitre suivant est la γ-convergence. Dans le cas de suites d'ouverts réguliers, on utilise aussi la convergence au sens de C^k-difféomorphismes de $\mathbb{R}^N$ dans lui-même avec $k \geq 1$: $\Theta_n(\Omega)$ est dit alors converger vers un ouvert régulier Ω lorsque Θ_n converge vers l'identité pour la norme de C^k.

2.2.5 Lien entre ces différentes notions de convergence

Comme on va le voir dans une série d'exemples, aucune des trois notions de convergence définies ci-dessus n'implique l'une des trois autres. Cependant, certaines relations entre elles sont intéressantes et vont être détaillées (cf aussi Exercices 2.6 et 2.7 à la fin de ce chapitre).

Premier contre-exemple: Soit Ω le disque unité de $\mathbb{R}^2$ privé de l'intervalle $[0, 1] \times \{0\}$ et $\Omega_n := B(0, 1 + 1/n)$. Alors il est facile de vérifier que $\Omega_n \xrightarrow{K} \Omega$

---

[6] Kazimierz KURATOWSKI, 1896-1980, polonais, enseigne à Lwów puis Varsovie. Ses travaux portent sur les fonctions réelles, la topologie, la théorie des ensembles et les graphes.

tandis que Ω_n converge au sens de Hausdorff vers $B(0,1)$ et donc pas vers Ω. En fait, nous exploitons seulement ici la non-unicité de la limite au sens des compacts: comme mentionné plus haut, Ω_n converge en fait vers tout ouvert inclus dans $B(0,1)$ dont la fermeture est égale à celle de $B(0,1)$, par exemple vers Ω_2 défini en (2.21) qui, de surcroît, n'a pas même mesure que $B(0,1)$ et n'est donc pas non plus la limite de Ω_n au sens des fonctions caractéristiques.

Deuxième contre-exemple (cf. [218]): Toujours dans $\mathbb{R}^2$, on prend $F = [0,3]^2$ et on pose (voir Figure 2.4)

$$\Omega_n := \{(x,y) \in F,\ 0 < x < 3,\ 0 < y < 2 + \sin(nx)\}, \quad K_n = \Omega_n^c, \quad (2.23)$$

$$\Omega :=]0,3[\times]0,1[, \quad K = \Omega^c. \quad (2.24)$$

Alors Ω_n converge vers Ω au sens de Hausdorff puisque

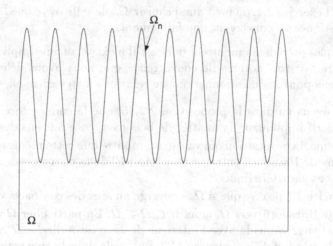

FIG. 2.4 –. *Ω_n converge vers Ω au sens de Hausdorff*

- $\rho(K_n, K) = 0$ car $K_n \subset K$
- $\forall x \in K$, on a $d(x, K_n) \leq \pi/n$ et donc $\rho(K, K_n) \to 0$.

Cependant Ω_n ne converge pas vers Ω au sens des compacts, puisque tout compact du type $[a,b] \times [c,d]$ avec $0 < a < b < 3, 1 < c < d < 3$ qui est inclus dans $\bar{\Omega}^c$ ne sera jamais, en revanche, inclus dans $\bar{\Omega}_n^c$ pour n grand. De même, il est clair que Ω_n ne converge pas au sens des fonctions caractéristiques vers Ω car

$$\int_F |\chi_{\Omega_n} - \chi_\Omega|\,dx = \int_F \chi_{\Omega_n \setminus \Omega}(x)\,dx = \int_0^3 \int_1^{2+\sin(nx)} dy\,dx = 3 + \frac{1 - \cos(3n)}{n}$$

qui ne tend pas vers 0 quand n tend vers l'infini.

En fait, on vérifie que Ω_n ne converge ni au sens des compacts, ni au sens des fonctions caractéristiques (noter que, d'après l'exercice 2.6, si c'était le cas, la limite ω vérifierait alors $\bar{\omega} = \bar{\Omega}$).

Troisième contre-exemple: Dans $\mathbb{R}$ posons

$$\Omega_n := \bigcup_{k=0}^{2^n-1}]\frac{k}{2^n}, \frac{k+1}{2^n}[= [0,1] \setminus \bigcup_{k=0}^{2^n} \{\frac{k}{2^n}\}. \tag{2.25}$$

Alors il est facile de voir que $K_n := [0,1] \setminus \Omega_n = \bigcup_{k=0}^{2^n} \{\frac{k}{2^n}\}$ converge au sens de Hausdorff vers l'intervalle $[0,1]$. Ce qui signifie, en passant au complémentaire, que Ω_n converge au sens de Hausdorff vers l'ensemble vide. En revanche, il est clair que Ω_n ne converge pas au sens des compacts vers l'ensemble vide (ni vers tout autre ouvert d'ailleurs). Mais puisque $\chi_{\Omega_n} = \chi_{]0,1[}$ *p.p.*, on a convergence de Ω_n vers $]0,1[$ au sens des fonctions caractéristiques.

Selon l'exercice 2.1, on peut aussi choisir Ω_n de telle sorte que les fonctions caractéristiques ne convergent que faiblement.

Les exemples précédents montrent donc qu'il n'existe aucune implication complète entre les trois notions de convergence que nous avons définies. Néanmoins, nous pouvons mentionner quatre relations fortes entre elles:

- Nous avons vu dans la proposition 2.2.15, que la convergence au sens de Hausdorff impliquait "la moitié" de la convergence au sens des compacts.
- De même, la proposition qui va suivre, montre que cette même convergence au sens de Hausdorff entraîne une "moitié" de la convergence au sens des fonctions caractéristiques.
- L'exercice 2.6 prouve que si Ω_n converge au sens des compacts vers Ω et au sens de Hausdorff vers $\tilde{\Omega}$, alors $\Omega \subset \tilde{\Omega} \subset \bar{\Omega}$. En particulier $\bar{\Omega} = \bar{\tilde{\Omega}}$. Ainsi, $\tilde{\Omega} = \Omega$ si Ω coïncide avec l'intérieur de $\bar{\Omega}$, c'est-à-dire si Ω est "saturé" pour la relation d'équivalence (2.22) naturelle dans la convergence au sens des compacts. On dit aussi dans ce cas que Ω (qui vérifie aussi $\partial\Omega = \partial\bar{\Omega}$) est un ouvert de Carathéodory.
- La deuxième partie de l'exercice 2.6 met en évidence un lien analogue entre convergence au sens des compacts et convergence au sens des fonctions caractéristiques. Voir aussi l'exercice 2.7.

Proposition 2.2.21 *Soient Ω_n et Ω des ouverts inclus dans un fermé fixe B. Si $\Omega_n \xrightarrow{H} \Omega$ alors*

(i) $|\Omega \setminus \Omega_n| \to 0$

(ii) $\chi_\Omega \leq \liminf \chi_{\Omega_n}$ p.p.

(iii) Si, de plus, $\chi_{\Omega_n} \xrightarrow{\sigma(L^\infty, L^1)} \chi$, alors $\chi_\Omega \leq \chi$.

Remarque 2.2.22 Puisque

$$\|\chi_{\Omega_n} - \chi_\Omega\|_{L^1} = \int_B |\chi_{\Omega_n}(x) - \chi_\Omega(x)|\, dx =$$
$$\int_{\Omega_n\setminus\Omega} \chi_{\Omega_n}(x)\, dx + \int_{\Omega\setminus\Omega_n} \chi_\Omega(x)\, dx = |\Omega_n\setminus\Omega| + |\Omega\setminus\Omega_n|,$$

on voit bien que, là aussi, la convergence au sens de Hausdorff implique "la moitié" de la convergence au sens des fonctions caractéristiques.

Démonstration de la proposition: On note, comme d'habitude $K = B\setminus\Omega$ et $K_n = B\setminus\Omega_n$. Fixons une suite de réels positifs ε_n décroissant vers 0 et telle que $\varepsilon_n \geq \rho(K_n, K)$. On a alors, puisque $d^H(K_n, K) \to 0$:

$$\chi_{\Omega\setminus\Omega_n} = \chi_{K_n\setminus K} \leq \chi_{\{x\in B; 0 < d(x,K) < \varepsilon_n\}}.$$

Mais, puisque $\{x \in B; 0 < d(x, K) < \varepsilon_n\}$ tend en décroissant vers $\emptyset$ on a, par le lemme de Beppo Levi [7],

$$\lim_{n\to\infty} \int_F \chi_{\Omega\setminus\Omega_n}(x)\, dx = 0$$

et donc $|\Omega\setminus\Omega_n| \to 0$. Comme, de plus,

$$\chi_\Omega = \chi_{\Omega\setminus\Omega_n} + \chi_{\Omega\cap\Omega_n} \leq \chi_{\Omega\setminus\Omega_n} + \chi_{\Omega_n} \tag{2.26}$$

et puisque $\chi_{\Omega\setminus\Omega_n} \to 0$ p.p. d'après la première partie de la preuve, on a bien

$$\chi_\Omega \leq \liminf \chi_{\Omega_n} \text{ p.p.,} \tag{2.27}$$

ainsi que,

$$\forall \psi \in L^1, \text{ avec } \psi \geq 0, \int \chi_\Omega\, \psi \leq \lim_{n\to\infty} \int \chi_{\Omega_n}\, \psi = \int \chi\, \psi, \tag{2.28}$$

ce qu'il fallait vérifier. □

2.2.6 Résultats de compacité

Comme on l'a vu dans la proposition 2.1.1, il est important de pouvoir extraire d'une suite Ω_n d'ouverts une sous-suite convergente, c'est-à-dire de travailler avec une topologie ayant de bonnes propriétés de compacité. Nous allons voir que celle de Hausdorff est très favorable de ce point de vue.

---

[7] Beppo LEVI, 1875-1961, italien, en Argentine après 1939. Travaux sur la théorie des fonctions intégrables et en mécanique quantique.

Cas de la convergence au sens de Hausdorff

Théorème 2.2.23 *Soit K_n une suite de compacts inclus dans un compact fixe B. Alors il existe K compact inclus dans B et une suite extraite K_{n_k} qui converge au sens de Hausdorff vers K quand $k \to \infty$.*

Corollaire 2.2.24 *Soit Ω_n une suite d'ouverts inclus dans un compact fixe B. Alors il existe Ω ouvert inclus dans B et une suite extraite Ω_{n_k} qui converge au sens de Hausdorff vers Ω quand $k \to \infty$. Autrement dit $\{\Omega;\ \Omega \subset B\}$ est compact pour la métrique de Hausdorff d_H.*

Pour tout compact K de $\mathbb{R}^N$, on notera $d_K(x)$ la fonction (continue) "distance euclidienne à K", définie par $d_K(x) = d(x, K) = \min\{d(x, y), y \in K\}$. La proposition suivante donne une définition équivalente de la distance de Hausdorff.

Proposition 2.2.25 *Si K_1 et K_2 sont deux compacts alors*

$$d^H(K_1, K_2) = \|d_{K_1} - d_{K_2}\|_{L^\infty(\mathbb{R}^N)} = \|d_{K_1} - d_{K_2}\|_{L^\infty(K_1 \cup K_2)}. \qquad (2.29)$$

En particulier,

$$K_n \xrightarrow{H} K \iff d_{K_n} - d_K \text{ converge uniformément vers 0 dans } \mathbb{R}^N$$

Démonstration de la proposition:

Notons $\sigma(K_2, K_1) := \|d_{K_1} - d_{K_2}\|_{L^\infty(K_1 \cup K_2)}$. Pour $x \in K_2$, on a

$$d(x, K_1) = |d(x, K_1) - d(x, K_2)| \le \sigma(K_2, K_1),$$

et donc, en passant à la borne supérieure, $\rho(K_2, K_1) \le \sigma(K_2, K_1)$. Comme l'expression de droite est symétrique en K_1 et K_2, on en déduit, en inversant le rôle de K_1 et K_2 que

$$d^H(K_1, K_2) \le \sigma(K_2, K_1).$$

Inversement, pour $x \in \mathbb{R}^N$ fixé, notons k_1 et k_2 les éléments de K_1 et K_2 respectivement tels que

$$d(x, K_1) = d(x, k_1),\ d(x, K_2) = d(x, k_2).$$

On a, pour tout $y \in K_1$, $d(x, y) \le d(x, k_2) + d(k_2, y)$, d'où en prenant l'infimum pour $y \in K_1$, on obtient

$$d(x, K_1) \le d(x, k_2) + d(k_2, K_1) = d(x, K_2) + d(k_2, K_1).$$

Ce qui entraîne

$$d(x, K_1) - d(x, K_2) \le d(k_2, K_1) \le \rho(K_2, K_1) \le d^H(K_1, K_2).$$

Par symétrie, on en déduit

$$\forall x \in \mathbb{R}^N, \ |d(x, K_1) - d(x, K_2)| \le d^H(K_1, K_2),$$

d'où, en prenant la borne supérieure pour $x \in \mathbb{R}^N$

$$\sigma(K_2, K_1) \le \|d_{K_1} - d_{K_2}\|_{L^\infty(\mathbb{R}^N)} \le d^H(K_1, K_2),$$

ce qui termine la démonstration de la proposition. □

Démonstration du théorème: Considérons la suite d_{K_n} dans l'espace de fonctions continues $\mathcal{C}(B)$ muni de la métrique uniforme.

– la suite d_{K_n} est bornée uniformément (par le diamètre de B par exemple).

– la suite d_{K_n} est équicontinue puisque

$$|d_{K_n}(x) - d_{K_n}(y)| = |d(x, K_n) - d(y, K_n)| \le d(x, y).$$

Donc, d'après le théorème d'Ascoli[8], la famille d_{K_n} est relativement compacte dans $\mathcal{C}(B)$: on peut en extraire une sous-suite, encore notée, d_{K_n} qui converge uniformément sur B vers une fonction continue f. Posons alors $K = \{x \in B; f(x) = 0\}$ qui est un compact de B. La fin de la démonstration va consister à montrer que $f = d_K$, ce qui terminera la preuve grâce à la proposition 2.2.25.

Tout d'abord, puisque $|d_{K_n}(x) - d_{K_n}(y)| \le d(x, y)$, on a en passant à la limite $|f(x) - f(y)| \le d(x, y)$ et donc, en particulier pour tout $y \in K$ $f(x) = |f(x)| \le d(x, y)$, ce qui implique

$$f(x) \le d_K(x) \tag{2.30}$$

en passant à l'infimum à droite.

Soit maintenant x fixé dans $\mathbb{R}^N$, et introduisons, pour tout n, un point $x_n \in K_n$ tel que $d(x, K_n) = d(x, x_n)$. Comme (x_n) est une suite de B, on peut extraire x_{n_k} qui converge vers un point $y \in B$. Donc

$$f(x) = \lim d_{K_{n_k}}(x) = \lim d(x, x_{n_k}) = d(x, y).$$

Mais puisque $f(y) = \lim d_{K_{n_k}}(y) \le \lim d(y, x_{n_k}) = 0$, on en déduit, par définition de K que $y \in K$. Donc $f(x) = d(x, y) \ge d_K(x)$ d'où le résultat en utilisant (2.30). □

Cas de la convergence au sens des fonctions caractéristiques

Comme annoncé plus haut, avec la topologie de la convergence au sens des fonctions caractéristiques, nous avons la propriété de compacité immédiate suivante:

Proposition 2.2.26 *Soit E_n une suite d'ensembles mesurables de $\mathbb{R}^N$. Alors on peut extraire de la suite χ_{E_n} une sous-suite qui converge *-faiblement dans $L^\infty(\mathbb{R}^N)$ (i.e. dans $\sigma(L^\infty, L^1)$) vers une fonction $\chi \in L^\infty(\mathbb{R}^N)$. On a, de plus, $0 \le \chi \le 1$ p.p..*

---

[8] Giulio ASCOLI, 1843-1896, italien; travaux en analyse fonctionnelle, souvent associé à Cesare ARZELA, 1847-1912, italien, un autre pionnier de l'analyse fonctionnelle.

Ceci résulte du théorème de compacité faible suivant appliqué avec $X = L^1(\mathbb{R}^N)$ et $X' = L^\infty(\mathbb{R}^N)$ (voir par exemple [45]).

Lemme 2.2.27 *La boule unité du dual X' d'un espace de Banach[9] X est compacte pour la topologie *-faible $\sigma(X', X)$. Si, de plus, X est séparable, alors elle est séquentiellement compacte.*

Remarque 2.2.28 *A propos de $0 \leq \chi \leq 1$* : La positivité est conservée par limite dans $\sigma(L^\infty, L^1)$: en effet, si χ est limite d'une suite $\chi_n \geq 0$, alors pour tout $\psi \in L^1$, avec $\psi \leq 0$, on a $\int \chi_n \psi \leq 0$ et donc à la limite $\int \chi \psi \leq 0$. Ceci implique bien $\chi \geq 0$ p.p.. En appliquant cette remarque à $1 - \chi_n$, on obtient que $\forall n, \chi_n \leq 1 \Rightarrow \chi \leq 1$.

Si on travaille avec des ensembles de mesure uniformément bornée (ce qui est évidemment le cas quand les E_n sont tous inclus dans une boule fixe B), la suite χ_{E_n} est alors bornée dans tous les $L^p(\mathbb{R}^N)$. Puisque $L^p(\mathbb{R}^N)$ est réflexif pour $1 < p < \infty$, on a aussi compacité faible dans L^p de χ_{E_n}. Puisque $\mathcal{C}_0^\infty \subset L^{p'} \cap L^1$, la même sous-suite de la proposition 2.2.26 converge faiblement dans L^p vers la même limite χ. Cette limite n'est pas plus une fonction caractéristique que précédemment (cf. exercice 2.1). Pour montrer qu'elle prend ses valeurs entre 0 et 1, on peut aussi invoquer le théorème de Mazur[10] qui exprime que si une suite converge faiblement dans un espace de Banach X (c'est-à-dire dans $\sigma(X, X')$), alors il existe une suite de combinaisons convexes qui converge fortement vers la même limite (cf. [45]). Ici, puisque les fonctions χ_{E_n} ne prennent que des valeurs comprises entre 0 et 1, il en est de même de toute combinaison convexe des χ_{E_n}, et comme de toute suite convergeant fortement dans $L^p(\mathbb{R}^N)$ on peut extraire une sous-suite convergeant presque partout, il en résulte bien $0 \leq \chi(x) \leq 1$, *p.p.x*.

Dans le cas où la fonction limite χ est tout de même une fonction caractéristique, nous avons déjà vu que la convergence était forte (cf. proposition 2.2.1.

Nous verrons plus tard (cf chapitre 4) que si les E_n sont de périmètre uniformément borné, alors la suite χ_{E_n} est compacte pour la convergence forte.

Cas de la convergence au sens des compacts

La situation est ici beaucoup moins favorable, nous allons comprendre pourquoi sur un exemple.

Considérons le cas, en dimension 2 pour fixer les idées, où Ω est défini comme étant la partie située en dessous du graphe d'une fonction f continue strictement positive de $[a, b]$ dans $\mathbb{R}$:

---

[9] Stefan BANACH, 1892-1945, polonais, de la célèbre école de Lwów; contribution énorme en analyse fonctionnelle et autour des espaces qui portent son nom.

[10] Stanislaw MAZUR, 1905-1981, polonais, enseignant à Lwów, Łódź, Cracovie; travaux en analyse fonctionnelle.

$$\Omega = \{(x, y) \in \mathbb{R}^2, \ a < x < b, \ 0 < y < f(x)\},$$

et de même pour Ω_n avec des fonctions f_n continues strictement positives sur $[a, b]$. Alors, on a

Proposition 2.2.29

$$\Omega_n \xrightarrow{K} \Omega \Rightarrow f_n \text{ converge uniformément vers } f \text{ sur tout compact de }]a, b[\tag{2.31}$$

$$f_n \text{ converge uniformément vers } f \text{ sur } [a, b] \Rightarrow \Omega_n \xrightarrow{K} \Omega. \tag{2.32}$$

Remarque 2.2.30 On n'a pas l'équivalence dans (2.31) comme le montre un exemple simple du type $f(x) = 1$ et $f_n(x) = 1 + x^n$ sur l'intervalle $]0, 1[$. D'autre part, $\Omega_n \xrightarrow{K} \Omega$ n'implique pas non plus la convergence uniforme comme le montre l'exemple $f(x) = 2, f_n(x) = 2 - x^n$.

Cette proposition montre bien que, contrairement au cas de la convergence au sens de Hausdorff, la compacité sera loin d'être automatique dans ce cas. En effet, même en supposant les fonctions f_n bornées uniformément, on sait bien (cf. théorème d'Ascoli), qu'il faut une hypothèse supplémentaire d'équicontinuité pour pouvoir extraire de la suite f_n une sous-suite uniformément convergente (même sur tout compact). L'équicontinuité peut être obtenue à l'aide d'un contrôle sur les pentes. Ce serait le cas, par exemple, si on supposait les fonctions f_n uniformément lipschitziennes (i.e. avec un rapport de Lipschitz [11] commun).

Démonstration de la proposition: Notons, pour tout ε positif

$$K_\varepsilon = \{(x, y) \in \mathbb{R}^2, \ a + \varepsilon \leq x \leq b - \varepsilon, \ \varepsilon \leq y \leq f(x) - \varepsilon\}$$

Si l'on suppose alors que $\Omega_n \xrightarrow{K} \Omega$, par définition on va avoir $K_\varepsilon \subset \Omega_n$ pour n assez grand et donc

$$\forall x \in [a + \varepsilon, b - \varepsilon], \ f_n(x) \geq f(x) - \varepsilon.$$

De même, avec le compact extérieur $L_\varepsilon := \{a \leq x \leq b; f(x) + \varepsilon \leq y \leq \varepsilon^{-1}\}$, on a $L_\varepsilon \subset \bar{\Omega}^c$ et donc $L_\varepsilon \subset \bar{\Omega}_n^c$ pour n assez grand, soit, en particulier:

$$\forall x \in [a, b], \ f_n(x) \leq f(x) + \varepsilon.$$

Ceci prouve (2.31). L'assertion (2.32) ne pose, elle non plus, aucune difficulté puisque, si K est un compact quelconque inclus dans Ω, on a évidemment $K \subset K_\varepsilon$ pour un certain $\varepsilon > 0$ et la convergence uniforme de f_n vers f entraîne $K_\varepsilon \subset \Omega_n$ à partir d'un certain rang. On raisonne de façon similaire avec un compact L inclus dans l'extérieur de Ω: on voit qu'alors $L \cap [a, b] \times [0, \infty[$ est

---

[11] Rudolph LIPSCHITZ, 1832-1903, allemand, enseigne à Berlin, Breslau, Bonn; connu pour ses travaux sur les équations différentielles et la géométrie riemannienne.

inclus dans L_ε pour un certain ε puisque $f > 0$ (sinon, L pourrait traverser l'axe des x); et par convergence uniforme de f_n, $L_\varepsilon \subset \bar{\Omega}_n^c$ pour n assez grand. Puisque $\bar{\Omega}_n \subset [a,b] \times [0,\infty[$, pour le reste de L, l'inclusion dans $\bar{\Omega}_n^c$ est claire.
□

On peut trouver dans l'Exercice 2.9 une généralisation de l'exemple précédent où les ouverts sont définis comme ensembles de niveau de fonctions continues.

2.3 Suites d'ensembles à périmètre borné

Nous allons voir dans ce paragraphe que, pour une suite d'ouverts à périmètre borné, la suite des fonctions caractéristiques est relativement compacte *pour la convergence forte*. Ceci est particulièrement utile en optimisation de formes où le périmètre apparaît souvent dans les fonctionnelles à minimiser: c'est le cas chaque fois qu'il y a un terme de tension superficielle (voir exemples du chapitre 1); il peut aussi correspondre à une "mesure" particulière du coût de l'objet dont on cherche la forme idéale, comme peut l'être, dans d'autres cas, le volume.

Pour cela, il est nécessaire de définir le périmètre d'ensembles plus généraux que les seuls ouverts "rectifiables": nous adoptons la notion de périmètre généralisé introduite par De Giorgi[12].

2.3.1 Définition du périmètre, propriétés

Soit D un ouvert quelconque de $\mathbb{R}^N$. Notons $\mathcal{D}(D;\mathbb{R}^N)$ l'espace des fonctions de D dans $\mathbb{R}^N$ qui sont C^∞ et à support compact, c'est-à-dire que

$$\varphi = (\varphi_1, \varphi_2, \ldots, \varphi_N) \in \mathcal{D}(D;\mathbb{R}^N) \text{ si } \varphi_i \in \mathcal{D}(D) \text{ pour tout } i = 1, \ldots N.$$

On munit $\mathcal{D}(D;\mathbb{R}^N)$ de la norme

$$\|\varphi\|_\infty := \sup_{x \in D} \left[\left(\sum_{i=1}^N \varphi_i(x)^2\right)\right]^{1/2} = \sup_{x \in D} |\varphi(x)|.$$

Définition 2.3.1 *Soit Ω un ensemble mesurable dans D. On appelle périmètre de Ω relatif à D (simplement périmètre si $D = \mathbb{R}^N$), le nombre*

$$P_D(\Omega) = \sup\{\int_\Omega \operatorname{div}(\varphi)\,dx; \quad \varphi \in \mathcal{D}(D;\mathbb{R}^N), \ \|\varphi\|_\infty \le 1\}.$$

Si $D = \mathbb{R}^N$, on note simplement $P_{\mathbb{R}^N}(\Omega) = P(\Omega)$.

---

[12] Ennio DE GIORGI, 1928-1996, mathématicien italien; a fait presque toute sa carrière à l'Ecole Normale Supérieure de Pise où il a formé de nombreux élèves. Contributions importantes en calcul des variations (surfaces minimales et Γ−convergence qu'il introduit en 1975), théorie géométrique de la mesure, théorie des E.D.P. (en particulier, régularité).

Remarque 2.3.2 On peut aussi exprimer $\int_\Omega \operatorname{div}(\varphi)\, dx$ de la façon suivante (on s'en reservira un peu plus loin):

$$\int_\Omega \operatorname{div}(\varphi)\, dx = \int_D \chi_\Omega \left(\sum_{i=1}^N \frac{\partial \varphi_i}{\partial x_i} \right) dx = <\chi_\Omega, \sum_{i=1}^N \frac{\partial \varphi_i}{\partial x_i}>_{\mathcal{D}' \times \mathcal{D}}$$

$$= -\sum_{i=1}^N <\frac{\partial \chi_\Omega}{\partial x_i}, \varphi_i>_{\mathcal{D}' \times \mathcal{D}} = -<\nabla \chi_\Omega, \varphi>_{\mathcal{D}'(D;\mathbb{R}^N) \times \mathcal{D}(D;\mathbb{R}^N)},$$

où $\mathcal{D}'(D;\mathbb{R}^N) = \mathcal{D}'(D)^N$ est l'espace des distributions $(T_1, ..., T_N)$ avec $\forall i = 1...N, T_i \in \mathcal{D}'(D)$.

Dans le cas où Ω est régulier, on retrouve bien sûr la notion usuelle de périmètre ou de "surface latérale" du bord de Ω dans D:

Proposition 2.3.3 *Si Ω est un ouvert borné de classe C^1, alors $P_D(\Omega) = \int_{\partial \Omega \cap D} d\sigma$ (où $d\sigma$ est l'élément de surface sur $\partial \Omega$).*

Remarque Nous renvoyons à la page 188 du chapitre 5 pour les définitions et propriétés concernant la notion d'ouvert de classe C^1.

Démonstration de la proposition 2.3.3: Si $\varphi \in \mathcal{D}(D;\mathbb{R}^N)$, par la formule de Green, on a

$$\int_\Omega \operatorname{div}(\varphi)\, dx = \int_\Omega \sum_{i=1}^N \frac{\partial \varphi_i}{\partial x_i}\, dx = \int_{\partial \Omega} \varphi_i n_i\, d\sigma = \int_{\partial \Omega \cap D} \varphi.n\, d\sigma.$$

Or

$$\varphi(x).\mathbf{n}(x) \leq |\varphi(x)| \leq \|\varphi\|_\infty \leq 1,$$

d'où

$$\int_\Omega \operatorname{div}(\varphi)\, dx \leq \int_{\partial \Omega \cap D} d\sigma \quad \text{et} \quad P_D(\Omega) \leq \int_{\partial \Omega \cap D} d\sigma.$$

Pour obtenir l'inégalité dans l'autre sens, on aimerait pouvoir exhiber une fonction φ telle que $\varphi = \mathbf{n}$ sur $\partial \Omega$ ou au moins approcher $\mathbf{n}$ par une telle suite de fonctions de $\varphi^q \in \mathcal{D}(D;\mathbb{R}^N))$. Ceci peut se faire de la façon suivante. D'abord, étant donné $\epsilon > 0$, soit $D_\epsilon \subset D$ compact tel que $\int_{\partial \Omega \cap D} d\sigma - \int_{\partial \Omega \cap D_\epsilon} d\sigma \leq \epsilon$. Par compacité, il existe une famille de C^1- difféomorphismes $\psi_i, i = 1, ...p$ définissant $\partial \Omega \cap D_\epsilon$ comme indiqué en page 188. On peut toujours supposer les domaines de définition $\mathcal{O}_i$ des ψ_i inclus dans D. A l'aide de la partition de l'unité (ξ_i) associée et telle que $\sum_i \xi_i \equiv 1$ sur un voisinage de $\partial \Omega \cap D_\epsilon$, on obtient un prolongement de $\mathbf{n}$ selon la formule (5.39), soit

$$\varphi(x) = \sum_{i=1}^p \xi_i(x) \mathbf{n} \left(\psi_i \circ \pi_i \circ \psi_i^{-1}(x) \right),$$

où π_i est la projection orthogonale convenable et φ est continue. Ainsi, si $x \in \partial \Omega \cap D_\epsilon$, on a $\varphi(x) = \sum_1^p \xi_i(x) \mathbf{n}(x) = \mathbf{n}(x)$. Par régularisation, en posant

$\varphi^q := \varphi * \rho_q$ (où ρ_q est une suite régularisante), on fabrique une suite de fonctions de $\mathcal{D}(D; \mathbb{R}^N)$ qui converge uniformément vers φ et pour laquelle on a

$$\int_\Omega \operatorname{div}(\varphi^q)\, dx = \int_{\partial\Omega\cap D} \varphi^q.\mathbf{n}(\sigma)\, d\sigma \longrightarrow \int_{\partial\Omega\cap D} \varphi.\mathbf{n}\, d\sigma \geq \int_{\partial\Omega\cap D} d\sigma - 2\epsilon,$$

d'où le résultat. □

Nous allons donner maintenant une autre interprétation, en terme de mesure de Radon [13] du périmètre. Rappelons tout d'abord que si $f \in L^1(D; \mathbb{R}^N)$, la norme $\|f\|_1 = \int_D |f(x)|\, dx$, où $|\cdot|$ désigne la norme euclidienne, peut être définie par dualité par

$$\|f\|_1 = \sup\{\int_D f(x).\varphi(x)\, dx; \quad \varphi \in \mathcal{D}(D; \mathbb{R}^N), \quad \|\varphi\|_\infty \leq 1\}.$$

Plus généralement, la formule précédente est valable pour des mesures de Radon de masse totale finie. On rappelle qu'une mesure de Radon sur D à valeurs dans $\mathbb{R}^N$ est une forme linéaire continue sur l'espace $C_0^0(D; \mathbb{R}^N)$ des fonctions continues à valeurs dans $\mathbb{R}^N$ et à support compact dans D (c'est-à-dire une distribution d'ordre 0). Plus précisément, on a

Proposition 2.3.4 *Soit* $\mu = (\mu_1, \mu_2, \ldots, \mu_N) \in \left(\mathcal{D}'(D; \mathbb{R})\right)^N = \mathcal{D}'(D; \mathbb{R}^N)$. *Alors,* μ *est une mesure de Radon de masse totale finie sur* $\mathbb{R}^N$ *si et seulement si*

$$\|\mu\|_1 = \sup\{< \mu, \varphi >_{\mathcal{D}'\times\mathcal{D}}; \ \varphi \in \mathcal{D}(D; \mathbb{R}^N), \ \|\varphi\|_\infty \leq 1\} < +\infty.$$

Pour la démonstration, cf [234]. On notera $\mathcal{M}_b(D)$ les mesures de Radon réelles sur D de masse totale finie et

$$\mathcal{M}_b(D; \mathbb{R}^N) = \{\mu = (\mu_1, \mu_2, \ldots, \mu_N) \quad \text{avec } \mu_i \in \mathcal{M}_b(D)\}$$

muni de la norme $\|.\|_1$ définie ci-dessus. Le point important est que, si $\mu \in \mathcal{D}'(D, \mathbb{R}^N)$ est une distribution telle que, pour une certaine constante C

$$\forall \varphi \in \mathcal{D}(D, \mathbb{R}^N), \ |< \mu, \varphi >| \leq C\|\varphi\|_\infty,$$

alors μ est une mesure de Radon de masse totale finie, de même que si,

$$|< \mu, \varphi >| \leq C\|\varphi\|_2,$$

alors μ est une fonction de L^2 et de même que, plus généralement, si une distribution est continue pour une certaine norme sur $\mathcal{D}(D, \mathbb{R}^N)$ alors elle

---

[13] Johann RADON, 1887-1956, mathématicien autrichien, a enseigné à Vienne, mais aussi dans plusieurs universités allemandes; ses travaux majeurs portent sur la théorie de la mesure et de l'intégration.

s'identifie généralement à un élément du dual du complété de $\mathcal{D}(D, \mathbb{R}^N)$ pour cette norme.

Corollaire 2.3.5 *Etant donné $\Omega \subset D$ mesurable, on a*

$$P_D(\Omega) < +\infty \iff \nabla \chi_\Omega \text{ est une mesure de masse totale finie}$$

avec

$$P_D(\Omega) = \|\nabla \chi_\Omega\|_1$$

(variation totale du gradient de la fonction caractéristique, calculé au sens des distributions dans D).

Remarque Parmi les autres propriétés utiles du périmètre, mentionnons que, pour tout ouvert $D \subset \mathbb{R}^N$,

$$\forall A, B \text{ mesurables,} \quad P_D(A \cup B) + P_D(A \cap B) \leq P_D(A) + P_D(B).$$

Ceci est montré par exemple dans [129]. On utilise que $\chi_{A \cup B} = \chi_A + \chi_B - \chi_A \chi_B$ et donc, **formellement**,

$$\nabla \chi_{A \cup B} = (1 - \chi_B)\nabla \chi_A + (1 - \chi_A)\nabla \chi_B,$$

$$\Rightarrow |\nabla \chi_{A \cup B}| \leq (1 - \chi_B)|\nabla \chi_A| + (1 - \chi_A)|\nabla \chi_B| \leq |\nabla \chi_A| + |\nabla \chi_B| - |\nabla \chi_{A \cap B}|.$$

Ces expressions ne sont, bien sûr, valables que pour des approximations régulières f_A^n, f_B^n de χ_A, χ_B. Un lemme nécessaire pour le passage à la limite est qu'on peut les choisir de telle façon que $\|\nabla f_A^n\|_1$ converge vers $\|\nabla \chi_A\|_1$ (et de même pour B).

2.3.2 Continuité, compacité

Rappelons tout d'abord quelques résultats de continuité pour le volume et le périmètre, vis-à-vis de la convergence des fonctions caractéristiques. Ces résultats avaient été en partie annoncés plus haut.

Proposition 2.3.6 *Soient Ω_n et Ω des parties mesurables bornées de $\mathbb{R}^N$.*

1) Si $\chi_{\Omega_n} \to \chi_\Omega$ dans $L^1_{loc}(D)$ alors $|\Omega| \leq \liminf |\Omega_n|$
            et $P_D(\Omega) \leq \liminf P_D(\Omega_n).$

2) Si $\chi_{\Omega_n} \to \chi_\Omega$ dans $L^1(D)$ alors $|\Omega| = \lim |\Omega_n|$
            et $P_D(\Omega) \leq \liminf P_D(\Omega_n).$

(Le périmètre est donc s.c.i. pour la convergence forte des fonctions caractéristiques).

Démonstration: Pour le volume, 1) résulte simplement du lemme de Fatou[14]: l'hypothèse entraîne que pour une suite extraite $\chi_{\Omega_{n_k}} \to \chi_\Omega$ simplement et donc,

$$\int_{\mathbb{R}^N} \chi_\Omega = |\omega| \leq \liminf \int_{\mathbb{R}^N} \chi_{\Omega_{n_k}} = \liminf |\Omega_{n_k}|.$$

Quant au 2) il est évident.

Pour le périmètre, si $\varphi \in \mathcal{D}(D; \mathbb{R}^N)$, on a

$$\int_\Omega \operatorname{div}(\varphi)\, dx = \lim_n \int_{\Omega_n} \operatorname{div}(\varphi)\, dx \leq$$

$$\liminf_n \left(\sup\{ \int_{\Omega_n} \operatorname{div}(\varphi)\, dx;\ \|\varphi\|_\infty \leq 1 \} \right) = \liminf_n P_D(\Omega_n).$$

D'où l'inégalité en passant au sup à gauche. $\quad\square$

Remarque 2.3.7 Si $\chi_{\Omega_n} \rightharpoonup \chi_\Omega$ dans L^1 (convergence faible), on a montré dans la proposition 2.2.1 qu'alors $\chi_{\Omega_n} \to \chi_\Omega$ dans $L^1_{loc}(\mathbb{R}^N)$ et donc le 1) de la proposition 2.3.6 ci-dessus s'applique.

Remarque 2.3.8 Si $\chi_{\Omega_n} \to \chi_\Omega$ dans $L^1_{loc}(\mathbb{R}^N)$, l'inégalité peut être stricte pour le volume dans 1): prendre le cas d'une boule s'en allant à l'infini.

Énonçons maintenant quelques propriétés importantes de compacité. Rappelons que toute mesure de Radon de $\mathcal{M}_b(D)$ s'étend de façon unique en une forme linéaire continue sur $\mathcal{C}_0(D)$, l'espace des fonctions continues de D dans $\mathbb{R}^N$ qui tendent vers 0 au bord de D au sens où:

$$\forall \varepsilon > 0,\ \exists K_\varepsilon \text{ compact} \subset D \text{ tel que } |u| < \varepsilon \text{ en dehors de } K_\varepsilon.$$

Ainsi, $\mathcal{M}_b(D)$ s'identifie au dual de $\mathcal{C}_0(D)$ muni de la norme uniforme, qui est un espace séparable. Il en résulte la compacité séquentielle faible de la boule unité de $\mathcal{M}_b(D)$ pour la topologie faible-$*$ (notée aussi $\sigma(\mathcal{M}_b(D), C_0(D))$), soit:

Proposition 2.3.9 *Si μ_n est une suite de mesures de Radon sur D telle que $\|\mu_n\|_1 \leq C$, alors il existe une suite extraite μ_{n_k} et $\mu \in \mathcal{M}_b(D)$ telles que $\mu_{n_k} \overset{*}{\rightharpoonup} \mu$ pour la topologie $\sigma(\mathcal{M}_b(D), C_0(D))$.*

Cette proposition a une application importante aux suites d'ensembles de périmètre borné:

Théorème 2.3.10 *Soit Ω_n une suite de parties mesurables d'un ouvert D de $\mathbb{R}^N$. On suppose que*

---

[14] Pierre FATOU, 1878-1929, mathématicien et astronome français qui fait toute sa carrière à l'observatoire de Paris tout en laissant son nom à des travaux sur l'intégration, les séries de Taylor, les fonctions de variables complexes.

$$|\Omega_n| + P_D(\Omega_n) \le C \quad \text{indépendant de } n.$$

Alors il existe $\Omega \subset D$ *mesurable et une suite extraite* Ω_{n_k} *tels que*

$$\chi_{\Omega_{n_k}} \longrightarrow \chi_\Omega \quad \text{dans } L^1_{loc}(D)$$

et

$$\nabla\chi_{\Omega_{n_k}} \overset{*}{\rightharpoonup} \nabla\chi_\Omega \quad \text{dans } \sigma(\mathcal{M}_b(D)^N, C_0(D)^N).$$

De plus, si D *est de mesure finie, la convergence de* $\chi_{\Omega_{n_k}}$ *vers* χ_Ω *a lieu dans* $L^1(D)$.

Pour la démonstration on va utiliser le résultat suivant.

Proposition 2.3.11 *Soit* D *un ouvert de* $\mathbb{R}^N$ *et* f_n *une suite de fonctions de* $L^1(D)$ *telle que* ∇f_n *est un N-uplet de mesures de Radon de masse totale finie (i.e.* $\nabla f_n \in \mathcal{M}_b(D)^N$*) et*

$$\|f_n\|_{L^1} + \|\nabla f_n\|_1 \le C.$$

Alors il existe $f \in L^1(D)$*, avec* $\nabla f \in \mathcal{M}_b(D)^N$ *et une suite extraite* f_{n_k} *telle que* $f_{n_k} \longrightarrow f$ *dans* $L^1_{loc}(D)$ *et* $\nabla f_{n_k} \overset{*}{\rightharpoonup} \nabla f$ *pour la topologie faible-*$*$ $\sigma(\mathcal{M}_b(D)^N, C_0(D)^N)$.

Remarque 2.3.12 Notons $BV(D) = \{f \in L^1(D); \nabla f \in \mathcal{M}_b(D)^N\}$ qui n'est autre que l'espace des fonctions à variation bornée sur D. Cette proposition exprime donc le fait que l'injection de $BV(D)$ dans $L^1_{loc}(D)$ est compacte.

Remarque 2.3.13 On n'a pas, en général, convergence dans L^1 mais seulement dans L^1_{loc}: si $f \in \mathcal{D}(\mathbb{R}^N)$ et $f_n(x) = f(x+n)$ alors la suite f_n vérifie les hypothèses de la proposition et $f_n \longrightarrow 0$ dans $L^1_{loc}(\mathbb{R}^N)$ mais pas dans $L^1(\mathbb{R}^N)$. De façon plus subtile, même si D est borné, mais à bord non régulier, la compacité n'a pas en général lieu dans L^1. En revanche, si D est borné avec une frontière lipschitzienne (voir la définition 2.4.5), on peut montrer que l'injection de $BV(D)$ dans $L^1(D)$ est compacte.

Démonstration de la proposition 2.3.11: (cf aussi [257])
D'après la proposition 2.3.9, il existe une sous-suite f_{n_k} et $f \in \mathcal{M}_b(D)$, $\mu \in \mathcal{M}_b(D)^N$ tels que

$$f_{n_k} \overset{*}{\rightharpoonup} f \quad \text{(pour la topologie } \sigma(\mathcal{M}_b(D), C_0(D))$$

et

$$\nabla f_{n_k} \overset{*}{\rightharpoonup} \mu \quad \text{(pour la topologie } \sigma(\mathcal{M}_b(D)^N, C_0(D)^N).$$

De plus, puisque $\mathcal{D}(D) \hookrightarrow C_0(D)$, la convergence a lieu aussi au sens des distributions et la dérivation étant continue dans $\mathcal{D}'(D)$ on a $\mu = \nabla f$.

Il reste à montrer la convergence de f_{n_k} vers f dans $L^1_{loc}(D)$. Pour cela, on utilise le critère classique de compacité dans L^1_{loc}, à savoir la continuité uniforme des translations (cf [45]). On a

$$f_n(x+h) - f_n(x) = \int_0^1 \nabla f_n(x+th).h\, dt$$

donc sur $D_\varepsilon = \{x \in D / d(x, \partial D) > \varepsilon\}$ et pour $h, |h| < \varepsilon$:

$$\int_{D_\varepsilon} |f_n(x+h) - f_n(x)|\, dx \leq \int_0^1 dt |h| \int_{D_\varepsilon} |\nabla f_n(x+th)|\, dx \leq \|\nabla f_n\|_1 |h|,$$

ce qui implique, grâce à la majoration de l'hypothèse

$$\lim_{h \to 0} \{\sup_n \|f_n(x+h) - f_n(x)\|_{L^1(D_\varepsilon)}\} = 0$$

qui est le critère de compacité cherché. □

Démonstration du théorème 2.3.10: On applique la proposition 2.3.11 avec $f_n = \chi_{\Omega_n}$: on obtient l'existence de $f \in L^1(D)$ telle que $\nabla f \in \mathcal{M}_b(D)^N$ et

$$\chi_{\Omega_{n_k}} \xrightarrow{L^1_{loc}} f$$

et

$$\nabla \chi_{\Omega_{n_k}} \xrightarrow{*} \nabla f.$$

Mais on sait alors que f est une fonction caractéristique, puisque par convergence p.p. d'une suite extraite, $f(1-f) = 0$ p.p. dans D, et donc en posant $\Omega := \{x \in D; f(x) = 1\}$, on a $f = \chi_\Omega$. De plus, comme $\chi_{\Omega_{n_k}} = 0$ en dehors de D, la convergence a lieu dans $L^1_{loc}(\mathbb{R}^N)$ et donc si D est de mesure finie, par le théorème de convergence dominée, la convergence a lieu dans $L^1(D)$.

2.4 Suites d'ouverts uniformément réguliers

Les résultats "géométriques" que nous allons présenter ici ont historiquement joué un rôle important pour les théorèmes d'existence en optimisation de formes. Ils reposent sur l'idée que, souvent, on s'attend à ce que les formes optimales soient régulières. Il paraît donc peu restrictif d'imposer a priori des contraintes de régularité sur les ensembles admissibles. L'intérêt, et nous allons le voir ici, est que des hypothèses de régularité uniforme sur les ensembles admissibles assurent généralement une bonne compacité et une "bonne" convergence des suites de tels ensembles. Nous nous intéressons ici au cas d'ouverts uniformément lipschitziens ou, de façon équivalente -et nous allons précisément montrer cette équivalence ici- aux ouverts qui vérifient une condition de cône uniforme, ce qui, pour des questions d'optimisation de forme, est parfois plus commode à utiliser. Ce point de vue est dû, en optimisation de forme, à Denise Chenais, cf [77], [78] (voir aussi [6] pour la définition qui suit).

Définition 2.4.1 *Soit y un point de $\mathbb{R}^N$, ξ un vecteur unitaire et ε un réel strictement positif, on appelle cône épointé de sommet y, de direction ξ et de dimensions ε, le cône noté $C(y, \xi, \varepsilon)$ (privé de son sommet) et défini par*

$$C(y, \xi, \varepsilon) = \{z \in \mathbb{R}^N, \; (z - y, \xi) \geq \cos(\varepsilon)|z - y| \quad \text{et} \quad 0 < |z - y| < \varepsilon\}.$$

On dit qu'un ouvert Ω a la propriété du ε-cône si

$$\forall x \in \partial\Omega, \; \exists \xi_x \text{ vecteur unitaire tel que} \quad \forall y \in \overline{\Omega} \cap B(x, \varepsilon) \quad C(y, \xi_x, \varepsilon) \subset \Omega.$$

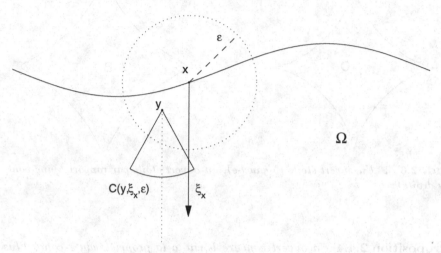

FIG. 2.5 –. *La propriété du ε-cône*

Remarque 2.4.2 Notez dans la définition l'uniformité du choix du cône de direction ξ_x pour *tous* les points y variant dans la boule $B(x, \varepsilon)$. Ainsi, les ouverts suivants *n'ont pas* cette propriété:
- $\mathbb{R}^N \setminus 0$, $\mathbb{R}^N \setminus \{(x_1, x_2, ..., x_{N-1}, 0)\}$,
- la réunion de deux boules extérieures l'une à l'autre et tangentes en un point, ou le domaine compris entre deux boules tangentes dont l'une est intérieure à l'autre,
- un ouvert de $\mathbb{R}^2$ dont la frontière a un point de rebroussement,
- $\{(x, y) \in \mathbb{R}^2; xy > 0\}$.

On montre par contre que des ouverts convexes, ou plus généralement étoilés par rapport à une boule, ont la propriété du ϵ-cône.

Définition 2.4.3 On dit qu'un ouvert Ω est *étoilé* par rapport à un point $x_0 \in \Omega$ si $y \in \Omega$ implique $[x_0, y] \subset \Omega$.

Il est dit *étoilé par rapport à une boule ouverte* $B \subset \Omega$ s'il est étoilé par rapport à chaque point de B. Dans ce cas

$$\forall y \in \overline{\Omega}, \forall z \in B, \; \{ty + (1 - t)z, \; 0 \leq t < 1\} \subset \Omega. \tag{2.33}$$

En effet, si $y_n \in \Omega$ converge vers y, le point z_n tel que $ty + (1-t)z = ty_n + (1-t)z_n$, soit $z_n = z + t(y-y_n)/(1-t)$, appartient à B pour n assez grand.

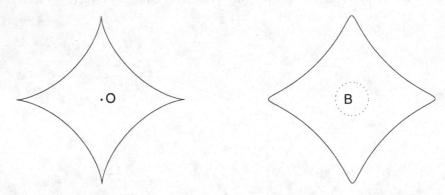

FIG. 2.6 –. *Un ouvert étoilé (à gauche), un ouvert étoilé par rapport à une boule (à droite)*

Proposition 2.4.4 *Un ouvert convexe borné a la propriété du ε-cône. Plus généralement, c'est le cas pour un ouvert borné étoilé par rapport à une boule.*

Démonstration: Un ouvert convexe est clairement étoilé par rapport à toute boule qu'il contient. Il suffit donc de démontrer le 2ème point.

Soit Ω étoilé par rapport à $B(x_0, r) \subset \Omega$. Pour $x \in \partial\Omega$ et $y \in B(x, r/2) \cap \overline{\Omega}$, on introduit le point $z = z(y) = y + x_0 - x \in B(x_0, r/2)$. On a $B(z, r/2) \subset B(x_0, r)$ et donc l'ensemble

$$\mathcal{C} := \{ty + (1-t)\hat{z}; 0 \le t < 1, \hat{z} \in B(z, r/2)\},$$

est, d'après (2.33), entièrement contenu dans Ω. Ceci définit une portion de cône de sommet y, de direction $\xi_x = (z-y)/|z-y| = (x_0-x)/|x_0-x|$ et de "demi-angle" θ tel que $\sin\theta = r/(2|x_0-x|)$. Il contient en particulier $C(y, \xi_x, \varepsilon)$ où on définit

$$\varepsilon := min\{L, Arcsin(r/(2\,m))\}, \quad L := d(x_0, \partial\Omega)/2, \quad m := \sup_{x \in \partial\Omega} |x_0 - x|.$$

□

En fait, il s'avère que la propriété du ε-cône pour un ouvert Ω est équivalente au fait qu'il soit à bord lipschitzien. Ceci n'est pas complètement évident et mérite certainement une démonstration. Nous reprenons ici pour l'essentiel celle donnée par D. Chenais [77], [78]. Rappelons d'abord la définition d'un ouvert à bord lipschitzien.

Définition 2.4.5 *On dit qu'un ouvert Ω de $\mathbb{R}^N$ est à bord lipschitzien si, pour tout $x_0 \in \partial\Omega$, il existe dans un repère orthonormé local d'origine $x_0 = 0$, un cylindre $K = K' \times] - a, a[$ centré à l'origine, avec K' boule ouverte de $\mathbb{R}^{(N-1)}$ de rayon r, et une fonction $\varphi : K' \to] - a, a[$ lipschitzienne de rapport L avec $\varphi(0) = 0$ et*

$$\partial\Omega \cap K = \{(x', \varphi(x')); x' \in K'\},$$

$$\Omega \cap K = \{(x', x_N) \in K; x_N > \varphi(x')\}.$$

Remarque 2.4.6 Cette définition exprime que $\partial\Omega$ est, au voisinage de chacun de ses points, le graphe d'une application lipschitzienne *et Ω est d'un seul coté de sa frontière*. Ceci est à bien différencier de la notion de variété lipschitzienne qui consisterait à dire que, pour tout $x \in \partial\Omega$, il existe un voisinage V de x et une application $\psi : V \to \mathbb{R}^N$ telle que
ψ est injective, ψ et ψ^{-1} sont lipschitziennes
$\Omega \cap V = \{x \in V, \psi_N(x) > 0\}$ où on note $\psi = (\psi_1, ... \psi_N)$.
Il est facile de voir que la définition 2.4.5 implique celle-ci en posant

$$\psi(x) := (x_1, ..., x_{N-1}, x_N - \varphi(x')).$$

Par contre la réciproque est fausse (voir un exemple dans [131] où le bord n'est même pas le graphe d'une fonction continue). Noter cependant que, dès que ψ est C^1 dans la définition ci-dessus, alors, d'après le théorème des fonctions implicites, on peut construire φ de classe C^1 satisfaisant aux propriétés de la définition 2.4.5).

Théorème 2.4.7 *Un ouvert Ω de frontière bornée a la propriété du ε-cône si et seulement s'il est à bord lipschitzien.*

Démonstration: Supposons tout d'abord Ω à bord lipschitzien. Pour $x_0 \in \partial\Omega$, on introduit dans les coordonnées locales de la définition 2.4.5 où $x_0 = 0$,

$$K = K' \times] - a, a[, \varphi : K' \to] - a, a[$$

avec les mêmes notations. Prenons pour direction du cône en $x_0 = 0$ la direction "verticale": $\xi := e_N$ (Nième vecteur d'une base orthonormée) et posons $\varepsilon = \min(a/2, r/2, \arctan(1/L))$.

Fixons nous un point $y \in \overline{\Omega} \cap B(0, \varepsilon)$, et montrons que le cône $C(y, \xi, \varepsilon)$ est inclus dans Ω. Tout d'abord, grâce au choix de ε, pour tout $z \in C(y, \xi, \varepsilon)$, on a aussi $z \in K$ puisque, si $z = (z', z_N)$

$$\max(|z'|, |z_N|) \leq |z| = |z - x_0| \leq |z - y| + |y - x_0| < 2\varepsilon \leq \min(a, r).$$

De plus, puisque

$$z_N - y_N = (z - y, \xi) > |z - y| \cos\varepsilon,$$

par définition du cône, on en déduit

$$(z_N - y_N)^2 > \cos^2 \varepsilon (|z' - y'|^2 + |z_N - y_N|^2)$$

d'où

$$z_N - y_N = |z_N - y_N| > \frac{1}{\tan \varepsilon} |z' - y'|.$$

On en déduit

$$z_N - \varphi(z') = z_N - y_N + y_N - \varphi(y') + \varphi(y') - \varphi(z') > \frac{1}{\tan \varepsilon} |z' - y'| - L|z' - y'| \geq 0$$

ce qui prouve bien que $z \in \Omega$. Maintenant, grâce à un argument habituel de compacité ($\partial \Omega$ est compact par hypothèse), il est clair qu'on peut choisir un $\varepsilon > 0$ qui convient pour tous les points du bord.

Réciproquement, on suppose maintenant que Ω a la propriété du ε_0-cône pour un certain $\varepsilon_0 > 0$. Fixons ε tel que $2\varepsilon < \varepsilon_0$, $\tan^2 \varepsilon \leq 1$. Soit $x_0 \in \partial \Omega$ fixé et ξ le vecteur unitaire, direction du cône associé à x_0. On travaille dans un système de coordonnées locales, avec $x_0 = 0, e_N = \xi$ de telle façon que (voir ci-dessus)

$$C(y, \xi, \varepsilon) = \{z \in B(y, \varepsilon), \quad z_N - y_N > \frac{1}{\tan \varepsilon} |z' - y'|\}.$$

Soit $K' := \{y' \in \mathbb{R}^{N-1} ; \quad |y'| < \varepsilon \tan \varepsilon\}$ et K le cylindre $K' \times] -\varepsilon, \varepsilon[$. On veut définir le bord de Ω dans K comme un graphe d'une fonction lipschitzienne. Notons que $K \subset B(0, 2\varepsilon)$.

Vérifions tout d'abord que $\partial \Omega$ ne peut pas sortir par la base du cylindre K. Pour cela on va montrer que $C(0, -\xi, 2\varepsilon) \subset \Omega^c$. En effet, soit $z \in C(0, -\xi, 2\varepsilon)$; si on avait $z \in \Omega$, par propriété du 2ε-cône on aurait, puisque $z \in B(0, 2\varepsilon)$, $C(z, \xi, 2\varepsilon) \subset \Omega$; mais comme le point 0 appartient à la fois à ce cône et à Ω^c, on a une contradiction et donc z n'appartient pas à Ω.

Comme aussi le cône $C(0, \xi, 2\varepsilon) \subset \Omega$ (cf Figure 2.7), $\partial \Omega$ est "contraint" de sortir par les bords latéraux du cylindre K. Définissons alors la fonction $\varphi : K' \to \mathbb{R}$ par

$$\varphi(y') = \inf \{y_N \in [-\varepsilon, \varepsilon] ; (y', y_N) \in \Omega\}$$

(l'ensemble ci-dessus est non vide car $(y', \varepsilon) \in \Omega$ pour tout $y' \in K'$). On vérifie facilement que, pour tout $y' \in K'$

- $-\varepsilon < \varphi(y') < \varepsilon$,
- $(y', \varphi(y')) \in \partial \Omega$,
- $(y', y_N) \in \Omega \cap K \implies \varphi(y') \leq y_N$ par définition, et donc $\varphi(y') < y_N$ d'après la ligne précédente,
- $\varphi(y') < y_N < \varepsilon \implies y = (y', y_N) \in \Omega$: en effet, par la propriété du 2ε-cône appliquée à $(y', \varphi(y')) \in B(0, 2\varepsilon)$, le point (y', y_N) appartient au cône $C((y', \varphi(y')), \xi, 2\varepsilon) \subset \Omega$.

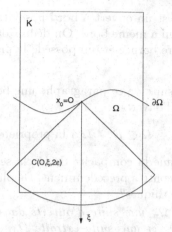

FIG. 2.7 –. *La propriété du ε-cône*

On a donc bien

$$\Omega \cap K = \{(y', y_N) \in K; \quad y_N > \varphi(y')\}.$$

De même, on vérifie que

$$\partial\Omega \cap K = \{(y', \varphi(y')), y' \in K'\},$$

où il reste seulement à vérifier l'inclusion de gauche à droite. Or si $(y', \eta) \in \partial\Omega \cap K$, d'après le 4ème point ci-dessus, on a $\eta \leq \varphi(y')$; mais, $\eta < \varphi(y')$ est impossible, car alors, $(y', \varphi(y') \in C((y', \eta), \xi, \varepsilon) \subset \Omega$ ce qui est une contradiction.

Il reste à vérifier que φ est lipschitzienne. Soit $y', z' \in K'$. Puisque le point $(z', \varphi(z'))$ appartient à $\partial\Omega$ et n'est donc pas dans Ω, $(z', \varphi(z'))$ ne peut pas appartenir au cône $C((y', \varphi(y')), \xi, \varepsilon)$ qui est inclus dans Ω. Donc

$$\varphi(z') - \varphi(y') \leq \frac{1}{\tan\varepsilon}|z' - y'|$$

et de même symétriquement en échangeant les rôles de y', z'. D'où

$$|\varphi(z') - \varphi(y')| \leq \frac{1}{\tan\varepsilon}|z' - y'|,$$

ce qui prouve que φ est lipschitzienne de rapport $\frac{1}{\tan\varepsilon}$. $\square$

Remarque 2.4.8 Uniformité des constantes géométriques: Il résulte de la démonstration ci-dessus que, si Ω a la propriété du ε-cône, sa frontière est lipschitzienne au sens de la définition 2.4.5 avec des constantes L, a, r qui ne dépendent que de ε. Inversement, si Ω est à bord lipschitzien avec des constantes L, a, r qui sont uniformes (ce qui est le cas du théorème), alors il a la propriété du ϵ-cône avec un ϵ qui ne dépend que de L, a, r.

Remarque 2.4.9 Si Ω est un ouvert à bord lipschitzien, il en est de même de l'extérieur de Ω: $\overline{\Omega}^c$ qui a même bord. On déduit donc du théorème que si Ω est un ouvert à frontière bornée et qui possède la propriété du ε-cône, il en est de même de $\overline{\Omega}^c$.

On se fixe dans toute la suite de ce paragraphe une boule D et un réel $\varepsilon > 0$ et on introduit la classe d'ouverts:

$$\mathcal{O}_\varepsilon = \{\Omega \text{ ouvert}, \quad \Omega \subset D, \quad \Omega \text{ a la propriété du } \varepsilon\text{-cône}\}. \qquad (2.34)$$

Le résultat suivant exprime la compacité de la classe $\mathcal{O}_\varepsilon$ pour les différents types de convergence rencontrés précédemment. De plus, les convergences ont lieu de façon "très sympathiques".

Théorème 2.4.10 *Soit Ω_n une suite d'ouverts dans la classe $\mathcal{O}_\varepsilon$. Alors il existe un ouvert $\Omega \in \mathcal{O}_\varepsilon$ et une suite extraite Ω_{n_k} qui converge vers Ω à la fois au sens de Hausdorff, au sens des fonctions caractéristiques et au sens des compacts. De plus, $\overline{\Omega}_{n_k}$ et $\partial\Omega_{n_k}$ convergent au sens de Hausdorff respectivement vers $\overline{\Omega}$ et $\partial\Omega$.*

Démonstration: On sait déjà, d'après les résultats des paragraphes précédents, qu'il existe une suite extraite Ω_{n_k}, un ouvert Ω et $\chi \in L^\infty(D)$ tels que Ω_{n_k} converge au sens de Hausdorff vers Ω et $\chi_{\Omega_{n_k}} \rightharpoonup \chi$ dans L^∞ faible-* avec $\chi_\Omega \leq \chi \leq 1$.

Introduisons à présent, comme d'habitude, les compacts complémentaires $F_n = \overline{D} \setminus \Omega_n$ et $F = \overline{D} \setminus \Omega$. On va supposer que $\rho(\partial D, \partial\Omega) \geq \varepsilon$, ce qui est toujours possible quitte à prendre une boule D de rayon un peu plus gros. On va commencer par montrer que F a la propriété du ε-cône.

Soit $x \in \partial\Omega$, on sait, d'après la proposition 2.2.14, qu'il existe une suite de points $x_n \in \partial\Omega_n$ convergeant vers x. Soit, pour chaque n, ξ_n la direction du cône associé à x_n. Par compacité de la sphère unité et quitte à extraire une nouvelle suite, on peut supposer que ξ_n converge vers un vecteur unitaire ξ. Soit alors $y \in B(x, \varepsilon) \cap F$; par définition de la convergence au sens de Hausdorff, il existe $y_n \in F_n$ convergeant vers y. Comme $|y_n - x_n| \to |y-x| < \varepsilon$ on a $|y_n - x_n| < \varepsilon$ à partir d'un certain rang. En appliquant alors la propriété du ε-cône à F_n pour y_n, on en déduit

$$C(y_n, \xi_n, \varepsilon) \subset F_n.$$

Mais on sait que l'inclusion est continue pour la convergence de Hausdorff des fermés et comme il est facile de vérifier que $\overline{C}(y_n, \xi_n, \varepsilon)$ converge, à la fois au sens de Hausdorff et au sens des fonctions caractéristiques vers $\overline{C}(y, \xi, \varepsilon)$ on en déduit que

$$C(y, \xi, \varepsilon) \subset \overline{C}(y, \xi, \varepsilon) \subset F$$

ce qui prouve que F (et donc que Ω) possède la propriété du ε-cône.

On va maintenant étudier de plus près χ et montrer que $\chi = 0$ *p.p.* sur F. Ceci, joint au fait que $\chi = 1$ *p.p.* sur Ω, prouvera que $\chi = \chi_\Omega$ et on conclura alors à $\chi_{\Omega_{n_k}} \to \chi_\Omega$ grâce à la proposition 2.2.1.

Soit $x \in \partial\Omega$ et $y \in B(x,\varepsilon) \cap F$. Fixons $\phi \in L^1(D)$ et notons $C_n = C(y_n, \xi_n, \varepsilon)$ et $C = C(y, \xi, \varepsilon)$. Puisque $C_n \subset F_n$ par propriété du ε-cône appliquée à F_n pour n assez grand, on a

$$\int_{C_n} \phi = \int_{C_n} \chi_{F_n}\phi = \int_{C_n} \chi_D\phi - \int_{C_n} \chi_{\Omega_n}\phi.$$

Mais χ_{C_n} converge fortement vers χ_C et $\chi_{\Omega_{n_k}} \to \chi$ dans L^∞ faible-*. Passant à la limite quand n_k tend vers l'infini dans l'égalité ci-dessus, on obtient:

$$\int_C \phi = \int_C \chi_D\phi - \int_C \chi\phi = \int_C \phi - \int_C \chi\phi$$

c'est-à-dire que, $\forall \phi \in L^1(B)$, $\int_C \chi\phi = 0$ ce qui implique que $\chi = 0$ $p.p.$ sur C, et ceci pour tout $x \in \partial\Omega$ et tout cône $C(y, \xi, \varepsilon)$. En conséquence, $\chi = 0$ $p.p.$ sur $\{y \in F \ / \ d(y, \partial\Omega) < \varepsilon\}$.

Pour les autres points y: on considère toujours une suite $y_n \in F_n$ qui converge vers y, et alors

– ou bien il existe une suite extraite y_{n_k} telle que $d(y_{n_k}, \partial\Omega_{n_k}) \geq \varepsilon$ (i.e. $B(y_{n_k}, \varepsilon) \subset F_{n_k}$) et alors on répète l'argument précédent en remplaçant partout C_n par $B(y_{n_k}, \varepsilon)$ pour conclure que $chi = 0$ $p.p.$ sur $B(y, \varepsilon)$,

– ou bien on a $d(y_n, \partial\Omega_n) < \varepsilon$ pour tout $n \geq n_0$; alors par propriété du ε-cône, il existe $C(y_n, \xi_n, \varepsilon) \subset F_n$ et $C(y_n, \xi_n, \varepsilon) \to C(y, \xi, \varepsilon)$ (à une suite extraite près). On recommence alors la même démonstration en remplaçant C_n par $C_n \cap \overline{B}$ (puisque $C \cap \overline{B} \subset \overline{B} \setminus \Omega$) pour prouver que $\chi = 0$ $p.p.$ dans un voisinage de y. On en déduit donc que $\chi = 0$ $p.p.$ sur $\{y \in F \ / \ d(y, \partial\Omega) \geq \varepsilon\}$.

Pour la convergence au sens des compacts, on procède comme suit (il faut simplement prouver la propriété pour des compacts situés à l'extérieur en vertu de la proposition 2.2.15. Soit L un compact, qu'on peut supposer d'intérieur non vide, inclus dans l'extérieur de Ω et supposons, pour un raisonnement par l'absurde, qu'il existe une suite extraite Ω_{n_k} telle que $L \cap \overline{\Omega}_{n_k} \neq \emptyset$. Alors, il y a deux possibilités:

– ou bien (pour une suite extraite) $L \subset \Omega_{n_k}$, mais alors $|\Omega_{n_k} \setminus \Omega| \geq |L| > 0$, ce qui contredit la convergence au sens des fonctions caractéristiques,

– ou bien $L \cap \partial\Omega_{n_k} \neq \emptyset$. Soit alors une suite de points $x_{n_k} \in L \cap \partial\Omega_{n_k}$ dont on peut supposer qu'elle converge (quitte à extraire une nouvelle sous-suite) vers un point $x \in L$. Par propriété du ε-cône appliqué à chaque x_{n_k}, on a existence d'un cône $C(x_{n_k}, \xi_k, \varepsilon)$ inclus dans Ω_{n_k}. Comme ci-dessus on peut supposer de plus que $C(x_{n_k}, \xi_k, \varepsilon)$ converge au sens de Hausdorff vers $C(x, \xi, \varepsilon)$ qui, par continuité de l'inclusion pour la convergence de Hausdorff, est donc un cône inclus dans Ω, ce qui est une contradiction avec le fait que $x \in L \subset \overline{\Omega}^c$.

Exercices

Exercice 2.1 Dans $\mathbb{R}$ on considère la suite d'ouverts définis par

$$\Omega_n := \bigcup_{k=0}^{2^{n-1}-1} \,]\frac{2k}{2^n}, \frac{2k+1}{2^n}[.$$

Montrer que la suite $f_n = \chi_{\Omega_n}$ converge faiblement dans $L^p(0,1)$, pour tout $1 \leq p \leq \infty$, vers la fonction constante égale à $1/2$. Quelle est la limite de Ω_n au sens de Hausdorff et au sens des compacts?

Exercice 2.2 La fonction volume est-elle continue pour les trois types de convergence vus dans ce chapitre? Même question pour le diamètre.

Exercice 2.3 On suppose qu'une suite d'ouverts Ω_n converge au sens des compacts vers un ouvert Ω. Celà entraîne-t-il que:

$$\forall x \in \partial\Omega \quad d(x, \partial\Omega_n) \to 0?$$

Même question pour la convergence au sens des fonctions caractéristiques et la convergence de Hausdorff.

Exercice 2.4 Cet exercice est inspiré de [170].
1) Montrer par un exemple que la convergence de Hausdorff d'une suite d'ouverts Ω_n (resp. de fermés F_n) vers un ouvert Ω (resp. un fermé F) n'entraîne pas en général la convergence au sens de Hausdorff du bord de Ω_n vers le bord de Ω.
2) Soit K_n une suite de compacts qui converge au sens de Hausdorff vers un compact K. Montrer que ∂K_n possède au moins un point d'accumulation (au sens de la convergence de Hausdorff) et que tout point d'accumulation F satisfait

$$\partial K \subset F \subset K.$$

3) Soit K un compact et Γ son bord. On note, pour tout réel positif δ, $B_\delta(K)$ l'ensemble des points de $\mathbb{R}^N$ situés à une distance strictement inférieure à δ de K. On introduit alors les fonctions:

$$g_K(x,\delta) := d(x, \mathbb{R}^N \setminus B_\delta(K)), \quad g_K(\delta) := \sup_{x \in \Gamma} g_K(x,\delta).$$

Montrer les propriétés suivantes:

$$A: \ g_K(0) = 0; \ B: \ g_K \text{ est une fonction strictement croissante}; \ C: \ g_K(\delta) \geq \delta,$$

$D: \ g_K(\delta)$ est égal à la distance de Hausdorff de Γ au bord de l'ensemble $B_\delta(K)$.
Soit $\mathcal{K}$ une famille de compacts de $\mathbb{R}^N$, on définit la fonction $g_\mathcal{K}$ par

$$g_\mathcal{K} = \sup_{K \in \mathcal{K}} g_K(\delta).$$

4) Montrer que $g_\mathcal{K}$ est continue à droite en 0 si et seulement si, pour toute suite de compacts K_n de compacts dans $\mathcal{K}$, on a

$$K_n \xrightarrow{H} K \Longrightarrow \Gamma_n \xrightarrow{H} \Gamma.$$

Exercice 2.5 Montrer que l'enveloppe convexe d'un compact est compacte.

Soit K_n une suite de compacts convergeant au sens de Hausdorff vers le compact K. Prouver que l'enveloppe convexe de K_n converge au sens de Hausdorff vers l'enveloppe convexe de K.

Exercice 2.6 Montrer que, si Ω_n est une suite d'ouverts qui converge au sens des compacts vers un ouvert Ω et au sens de Hausdorff vers $\hat{\Omega}$, alors $\Omega \subset \hat{\Omega} \subset \overline{\Omega}$. En déduire que, si Ω_n est une suite d'ouverts confinés qui converge au sens des compacts vers un ouvert Ω de Carathéodory (i.e. $\partial\Omega = \partial\overline{\Omega}$), alors Ω_n converge au sens de Hausdorff vers Ω.

De même, montrer que, si Ω_n est une suite d'ouverts confinés qui converge au sens des compacts vers un ouvert Ω et au sens des fonctions caractéristiques vers $\tilde{\Omega}$, alors $\Omega \subset \overline{\tilde{\Omega}}$ et $\tilde{\Omega} \subset \overline{\Omega}$.

Exercice 2.7 Montrer que, si la suite Ω_n converge au sens des compacts vers Ω et si le bord de Ω est de mesure nulle, alors la suite Ω_n converge aussi au sens des fonctions caractéristiques.

Exercice 2.8 On désigne par $\mathcal{O}$ l'ensemble des ouverts de $\mathbb{R}^N$. Pour chaque couple de compacts (K, L) de $\mathbb{R}^N$, on note

$$\mathcal{V}_{K,L} := \{\omega \in \mathcal{O}; K \subset \omega, L \subset \bar{\omega}^c\}.$$

1. Montrer que la famille $\{\mathcal{V}_{K,L}; K, L$ compacts de $\mathbb{R}^N\}$, est stable par intersection finie et est donc une base d'ouverts sur $\mathcal{O}$: on note τ la topologie engendrée.

2. Montrer que la convergence d'une suite d'ouverts pour cette topologie coïncide avec la convergence au sens des compacts.

3. Etant donné un ouvert Ω de $\mathbb{R}^N$, déterminer l'intersection de tous les $\mathcal{V}_{K,L}$ contenant Ω. En déduire que la topologie τ n'est pas séparée.

4. Soient Ω et $\hat{\Omega}$ deux ouverts qui sont limites d'une même suite d'ouverts au sens de τ: montrer qu'alors ils ont même adhérence.

5. Soient Ω_1, Ω_2 deux ouverts tels que $\overline{\Omega}_1 \neq \overline{\Omega}_2$. Montrer qu'il existe deux τ-ouverts $\mathcal{V}_1, \mathcal{V}_2$ tels que

$$\Omega_1 \in \mathcal{V}_1, \ \Omega_2 \in \mathcal{V}_2, \ \mathcal{V}_1 \cap \mathcal{V}_2 = \emptyset.$$

6. Soit $\mathcal{O}_\mathcal{Q}$ l'espace quotient de $\mathcal{O}$ par la relation d'équivalence

$$\Omega_1 \simeq \Omega_2 \iff \overline{\Omega}_1 = \overline{\Omega}_2.$$

Montrer que $\mathcal{O}_\mathcal{Q}$ muni de la topologie quotient de τ est séparé.

Exercice 2.9 Soit f_n et f des fonctions continues sur $\mathbb{R}^N$ et considérons les ouverts, inclus dans une grande boule fermée B et définis par

$$\Omega_n = \{x \in B, f_n(x) > 0\} \quad \text{et} \quad \Omega = \{x \in B, f(x) > 0\}.$$

Nous supposerons dans la suite que les ouverts Ω_n sont non vides. On veut démontrer le résultat de compacité suivant:

Proposition 2.4.11 *On suppose les fonctions f_n de classe C^2 sur B avec, de plus*

$$(i) \quad \forall x \in B, \forall n \in \mathbb{N}, \forall i,j \quad |\frac{\partial f_n}{\partial x_i}(x)| \leq M \ \text{ et } \ |\frac{\partial^2 f_n}{\partial x_i \partial x_j}(x)| \leq M$$
$$(ii) \quad \forall x \in B, \forall n \in \mathbb{N}, \ |f_n(x)| + |\nabla f_n(x)| \geq \alpha.$$

Alors on peut extraire de la suite Ω_n une sous-suite qui converge au sens des compacts vers un ouvert $\Omega \subset B$.

1) Montrer tout d'abord le lemme: On suppose que $\partial \Omega = \{x \in \mathbb{R}^N / f(x) = 0\}$ alors, si f_n converge uniformément vers f sur B, on a $\Omega_n \xrightarrow{K} \Omega$.

2) En déduire la proposition.

Exercice 2.10 On note Σ l'espace quotient de l'ensemble des parties (Lebesgue)-mesurables de R^N par la relation d'équivalence:

$$E_1 \sim E_2 \iff \chi_{E_1} = \chi_{E_2} \ p.p.$$

1. Vérifier que

$$\delta(E_1, E_2) := Arctg\Big(|E_1 \Delta E_2|\Big)$$

définit bien une distance sur Σ.

2. Etant donné $(E_n)_{n\geq 1}, E$ des ensembles mesurables de $\mathbb{R}^N$, montrer l'équivalence des trois propriétés suivantes:

$$\begin{cases} \delta(E_n, E) \to 0 \\ \chi_{\Omega_n} - \chi_E \xrightarrow{\sigma(L^1(\mathbb{R}^N), L^\infty(\mathbb{R}^N))} 0 \\ \chi_{E_n} - \chi_E \xrightarrow{L^1(\mathbb{R}^N)} 0. \end{cases} \tag{2.35}$$

3. Prouver que Σ muni de cette distance est complet.

4. Soit $(f_n)_{n\geq 1}$ une suite de fonctions intégrables de $\mathbb{R}^N$ dans $\mathbb{R}$ telles que, pour tout ensemble mesurable E de $\mathbb{R}^N$

$$\lim_{n\to\infty} \int_E f_n \ \text{existe.} \tag{2.36}$$

Montrer qu'alors (uniforme intégrabilité locale des f_n)

$$\sup_n \int_E |f_n| \to 0 \quad \text{quand } |E| \to 0. \tag{2.37}$$

Indication: utiliser la propriété de Baire de (Σ, δ).

5. Si la suite f_n converge faiblement dans $L^1(\mathbb{R}^N)$, la propriété (2.36) est satisfaite. Montrer que (2.37) reste satisfaite si f_n est une suite relativement faiblement compacte dans $L^1(\mathbb{R}^N)$.

6. Vérifier que toutes ces propriétés sont encore vraies si on remplace $\mathbb{R}^N$ muni de la mesure de Lebesgue par un espace mesuré σ-fini quelconque.

Exercice 2.11 Avec les notations du paragraphe 2.4, prouver que, si y_n converge vers y et si ξ_n converge vers ξ sur la sphère unité, alors $C(y_n, \xi_n, \varepsilon)$ converge, à la fois au sens de Hausdorff et au sens des fonctions caractéristiques vers $C(y, \xi, \varepsilon)$.

Exercice 2.12 Soit Ω_n une suite d'ouverts possédant la propriété du ε-cône qui converge vers Ω. Montrer que

$$\overline{\Omega_n} \xrightarrow{H} \overline{\Omega} \ \text{ et } \ \partial\Omega_n \xrightarrow{H} \partial\Omega.$$

3

Continuité par rapport au domaine

Comme nous l'avons vu dans le chapitre précédent, l'existence de formes minimales requiert la continuité, ou tout au moins la semi-continuité inférieure de la fonctionnelle associée au problème, c'est-à-dire aussi la continuité de la solution de l'équation aux dérivées partielles associée à la fonctionnelle, pour une topologie "naturelle" de variations de domaines.

Dans ce chapitre, nous analysons en détail la continuité (ou la non-continuité) de l'application $\Omega \to u_\Omega \in H_0^1(D)$ où u_Ω est solution du problème de Dirichlet (cf. proposition 3.1.20) sur un ouvert variable Ω inclus dans un ouvert fixe D. Nous examinons, en particulier, le cas où les ouverts Ω sont munis de la topologie de la convergence au sens de Hausdorff.

Une analyse complète nécessite l'utilisation de la notion de *capacité*. En l'occurrence, il s'agit ici de la capacité "électrostatique" classique associée à la norme d'énergie de l'espace H^1. Nous rappelons toutes les définitions nécessaires et donnons des démonstrations complètes des propriétés utilisées (qui figurent ici et là dans la littérature). Nous faisons aussi les rappels nécessaires sur les espaces H^1, H_0^1, H^{-1} en supposons une connaissance minimale de la théorie des distributions.

Nous analysons l'exemple précis et "simple" du problème de Dirichlet pour le laplacien en essayant de donner tous les détails nécessaires. En effet, la démarche adoptée a un caractère tout à fait général et s'étend à d'autres opérateurs. Nous explicitons d'ailleurs rapidement son extension à d'autres opérateurs d'ordre deux comme l'opérateur de l'élasticité ou les opérateurs elliptiques à coefficients variables ou l'opérateur de Laplace avec conditions de Neumann[1] au bord. Nous donnons aussi quelques indications sur son extension à l'opérateur bi-laplacien, modèle privilégié pour les opérateurs d'ordre quatre. Comme nous le signalons à la fin du chapitre, la démarche adoptée ici peut aussi s'étendre à des opérateurs non linéaires comme le p-laplacien.

---

[1] Carl Gottfried NEUMANN, 1832-1925, allemand, a enseigné à Halle, Bâle, Tübingen, Leipzig; ses contributions portent sur la théorie du potentiel et les équations différentielles.

Il faut alors travailler avec des *capacités non linéaires* associées à l'espace de Sobolev [2] $W^{1,p}$, ou aux espaces $W^{m,p}$ pour des opérateurs d'ordre supérieur. Ces capacités ne sont pas étudiées ici: nous nous sommes volontairement limités à l'étude de la capacité H^1 (ou $W^{1,2}$) pour des raisons de simplicité de l'exposé, mais aussi parce qu'elle constitue un modèle significatif pour l'utilisation de capacités dans ces problèmes de continuité de solutions d'équations aux dérivées partielles. Pour des exposés plus complets, on pourra consulter [189], [195], [145]; [5], [194], [152], [119],...

3.1 Le problème de Dirichlet

3.1.1 L'espace H_0^1 et son dual H^{-1}

On désigne par D un ouvert (quelconque) de $\mathbb{R}^N$ et par $\mathcal{C}_0^\infty(D)$ l'espace des fonctions indéfiniment dérivables de $\mathbb{R}^N$ dans $\mathbb{R}$ qui sont à support compact dans D. On y définit la norme $||\cdot||_{H^1}$ par

$$\forall u \in \mathcal{C}_0^\infty(D), ||u||_{H^1}^2 := \int_D u^2 + |\nabla u|^2, \tag{3.1}$$

où $|\cdot|$ désigne la norme euclidienne dans $\mathbb{R}^N$ (qui porte ici sur les vecteurs gradients $\nabla u(x) = (\frac{\partial u(x)}{\partial x_1}, ..., \frac{\partial u(x)}{\partial x_N})$).

Définition 3.1.1 *On définit*

$$H^1(D) := \{u \in L^2(D); \nabla u \in L^2(D)^N\},$$

muni de la norme $||\cdot||_{H^1}$ définie comme en (3.1), mais où ∇u est compris au sens des distributions.
On appelle $H_0^1(D)$ la fermeture de $\mathcal{C}_0^\infty(D)$ dans $H^1(D)$.

L'espace $H^1(D)$ s'identifie isométriquement à un sous-espace de $L^2(D) \times L^2(D)^N$ par l'injection

$$\mathcal{I} : u \in H^1(D) \to (u, \nabla u) \in L^2(D) \times L^2(D)^N.$$

L'image de $\mathcal{I}$ est un sous-espace fermé d'après la continuité de la dérivée au sens des distributions. C'est donc un espace de Hilbert [3] séparable comme

---

[2] Sergeï SOBOLEV, 1908-1989, russe, a travaillé en grande partie à Moscou, mais aussi à Novossibirsk; il est bien connu pour ses travaux sur les équations aux dérivées partielles et pour les espaces fonctionnels qui portent son nom.

[3] David HILBERT, 1862-1943, allemand, s'est intéressé à pratiquement tous les domaines des mathématiques et a laissé une oeuvre immense et un programme de recherche lumineux avec la collection des 23 problèmes qu'il présente au Congrès de Paris en 1900.

$L^2(D)$. Il en est par conséquent de même de $H^1(D)$ ainsi que de son sous-espace fermé $H_0^1(D)$.

Remarque 3.1.2 Il résulte de la définition que $H_0^1(D)$ est aussi un sous-espace fermé de $H_0^1(\widehat{D})$ pour tout ouvert $\widehat{D}$ contenant D. En effet, on peut noter que, dans la définition (3.1.1), la convergence de ∇u_n a aussi lieu dans $L^2(\mathbb{R}^N)$ et sa limite est aussi égale à ∇u, calculé au sens des distributions *dans $\mathbb{R}^N$ tout entier*. Ainsi, pour $u \in H_0^1(D)$, on ne fera pas la différence entre u, considéré comme défini de D dans $\mathbb{R}$ et son prolongement par zéro à $\mathbb{R}^N$ tout entier (qui est donc dans $H_0^1(\mathbb{R}^N)$).

Remarque 3.1.3 Deux cas particuliers:
Cas 1: $D = \mathbb{R}^N$: alors

$$H_0^1(\mathbb{R}^N) = H^1(\mathbb{R}^N) = \{u \in L^2(\mathbb{R}^N); \nabla u \in L^2(\mathbb{R}^N)^N\}.$$

En effet, si $u \in H^1(\mathbb{R}^N)$, on l'approche pour la norme H^1, par troncature et régularisation, avec les fonctions $u_n := \rho_n * (\varphi_n \, u)$ de $\mathcal{C}_0^\infty$ où
- ρ_n est une suite régularisante convergeant vers la masse de Dirac[4] à l'origine définie, par exemple, par

$$\left.\begin{array}{l} \rho_n(x) := n^N \rho_0(n\,x) \text{ avec } \rho_0 \in \mathcal{C}_0^\infty(B(0,1)), 0 \le \rho_0 \le 1, \\ \rho_0 = 1 \text{ sur un voisinage de l'origine }, \int \rho_0 = 1; \end{array}\right\} \quad (3.2)$$

- $\varphi_n(x) := \rho_0(x/n)$. Ainsi φ_n converge vers 1 presque partout, $\varphi_n \, u$ converge vers u dans L^2; $\nabla(\varphi_n \, u) = u \nabla \varphi_n + \varphi_n \nabla u$ converge dans $(L^2)^N$ vers ∇u puisque $\nabla \varphi_n = \nabla \rho_0(\cdot/n)/n$ converge p.p. vers 0 en restant borné et donc $u \nabla \varphi_n$ converge vers 0 dans L^2. Par convolution, $(u_n, \nabla u_n)$ converge dans $L^2(D) \times L^2(D)^N$ vers $(u, \nabla u)$.

Cas 2: $D = (0,1)$: comme $H_0^1(D)$ est un sous-espace de $H^1(\mathbb{R})$, explicitons quelques propriétés de $H^1(\mathbb{R})$ liées à la dimension 1. D'abord, il s'injecte continûment dans $L^\infty(\mathbb{R})$ et même dans les fonctions hölдériennes[5]: on écrit pour cela que, pour tout $u \in \mathcal{C}_0^\infty(\mathbb{R})$ et tous $x, y \in \mathbb{R}$

$$|u(y) - u(x)| = |\int_x^y u'(t)\,dt| \le \{\int_{\mathbb{R}} u'^2(t)\,dt\}^{1/2} |y-x|^{1/2}, \quad (3.3)$$

$$|u^2(y) - u^2(x)| = |\int_x^y 2\,u(t)u'(t)\,dt| \le 2\{\int_{\mathbb{R}} u^2(t)\,dt\}^{1/2}\{\int_{\mathbb{R}} u'^2(t)\,dt\}^{1/2} \quad (3.4)$$

---

[4] Paul DIRAC, 1902-1984, physicien et mathématicien anglais d'origine suisse qui laisse des contributions en analyse fonctionnelle et physique mathématique.

[5] Ludwig Otto HÖLDER, 1859-1937, allemand, élève de Weierstrass à l'université de Tübingen; il est bien connu pour l'inégalité et pour les espaces de fonctions qui portent son nom, mais il a aussi laissé des contributions importantes en théorie des groupes et en logique mathématique.

En choisissant x voisin de $-\infty$ et en prenant le supremum sur $y \in \mathbb{R}$ dans cette deuxième inégalité, on obtient

$$\|u\|_{L^\infty(\mathbb{R})}^2 \le 2 \|u\|_{L^2(\mathbb{R})} \|u'\|_{L^2(\mathbb{R})}. \tag{3.5}$$

Ces inégalités se propagent par densité à tout $u \in H^1(\mathbb{R}) = H_0^1(\mathbb{R})$. En particulier, toute fonction u de $H^1(\mathbb{R})$ admet un représentant continu $\tilde{u}$ et ce représentant est unique car deux fonctions continues égales p.p. sont égales partout.

En fait, on peut décrire explicitement comme suit le sous-espace $H_0^1(0,1)$:

$$H_0^1(0,1) = \{ u \in H^1(0,1); \tilde{u}(0) = \tilde{u}(1) = 0 \}. \tag{3.6}$$

L'inclusion de $H_0^1(0,1)$ dans l'espace à droite de cette égalité (3.6) résulte de la définition et des injections ci-dessus. Inversement, pour u dans l'espace de droite, on constate d'abord que son prolongement par zéro à $\mathbb{R}$ tout entier est dans $H^1(\mathbb{R})$: en effet, on vérifie par un calcul simple que sa dérivée au sens des distributions dans $\mathbb{R}$ est égale au prolongement par zéro de celle de u calculée dans $(0,1)$ (la continuité du prolongement en 0 et en 1 fait qu'il n'y a pas de contribution à la dérivée en ces points). On note encore u le prolongement.

Soit $\lambda_n = n/(n-2)$ pour $n \ge 3$; on considère $u_n(x) := u\big(1/2 + \lambda_n(x-1/2)\big)$: u_n est à support compact dans $[1/n, 1-1/n]$ et converge dans H^1 vers u; on considère alors $v_n := u_n * \rho_n$ où ρ_n est la suite régularisante ci-dessus, de telle sorte que $v_n \in \mathcal{C}_0^\infty(0,1)$ et converge dans H^1 vers u.

Si maintenant Ω est un ouvert borné quelconque en dimension 1, on en déduit

Proposition 3.1.4

$$H_0^1(\Omega) = \{ u \in H_0^1(D); \tilde{u} = 0 \ sur \ D \setminus \Omega \}. \tag{3.7}$$

Démonstration: L'inclusion de $H_0^1(\Omega)$ dans l'espace à droite de l'égalité (3.7) est immédiate d'après la définition puisque la convergence H^1 implique la *convergence uniforme* en dimension 1. Pour l'autre sens, on utilise que Ω est la réunion d'intervalles ouverts disjoints $I_p, p \in \mathcal{P} \subset \mathbb{N}$. La caractérisation précédente nous dit que, si u appartient à l'espace de droite, sa restriction à I_p appartient à $H_0^1(I_p)$ et est donc limite dans cet espace d'une suite de fonctions $u_n^p \in \mathcal{C}_0^\infty(I_p)$ telles que, par exemple

$$\|u_n^p - u\|_{H_0^1(I_p)} \le 2^{-n} 2^{-p}.$$

On vérifie qu'alors la suite des fonctions $\sum_{p \le n} u_n^p$, qui appartiennent à $\mathcal{C}_0^\infty(\Omega)$, converge dans $H_0^1(D)$ vers u quand n tend vers l'infini.   □

A partir de la dimension 2, les fonctions de H_0^1 ne sont plus nécessairement continues et il est donc plus difficile de donner une description analogue de $H_0^1(D)$ et d'exprimer qu'elles sont *nulles au bord de D*. Nous verrons cependant une extension de cette description explicite de $H_0^1(D)$ en termes de fonctions *quasi-continues* (cf. théorème 3.3.42).

Définition 3.1.5 *De façon usuelle, on désigne par $\mathcal{D}'(D)$ l'espace des distributions sur D et on en introduit le sous-espace suivant:*

$$H^{-1}(D) := \{T \in \mathcal{D}'(D); T = f_0 + \sum_{1 \leq i \leq N} \frac{\partial f_i}{\partial x_i}, \ f_0, ..., f_N \in L^2(D)\}, \quad (3.8)$$

muni de la norme

$$\|T\|^2_{H^{-1}(D)} := \inf\{\sum_{0 \leq i \leq N} \|f_i\|^2_{L^2} \text{ pour tous les choix des } f_i\}.$$

D'après le théorème de Riesz[6] (voir par exemple [45] Th. V.5 ou [169] Th. 3.1), pour tout L dans le dual $(H^1_0)'(D)$ de $H^1_0(D)$, il existe un unique $u \in H^1_0(D)$ tel que

$$\forall v \in H^1_0(D), \ L(v) = \int_D u\,v + \nabla u \nabla v. \quad (3.9)$$

La restriction de L à $\mathcal{C}^\infty_0(D)$ vérifie

$$\forall v \in \mathcal{C}^\infty_0(D), L(v) = <u - \Delta u, v>_{\mathcal{D}' \times \mathcal{C}^\infty_0}, \quad (3.10)$$

où $\Delta = \sum_{1 \leq i \leq N} \partial^2/\partial x_i^2$ est l'opérateur laplacien. Ainsi, la restriction $T := L_{|_{\mathcal{C}^\infty_0(D)}}$ de L à $\mathcal{C}^\infty_0(D)$ est une distribution sur D qui appartient à $H^{-1}(D)$ puisque $T = u - \Delta u = u - \sum_i \partial_{x_i}(\partial_{x_i}u)$ où $u, \partial_{x_i}u \in L^2$ (cf. 3.8). Nous avons plus précisément:

Proposition 3.1.6 *L'application $L \to T := L_{|_{\mathcal{C}^\infty_0(D)}}$ réalise un isomorphisme isométrique de $\left(H^1_0(D)\right)'$ sur $H^{-1}(D)$. De plus, l'opérateur $I - \Delta$ est aussi une isométrie de $H^1_0(D)$ sur $H^{-1}(D)$; ainsi, pour tout $f \in H^{-1}(D)$, il existe une unique solution du problème*

$$u \in H^1_0(D), u - \Delta u = f \text{ dans } \mathcal{D}'(D), \quad (3.11)$$

et on a $\|u\|_{H^1_0(D)} = \|f\|_{H^{-1}(D)}$.

Démonstration: Soit $L \in (H^1_0)'(D)$; nous savons déjà (voir (3.9),(3.10)) que $T := L_{|_{\mathcal{C}^\infty_0(D)}}$ est une distribution de $H^{-1}(D)$ avec $T = u - \sum_i \partial_{x_i}(\partial_{x_i}u), u \in H^1_0(D)$ où $u = \mathcal{R}(L)$, $\mathcal{R}$ étant l'isométrie de Riesz de $\left(H^1_0(D)\right)'$ dans $H^1_0(D)$. On a, en utilisant aussi la définition de la norme H^{-1}:

$$\|L\|^2_{(H^1_0)'} = \|u\|^2_{H^1_0} = \int_D u^2 + |\nabla u|^2 \geq \|T\|^2_{H^{-1}}.$$

---

[6] Frédéric RIESZ, 1880-1956, hongrois; on lui doit plusieurs découvertes en analyse fonctionnelle où plusieurs résultats continuent à porter son nom. Son frère Marcel, 1880-1969, est également connu pour ses travaux sur les séries et les espaces L^p.

Inversement, soit $T \in H^{-1}(D)$; il s'écrit $T = f_0 + \sum_{1 \leq i \leq N} \partial_{x_i} f_i$; donc, pour tout $v \in \mathcal{C}_0^\infty(D)$

$$| < T, v >_{\mathcal{D}' \times \mathcal{C}_0^\infty} | = |\int_D f_0\, v - \sum_{1 \leq i \leq N} f_i \frac{\partial v}{\partial x_i}|$$

$$\leq \big(\sum_{0 \leq i \leq N} \|f_i\|_{L^2}^2 \big)^{1/2} \cdot \big(\|v\|_{L^2}^2 + \|\nabla v\|_{L^2}^2 \big)^{1/2}.$$

Ainsi T se prolonge par densité, et de façon unique, en une forme linéaire continue L sur $H_0^1(D)$: de plus, on a l'estimation

$$\|L\|_{(H_0^1)'}^2 \leq \sum_{0 \leq i \leq N} \|f_i\|_{L^2}^2,$$

et, en passant à la borne inférieure sur tous les choix des f_i:

$$\|L\|_{(H_0^1)'} \leq \|T\|_{H^{-1}}.$$

Ceci démontre que $L \to T = L_{|\mathcal{C}_0^\infty(D)}$ est une isométrie. Par composition, $I - \Delta$ est aussi une isométrie (noter que $(I - \Delta)(u) = \mathcal{R}(u)_{|\mathcal{C}_0^\infty(D)}$). $\square$

On déduit de la proposition 2.3.11 le classique théorème de Rellich [7].

Théorème 3.1.7 *Considérons D un ouvert de $\mathbb{R}^N$ et u_n une suite bornée dans $H^1(D)$. Alors on peut extraire de u_n une suite qui converge fortement dans $L_{loc}^2(D)$ et presque partout.*
Si D est borné, l'injection de $H_0^1(D)$ dans $L^2(D)$ est compacte.

Démonstration: Soit u_n une suite bornée dans $H^1(D)$. D'après la proposition 2.3.11, il existe $(u_{n_k})_{k \geq 1}$ qui converge au moins dans $L_{loc}^1(D)$. Notons $U_{(p,q)} = (u_{n_p} - u_{n_q})^2$. Alors $U_{(p,q)}$ et $\nabla U_{(p,q)}$ sont bornés dans L^1. Ainsi, $U_{(p,q)}$ est aussi relativement compacte dans L_{loc}^1. On en déduit que u_{n_k} est également convergente dans L_{loc}^2. Quitte à réextraire une sous-suite, on peut supposer que la convergence a lieu p.p..

Si maintenant u_n est une suite bornée dans $H_0^1(D)$ avec D borné, on peut considérer une boule ouverte B contenant le compact $\overline{D}$ et voir u_n comme une suite bornée dans $H_0^1(B)$. D'après le point précédent, on peut donc en extraire une suite qui converge dans $L^2(D)$. $\square$

Remarque Noter que, même pour D borné, l'injection de $H^1(D)$ dans $L^2(D)$ n'est pas nécessairement compacte. C'est en revanche le cas si D est, de plus, à bord lipschitzien (voir [45]). Noter aussi que l'injection compacte de $H_0^1(D)$ dans $L^2(D)$ a lieu dès que D est de mesure finie.

---

[7] Franz RELLICH, 1906-1955, a dirigé l'Institut Mathématique de Göttingen après la 2ème guerre mondiale. On lui attribue de nombreux résultats sur la compacité des opérateurs et leurs propriétés spectrales en lien avec la théorie des perturbations.

3.1 Le problème de Dirichlet 67

3.1.2 "$Lip \circ H^1 \subset H^1$"

Nous rappelons ici la stabilité de H^1 sous l'action de fonctions non linéaires *lipschitziennes*.

Il est simple de voir que pour D ouvert de $\mathbb{R}^N$, si $u \in H^1(D)$ et $G \in C^1(\mathbb{R})$ avec G' borné et $G(0) = 0$, alors $G(u) \in H^1(D)$ et $\nabla G(u) = G'(u)\nabla u$. Il se trouve que ceci s'étend en fait aux fonctions lipschitziennes G. Cependant, une difficulté apparaît alors pour donner un sens à la relation de dérivation ci-dessus puisqu'une fonction lipschitzienne n'est dérivable que presque partout; ainsi, si E est l'ensemble négligeable où G' n'existe pas nécessairement, $G'(u(x))$ n'est a priori pas défini sur l'ensemble des $x \in D$ tels que $u(x) \in E$ qui peut être franchement non négligeable (penser au cas où $E = \{0\}$ et où u s'annule sur un ouvert). En fait, nous avons le lemme suivant où les dérivées sont comprises au sens des distributions et où nous utilisons la notation classique pour un ouvert D de $\mathbb{R}^N$:

$$W^{1,1}(D) := \{u \in L^1(D); \nabla u \in \left(L^1(D)\right)^N\}. \tag{3.12}$$

Lemme 3.1.8 *Soit I un intervalle ouvert borné de $\mathbb{R}$ et $u \in W^{1,1}(I)$. Alors pour tout ensemble négligeable A de $\mathbb{R}$,*

$$u' = 0 \text{ p.p. sur } \{x \in I; u(x) \in A\}. \tag{3.13}$$

Si $G : \mathbb{R} \to \mathbb{R}$ est lipschitzienne, alors

$$G(u) \in W^{1,1}(I), \text{ et } G(u)' = G'(u)\, u' \text{ p.p. sur } I(*). \tag{3.14}$$

Remarque 3.1.9 *(*) Convention:* Si la fonction G est lipschitzienne, elle est dérivable p.p., $G' \in L^\infty(\mathbb{R})$ et $\forall r, \hat{r} \in \mathbb{R}$, $G(\hat{r}) - G(r) = \int_r^{\hat{r}} G'(t)\, dt$ (voir [227], [114]). Il y a donc a priori une indétermination dans l'écriture de l'égalité ci-dessus puisque G' n'est défini que p.p.: en fait, si A désigne l'ensemble négligeable où G' n'existe (peut-être pas), comme $u' = 0$ p.p. sur l'ensemble $\{x \in I, u(x) \in A\}$, on convient naturellement que $G'(u)\, u' = 0$ sur cet ensemble.

Remarque 3.1.10 Si $u \in W^{1,1}(a,b)$, il résulte du lemme ci-dessus que $u' = 0$ p.p. sur l'ensemble $\{x \in (a,b); u(x) = 0\}$. En fait, si $u \in W^{1,1}(D)$, on a aussi $\nabla u = 0$ p.p. sur l'ensemble $\{x \in D; u(x) = 0\}$. Pour le voir, on applique le lemme aux dérivées partielles $\partial_{x_i} u$ et on utilise le théorème de Fubini[8]: notons $x = (x_1, x')$; la fonction $\xi \to \partial_{x_1} u(\xi, x')$ est intégrable p.p.x', et donc, p.p.x', $\partial_{x_1} u(\cdot, x') = 0$ p.p. sur l'ensemble $\{\xi; u(\xi, x') = 0\}$; par application du théorème de Fubini, on en déduit que $\partial_{x_1} u = 0$ p.p. sur l'ensemble $\{x \in D; u = 0\}$. L'argument est le même pour les autres dérivées partielles.

---

[8] Guido FUBINI, 1879-1943, d'origine vénitienne, élève de l'Ecole Normale Supérieure de Pise, il enseigne ensuite à Pise, Catane, Turin, puis Princeton. Ses contributions sont, en particulier, en analyse fonctionnelle et en théorie de l'intégration.

Démonstration du lemme 3.1.8: On part du fait que si G est une fonction de $\mathcal{C}^1(\mathbb{R})$ et si $u \in W^{1,1}(I)$, alors

$$G(u) \in W^{1,1}(I), \quad \text{et p.p. } G(u)' = G'(u)\,u'. \tag{3.15}$$

En effet, la relation est vraie par un théorème élémentaire de composition si $u \in \mathcal{C}^1(\mathbb{R})$. Sinon, on approche u par convolution dans I et l'identité passe à la limite puisque, si u_n désigne les suites d'approximation, alors $G(u_n), G'(u_n)$ convergent vers $G(u), G'(u)$ uniformément sur tout compact de I, u_n' converge dans $L^1_{loc}(I)$ vers u' et $G(u_n)'$ converge vers $G(u)'$ au sens des distributions. La relation permet de constater que $G(u)' \in L^1(I)$ et donc $G(u) \in W^{1,1}(I)$.

Posons maintenant, $G(r) = \int_0^r p(s)\,ds$ où, d'abord, $p = \chi_\omega$ où ω est ouvert: p est alors limite croissante de fonctions continues p_n et la relation (3.15) est vraie pour $G_n(r) = \int_0^r p_n(s)\,ds$. Elle se conserve par limite croissante ponctuelle, soit

$$\text{p.p. } G(u)' = p(u)\,u'. \tag{3.16}$$

Si $p = \chi_A$ où A est un ensemble Lebesgue-mesurable de $\mathbb{R}$, il existe une suite décroissante d'ouverts ω_n contenant A dont la mesure tend vers celle de A. La relation (3.16) avec p remplacé par χ_{ω_n} passe encore par monotonie à la limite avec cette fois $p = \chi_{A'}$ où $A' = \cap \omega_n$ et avec $G(r) = \int_0^r p(s)\,ds$.

Si A est de mesure nulle (et donc aussi A'), G est identiquement nulle et la relation exprime alors $\chi_{A'}(u)\,u' = 0$ p.p., soit $u' = 0$ p.p. sur $\{x \in I; u(x) \in A'\} \supset \{x \in I; u(x) \in A\}$, d'où (3.13).

Dans le cas où A est de mesure finie non nulle, d'après (3.13), $\chi_{A' \setminus A}(u)\,u' = 0$ p.p., ce qui fait que (3.16) est vrai à la fois pour $p = \chi_{A'}$ et pour $p = \chi_A$, la primitive G étant la même dans les deux cas.

Par linéarité, (3.16) s'étend aux fonctions étagées p. Ensuite, si p est une fonction mesurable bornée, elle est limite uniforme de fonctions étagées. À nouveau, on peut passer à la limite dans (3.16), et, d'après (3.13), on peut même remplacer p par toute fonction qui lui est égale p.p., d'où (3.14). □

Proposition 3.1.11 *Soit $u \in H^1(D)$ et $G : \mathbb{R} \to \mathbb{R}$ lipschitzienne avec $G(0) = 0$. Alors $G(u) \in H^1(D)$ et on a $\nabla G(u) = G'(u)\nabla u$. Si $u \in H^1_0(D)$, alors $G(u) \in H^1_0(D)$.*

Démonstration: Pour la première partie, notons d'abord que $G(u) \in L^2(D)$ puisque ponctuellement $|G(u)| \leq \|G'\|_{L^\infty}|u|$. Ensuite, on applique le lemme 3.1.8 à chaque fonction partielle $\xi \to u(x_1, ..., x_{i-1}, \xi, x_{i+1}, ...x_N)$. Utilisant le théorème de Fubini comme dans la remarque 3.1.10, on en déduit $\partial_{x_i} G(u) \in L^1_{loc}$ et $\nabla G(u) = G'(u)\nabla u$ (avec la même convention que précédemment). De cette expression, on en déduit que $\nabla G(u) \in L^2$ puisque $G' \in L^\infty$ et $\nabla u \in L^2$. D'où la première partie.

Pour le cadre H^1_0: tout $u \in H^1_0$ est limite dans H^1 d'une suite de fonctions $u_n \in \mathcal{C}^\infty_0(D)$; puisque $G(0) = 0$, $G(u_n)$ est continu à support compact dans D et, d'après la première partie, $G(u_n) \in H^1(D)$, c'est-à-dire que

$G(u_n) \in H_0^1(D)$ (par un argument de convolution immédiat). Puisque G est lipschitzienne, $G(u_n)$ converge dans L^2 vers $G(u)$. D'autre part, $\nabla G(u_n) = G'(u_n)\nabla u_n$ est borné dans L^2. Ainsi, $G(u_n)$ est borné dans $H_0^1(D)$ et on peut donc en extraire une sous-suite convergeant faiblement. En conséquence, sa limite $G(u)$ est aussi dans $H_0^1(D)$ (car un sous-espace fortement fermé est aussi faiblement fermé, voir [45]). $\square$

On appliquera en particulier la proposition 3.1.11 pour les fonctions lipschitziennes suivantes:
$G(r) = r^+(= max\{r, 0\}), G(r) = r^-(= max\{-r, 0\}), G(r) = |r|$.

On utilise ici (et à plusieurs reprises plus loin) la notation simplifiée

$$[u \geq 0] := \{x; u(x) \geq 0\}, [u \geq v] := \{x; u(x) \geq v(x)\}, ..., \qquad (3.17)$$

où x décrit un domaine variable selon les cas, mais qui sera le plus souvent explicite par le contexte.

Corollaire 3.1.12 *Soit $u \in H^1(D)$ (resp. $H_0^1(D)$). Alors, $u^+, u^-, |u|$ sont dans $H^1(D)$ (resp. $H_0^1(D)$) et on a:*

$$\nabla u^+ = \nabla u \, \chi_{[u>0]}, \nabla|u| = signe(u)\nabla u. \qquad (3.18)$$

Soit aussi $v \in H^1(D)$ (resp. $H_0^1(D)$). Alors $sup(u, v), inf(u, v) \in H^1(D)$ (resp. $H_0^1(D)$) et on a

$$\nabla sup(u, v) = \nabla u \, \chi_{[u \geq v]} + \nabla v \, \chi_{[u \leq v]}. \qquad (3.19)$$

De plus, les applications $u \to u^+, u^-, |u|, (u, v) \to sup(u, v), inf(u, v)$ sont continues de H^1 dans lui-même, muni de sa topologie forte ou aussi de sa topologie faible.

Démonstration du corollaire 3.1.12: La première partie est un corollaire immédiat de la proposition 3.1.11.

Pour la deuxième, si u_n converge vers u dans H^1, on constate sur l'égalité $\nabla|u_n| = signe(u_n)\nabla u_n$ que $\nabla|u_n|$ converge vers $\nabla|u|$ dans L^2. La continuité de $u \to |u|$ en résulte. Pour le reste, on se rappelle simplement que

$$sup(u, v) = \frac{u + v + |u - v|}{2}, \; inf(u, v) = \frac{u + v - |u - v|}{2}.$$

Si maintenant u_n converge faiblement vers u dans H^1, alors $|u_n|$ est borné dans H^1. Il existe donc une sous-suite de $|u_n|$ convergeant faiblement dans H^1; quitte à réextraire une sous-suite, on peut supposer que la convergence a lieu aussi p.p. (voir Th. 3.1.7). Ainsi, la limite est nécessairement $|u|$ et c'est toute la suite qui converge. $\square$

Notation: Pour un espace de fonctions numériques H, on note H^+ l'espace des fonctions à valeurs positives ou nulles de H.

Corollaire 3.1.13 *L'espace $\mathcal{C}_0^\infty(D)^+$ est dense dans $H_0^1(D)^+$.*

Démonstration: Si $u \in H_0^1(D)^+$, on peut l'approcher par des fonctions $u_n \in \mathcal{C}_0^\infty(D)$. D'après le corollaire précédent, u_n^+ converge dans H_0^1 vers $u^+ = u$. Bien sûr, sauf exception, u_n^+ n'appartient pas à $\mathcal{C}_0^\infty(D)$, mais il est à support compact et par convolution avec une suite régularisante, on peut l'approcher dans H^1 par des fonctions positives de $\mathcal{C}_0^\infty(D)$, d'où le résultat. $\quad\square$

Corollaire 3.1.14 *Soit $v \in H^1(\mathbb{R}^N)$ tel qu'il existe $w \in H_0^1(D)$ avec $|v| \leq w$ p.p. Alors, $v \in H_0^1(D)$.*

Démonstration: Il suffit de montrer $v^+ \in H_0^1(D)$ (on aura de même $v^- \in H_0^1(D)$). Soit $w_n \in \mathcal{C}_0^\infty(D)^+$ convergeant vers w dans H^1: alors, $inf\{w_n, v^+\}$ converge vers $inf\{w, v^+\} = v^+$. Comme la fonction $inf\{w_n, v^+\}$ est à support compact dans D, en la convolant avec une suite régularisante adéquate, on obtient une suite de $\mathcal{C}_0^\infty(D)$ convergeant vers v^+. $\quad\square$

Proposition 3.1.15 *Soit $u \in H^1(\mathbb{R}^N)$ continu (i.e. ayant un représentant continu) et tel que $u = 0$ partout hors de l'ouvert D. Alors $u \in H_0^1(D)$.*

Démonstration: On peut supposer $u \geq 0$. L'hypothèse implique que, pour $\epsilon > 0$, $(u - \epsilon)^+$ est à support compact dans D. En convolant avec une suite régularisante, on peut l'approcher dans H^1 par des fonctions de $\mathcal{C}_0^\infty(D)$. Comme $(u - \epsilon)^+$ converge vers u dans H^1 quand ϵ tend vers 0, on en déduit que u peut être lui-même approché par des fonctions de $\mathcal{C}_0^\infty$. $\quad\square$

Remarque 3.1.16 Le résultat subsiste clairement si u est seulement continu sur un voisinage du bord de D.

Noter que la "réciproque" est fausse: une fonction de $H_0^1(D)$ qui est continue sur $\mathbb{R}^N$ n'est pas nécessairement nulle partout hors de D (prendre par exemple $D = $ un disque privé de son centre dans $\mathbb{R}^2$). On verra plus loin qu'elle est nulle *"quasi-partout"* hors de D.

3.1.3 L'inégalité de Poincaré

Nous terminons ces rappels sur l'espace H_0^1 par la norme équivalente classique pour les ouverts bornés qui résulte de l'inégalité de Poincaré[9].

Proposition 3.1.17 *On suppose D borné dans une direction. Alors, il existe $C > 0$ ne dépendant que de D telle que*

$$\forall u \in H_0^1(D), \int_D u^2 \leq C^2 \int_D |\nabla u|^2. \tag{3.20}$$

---

[9] (Jules) Henri POINCARÉ, 1854-1912, né à Nancy, tout à la fois mathématicien, physicien, astronome, philosophe, a produit une oeuvre particulièrement novatrice en touchant à une impressionnante variété de domaines: analyse complexe, équations différentielles et algébriques, topologie, théorie des nombres, probabilités, relativité et physique quantique, problème à n corps.

Corollaire 3.1.18 *On suppose D borné dans une direction. Alors,*

$$u \to \Big\{ \int_D |\nabla u|^2 \Big\}^{1/2}$$

est une norme hilbertienne équivalente à la norme H^1 (3.1) sur $H_0^1(D)$.

Le corollaire est immédiat.

Démonstration de la proposition 3.1.17: Supposons par exemple que

$$D \subset [-a, a] \times \mathbb{R}^{N-1}.$$

Pour tout $u \in \mathcal{C}_0^\infty(D)$ et $x = (x_1, x') \in \mathbb{R} \times \mathbb{R}^{N-1}$,

$$u^2(x_1, x') = \int_{-\infty}^{x_1} 2\, u(\xi, x') u_{x_1}(\xi, x')\, d\xi$$
$$\leq 2 \Big\{ \int_\mathbb{R} u^2(\xi, x')\, d\xi \Big\}^{1/2} \Big\{ \int_\mathbb{R} u_{x_1}^2(\xi, x')\, d\xi \Big\}^{1/2}.$$
$$\int_{-\infty}^{+\infty} u^2(x_1, x')\, dx_1 = \int_{-a}^{+a} u^2(x_1, x')\, dx_1$$
$$\leq 4\, a \Big\{ \int_\mathbb{R} u^2(\xi, x')\, d\xi \Big\}^{1/2} \Big\{ \int_\mathbb{R} u_{x_1}^2(\xi, x')\, d\xi \Big\}^{1/2}.$$

On intègre cette inégalité en x' sur $\mathbb{R}^{N-1}$ et on applique l'inégalité de Schwarz pour obtenir après simplification:

$$\int_D u^2 \leq (4a)^2 \int_D u_{x_1}^2 \leq (4a)^2 \int_D |\nabla u|^2.$$

□

Remarque 3.1.19 A propos de la meilleure constante dans (3.20) *(et une première réflexion sur l'existence de minima dans des problèmes variationnels sur les espaces de fonctions)*: Lorsque l'inégalité de Poincaré (3.20) est satisfaite pour un ouvert D, on a donc

$$0 < C_p := inf\Big\{ \int_D |\nabla u|^2; u \in H_0^1(D), \int_D u^2 = 1 \Big\}. \tag{3.21}$$

On peut se demander si cette borne inférieure est atteinte: c'est le cas si D est borné, car (voir Th. 3.1.7) l'injection de $H_0^1(D)$ dans $L^2(D)$ est compacte. On peut alors, en effet, extraire d'une suite minimisante u_n une sous-suite convergeant fortement dans L^2 et faiblement dans H_0^1 (par compacité séquentielle faible de la boule unité dans l'espace de Hilbert $H_0^1(D)$); à la limite, la contrainte $\int_D u^2 = 1$ est conservée et on utilise que $u \to \int_D |\nabla u|^2$ est s.c.i. pour la convergence faible dans H_0^1.

Plus généralement, dès que le minimum est atteint dans (3.21), *une fonction qui y réalise le minimum est nécessairement une fonction propre associée à la plus petite valeur propre λ_1 du laplacien*, i.e. solution de

$$u \in H_0^1(D), -\Delta u = \lambda_1 u \text{ dans } D. \tag{3.22}$$

Pour le voir, on constate que la fonction

$$t \in \mathbb{R} \to \int_D |\nabla(u + t\,v)|^2 / \int_D (u + t\,v)^2$$

admet un minimum en $t = 0$ et que donc sa dérivée (qui existe) y est nulle. Des calculs élémentaires conduisent à

$$\int_D \nabla u\, \nabla v - \lambda_1 \int_D u\,v = 0,\ avec\ \lambda_1 = \int_D |\nabla u|^2,$$

d'où (3.22) puisque v est arbitraire dans $\mathcal{C}_0^\infty(D)$.

Noter que $\lambda_1 = \int_D |\nabla u|^2 > 0$: en effet, sinon, ∇u est identiquement nul et u est constante sur les composantes connexes de D. Or u est non nulle d'après la contrainte $\int_D u^2 = 1$, ce qui contredit l'appartenance à $H_0^1(D)$ de u (voir exercice 3.1).

Pour montrer que c'est la plus petite valeur propre, on considère une autre fonction propre $\hat{u} \in H_0^1(D)$, soit

$$-\Delta \hat{u} = \lambda \hat{u}\ \text{au sens que}\ \forall v \in H_0^1(D),\ \int_D \nabla u\, \nabla v = \lambda \int_D u\,v,$$

et on applique l'inégalité de Poincaré (où $C_p = \lambda_1$), soit

$$\lambda \int_D \hat{u}^2 = \int_D |\nabla \hat{u}|^2 \geq \lambda_1 \int_D \hat{u}^2.$$

D'où $\lambda \geq \lambda_1$.

En fait, le minimum n'est pas toujours atteint dans (3.21), même si $C_p > 0$! Par exemple, il ne l'est pas si D est la bande $\mathbb{R} \times [0, 1]$ dans $\mathbb{R}^2$ alors que l'inégalité de Poincaré a bien lieu d'après la proposition 3.1.17.

On peut s'en persuader par une technique de "multiplicateur de Pohozaev" qui consiste ici à multiplier par $x\,u_x$ l'identité (3.22) (qui, comme on l'a vu, a nécessairement lieu avec une fonction u non nulle si le minimum est atteint). On a alors en intégrant sur $D_R := [-R, R] \times [0, 1]$:

$$\lambda \int_{D_R} x\,u\,u_x = - \int_{D_R} x\,u_x\,u_{xx} - x\,u_x\,u_{xy}.$$

$$\lambda \int_{D_R} x\,\partial_x(u^2/2) = - \int_{D_R} x\,\partial_x(u_x^2/2) - \int_{-R}^R dx[x\,u_x\,u_y]_{y=0}^{y=1} + \int_{D_R} x\,u_{xy}\,u_y.$$

On intègre par parties les deux premières intégrales ainsi que la dernière en utilisant $u_{xy}\,u_y = \partial_x(u_y^2/2)$. Une analyse un peu détaillée, utilisant l'appartenance à $H^1(D)$ des fonctions adéquates, montre que tous les termes intégrés tendent vers 0 lorsque R tend vers l'infini. Il reste

$$-\frac{\lambda}{2} \int_D u^2 = \frac{1}{2} \int_D u_x^2 - u_y^2.$$

Multipliant par ailleurs (3.22) par u, on a aussi

$$\lambda \int_D u^2 = \int_D u_x^2 + u_y^2.$$

On en déduit $0 = \int_D u_x^2$ et donc une contradiction.

3.1.4 Le problème de Dirichlet pour le Laplacien

Proposition 3.1.20 *Soit Ω un ouvert borné de $\mathbb{R}^N$ et $f \in H^{-1}(\Omega)$. Alors, il existe une unique solution $u = u_\Omega^f$ du problème*

$$u \in H_0^1(\Omega), \ \forall v \in H_0^1(\Omega), \langle f, v\rangle_{H^{-1}(\Omega)\times H_0^1(\Omega)} = \int_\Omega \nabla u \nabla v. \quad (3.23)$$

De plus, u est l'unique solution de

$$u \in H_0^1(\Omega), -\Delta u = f \ \text{dans} \ \mathcal{D}'(\Omega), \quad (3.24)$$

et aussi du problème de minimisation

$$J(u) = min\ \{J(v); v \in H_0^1(\Omega)\},$$

où $J(v) = \frac{1}{2}\int_\Omega |\nabla v|^2 - \langle f, v\rangle_{H^{-1}(\Omega)\times H_0^1(\Omega)}$. Enfin, on a

$$J(u) = -\frac{1}{2}\int_\Omega |\nabla u|^2 = -\frac{1}{2}\langle f, u\rangle_{H^{-1}(\Omega)\times H_0^1(\Omega)}. \quad (3.25)$$

Démonstration: Puisque Ω est borné, d'après l'inégalité de Poincaré et son corollaire 3.1.18, $[v \to \int_\Omega |\nabla v|^2]$ est une norme équivalente à la norme H^1 sur $H_0^1(\Omega)$. Par application du théorème de Riesz comme en (3.9) (en remplaçant T par f), on en déduit l'existence de $u \in H_0^1(\Omega)$ unique tel que

$$\forall v \in H_0^1(\Omega), \langle f, v\rangle_{H^{-1}(\Omega)\times H_0^1(\Omega)} = \int_\Omega \nabla u \nabla v,$$

ce qui est exactement le problème (3.23). Noter, qu'en particulier,

$$\forall v \in C_0^\infty(\Omega), \langle f, v\rangle_{H^{-1}(\Omega)\times H_0^1(\Omega)} = <-\Delta u, v>_{\mathcal{D}'\times C_0^\infty},$$

ce qui est l'expression de (3.24), équivalente à (3.23) par densité de $C_0^\infty(\Omega)$ dans $H_0^1(D)$.

On note u_Ω^f cette solution.

Pour tout $v \in H_0^1(\Omega)$, on a

$$J(u_\Omega^f + v) - J(u_\Omega^f) = \int_\Omega \nabla u_\Omega^f \nabla v - \langle f, v\rangle + \frac{1}{2}\int_\Omega |\nabla v|^2 = \frac{1}{2}\int_\Omega |\nabla v|^2,$$

qui est strictement positif pour tout $v \in H_0^1(\Omega)$ non identiquement nul. D'où le deuxième point.

Pour le troisième, on prend $v = u_\Omega^f$ dans (3.23) pour obtenir $\int_\Omega |\nabla u_\Omega^f|^2 = \langle f, u_\Omega^f\rangle_{H^{-1}\times H_0^1}$. $\square$

Remarque 3.1.21 Lorsque Ω est l'ensemble vide, le problème de Dirichlet n'a pas beaucoup d'intérêt. Néanmoins, pour assurer en particulier une certaine cohérence aux énoncés, il est d'usage de poser *par convention* $u_\Omega^f = 0$ lorsque $\Omega = \emptyset$. C'est également parfaitement cohérent avec le principe du maximum que nous énonçons maintenant et que nous utiliserons à plusieurs reprises.

Proposition 3.1.22 *L'application $f \in H^{-1}(D) \to u_\Omega^f$ est croissante. De plus, si $f \geq 0$, on a*

$$\Omega_1 \subset \Omega_2 \;\Rightarrow\; u_{\Omega_1}^f \leq u_{\Omega_2}^f.$$

Démonstration: Pour le premier point, par linéarité, il suffit de montrer $(f \leq 0) \Rightarrow (u_\Omega^f \leq 0)$. On note $u = u_\Omega^f$. On applique (3.23) avec $v = u^+$ qui appartient bien à $H_0^1(\Omega)$ (voir corollaire 3.1.12). On obtient

$$\int_\Omega \nabla u \cdot \nabla u^+ = \langle f, u^+ \rangle \leq 0.$$

Comme la première intégrale est encore égale à $\int_\Omega |\nabla u^+|^2$ (voir corollaire 3.1.12), on en déduit $u^+ = 0$.

Pour le deuxième point, notons $u_i = u_{\Omega_i}^f, i = 1, 2$. Pour tout $v \in H_0^1(\Omega_1)$ on a $\int_D \nabla(u_1 - u_2)\nabla v = 0$. Mais, $u_2 \geq 0$ et donc $(u_1 - u_2)^+ \leq u_1^+$ ce qui prouve (voir corollaire 3.1.14) que $(u_1 - u_2)^+ \in H_0^1(\Omega_1)$. Choisissant $v = (u_1 - u_2)^+$ dans la relation ci-dessus, on en déduit $v = 0$, c'est-à-dire $u_1 \leq u_2$. $\square$

3.2 Continuité pour le problème de Dirichlet

3.2.1 Position du problème

On se donne D un ouvert borné dans $\mathbb{R}^N$ qui contiendra tous les ouverts variables considérés. On se donne aussi $f \in H^{-1}(D)$.

Pour tout ouvert $\Omega \subset D$, on note u_Ω^f, ou plus simplement u_Ω quand il n'y a pas d'ambiguïté, la solution du problème de Dirichlet associé à Ω et à f.

Rappelons que, comme $H_0^1(\Omega)$ est un sous-espace de $H_0^1(D)$, f opère aussi continuement sur les fonctions de $H_0^1(\Omega)$ et sa restriction à Ω appartient donc à $H^{-1}(\Omega)$. De plus, on a l'identité

$$\forall v \in H_0^1(\Omega), \langle f, v \rangle_{H^{-1}(D) \times H_0^1(D)} = \langle f, v \rangle_{H^{-1}(\Omega) \times H_0^1(\Omega)}. \tag{3.26}$$

Le plus souvent, on notera cette expression tout simplement

$$\langle f, v \rangle_{H^{-1} \times H_0^1}.$$

Le problème de continuité: *on se donne une suite d'ouverts Ω_n inclus dans D convergeant en un certain sens vers un ouvert Ω: quand peut-on affirmer que $u_{\Omega_n}^f$ "converge" vers u_Ω^f ?*

On verra que la plupart des topologies "classiques" sur les ouverts, comme celles considérées au chapitre précédent, n'assurent pas en général à elles seules cette convergence. Ainsi, la question est plutôt: à quelle(s) condition(s) supplémentaire(s) sur la suite Ω_n ou sur la limite Ω la continuité a-t-elle lieu? Ou aussi: peut-on définir une convergence sur les Ω_n qui assure celle des $u_{\Omega_n}^f$?

On pourrait se demander aussi: "à quelle condition sur f la continuité a-t-elle lieu"? Mais, comme on le vérifiera facilement dans la section 3.2.3, la question est essentiellement indépendante de f: la situation est "bonne" pour tout f dès qu'elle est bonne pour $f \equiv 1$.

3.2.2 Premières propriétés

Nous pouvons déjà donner une première estimation fondamentale:

Proposition 3.2.1 *Il existe une constante C ne dépendant que de D telle que, pour tout ouvert Ω inclus dans D, la solution de (3.23) vérifie*

$$\|u_\Omega^f\|_{H_0^1(D)} \le C \, \|f\|_{H^{-1}(D)}. \tag{3.27}$$

Démonstration: Ecrivons $u = u_\Omega^f$. De la relation (3.25), on déduit

$$\int_\Omega |\nabla u|^2 \le \|f\|_{H^{-1}} \, \|u\|_{H_0^1(D)}.$$

Par inégalité de Poincaré dans D, il existe une constante $k > 0$, *ne dépendant que de D*, telle que

$$k \, \|u\|_{H_0^1(D)}^2 \le \int_D |\nabla u|^2 = \int_\Omega |\nabla u|^2 \le \|f\|_{H^{-1}} \, \|u\|_{H_0^1(D)}.$$

L'estimation (3.27) s'en déduit. □

Corollaire 3.2.2 *Soit Ω_n une suite* quelconque *d'ouverts de D. Alors, il existe une suite extraite $k \to u_{\Omega_{n_k}}^f$ et $u^\star \in H_0^1(D)$ tels que $u_{\Omega_{n_k}}^f$ converge faiblement dans $H_0^1(D)$ vers $u^\star$ lorsque k tend vers l'infini. De plus, s'il existe un ouvert $\Omega \subset D$ tel que $u^\star = u_\Omega^f$, alors la convergence est forte dans $H_0^1(D)$.*

Démonstration: La première partie est une conséquence directe de la borne uniforme établie en (3.27) et de la compacité faible séquentielle de la boule unité fermée de l'espace de Hilbert $H_0^1(D)$. La dernière partie résulte du passage à la limite (faible) dans la propriété

$$\int_D |\nabla u_{\Omega_n}^f|^2 = \langle f, u_{\Omega_n}^f \rangle_{H^{-1} \times H_0^1},$$

couplée avec la même propriété pour u_Ω^f. En effet, on a alors

$$\lim_{n \to +\infty} \int_D |\nabla u_{\Omega_n}^f|^2 = \langle f, u_\Omega^f \rangle_{H^{-1} \times H_0^1} = \int_D |\nabla u_\Omega^f|^2,$$

ce qui prouve que la convergence dans $L^2(D)^N$ de $\nabla u_{\Omega_n}^f$ est forte. □

Bien sûr, on aimerait justement que cette limite $u^\star$ coincide avec u_Ω^f, où Ω est la limite en un certain sens des Ω_n. Un pas majeur dans ce sens peut être fait dans le cas très fréquent où:

$$\begin{cases} \text{Il existe un ouvert } \Omega \text{ de } D \text{ vérifiant:} \\ \text{pour tout compact } K \text{ inclus dans } \Omega, \\ \text{il existe } n_0 \in \mathbb{N} \text{ tel que } \forall n \geq n_0, K \subset \Omega_n. \end{cases} \tag{3.28}$$

Nous savons, en particulier, que c'est le cas pour la convergence au sens de Hausdorff et pour la convergence au sens des compacts (voir chapitre 2). Avec cette propriété, nous avons alors:

Proposition 3.2.3 *Supposons (3.28) satisfaite; alors il existe $u^\star$ dans $H_0^1(D)$ et une suite extraite $u_{\Omega_{n_k}}^f$ convergeant faiblement dans $H_0^1(D)$ vers $u^\star$, avec $u^\star$ vérifiant:*

$$\forall\, v \in H_0^1(\Omega), \qquad \int_\Omega \nabla u^\star \cdot \nabla v = \langle f, v \rangle_{H^{-1}(\Omega) \times H_0^1(\Omega)}. \tag{3.29}$$

Démonstration: Notons $u_n = u_{\Omega_n}^f$. Nous connaissons déjà l'existence de la suite extraite et de $u^\star$. Soit maintenant φ une fonction fixée dans $C_0^\infty(\Omega)$. Grâce à l'hypothèse (3.28), on a $\varphi \in C_0^\infty(\Omega_n)$ pour n assez grand, et donc

$$\int_{\Omega_n} \nabla u_n \cdot \nabla \varphi = \langle f, \varphi \rangle_{H^{-1} \times H_0^1}, \tag{3.30}$$

ou encore en étendant à D tout entier,

$$\int_D \nabla u_n \cdot \nabla \varphi = \langle f, \varphi \rangle_{H^{-1} \times H_0^1}.$$

Ainsi, en passant à la limite faible dans $H_0^1(D)$, on obtient:

$$\int_\Omega \nabla u^\star \cdot \nabla \varphi = \int_D \nabla u^\star \cdot \nabla \varphi = \langle f, \varphi \rangle_{H^{-1} \times H_0^1}. \tag{3.31}$$

Cette égalité (3.31) étant vraie pour toute $\varphi \in C_0^\infty(\Omega)$, on en déduit (3.29) par densité de $C_0^\infty(\Omega)$ dans $H_0^1(\Omega)$. $\square$

Dans ce cadre, pour pouvoir conclure à la convergence de u_{Ω_n} vers u_Ω, il reste à répondre à la question:

Quand peut-on affirmer que $u^\star$ appartient à l'espace $H_0^1(\Omega)$?
$$\tag{3.32}$$
Nous verrons que ce n'est pas toujours le cas. Cependant, si c'est le cas, alors on peut conclure:

Proposition 3.2.4 *Supposons (avec les notations et les hypothèses de la proposition 3.2.3) que $u^\star \in H_0^1(\Omega)$; alors*

- $u^\star = u_\Omega^f$
- *Toute la suite $u_{\Omega_n}^f$ converge vers u_Ω^f*
- *La convergence est forte dans $H_0^1(D)$.*

Démonstration: Le premier point provient de la propriété (3.29) de la proposition 3.2.3 et de l'unicité de la solution du problème de Dirichlet dans Ω. Cette même unicité assure que c'est toute la suite qui converge. Le dernier point se déduit du corollaire 3.2.2.   □

3.2.3 Indépendance par rapport à f

Il est intéressant de noter que le fait que la situation soit "bonne" ou non dépend des ouverts Ω_n, Ω et pas vraiment de la donnée f. Le résultat suivant, obtenu par V. Šverak (1992) dans [246], montre, en effet, qu'on peut en fait se restreindre au cas particulier $f \equiv 1$, ce pour *toute suite* d'ouverts:

Théorème 3.2.5 *Soit Ω_n, Ω des ouverts de D. Si $u_{\Omega_n}^1$ converge dans $L^2(D)$ vers u_Ω^1, alors $u_{\Omega_n}^f$ converge vers u_Ω^f fortement dans $H_0^1(D)$ pour tout $f \in H^{-1}(D)$.*

Démonstration: L'argument essentiel est le Principe du Maximum (cf. proposition 3.1.22).

Nous notons $u_{\Omega_n}^f = u_n^f, u_\Omega^f = u^f$. Remarquons d'abord que, d'après le corollaire 3.2.2, la convergence de u_n^1 vers u^1 a lieu fortement dans $H_0^1(D)$.

On commence par prouver le résultat pour $f \in L^\infty(D)$. Comme $-M \le f \le M$, le principe du maximum indique que

$$-M\,u_n^1 \le u_n^f \le M\,u_n^1, \ p.p. \tag{3.33}$$

(Mu_n^1 est évidemment la solution du problème de Dirichlet avec le second membre M). Maintenant, on sait que, à une suite extraite près, u_n^f converge faiblement dans $H_0^1(D)$ vers une fonction $u^\star$. Il nous suffit de prouver que $u^\star = u^f$ et, par unicité de la limite, on aura convergence de toute la suite, fortement dans $H_0^1(D)$.

A la limite, on conserve l'inégalité

$$-M\,u^1 \le u^\star \le M\,u^1 \ p.p. . \tag{3.34}$$

Puisque $u^1 \in H_0^1(\Omega)$, il en est de même de $u^\star$ d'après le corollaire 3.1.14.

Soit maintenant $\varphi \in \mathcal{C}_0^\infty(\Omega), \varphi \ge 0$. Puisque $u^1 > 0$ sur Ω (principe du maximum fort, voir par exemple [128], voir aussi la remarque ci-dessous), $\varphi \le pu^1$ pour p assez grand. Soit alors $\varphi_n := \inf\{\varphi, pu_n^1\}$ qui appartient à $H_0^1(\Omega_n)$ et converge vers φ fortement dans $H_0^1(D)$ d'après le corollaire 3.1.12. On a alors

$$\forall p, \int_D \nabla u_n^f \nabla \varphi_n = \int_D f \varphi_n \text{ ce qui implique } \int_D \nabla u^\star \nabla \varphi = \int_D f \varphi.$$

Ceci montre que $u^\star = u^f$. On conclut ensuite par densité de $L^\infty(D)$ dans $H^{-1}(D)$ (vérification facile) et grâce à l'uniformité, par rapport aux ouverts Ω inclus dans D, de la norme de l'application $f \in H^{-1}(D) \to u_\Omega^f \in H_0^1(D)$ (estimation (3.27)). Ainsi, si f_p est une suite de fonctions dans $L^\infty(D)$ qui converge fortement vers f dans $H^{-1}(D)$, avec les mêmes notations que ci-dessus, on a

$$\|u_n^f - u^f\|_{H_0^1(D)} \le \|u_n^f - u_n^{f_p}\|_{H_0^1(D)} + \|u_n^{f_p} - u^{f_p}\|_{H_0^1(D)} + \|u^{f_p} - u^f\|_{H_0^1(D)} \le$$

$$\le 2C\|f_p - f\|_{H^{-1}(D)} + \|u_n^{f_p} - u^{f_p}\|_{H_0^1(D)}$$

et le résultat provient immédiatement de la première partie de la preuve assurant que, pour p fixé, $u_n^{f_p}$ converge vers u^{f_p}. $\square$

Remarque On peut trouver une autre démonstration du fait que $u^\star = u^f$ dans le chapitre 4 (voir proposition 4.7.2). Bien sûr, on peut aussi supposer que les seconds membres f_n varient:

Corollaire 3.2.6 *Sous les hypothèses du théorème 3.2.5, si f_n converge vers f dans $H^{-1}(D)$, alors $u_{\Omega_n}^{f_n}$ converge vers u_Ω^f dans $H_0^1(D)$.*

Démonstration: on écrit tout simplement

$$\|u_{\Omega_n}^{f_n} - u_\Omega^f\| \le \|u_{\Omega_n}^{f_n} - u_{\Omega_n}^f\| + \|u_{\Omega_n}^f - u_\Omega^f\| \le C\|f_n - f\|_{H^{-1}} + \|u_{\Omega_n}^f - u_\Omega^f\|.$$

$\square$

Nous allons donner maintenant les cas les plus simples pour lesquels on peut répondre de façon affirmative à la question (3.32). Dans toute la suite, nous notons $u_{\Omega_n}^f$ (resp. u_Ω^f) ou plus simplement u_n (resp. u) si le contexte est sans ambiguïté, la solution du problème de Dirichlet (3.23),(3.24) sur Ω_n (resp. Ω).

3.2.4 Suites croissantes

Théorème 3.2.7 *Soit Ω_n une suite croissante d'ouverts et $\Omega = \bigcup_n \Omega_n$, alors $u_n = u_{\Omega_n}^f$ converge vers $u = u_\Omega^f$ dans $H_0^1(D)$. C'est aussi le cas, plus généralement, si Ω_n est une suite d'ouverts inclus dans l'ouvert Ω et convergeant au sens de Hausdorff vers Ω,*

Remarque Cette convergence est, en particulier, très utile pour l'approximation numérique de la solution du problème de Dirichlet lorsqu'on approche l'ouvert Ω par l'intérieur à l'aide d'ouverts polygonaux Ω_n. Si les Ω_n croissent vers Ω ou si le bord des Ω_n tend raisonnablement (par exemple au sens de

Hausdorff) vers celui de Ω, alors la solution suit.

Démonstration du théorème 3.2.7: Nous avons vu qu'une suite croissante d'ouverts convergeait au sens de Hausdorff vers la réunion des ouverts. Il suffit donc bien de démontrer le 2ème point.

On sait que l'hypothèse (3.28) est satisfaite pour la convergence de Hausdorff des ouverts. Soit alors $u^\star$ une limite faible d'une sous-suite de u_n selon la proposition 3.2.3 (encore notée u_n). On sait qu'il suffit de montrer que $u^\star \in H_0^1(\Omega)$. Puisque $u_n \in H_0^1(\Omega_n)$, il existe $w_n \in \mathcal{C}_0^\infty(\Omega_n)$ tel que

$$\|u_n - w_n\|_{H_0^1(D)} \leq 1/n.$$

On en déduit que w_n converge également faiblement vers $u^\star$ dans $H_0^1(D)$. Comme $\Omega_n \subset \Omega$, on a aussi $w_n \in \mathcal{C}_0^\infty(\Omega)$. Puisque w_n converge faiblement vers $u^\star$ dans $H^1(D)$, on en déduit $u^\star \in H_0^1(\Omega)$. $\square$

Le résultat du théorème 3.2.7 sera amélioré plus loin en termes de capacité (voir proposition 3.4.2): il suffit, en fait, que l'excès des ouverts Ω_n sur Ω soit petit. Il est intéressant de noter le corollaire suivant qui montre une semi-continuité inférieure ponctuelle de l'application $\Omega \to u_\Omega^f$ pour la convergence au sens de Hausdorff ($f \geq 0$).

Corollaire 3.2.8 *On suppose* $f \geq 0$. *Si la suite d'ouverts* Ω_n *converge au sens de Hausdorff vers l'ouvert* Ω, *alors*

$$p.p.x \in D, \ u_\Omega^f(x) \leq \liminf u_{\Omega_n}^f(x).$$

Démonstration: D'après la proposition 3.1.22, $u_{\Omega \cap \Omega_n}^f \leq u_{\Omega_n}^f$. Mais, la convergence au sens de Hausdorff étant stable par intersection (voir chapitre 2), $\Omega \cap \Omega_n$ converge au sens de Hausdorff vers Ω. D'après le théorème 3.2.7 ci-dessus, $u_{\Omega \cap \Omega_n}^f$ converge vers u_Ω^f. Il suffit alors de passer à la limite dans l'inégalité précédente. $\square$

Remarque 3.2.9 Nous savons qu'une suite décroissante d'ouverts converge au sens de Hausdorff vers l'intérieur de l'intersection des ouverts. Mais, comme nous le verrons plus loin, la solution du problème de Dirichlet ne "suit" pas nécessairement.

3.2.5 Le cas de la dimension 1

Théorème 3.2.10 *On suppose que* D *est un intervalle borné de* $\mathbb{R}$. *Soit* Ω_n *une suite d'ouverts inclus dans* D *convergeant au sens de Hausdorff vers un ouvert* Ω. *Alors* u_n *converge vers* u *dans* $H_0^1(D)$.

Démonstration: En dimension 1, la norme H^1 domine la norme höldérienne. D'après le théorème d'Ascoli, on peut donc supposer que la suite extraite de u_n selon la proposition 3.2.3 converge aussi uniformément dans D vers $u^\star$ (ou plus précisément vers son représentant continu $\tilde{u}^{\star}$). Si $x \in D \setminus \Omega$, il existe une suite $x_n \in D \setminus \Omega_n$ convergeant vers x. Par convergence uniforme, $u_n(x_n)$, qui est nul d'après (3.7), converge vers $\tilde{u}^{\star}(x)$ qui est donc nul aussi. Il en résulte que $\tilde{u}^{\star} = 0$ sur $D \setminus \Omega$. D'après la caractérisation (3.7), on en déduit $u^{\star} \in H_0^1(\Omega)$. Comme précédemment, on sait que ceci suffit pour assurer la convergence de toute la suite u_n vers u_Ω. $\square$

Ce résultat de continuité, couplé avec la compacité d'une suite *quelconque* d'ouverts inclus dans un ouvert borné fixe, conduit à une situation complètement satisfaisante en dimension 1. Elle est bien sûr essentiellement due à l'injection compacte de H^1 dans L^∞. Celle-ci tombe en défaut dès la dimension 2, de même d'ailleurs que le résultat de continuité ci-dessus. En d'autres termes, il se peut effectivement que le $u^{\star}$ de la proposition 3.2.3 n'appartienne pas à $H_0^1(\Omega)$ où Ω est la limite de Hausdorff des Ω_n (qu'on peut toujours supposer exister à une suite extraite près). C'est l'objet du paragraphe suivant d'exhiber des contre-exemples.

3.2.6 Contre-exemples à la continuité en dimension 2

Soit x_n une suite dense dans le disque D de rayon 1, soit Γ_n les n premiers points de la suite x_n et $\Omega_n := D \setminus \Gamma_n$. Alors, Ω_n converge au sens de Hausdorff vers l'ensemble vide $\emptyset$, mais $u_{\Omega_n}^f$ ne converge pas vers $u_\emptyset^f \equiv 0$. En effet $H_0^1(\Omega_n) = H_0^1(D)$, d'où $u_{\Omega_n}^f = u_D^f$. Ceci résulte du fait, comme on le verra plus loin, qu'un point est de capacité nulle en dimension 2. Plus précisément, pour tout n fixé, on peut trouver une suite $v^p \in \mathcal{C}_0^\infty(D)$ telle que

$$v^p \to 0 \ dans \ H_0^1(D), \ v^p = 1 \ sur \ un \ voisinage \ de \ \Gamma_n, \ 0 \leq v^p \leq 1.$$

(voir le paragraphe 3.3 sur la capacité pour la construction de cette suite). Ainsi, tout $v \in \mathcal{C}_0^\infty(D)$ est limite dans $H_0^1(D)$ de $v(1 - v^p) \in \mathcal{C}_0^\infty(\Omega_n)$, d'où l'égalité annoncée $H_0^1(\Omega_n) = H_0^1(D)$.

On peut même faire des "trous" autour de chaque point x_n sans que la suite $u_{\Omega_n}^f$ ne converge vers 0. Plus précisément, soit maintenant $\Omega_n := D \setminus \cup_{1 \leq k \leq n} \overline{B}(x_k, r_k)$ où r_n est une suite de nombres réels positifs tels que

$$\sum_{n \geq 1} -1/\log(r_n) < \eta, \ \sum_{n \geq 1} r_n^2 < 1. \tag{3.35}$$

La suite d'ouverts Ω_n décroît vers $E = D \setminus \cup_{n \geq 1} \overline{B}(x_n, r_n)$ qui est de mesure non nulle d'après la deuxième condition sur la suite r_n. D'autre part, Ω_n converge encore au sens de Hausdorff vers l'ensemble vide. Mais, à nouveau, $u_{\Omega_n}^1$ *ne tend pas vers* $u_\emptyset^1 \equiv 0$.

En effet, soit $\psi \in \mathcal{C}_0^\infty(D)^+$ et considérons la fonction

$$\forall x \in D, \varphi(x) := \psi(x)[1 + \sum_{n \geq 1} \alpha_n \log(|x - x_n|)]^+,$$

où $\alpha_n = -1/\log(r_n)$. Cette fonction est bien définie d'après la 1ère condition sur la suite r_n : en effet, puisque chaque fonction $[x \to \log|x-x_n|]$ appartient à $L^1(D)$, la série $\sum_{n \geq 1} \alpha_n \log(|x-x_n|)$ est convergente dans $L^1(D)$ et de norme majorée par $k\eta$ où $k = \|\log(\cdot)\|_{L^1(2D)}$.

La fonction φ est nulle sur la réunion des boules $\overline{B}(x_n, r_n)$, c'est-à-dire nulle hors de E et aussi à support compact dans chaque Ω_n. Elle est non identiquement nulle si on choisit η assez petit et ψ de support assez grand. De plus, elle est dans $H^1(D)$ (on peut calculer directement sa norme H^1 ou remarquer qu'elle est surharmonique et bornée dans D et utiliser l'exercice 3.5). Elle est donc dans $H_0^1(\Omega_n)$. En particulier, on a

$$\int_{\Omega_n} \nabla u_{\Omega_n}^1 \nabla\varphi = \int_{\Omega_n} \varphi.$$

A la limite, si $u^\star$ est la limite faible d'une sous-suite de $u_{\Omega_n}^1$:

$$\int_D \nabla u^\star \nabla\varphi = \int_E \varphi.$$

Puisque E est de mesure non nulle et φ positive et non identiquement nulle sur E, ceci prouve que $u^\star$ est non nulle.

En fait, lorsque Ω_n comporte des trous en nombre tendant vers l'infini avec n, la continuité est généralement mise en défaut. *Il se peut même que $u_{\Omega_n}^f$ converge vers la solution d'un autre problème* qui n'est plus associé à l'opérateur de Laplace lui-même. Considérons, en effet, la situation classique dans le cadre de l'homogénéisation où les ouverts Ω_n sont obtenus à partir d'un ouvert D en enlevant un grand nombre de petits trous uniformément répartis. La limite de Hausdorff des Ω_n est l'ensemble vide. Mais, la limite des $u_n = u_{\Omega_n}^f$ dépend alors de la taille des trous. Pour donner une idée intuitive, on peut énoncer la règle:

– si les trous sont "petits", alors u_n converge vers u_D,

– si les trous sont "gros", alors u_n converge vers 0,

– il existe une taille critique pour les trous telle que $u^\star$, la limite faible de la suite u_n selon la proposition 3.2.3, est la solution *d'une autre équation aux dérivées partielles posée sur D!*

Considérons l'exemple bidimensionnel suivant dû à F. Murat et D. Cioranescu [86] (cf aussi [171]). Nous y reviendrons d'ailleurs dans les chapitres 4 et 7.

Soit $D =]0,1[^2$ et, pour $0 < i,j < n$, $x_{ij} = \left(\dfrac{i}{n}, \dfrac{j}{n}\right)$. On considère $\Omega_n = D \backslash \bigcup_{0 < i,j < n} B(x_{i,j}, r_n)$. Selon la proposition 3.2.3, il existe une sous-suite de la suite u_n qui converge faiblement dans $H_0^1(D)$ vers une fonction $u^\star$ et nous pouvons ici caractériser $u^\star$ suivant la taille des trous:

Proposition 3.2.11 *Soit $u_n = u^f_{\Omega_n}$ et $u^\star$ comme ci-dessus. On note $u = u^f_D$.*

- *Si $\dfrac{\log r_n}{n^2} \xrightarrow[n \to +\infty]{} -\infty$, alors $u^\star = u$ (et $u_n \to u$ dans $H^1_0(D)$).*

- *Si $\dfrac{\log r_n}{n^2} \xrightarrow[n \to +\infty]{} 0$, alors $u^\star = 0$ (et $u_n \to 0$ dans $H^1_0(D)$).*

Et le cas critique :

- *Si $\dfrac{\log r_n}{n^2} \xrightarrow[n \to +\infty]{} -d < 0$, alors $u^\star$ est la solution du problème*

$$u^\star \in H^1_0(\Omega) \text{ et} -\Delta u^\star + \frac{2\pi}{d} u^\star = f$$

Démonstration: Nous proposons la démonstration de cette proposition dans l'Exercice 3.8.

Remarque 3.2.12 Ici, la limite de Hausdorff des ouverts Ω_n est toujours l'ensemble vide. C'est le symptôme d'une difficulté réelle et d'un phénomène nouveau (maintenant bien connu en théorie de l'homogénéisation). On sait que c'est l'excès des Ω_n sur leur limite Ω qui peut créer des difficultés (si cet excès est vide, on sait d'après la proposition 3.2.7 que tout se passe bien). Ici, cet excès est maximal puisqu'égal à Ω_n tout entier. Si les trous sont assez gros, c'est-à-dire les Ω_n pas trop gros, on sera dans une situation malgré tout "favorable" où effectivement $u^\star \in H^1_0(\Omega)$, ce qui signifie que $u^\star = 0$ et que la convergence est forte. Dans tous les autres cas, la limite de Hausdorff des Ω_n n'est pas du tout significative.

3.2.7 Suite d'ouverts uniformément lipschitziens

Les contre-exemples du paragraphe précédent montrent qu'il n'y a pas continuité du problème de Dirichlet pour la convergence de Hausdorff. Il est donc nécessaire d'ajouter des conditions supplémentaires sur les domaines variables pour assurer une bonne convergence des solutions. Nous énonçons une condition suffisante classique, en termes de *régularité uniforme des Ω_n*, qui empêche, en particulier, la pathologie du contre-exemple précédent. Nous rappelons pour cela la notation (2.34) introduite au chapitre 2:

$$\mathcal{O}_\varepsilon = \{\Omega \text{ ouvert}, \quad \Omega \subset D, \quad \Omega \text{ a la propriété du } \varepsilon\text{-cône}\}.$$

Théorème 3.2.13 *Soit Ω_n une suite d'ouverts de la classe $\mathcal{O}_\varepsilon$ convergeant au sens de Hausdorff vers l'ouvert Ω. Alors u_n converge vers $u = u_\Omega$.*

Remarque En liaison avec la remarque qui suit le théorème 3.2.7, notons que ce résultat est aussi utile pour l'approximation numérique de u^f_Ω consistant à approcher Ω par des ouverts polygonaux, intérieurs ou extérieurs cette fois.

S'ils restent dans $\mathcal{O}_\epsilon$, il suffit de vérifier leur convergence au sens de Hausdorff, ou même au sens des compacts ou des fonctions caractéristiques. On a en effet:

Corollaire 3.2.14 *Soit Ω_n une suite d'ouverts de la classe $\mathcal{O}_\varepsilon$ convergeant au sens des compacts ou des fonctions caractéristiques vers l'ouvert $\Omega \in \mathcal{O}_\epsilon$. Alors u_n converge vers $u = u_\Omega$.*

Démonstration du corollaire: D'après le théorème 2.4.10, il existe une sous-suite Ω_{n_k} convergeant aux trois sens vers un ouvert $\tilde{\Omega} \in \mathcal{O}_\epsilon$. Il suffit alors de vérifier que $\Omega = \tilde{\Omega}$ et on termine par le théorème 3.2.13. Pour l'égalité, on vérifie que deux ouverts de $\mathcal{O}_\epsilon$ qui sont égaux p.p. sont égaux, et que deux ouverts de $\mathcal{O}_\epsilon$ qui sont limites au sens des compacts d'une même suite d'ouverts sont égaux (car ils ont même adhérence). $\square$

Démonstration du théorème 3.2.13: D'après le théorème 2.4.10, Ω est encore dans la classe $\mathcal{O}_\varepsilon$ et la convergence a lieu au sens des fonctions caractéristiques. Soit $u^\star$ une limite obtenue à partir de u_n selon la proposition 3.2.3. Passant à la limite presque partout dans l'identité $0 = u_n(\chi_D - \chi_{\Omega_n})$ p.p., on obtient que $u = 0$ p.p. sur $D \setminus \Omega$. On termine alors grâce à la proposition 3.2.4 et au lemme suivant qui assure que $u^\star \in H_0^1(\Omega)$: $\square$

Lemme 3.2.15 *Soit Ω un ouvert borné de frontière lipschitzienne. Alors*

$$H_0^1(\Omega) = \{u \in H^1(\mathbb{R}^N); u = 0 \text{ p.p. sur } \Omega^c\} = \{u \in H^1(\mathbb{R}^N); u = 0 \text{ p.p. sur } \bar{\Omega}^c\} \tag{3.36}$$

Démonstration: Notons V_1 le premier de ces nouveaux espaces et V_2 le second. Évidemment $V_1 \subset V_2$. D'autre part, pour $u \in H_0^1(\Omega)$, il existe $u_n \in \mathcal{C}_0^\infty(\Omega)$ convergeant vers u dans $H^1(\mathbb{R}^N)$. Quitte à en extraire une sous-suite, on peut supposer que la convergence a lieu p.p.. Ceci fournit l'inclusion $H_0^1(\Omega) \subset V_1$.

Montrons maintenant $V_2 \subset H_0^1(\Omega)$ (la démonstration s'inspire de celle de la proposition IX.18 dans [45]).

Soit $(\mathcal{V}_i)_{i=1\ldots p}$ un recouvrement du bord de Ω par des voisinages associés à la propriété de Lipschitz selon la définition 2.4.5 et soit $\zeta_i \in \mathcal{C}_0^\infty(\mathcal{V}_i)$ une partition de l'unité associée à $\cup_i \mathcal{V}_i$. Il suffit de montrer que $u_i = \zeta_i u \in H_0^1(\mathcal{V}_i)$. Pour chaque i (cf. définition 2.4.5), on peut supposer, à une translation et un changement orthogonal de coordonnées près, que $\mathcal{V}_i = \mathcal{B} \times] - a, a[$, où $\mathcal{B}$ est une boule ouverte centrée en 0 dans $\mathbb{R}^{N-1}$ et qu'il existe $\varphi : \mathcal{B} \to] - a, a[$ lipschitzienne avec $\varphi(0) = 0$ et

$$\partial\Omega \cap \mathcal{V}_i = \{(x', \varphi(x')); x' \in \mathcal{B}\}, \quad \Omega \cap \mathcal{V}_i = \{(x', x_N); x' \in \mathcal{B}, x_N > \varphi(x')\}.$$

Posons $(X', X_N) = (x', x_N - \varphi(x'))$ et

$$U(X', X_N) = u_i(x', x_N) = u_i(X', X_N + \varphi(X')).$$

En supposant toutes les fonctions de classe C^1, on a

$$\nabla_{X'}U = \nabla_{x'}u + \partial_{x_N}u_i\,\varphi', \partial_{X_N}U = \partial_{x_N}u_i, \nabla_{x'}u = \nabla_{X'}U - \partial_{x_N}u_i\,\varphi'.$$

On en déduit que $U \in H^1(\mathbb{R}^N)$ équivaut à $u_i \in H^1(\mathbb{R}^N)$ avec équivalence des normes: on peut par exemple effectuer le calcul ci-dessus pour u, φ, U de classe C^1, effectuer les changements de variable usuels et constater l'estimation des normes H^1 de u et U l'une en fonction de l'autre avec une constante ne dépendant que de la norme L^∞ de φ'. On approche u dans H^1 par une fonction de $\mathcal{C}_0^\infty(\mathcal{V}_i)$ et on approche φ par convolution. Les estimations se conservent à la limite.

Considérons $U_n = \rho_n * U$ où ρ_n est une suite régularisante à support dans $\{x \in \mathbb{R}^N ; 1/2n < x_N < 1/n\}$ (donc ρ_n "repousse" le support de U vers le haut). En effet,

$$\text{Support } U_n \subset \text{Support } U + \text{Support } \rho_n \subset [x_N \geq 1/2n] \subset [x_N > 0],$$

c'est-à-dire que $U_n \in \mathcal{C}_0^\infty([x_N > 0])$. Par ailleurs, U_n converge vers U dans $H^1(\mathbb{R}^N)$. Donc $U \in H_0^1([x_N > 0])$. Il en résulte que $u_i \in H_0^1(\mathcal{V}_i)$: pour le vérifier, on peut considérer $u_i^n(x', x_N) = U_n(x', x_N - \varphi(x'))$ qui converge vers u_i dans H^1. Elle est à support compact dans $\mathcal{V}_i$ et donc elle-même dans $H_0^1(\mathcal{V}_i)$ puisque, par convolution avec une suite régularisante, on peut l'approcher dans H^1 par des fonctions de $\mathcal{C}_0^\infty(\mathcal{V}_i)$. $\square$

En fait, on voit que les deux ingrédients essentiels pour montrer l'appartenance de $u^\star$ à $H_0^1(\Omega)$ dans la démonstration du théorème 3.2.13 sont le lemme ci-dessus et le fait que Ω_n converge vers Ω au sens de Hausdorff et au sens des fonctions caractéristiques. Ainsi, on démontre de façon analogue:

Proposition 3.2.16 *On considère une suite d'ouverts Ω_n convergeant au sens de Hausdorff et des fonctions caractéristiques vers un ouvert Ω satisfaisant la 1ère égalité de (3.36). Alors u_n converge vers $u = u_\Omega$.*

Remarque 3.2.17 Il résulte de cette proposition que, si Ω_n est une suite d'ouverts dont la mesure tend vers 0, alors u_n converge vers $0 = u_\emptyset$, car Ω_n tend aussi au sens de Hausdorff vers l'ensemble vide. Bien sûr, ceci se démontre aussi directement en remarquant que

$$\|u_n\|_{H_0^1(\Omega_n)} \leq C(D)\,\|f\|_{H^{-1}(\Omega_n)} \to 0.$$

Remarque 3.2.18 Les égalités de (3.36) sont réalisées lorsque Ω est assez régulier: on verra plus loin (cf. proposition 3.4.6) que Ω est alors dit *stable*. Des conditions suffisantes sont données dans [119], [130], [245]. Noter que la seule première égalité exprime une régularité plus faible (voir exercice 3.9) et est donc plus facilement satisfaite. Elle impose cependant déjà que l'ouvert soit sans "fissure". Bien d'autres conditions supplémentaires de régularité peuvent être ajoutées. Elles s'expriment le plus souvent en termes de la capacité associée à l'espace $H_0^1(D)$ dont l'utilisation s'avère indispensable pour des résultats plus fins sur cette question de la continuité par rapport au domaine.

3.3 Capacité associée à la norme H^1

3.3.1 Définition(s) et propriétés

Nous adoptons un procédé semblable à la construction de mesures abstraites en définissant d'abord la capacité des compacts, puis celle des ouverts et enfin celles des ensembles quelconques.

Définition 3.3.1 *Pour tout compact K de $\mathbb{R}^N$, on pose*

$$\mathrm{cap}(K) = \inf\{\|v\|^2_{H^1(\mathbb{R}^N)}; \quad v \in C_0^\infty(\mathbb{R}^N), v \geq 1 \text{ sur } K\} < +\infty. \qquad (3.37)$$

Définition 3.3.2 *Etant donné ω un ouvert de $\mathbb{R}^N$, on pose*

$$\mathrm{cap}(\omega) := \sup\{\mathrm{cap}(K); \quad K \text{ compact}, K \subset \omega\}. \qquad (3.38)$$

On vérifie que

Lemme 3.3.3 *Pour tout compact K,*

$$\mathrm{cap}(K) = \inf\{\mathrm{cap}(\omega); \ \omega \text{ ouvert}, \ K \subset \omega\}.$$

Vérification: Par définition, $\mathrm{cap}(K) \leq \inf\{\mathrm{cap}(\omega); \omega \text{ ouvert}, K \subset \omega\}$. Puisque l'application $K \to \mathrm{cap}(K)$ est croissante pour l'inclusion des compacts, si $\omega \subset K_1$ avec ω ouvert et K_1 compact, on a $\mathrm{cap}(\omega) \leq \mathrm{cap}(K_1)$. Soit maintenant $\epsilon > 0$ et $v \in C_0^\infty(\mathbb{R}^N)$ avec $v \geq \chi_K, \|v\|^2_{H^1} \leq (1 + \epsilon)\mathrm{cap}(K)$. Considérons l'ouvert $\omega = [(1 + \epsilon)v > 1]$ et le compact $K_1 = [(1 + \epsilon)v \geq 1]$. On a

$$K \subset \omega \subset K_1, \ \mathrm{cap}(\omega) \leq \mathrm{cap}(K_1) \leq (1 + \epsilon)^2\|v\|^2_{H^1} \leq (1 + \epsilon)^2[\mathrm{cap}(K) + \epsilon].$$

Le lemme s'en déduit.

Ceci permet de poser la définition générale suivante

Définition 3.3.4 *Si E un sous-ensemble quelconque de $\mathbb{R}^N$, on pose*

$$\mathrm{cap}(E) := \inf\{\mathrm{cap}(\omega); \ \omega \text{ ouvert}, \ E \subset \omega\}. \qquad (3.39)$$

En fait, nous avons la propriété suivante qui fournit une autre définition de la capacité (et où on convient que la borne inférieure est égale à $+\infty$ si l'ensemble est vide):

Proposition 3.3.5 *Pour tout $E \subset \mathbb{R}^N$,*

$$\mathrm{cap}(E) = \inf\{\|v\|^2_{H^1(\mathbb{R}^N)}; \ v \geq 1 \ p.p. \ sur \ un \ voisinage \ de \ E\}.$$

Ainsi, $\mathrm{cap}(E) = 0$ équivaut à l'existence d'une suite v_n convergeant vers 0 dans $H^1(\mathbb{R}^N)$ et supérieure à 1 sur un voisinage de E.

Remarque 3.3.6 Bien sûr, tout ensemble de capacité nulle est de mesure de Lebesgue nulle, puisque, quitte à extraire une sous-suite, on peut supposer que la suite v_n de la proposition ci-dessus converge p.p. vers 0.

Remarque 3.3.7 On peut être tenté de définir la capacité pour tout ensemble E, et pas seulement pour les ouverts, par la formule

$$\text{cap}_\star(E) = \sup\{\text{cap}(K); K \text{ compact}, K \subset E\}.$$

Mais cette définition de capacité "intérieure" ne coïncide pas avec la définition précédente. Un ensemble E qui vérifie $\text{cap}(E) = \text{cap}_\star(E)$ est dit **capacitable**. G. Choquet ([81],[82]) a donné une description assez précise des ensembles capacitables. Ainsi, pour la capacité définie ici, tout borélien est capacitable. Ceci peut se démontrer à partir des propriétés énumérées dans la proposition 3.3.9 et des résultats généraux de G. Choquet ([81],[82]).

Remarque 3.3.8 Soulignons qu'on prend des fonctions tests *régulières* dans la définition de la capacité d'un compact, mais pas pour celle d'un ensemble quelconque, ni même d'un ouvert. En effet, une fonction régulière supérieure à 1 sur un ensemble est aussi supérieure à 1 sur son adhérence; on ne ferait donc pas la différence entre la capacité d'un ensemble et celle de son adhérence, ce qui ne serait pas correct.

La seule contrainte "$v_n \geq 1$ *p.p. sur* E" ne serait pas suffisante dans la proposition 3.3.5: en effet, ceci ne permettrait pas, par exemple, de "voir" les compacts "fins" de mesure nulle et de capacité strictement positive.

Démonstration de la proposition 3.3.5: Notons $\widetilde{\text{cap}}(E)$ le second membre de l'égalité de la proposition. Supposons d'abord $E = K$ compact. Si v_n est une suite minimisante dans la définition de $\text{cap}(K)$, la suite $(1 + 1/n)v_n$ est aussi minimisante et $(1 + 1/n)v_n$ est supérieure à 1 *sur un voisinage de* K: ainsi $\widetilde{\text{cap}}(K) \leq \text{cap}(K)$. Inversement, soit v_n une suite minimisante dans la définition de $\widetilde{\text{cap}}(K)$. Par régularisation et troncature, on peut l'approcher dans H^1, selon la même méthode que dans la remarque 3.1.3 ("Cas 1"), par des fonctions de $\mathcal{C}_0^\infty(\mathbb{R}^N)$ qui restent supérieures à 1 sur un voisinage de K. Ceci montre $\text{cap}(K) \leq \widetilde{\text{cap}}(K)$.

Soit maintenant $E = \omega$ ouvert. D'après le point précédent, pour tout compact $K \subset \omega$, $\text{cap}(K) = \widetilde{\text{cap}}(K) \leq \widetilde{\text{cap}}(\omega)$ et donc $\text{cap}(\omega) \leq \widetilde{\text{cap}}(\omega)$. L'inégalité inverse est triviale si $\text{cap}(\omega) = +\infty$. Supposons $\text{cap}(\omega) < +\infty$. Soit K_n une suite croissante de compacts inclus dans ω tels que $\text{cap}(K_n)$ croisse vers $\text{cap}(\omega)$. Quitte à augmenter les K_n, on peut toujours supposer que leur réunion est égale à ω. Soit v_n une suite de fonctions de $\mathcal{C}_0^\infty(\mathbb{R}^N)$ telle que

$$\|v_n\|_{H^1}^2 \leq \text{cap}(K_n) + 1/n \leq \text{cap}(\omega) + 1/n, \ v_n \geq 1 \ sur \ K_n.$$

Quitte à extraire une sous-suite, on peut supposer que v_n converge faiblement dans $H^1(\mathbb{R}^N)$ et p.p. vers une fonction v (cf. [45]). En particulier, $v \geq 1$ p.p. sur ω. On en déduit que $\widetilde{\text{cap}}(\omega) \leq \|v\|_{H^1}^2 \leq \liminf \|v_n\|_{H^1}^2 \leq \lim \text{cap}(K_n) = \text{cap}(\omega)$.

Enfin, pour E quelconque, et ω ouvert avec $E \subset \omega$, on a l'inégalité immédiate $\widetilde{\text{cap}}(E) \leq \widetilde{\text{cap}}(\omega) = \text{cap}(\omega)$ et donc $\widetilde{\text{cap}}(E) \leq \text{cap}(E)$. L'inégalité inverse est triviale si $\widetilde{\mathrm{cap}}(E) = +\infty$. Sinon, si v_n est une suite minimisante dans la définition de $\widetilde{\mathrm{cap}}(E)$ avec $v_n \geq 1$ sur un voisinage ouvert ω_n de E, on a

$$v_n \geq 1 \ p.p. \ sur \ \omega_n \supset E, \ \|v_n\|_{H^1}^2 \geq \mathrm{cap}(\omega_n) \geq \mathrm{cap}(E).$$

L'inégalité $\widetilde{\mathrm{cap}}(E) \geq \mathrm{cap}(E)$ s'en déduit. □

La capacité est une façon de mesurer la "finesse" des ensembles: c'est une fonction d'ensemble qui possède la plupart des propriétés d'une mesure, mais pas toutes. Ainsi, nous avons pour la fonction $\mathrm{cap}(\cdot)$ définie ci-dessus les propriétés suivantes qui en font une "bonne" capacité:

Proposition 3.3.9 *1. $A \subset B \Longrightarrow \mathrm{cap}(A) \leq \mathrm{cap}(B)$.*

2. Soit K_n une suite décroissante de compacts d'intersection K. Alors $\mathrm{cap}(K) = \lim \mathrm{cap}(K_n)$.

3. Soit E_n une suite croissante d'ensembles de réunion E. Alors $\mathrm{cap}(E) = \lim \mathrm{cap}(E_n)$.

4. (Sous-additivité forte) Pour tout ensemble A et B, on a la propriété de sous additivité:

$$\mathrm{cap}(A \cup B) + \mathrm{cap}(A \cap B) \leq \mathrm{cap}(A) + \mathrm{cap}(B). \tag{3.40}$$

Remarque 3.3.10 Il résulte de ces propriétés que, si A_n est une suite quelconque d'ensembles, alors

$$\mathrm{cap}(\cup_n A_n) \leq \sum_n \mathrm{cap}(A_n). \tag{3.41}$$

Il suffit d'appliquer les points 4 et 3 ci-dessus à la suite croissante $E_n = \cup_{1 \leq p \leq n} A_p$. En particulier, si les A_n sont de capacité nulle, alors $\mathrm{cap}(\cup_n A_n) = 0$. Comme pour les mesures, ceci est, bien sûr, constamment utilisé.

Démonstration de la proposition 3.3.9:

Le premier point est immédiat à partir de la croissance pour les compacts.

Soit K_n une suite décroissante de compacts d'intersection K. Par monotonie, on a $\mathrm{cap}(K) \leq \lim \mathrm{cap}(K_n)$. Si ω est un ouvert contenant K, pour n assez grand, $K_n \subset \omega$. On en déduit $\lim \mathrm{cap}(K_n) \leq \mathrm{cap}(\omega)$. Avec le lemme 3.3.3, ceci prouve l'inégalité dans l'autre sens.

Soit E_n une suite croissante d'ensembles de réunion E. Par monotonie $\lim \mathrm{cap}(E_n) \leq \mathrm{cap}(E)$. L'inégalité inverse est triviale si $\lim \mathrm{cap}(E_n) = +\infty$. Elle est beaucoup plus délicate en général et va nécessiter l'utilisation du point 4. Notons qu'elle est facile si $E_n = \omega_n$ est ouvert pour tout n. En effet, si K est un compact inclus dans l'ouvert $\omega = \cup_n \omega_n$, pour n assez grand, $K \subset \omega_n$. Ainsi, $\mathrm{cap}(K) \leq \mathrm{cap}(\omega_n)$ et, en passant à la borne supérieure sur les compacts K inclus dans ω, on obtient $\mathrm{cap}(\omega) \leq \lim_n \mathrm{cap}(\omega_n)$.

Dans le cas où les E_n sont quelconques, supposons par l'absurde qu'il existe $\epsilon > 0$ tel que $\lim_n \mathrm{cap}(E_n) + \epsilon < \mathrm{cap}(E)$. Notons $\rho_n = 1 - 1/n$. Nous allons montrer par récurrence qu'il existe une suite croissante d'ouverts ω_n tels que

$$E_n \subset \omega_n \quad \text{et} \quad \mathrm{cap}(\omega_n) \leq \mathrm{cap}(E_n) + \varepsilon \rho_n. \tag{3.42}$$

Alors, en passant à la limite, on aura, avec $\omega = \cup_n \omega_n$

$$E \subset \omega, \quad \text{et} \quad \mathrm{cap}(E) \leq \mathrm{cap}(\omega) = \lim_n \mathrm{cap}(\omega_n) \leq \lim_n \mathrm{cap}(E_n) + \epsilon < \mathrm{cap}(E),$$

ce qui est une contradiction.

La propriété (3.42) est vraie pour $n = 1$ avec un ouvert ω_1 d'après la définition de $\mathrm{cap}(E_1)$; on suppose donc la propriété vraie pour l'entier n. D'après la définition de $\mathrm{cap}(E_{n+1})$, on peut trouver un ouvert $\hat{\omega}$ contenant E_{n+1} tel que

$$\mathrm{cap}(E_{n+1}) \leq \mathrm{cap}(\hat{\omega}) \leq \mathrm{cap}(E_{n+1}) + \varepsilon \, (\rho_{n+1} - \rho_n). \tag{3.43}$$

Posons alors $\omega_{n+1} = \omega_n \cup \hat{\omega}$ et utilisons la formule (3.40):

$$\mathrm{cap}(\omega_{n+1}) \leq \mathrm{cap}(\omega_n) + \mathrm{cap}(\hat{\omega}) - \mathrm{cap}(\omega_n \cap \hat{\omega}).$$

Or $E_n \subset \omega_n \cap \hat{\omega}$, donc en utilisant la monotonie, l'hypothèse de récurrence et la formule (3.43) on a

$$\begin{aligned}
\mathrm{cap}(\omega_{n+1}) &\leq \mathrm{cap}(E_n) + \varepsilon \rho_n + \mathrm{cap}(E_{n+1}) + \varepsilon \, (\rho_{n+1} - \rho_n) - \mathrm{cap}(E_n) \\
&= \mathrm{cap}(E_{n+1}) + \varepsilon \rho_{n+1}.
\end{aligned}$$

Nous allons montrer maintenant le point 4 à l'aide de la proposition 3.3.5. Soit φ_1 et φ_2 deux fonctions de $H^1(\mathbb{R}^N)$ telles que $\varphi_1 \geq 1$ sur un voisinage de A et $\varphi_2 \geq 1$ sur un voisinage de B. On pose $\psi = \max(\varphi_1, \varphi_2)$ et $\phi = \min(\varphi_1, \varphi_2)$. Les deux fonctions ψ et ϕ sont dans $H^1(\mathbb{R}^N)$ et leurs dérivées premières sont données par (cf. corollaire 3.1.12):

$$\frac{\partial \psi}{\partial x_i} = \frac{\partial \varphi_2}{\partial x_i} \chi_{[\varphi_2 \geq \varphi_1]} + \frac{\partial \varphi_1}{\partial x_i} \chi_{[\varphi_1 > \varphi_2]} \quad p.p. \,, \tag{3.44}$$

$$\frac{\partial \phi}{\partial x_i} = \frac{\partial \varphi_1}{\partial x_i} \chi_{[\varphi_2 \geq \varphi_1]} + \frac{\partial \varphi_2}{\partial x_i} \chi_{[\varphi_1 > \varphi_2]} \quad p.p. \,. \tag{3.45}$$

On en déduit:

$$\int_{\mathbb{R}^N} \psi^2 + |\nabla \psi|^2 + \int_{\mathbb{R}^N} \phi^2 + |\nabla \phi|^2 = \int_{\mathbb{R}^N} \varphi_1^2 + |\nabla \varphi_1|^2 + \int_{\mathbb{R}^N} \varphi_2^2 + |\nabla \varphi_2|^2. \tag{3.46}$$

Comme $\psi \geq 1$ sur un voisinage de $A \cup B$ et $\phi \geq 1$ sur un voisinage de $A \cap B$, il en résulte

$$\mathrm{cap}(A \cup B) + \mathrm{cap}(A \cap B) \leq \|\varphi_1\|_{H^1}^2 + \|\varphi_2\|_{H^1}^2.$$

Comme ceci est vrai pour toutes fonctions tests φ_1 et φ_2 associées aux définitions de $\mathrm{cap}(A)$, $\mathrm{cap}(B)$ selon la proposition 3.3.5, le point 4. s'en déduit.
$\square$

3.3.2 Capacité relative et potentiel capacitaire

Dans tout ce paragraphe, on désigne par D un ouvert borné de $\mathbb{R}^N$. On définit de manière analogue la capacité "relative à D", c'est-à-dire associée à l'espace $H_0^1(D)$: on la notera $\operatorname{cap}_D(\cdot)$ ou $\operatorname{cap}(\cdot, D)$.

Définition 3.3.11 *Pour tout compact K de D, on pose*

$$\operatorname{cap}_D(K) = \inf\{\int_D |\nabla v|^2; \quad v \in C_0^\infty(D), v \geq 1 \text{ sur } K\} < +\infty. \qquad (3.47)$$

Pour ω ouvert de D, on pose

$$\operatorname{cap}_D(\omega) := \sup\{\operatorname{cap}_D(K); \quad K \text{ compact}, K \subset \omega\}. \qquad (3.48)$$

Si E un sous-ensemble quelconque de D, on pose

$$\operatorname{cap}_D(E) := \inf\{\operatorname{cap}_D(\omega); \quad \omega \text{ ouvert}, E \subset \omega\}. \qquad (3.49)$$

Pour assurer la compatibilité de cette définition, on vérifie facilement (comme pour la capacité associée à la norme H^1 dans $\mathbb{R}^N$) que, pour tout compact $K \subset D$, $\operatorname{cap}_D(K) = \inf\{\operatorname{cap}_D(\omega); \omega \text{ ouvert}, K \subset \omega\}$. Et on montre aussi:

Proposition 3.3.12 *Pour tout $E \subset D$,*

$$\operatorname{cap}_D(E) = \inf\{\int_D |\nabla v|^2; \ v \in H_0^1(D), v \geq 1 \text{ p.p. sur un voisinage de } E\}.$$

Remarque 3.3.13 La démonstration de cette proposition est en tout point identique à celle de la proposition 3.3.5 sauf pour l'utilisation du lemme suivant qui assure, pour l'étape des compacts, la localisation dans D.

Lemme 3.3.14 *Soit K un compact de D et $v \in H_0^1(D)$ supérieur ou égal à 1 sur un voisinage de K. Alors, pour tout $\epsilon > 0$, il existe $v_\epsilon \in C_0^\infty(D)$ tel que*

$$\|v - v_\epsilon\|_{H_0^1(D)} \leq \epsilon, v_\epsilon \geq 1 \text{ sur un voisinage de } K.$$

Démonstration: Soit $\zeta \in C_0^\infty(D)$, $\zeta = 1$ sur un voisinage de K. On écrit $v = v\zeta + v(1 - \zeta)$. Si ρ_p est une suite régularisante, $(v\zeta) * \rho_p$ est, pour p assez grand, dans $C_0^\infty(D)$ et supérieure à 1 sur un voisinage de K et elle converge vers $v\zeta$ dans $H_0^1(D)$ quand $p \to \infty$. Par définition de $H_0^1(D)$, il existe $z_p \in C_0^\infty(D)$ convergeant vers v dans $H_0^1(D)$. Mais, $z_p(1-\zeta)$ est encore dans $C_0^\infty(D)$, est nulle sur un voisinage de K et converge vers $v(1-\zeta)$ lorsque $p \to \infty$. Il en résulte que, pour p assez grand, $v^p := (v\zeta) * \rho_p + z_p(1-\zeta)$ est dans $C_0^\infty(D)$, supérieure à 1 sur un voisinage de K et converge vers v dans $H_0^1(D)$ quand $p \to \infty$. Ainsi, $v_\epsilon := v^p$ convient pour p assez grand. $\square$

On démontre aussi de façon exactement identique à la proposition 3.3.9 que cette capacité a toutes les propriétés d'une "bonne" capacité:

Proposition 3.3.15 L'application $E \subset D \to \operatorname{cap}_D(E)$ a toutes les propriétés de l'application $E \subset \mathbb{R}^N \to \operatorname{cap}(E)$ énoncées dans la proposition 3.3.9.

Remarque 3.3.16 Puisque $v \to \int_D |\nabla v|^2$ définit une norme équivalente à la norme H^1 sur $H_0^1(D)$ (d'après l'inégalité de Poincaré, cf Corollaire 3.1.18), il existe une constante $C = C(D) > 0$ telle que $\operatorname{cap}(E) \leq C \operatorname{cap}_D(E)$. L'inégalité inverse est fausse: Si E a des parties voisines du bord, il est possible qu'il n'existe aucun $v \in H_0^1(D)$ supérieur à 1 sur un voisinage de E auquel cas $\operatorname{cap}_D(E) = +\infty$. C'est d'ailleurs le cas de $E = D$, alors que $\operatorname{cap}(D) < +\infty$ puisque D est borné.

La capacité $\operatorname{cap}_D(\cdot)$ dépend donc bien de D. Cependant, "localement", elle ne dépend que de la norme H^1 proprement dite. En particulier, la propriété d'être de capacité nulle ne dépend pas de D et est donc uniquement liée à la norme H^1 et à la dimension N. Plus précisément:

Proposition 3.3.17 *Soient D_1, D_2 des ouverts bornés de $\mathbb{R}^N$ et pour $i = 1, 2, D_i^\varepsilon := \{x \in D_i; d(x, \partial D_i) \geq \varepsilon\}$. Alors, il existe des constantes strictement positives C_0, C_1, C_2 dépendant de ε, D_1, D_2 telles que, pour tout ensemble A inclus dans D_1^ε et pour tout ensemble B inclus à la fois dans D_1^ε et D_2^ε, on ait*

$$\operatorname{cap}_{D_1}(A) \leq C_0 \operatorname{cap}(A), \; \operatorname{cap}_{D_1}(B) \leq C_1 \operatorname{cap}_{D_2}(B) \leq C_2 \operatorname{cap}_{D_1}(B).$$

De plus, si $E \subset D_1 \cap D_2$, alors

$$(\operatorname{cap}_{D_1}(E) = 0) \Leftrightarrow (\operatorname{cap}_{D_2}(E) = 0) \Leftrightarrow (\operatorname{cap}(E) = 0).$$

Démonstration de la proposition 3.3.17: Fixons une fonction ψ de l'espace $C_0^\infty(D_1)$ égale à 1 sur un voisinage de D_1^ε. Soit $v \in H^1(\mathbb{R}^N)$ une fonction test pour la définition de $\operatorname{cap}(A)$ selon la proposition 3.3.5. Alors ψv est une fonction test pour la définition de $\operatorname{cap}_{D_1}(A)$ et on a:

$$\operatorname{cap}_{D_1}(A) \leq \int |\nabla(\psi v)|^2 \leq C(\psi) \int |\nabla v|^2 + v^2. \tag{3.50}$$

On utilise l'inégalité de Poincaré dans D_1 pour majorer $\int v^2$ par $C \int |\nabla v|^2$. En prenant l'infimum sur tous les choix de v, on en déduit la première inégalité de la proposition.

Pour la deuxième, on fixe ψ de $C_0^\infty(D_1 \cap D_2)$ égale à 1 sur un voisinage de $D_1^\varepsilon \cap D_2^\varepsilon$ et on part d'un v associé à la définition de $\operatorname{cap}_{D_2}(B)$ selon la proposition 3.3.12 et on procède comme ci-dessus. La troisième inégalité s'obtient en échangeant les rôles de D_1 et D_2.

Soit maintenant $E \subset D_1 \cap D_2$. Soit K_n une suite de compacts croissant vers $D_1 \cap D_2$. D'après les inégalités ci-dessus et la remarque 3.3.16, pour tout n, on a

$$(\operatorname{cap}_{D_1}(E \cap K_n) = 0) \Leftrightarrow (\operatorname{cap}_{D_2}(E \cap K_n) = 0) \Leftrightarrow (\operatorname{cap}(E \cap K_n) = 0).$$

L'équivalence au niveau de E s'en déduit par stabilité de la capacité selon les limites croissantes (cf. propositions 3.3.9/ 3.3.15). $\square$

Remarque 3.3.18 Si la notion d'ensemble de capacité nulle ne dépend pas de D, il n'en est pas de même de la propriété que $\mathrm{cap}(\omega_n)$ converge vers 0 même pour une suite décroissante d'ouverts ω_n. En effet, (voir exercice 3.7) on peut trouver des ouverts $D_1 \subset D_2$ et une suite décroissante d'ouverts ω_n de D_1 telle que

$$\lim \mathrm{cap}_{D_2}(\omega_n) = 0, \forall n, \ \mathrm{cap}_{D_1}(\omega_n) = +\infty.$$

Un moyen souvent utilisé pour calculer la capacité relative d'un ensemble est de calculer l'énergie de son *potentiel capacitaire* que nous définissons maintenant. Pour cela, pour $A \subset D$, nous introduisons

$$\Gamma_A := \{v \in H_0^1(D); \exists\, v_n \xrightarrow{H_0^1} v, v_n \geq 1 \text{ p.p. sur un voisinage de } A\}.$$

L'ensemble Γ_A est clairement un convexe fermé de $H_0^1(D)$.

Définition 3.3.19 *On suppose Γ_A non vide. On appelle potentiel capacitaire de A à D la projection u_A de 0 sur Γ_A pour la norme $v \mapsto \{\int_D |\nabla v|^2\}^{1/2}$ de $H_0^1(D)$, c'est-à-dire que*

$$\int_D |\nabla u_A|^2 = \inf\{\int_D |\nabla v|^2; v \in \Gamma_A\}.$$

Remarque 3.3.20 Notons que si v_n est une suite minimisante dans la définition ci-dessus, alors v_n converge fortement dans $H_0^1(D)$ vers u_A: en effet, à une sous-suite près, v_n converge faiblement dans H^1 vers une fonction $v_\infty \in H_0^1(D)$. L'ensemble Γ_A est faiblement fermé, puisque convexe et fortement fermé (voir [45]) et donc $v_\infty \in \Gamma_A$. On a aussi

$$\int_D |\nabla v_\infty|^2 \leq \lim \int_D |\nabla v_n|^2 = \int_D |\nabla u_A|^2.$$

Par unicité de la projection, $v_\infty = u_A$ et, par conservation des normes, la convergence a lieu fortement.

Nous avons les propriétés suivantes qui aident aux calculs de u_A et de $\mathrm{cap}_D(A)$.

Théorème 3.3.21 *Soit $A \subset D$. Alors:*

1. *Si Γ_A est non vide, $\mathrm{cap}(A) = \int_D |\nabla u_A|^2$; $\mathrm{cap}(A) = +\infty$ sinon.*
2. *$-\Delta u_A \geq 0$ sur D, support$(\Delta u_A) \subset \bar{A}$ (et donc u_A est harmonique dans $D \setminus \bar{A}$).*
3. *$u_A \geq \chi_A$ p.p., $0 \leq u_A \leq 1$ p.p.*
4. *Si Γ_A est non vide, $\mathrm{cap}(A) = -\int_D \Delta u_A$.*
5. *$(U \in \Gamma_A, -\Delta U \geq 0) \Rightarrow (u_A \leq U$ p.p.$)$.*

Démonstration: Le point 1. est une conséquence directe de la proposition 3.3.12. Pour le point 2., on constate que, pour tout $\varphi \in C_0^\infty(D), \varphi \geq 0, t > 0$, on a $(u_A + t\,\varphi) \in \Gamma_A$ et donc

$$\int_D |\nabla(u_A + t\,\varphi)|^2 \geq \int_D |\nabla u_A|^2. \tag{3.51}$$

On en déduit (en divisant par t et faisant tendre t vers 0)

$$\int_D \nabla u_A \, \nabla \varphi \geq 0,$$

ou encore

$$< -\Delta u_A, \varphi >_{\mathcal{D}' \times C_0^\infty} \geq 0.$$

Ainsi $-\Delta u_A$ est une distribution positive et donc une mesure de Radon positive. Si maintenant $\varphi \in C_0^\infty(D)$ est à support dans $D \setminus \bar{A}$ (et de signe quelconque), on a $u_A + t\,\varphi \in \Gamma_A$ pour tout $t \in \mathbb{R}$: on peut donc appliquer à nouveau (3.51) et on obtient

$$< -\Delta u_A, \varphi >_{\mathcal{D}' \times C_0^\infty} = 0,$$

ce qui prouve bien que la mesure Δu_A est à support dans $\bar{A}$.

Pour le point 3., nous savons déjà que $u_A \geq \chi_A$ p.p. (puisque limite p.p. de fonctions supérieures à 1 p.p. sur A). Pour montrer que $u_A \leq 1$, on constate que $\inf(u_A, 1) \in \Gamma_A$ puisque, d'après le corollaire 3.1.12, $\inf(u_A, 1) = \lim \inf(u_n, 1)$ où u_n est supérieur à 1 p.p. sur un voisinage de A et converge vers u_A dans $H_0^1(D)$. Or, toujours d'après le corollaire 3.1.12

$$\int_D |\nabla[\inf(u_A, 1)]|^2 = \int_D |\nabla u_A|^2 \chi_{[u_A < 1]} \leq \int_D |\nabla u_A|^2.$$

Par unicité de la projection de 0 sur Γ_A, on en déduit $inf(u_A, 1) = u_A$ et donc $u_A \leq 1$. On montre de même que $u_A \geq 0$ en considérant la fonction $(u_A)^+ = \sup(u_A, 0)$.

Pour le point 4., soit d'abord $u_n \in \mathcal{C}_0^\infty(D)$ convergeant dans $H_0^1(D)$ vers u_A. Puisque $u_A \leq 1$, $\min\{u_n, 1\}$ converge aussi vers u_A. Etant donnée une suite régularisante ρ_p, on peut choisir p_n pour que $\hat{u}_n := \rho_{p_n} * [\min\{u_n, 1\}]$ converge vers u_A dans $H_0^1(D)$ (et $\hat{u}_n \in \mathcal{C}_0^\infty(D)$). On a alors

$$\mathrm{cap}_D(A) = \int_D |\nabla u_A|^2 = \lim \int_D \nabla u_A \nabla \hat{u}_n = <\hat{u}_n, -\Delta u_A>_{\mathcal{C}_0^\infty \times \mathcal{D}'} = \ldots$$

$$= \int_D \hat{u}_n d(-\Delta u_A) \leq \int_D -\Delta u_A.$$

Montrons l'inégalité inverse, en commençant par les compacts, puis les ouverts. Si $A = K$ est un compact, u_K est limite dans H^1 d'une suite de fonctions $v_n \in \mathcal{C}_0^\infty(D)$, $v_n \geq \chi_K$ (voir remarque 3.3.20). Ainsi

$$\int_D -\Delta u_K \leq \int_D v_n d(-\Delta u_K) = <v_n, -\Delta u_K>_{\mathcal{C} \times \mathcal{D}'} = \int_D \nabla v_n \nabla u_K,$$

et cette dernière intégrale converge vers $\int_D |\nabla u_K|^2$. On en déduit $\int_D -\Delta u_K \leq \operatorname{cap}_D(K)$ et donc l'égalité d'après la première étape.

Si maintenant K_n est une suite de compacts croissant vers l'ouvert ω, on vérifie (comme dans la remarque 3.3.20) que u_{K_n} converge dans H^1 vers u_ω et $-\Delta u_{K_n}$ converge donc au sens des distributions vers $-\Delta u_\omega$. Comme la masse des mesures Δu_{K_n} est bornée, la convergence a lieu au sens des mesures et

$$\int_D -\Delta u_\omega \leq \liminf \int_D -\Delta u_{K_n} = \lim \operatorname{cap}_D(K_n) = \operatorname{cap}_D(\omega),$$

d'où l'égalité puisqu'on a déjà prouvé l'inégalité inverse.

De même, si ω_n est une suite décroissante d'ouverts tels que $\operatorname{cap}_D(\omega_n)$ converge vers $\operatorname{cap}_D(E)$, on vérifie que u_{ω_n} converge dans H^1 vers u_A (cf. remarque 3.3.20). Par le même raisonnement que ci-dessus, on en déduit l'égalité $\int_D -\Delta u_E \leq \operatorname{cap}_D(E)$ (et donc l'égalité d'après la 1ère étape).

Enfin, soit $U \in \Gamma_A$ avec $-\Delta U \geq 0$, c'est-à-dire que $\int_D \nabla U \nabla v \geq 0$ pour tout $v \in C_0^\infty(D)^+$. Ceci est vrai pour tout $v \in H_0^1(D)^+$ par densité (cf. proposition 3.1.13). Posons $V := \inf(u_A, U)$; on vérifie à l'aide du corollaire 3.1.12 que $V \in \Gamma_A$. Puisque u_A est la projection de 0 sur Γ_A, on a $\int_D \nabla u_A \nabla(u_A - V) \leq 0$. On écrit alors

$$\int_D |\nabla(u_A - V)|^2 = \int_D \nabla u_A \nabla(u_A - V) - \int_D \nabla V \nabla(u_A - V) \leq - \int_D \nabla V \nabla(u_A - V).$$

Par le corollaire 3.1.12, cette dernière intégrale est égale à

$$\int_{[u_A > U]} \nabla U \nabla(u_A - U)^+ = \int_D \nabla U \nabla(u_A - U)^+ \geq 0.$$

On en déduit $u_A - V = 0$, soit $u_A \leq U$. $\quad\square$

Remarque 3.3.22 Le dernier point du théorème exprime que u_A est le plus petit potentiel U (i.e. $U \in H_0^1(D), -\Delta U \geq 0$), qui soit supérieur ou égal à 1 sur A au sens de l'appartenance à Γ_A. Cette propriété de minimisation ponctuelle est intensivement utilisée en théorie du potentiel. Noter qu'elle implique

$$(E_1 \subset E_2) \implies (u_{E_1} \leq u_{E_2} \ p.p.). \tag{3.52}$$

3.3.3 Quelques exemples de calculs de capacité

Les calculs de capacité se font à l'aide du potentiel capacitaire défini en (3.3.19), de ses diverses propriétés énoncées dans le théorème 3.3.21, ainsi qu'à l'aide de la proposition 3.3.23.

Commençons par un exemple en dimension un avec $D =]a, b[$ et $K = [x_0, x_1] \subset D$. Alors:

$$u_K(x) = \begin{cases} \frac{x-a}{x_0-a}, & x \in [a, x_0] \\ 1 & x \in [x_0, x_1] \\ \frac{b-x}{b-x_1} & x \in [x_1, b]. \end{cases} \qquad (3.53)$$

En effet, c'est la seule fonction de $H_0^1(0,1)$ (et donc continue) qui est harmonique (i.e. affine) hors de K et égale à 1 sur K. On en déduit

$$\mathrm{cap}_D(K) = \frac{1}{x_0-a} + \frac{1}{b-x_1} > 0. \qquad (3.54)$$

Notons que u_K est harmonique hors de ∂K et égale à 1 sur ∂K. Ainsi,

$$u_K = u_{\partial K} \; et \; \mathrm{cap}_D(K) = \mathrm{cap}(\{x_0, x_1\}) = \mathrm{cap}_D(\partial K). \qquad (3.55)$$

Ce phénomène est général:

Proposition 3.3.23 *Pour tout compact K d'un ouvert borné D, on a*

$$u_K = u_{\partial K} \; et \; \mathrm{cap}_D(K) = \mathrm{cap}_D(\partial K).$$

Cette proposition sera montrée plus loin, après la proposition 3.3.37, à l'aide des outils de quasi-continuité. On l'utilise ci-dessous pour les calculs proposés.

Prenant $x_0 = x_1$ dans (3.54), on obtient que la capacité d'un point est strictement positive. Ainsi, *en dimension un, seul l'ensemble vide est de capacité nulle.*

A partir de la dimension deux, la capacité d'un point est nulle. Calculons d'abord la capacité d'une petite boule. Prenons pour D la boule B_R de rayon R centrée à l'origine et pour K_n la boule B^n de centre 0 et de rayon $1/n$. Pour trouver $u_n = u_{B^n}$, on résout

$$\begin{cases} \Delta u_n = 0 & \text{dans } B_R \setminus B^n \\ u_n = 0 & \text{sur } \partial B_R \\ u_n = 1 & \text{sur } B^n. \end{cases} \qquad (3.56)$$

En dimension deux, la solution est $u_n = -\frac{\log r/R}{\log(nR)}$ ($r = |x|$) sur $B_R \setminus B^n$. On a $|\nabla u_n| = \frac{1}{r \log(nR)}$ et la capacité de B^n vaut

$$\mathrm{cap}_{B_R}(B^n) = \int_{B_R} |\nabla u_n|^2 = \int_0^{2\pi} \int_{1/n}^R \frac{1}{r^2(\log(nR))^2} \, r \, dr = \frac{2\pi}{\log(nR)} \quad (3.57)$$

On en conclut, puisque $\mathrm{cap}_{B_R}(\{0\}) \leq \lim_{n\to\infty} \mathrm{cap}_{B_R}(B^n)$, que la capacité de $\{0\}$ est nulle.

En dimension $N \geq 3$, la solution est donnée par $u_n = c_n \left[(r/R)^{2-N} - 1 \right]$ avec $c_n = [(nR)^{N-2} - 1)^{-1}$ et le calcul montre que

$$\mathrm{cap}_{B_R}(B^n) = N(N-2)\omega_N c_n R^{N-2}, \qquad (3.58)$$

où ω_N désigne le volume de la boule unité. On a donc $\mathrm{cap}_{B_R}(B^n) = O(n^{2-N})$ pour n grand et $\mathrm{cap}(\{0\}) = 0$.

Remarque 3.3.24 Les valeurs de $b(t) := \mathrm{cap}_{B_{2t}}(B_t) = \mathrm{cap}(B_t, B_{2t})$ (que nous utiliserons plus loin) sont donc données par

$$b(t) = 2\pi/\log 2 \text{ si } N = 2, \ b(t) = b_N t^{N-2} \text{ avec } b_N = N(N-2)\omega_N/(1-2^{2-N}).$$

Il est à noter que cette capacité relative ne dépend pas de t en dimension $N = 2$ et est en revanche en t^{N-2} pour $N \geq 3$. Plus généralement, nous avons pour tout ensemble $E \subset \mathbb{R}^N$

$$\mathrm{cap}(E \cap B_t, B_{2t}) = (2t)^{N-2}\mathrm{cap}\left(\frac{E}{2t} \cap B_{1/2}, B_1\right).$$

A propos de la capacité d'un arc continu en dimension deux.

En dimension deux, la capacité d'un segment est strictement positive ainsi que celle d'un arc continu. Nous le montrons ci-dessous en explicitant des minorants ne dépendant que de la taille des segments ou des arcs.

On désigne par D_R le disque ouvert de rayon R centré à l'origine.

Considérons un carré K centré à l'origine de coté de longueur $2a$ et inclus dans D_1. D'après la proposition 3.3.23, la capacité du bord ∂K du carré est égale à celle du carré lui-même et est donc minorée par celle du disque inscrit qui est de rayon a. D'après (3.57), on a donc

$$\mathrm{cap}_{D_1}(\partial K) \geq -2\pi/\log a, \text{ pour tout } a \in]0, 1/\sqrt{2}[.$$

Par invariance par rotation, chaque coté du carré a même capacité. D'après la sous-additivité (cf. proposition 3.3.9), on en déduit que la capacité d'un coté est minorée par $\mathrm{cap}_{D_1}(\partial K)/4 \geq -\pi/2 \log a$.

Si on désigne par S le segment joignant l'origine au point $A = (a, 0)$ avec $a \in]0, 1/2]$, on a $\mathrm{cap}_{D_1}(S) \geq -k/\log a$ avec $k > 0$ indépendant de a. En effet, S est le coté d'un carré centré en $(a/2, a/2)$ et inclus dans le disque D de même centre et de rayon $b = 1 + \sqrt{2}/4$, lui-même contenant D_1. Ainsi

$$\mathrm{cap}_{D_1}(S) \geq \mathrm{cap}_D(S) \geq -\pi/2\log(a/2b),$$

cette dernière inégalité utilisant une homothétie de rapport $1/b$ (cf. remarque 3.3.24) et le résultat précédent. Et il existe $k > 0$ indépendant de $a \in]0, 1/2]$ tel que $-\pi/2\log(a/2b) \geq -k/\log a$.

Soit maintenant γ un arc continu inclus dans $D_{1/2}$ - c'est-à-dire l'image d'une application continue de $[0, 1]$ dans $D_{1/2}$ -, joignant l'origine O au point A. Montrons qu'on a encore

$$\mathrm{cap}_{D_1}(\gamma) \geq -k/\log a. \tag{3.59}$$

Notons γ^ϵ l'ensemble des points de D_1 qui sont à une distance de γ inférieure ou égale à ϵ. Puisque les γ^ϵ forment une suite de compacts décroissant vers γ quand ϵ décroît vers 0, on a $\lim_{\epsilon \to 0} \mathrm{cap}_{D_1}(\gamma^\epsilon) = \mathrm{cap}_{D_1}(\gamma)$.

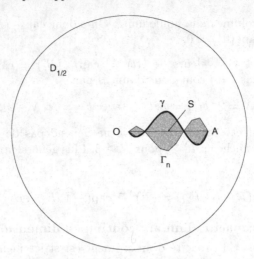

FIG. 3.1 –. *calcul de la capacité d'un arc*

Fixons ϵ assez petit pour que $\gamma^\epsilon \subset D_1$. On peut approcher γ par des arcs γ_n linéaires par morceaux, joignant l'origine à $(a,0)$, qui, pour n assez grand, sont inclus dans γ^ϵ et donc tels que $\operatorname{cap}_{D_1}(\gamma^\epsilon) \geq \operatorname{cap}_{D_1}(\gamma_n)$. Quitte à supprimer des boucles en nombre fini, on peut supposer γ_n sans point double. Si $\widetilde{\gamma_n}$ désigne le symétrique de γ_n par rapport à l'axe $X = \{(x,0), x \in \mathbb{R}\}$ et $\Gamma_n = \gamma_n \cup \widetilde{\gamma_n}$, d'après la sous-additivité, on a

$$\operatorname{cap}_{D_1}(\Gamma_n) \leq \operatorname{cap}_{D_1}(\gamma_n) + \operatorname{cap}_{D_1}(\widetilde{\gamma_n}) = 2\operatorname{cap}_{D_1}(\gamma_n).$$

Soit C le domaine polygonal "délimité par Γ_n", c'est-à-dire la réunion de Γ_n et des composantes connexes *bornées* du complémentaire de Γ_n dans $\mathbb{R}^N$. On vérifie facilement que c'est un compact dont le bord est inclus dans Γ_n et qui contient le segment $S = [O, A]$ (si un point de S n'appartenait pas à C, on pourrait le joindre par une ligne brisée à deux points de ∂D_1 symétriques par rapport à X, ce qui couperait Γ_n en deux morceaux non connexes). On obtient, en utilisant la proposition 3.3.23 et la monotonie de la capacité

$$\operatorname{cap}_{D_1}(\gamma^\epsilon) \geq \operatorname{cap}_{D_1}(\Gamma_n) \geq \operatorname{cap}_{D_1}(\partial C) = \operatorname{cap}_{D_1}(C) \geq \operatorname{cap}_{D_1}(S) \geq -k/\log a.$$

On en déduit (3.59).

Compte-tenu de l'invariance par homothétie des capacités relatives en dimension 2 (voir remarque 3.3.24), il en résulte que, pour tout arc continu γ inclus dans D_t et joignant l'origine à un point de ∂D_t

$$\operatorname{cap}_{D_{2t}}(\gamma) \geq k_2 = k/\log 2. \tag{3.60}$$

On en déduit le corollaire suivant que nous utiliserons plus loin:

Corollaire 3.3.25 *Soit K un compact connexe de $\mathbb{R}^2$ contenant au moins deux points distants de a. Alors, pour tout $x \in K$*

$$\forall t \in]0, a/2[, \; \text{cap}(K \cap B(x,t), B(x,2t)) \geq k_2,$$

où k_2 est une constante "universelle".

En effet, il existe une suite d'ouverts connexes $\omega_n \supset K$ telle que

$$\text{cap}(\omega_n \cap B(x,t), B(x,2t)) \to \text{cap}(K \cap B(x,t), B(x,2t)).$$

Ces ouverts ω_n sont aussi connexes par arcs et contiennent donc un arc continu γ joignant x à un autre point de K distant d'au moins $a/2$. Mais, pour tout $t \in]0, a/2]$, il existe un point de cet arc sur $\partial B(x,t)$ (on choisit le premier d'entre eux). On applique alors (3.60) pour obtenir

$$\text{cap}(\omega_n \cap B(x,t), B(x,2t)) \geq \text{cap}(\gamma \cap B(x,t), B(x,2t)) \geq k_2.$$

$\square$

Remarque 3.3.26 On montre qu'un compact inclus dans un segment et de mesure (linéaire) non nulle est de capacité strictement positive dans $\mathbb{R}^2$ (voir exercice 3.3 où on trouve aussi des estimations supérieures complétant celles ci-dessus).

En dimension 3, la capacité d'un segment est nulle, ainsi que celle d'un arc de courbe régulier (voir exercices). Plus généralement, on peut énoncer la règle suivante:

– si E sous-ensemble de $\mathbb{R}^N$ est contenu dans une variété de dimension $N-2$ alors $\text{cap}(E) = 0$.

– si E sous-ensemble de $\mathbb{R}^N$ contient un morceau d'hypersurface régulière (c'est-à-dire une variété de dimension $N-1$) alors $\text{cap}(E) > 0$.

– Si E est une variété régulière de dimension d, alors $\text{cap}(E) = 0$ équivaut à $d \leq N-2$.

Nous renvoyons par exemple à [5] pour des démonstrations et des calculs plus généraux. Mentionnons aussi les calculs explicites de tout un tas d'objets géométriques de $\mathbb{R}^2$ et $\mathbb{R}^3$ faits dans [189].

3.3.4 Quasi-continuité, quasi-ouverts

En dimension un, les fonctions de H^1 sont continues (voir (3.3)) ou, plus précisément, ont un représentant continu. Ceci tombe en défaut dès la dimension deux. La notion adéquate est alors celle de *fonction quasi-continue* et le résultat important de ce paragraphe est le théorème 3.3.29 qui suit. Définissons d'abord:

Définition 3.3.27 *On dit qu'une propriété a lieu **quasi-partout** (q.p.) si elle a lieu sauf sur un ensemble de capacité nulle.*

Définition 3.3.28 *Une fonction* $f : \mathbb{R}^N \to \mathbb{R}$ *est dite* **quasi-continue** *s'il existe une suite décroissante d'ouverts* ω_n *de* $\mathbb{R}^N$ *vérifiant*

$\lim_{n \to +\infty} \mathrm{cap}(\omega_n) = 0$,
la restriction de f au complémentaire ω_n^c de ω_n est continue.

Toute fonction continue est bien sûr quasi-continue. Noter qu'en dimension un, puisque même un point a une capacité strictement positive, la quasi-continuité est exactement la continuité (dans cette définition, ω_n est vide pour n assez grand). Noter aussi que cette propriété de continuité ne doit pas être confondue avec la continuité quasi-partout qui est une propriété plus forte.

Théorème 3.3.29 *Tout* $f \in H^1(\mathbb{R}^N)$ *a un représentant quasi-continu* $\tilde{f}$ *qui est unique (modulo l'égalité quasi-partout).*

L'unicité de la représentation quasi-continue résulte immédiatement du lemme suivant

Lemme 3.3.30 *Soit* $f : \mathbb{R}^N \to \mathbb{R}$ *quasi-continue. Alors*

$$(f \geq 0 \ p.p.) \Rightarrow (f \geq 0 \ q.p.).$$

Démonstration: Montrons que l'ensemble $A = [f < 0]$ est de capacité nulle. Il existe une suite ω_n d'ouverts dont la capacité tend vers 0 avec la restriction de f à ω_n^c continue et donc avec $A \cup \omega_n$ ouvert. On note v_n une suite de fonctions convergeant vers 0 dans H^1 et supérieures à 1 p.p. sur ω_n. Puisque par hypothèse la mesure de Lebesgue de A est nulle, on a aussi $v_n \geq 1$ p.p. sur l'ouvert $A \cup \omega_n$, d'où $\mathrm{cap}(A \cup \omega_n) \leq \|v_n\|_{H^1}^2$, ce qui prouve que $\mathrm{cap}(A) = 0$. $\square$

Démonstration du théorème 3.3.29: Soit $f_p \in C_0^\infty(\mathbb{R}^N)$ convergeant vers f dans H^1 et p.p.. On en extrait une sous-suite f_{p_m} telle que la série

$$\sum_{m=1}^{\infty} 2^{2m} \|f_{p_{m+1}} - f_{p_m}\|_{H^1}^2 \text{ soit convergente. Posons alors}$$

$$\Omega_m := [|f_{p_{m+1}} - f_{p_m}| > 2^{-m}], \quad \omega_n := \cup_{m \geq n} \Omega_m.$$

Puisque $2^m|f_{p_{m+1}} - f_{p_m}|$ est une fonction de H^1 supérieure à 1 sur l'ouvert Ω_m, on a

$$\mathrm{cap}(\Omega_m) \leq 2^{2m}\||f_{p_{m+1}} - f_{p_m}|\|_{H^1}^2 \leq 2^{2m}\|f_{p_{m+1}} - f_{p_m}\|_{H^1}^2,$$

$$\mathrm{cap}(\omega_n) \leq \sum_{m \geq n} 2^{2m}\|f_{p_{m+1}} - f_{p_m}\|_{H^1}^2,$$

et donc ω_n est une suite décroissante d'ouverts dont la capacité tend vers 0 quand n tend vers l'infini.

Pour $x \in \omega_n^c$,

$$\forall m \geq n, \ |f_{p_{m+1}}(x) - f_{p_m}(x)| \leq 2^{-m}.$$

Ainsi, pour n fixé, la restriction de f_{p_m} à ω_n^c converge uniformément lorsque m tend vers l'infini. La restriction à ω_n^c de la limite $\tilde{f}$ est donc continue, ce pour tout n. On complète la définition de $\tilde{f}$ en la prolongeant par exemple par 0 sur $\cap_n \omega_n$. Puisque f_p converge p.p. vers f, on en déduit que $\tilde{f}$ est un représentant de f. Il est quasi-continu par construction. $\square$

Notation: Désormais, pour tout $f \in H^1(\mathbb{R}^N)$, on notera $\tilde{f}$ le représentant quasi-continu de f.

Remarque 3.3.31 Cette définition s'applique, en particulier, aux fonctions de $H_0^1(D)$ pour tout ouvert de D de $\mathbb{R}^N$. Noter qu'alors, on peut même choisir les fonctions f_p de la démonstration ci-dessus dans $\mathcal{C}_0^\infty(D)$ et on a le résultat plus précis suivant (cf. remarque 3.3.18): *Soit $f \in H_0^1(D)$; il existe alors une suite d'ouverts $\omega_n \subset D$ tels que $\mathrm{cap}_D(\omega_n) \to 0$ (i.e. $u_{\omega_n} \to 0$ dans $H_0^1(D)$) et la restriction de f à ω_n^c est continue.* On dit parfois que f est $H_0^1(D)$-quasi-continue.

Remarque 3.3.32 On voit dans la démonstration ci-dessus que les f_{p_m} convergent quasi-partout vers $\tilde{f}$. En fait, la même approche permet d'établir la proposition suivante, bien utile dans le maniement des inégalités quasi-partout.

Proposition 3.3.33 *Soit f_p convergeant vers f dans $H^1(\mathbb{R}^N)$. Alors, il existe une suite extraite $(f_{p_m})_m$ telle que $\tilde{f}_{p_m}$ converge quasi-partout vers $\tilde{f}$ lorsque m tend vers l'infini.*

Démonstration: On procède exactement comme dans la démonstration précédente en extrayant une sous-suite telle que la série $\sum_{m=1}^\infty 2^{2m} \|f_{p_{m+1}} - f_{p_m}\|_{H^1}^2$ soit convergente. On pose alors

$$\Omega_m := [|\tilde{f}_{p_{m+1}} - \tilde{f}_{p_m}| > 2^{-m}], \quad \omega_n := \cup_{m \geq n} \Omega_m.$$

Le reste de la démonstration est exactement identique dès qu'on admet la même estimation de départ pour la capacité de Ω_m, soit

$$\mathrm{cap}(\Omega_m) \leq 2^{2m} \|f_{p_{m+1}} - f_{p_m}\|_{H^1}^2.$$

Ceci était immédiat à partir des définitions quand on savait que Ω_m était ouvert. Ce n'est plus le cas ici, mais cela résulte malgré tout du lemme suivant. $\square$

Lemme 3.3.34 *Soit $z \in H^1(\mathbb{R}^N)$ et $E := [|\tilde{z}| > 1]$. Alors*

$$\mathrm{cap}(E) \leq \|z\|_{H^1}^2.$$

Démonstration: Puisque $\tilde{z}$ est quasi-continue, il existe une suite d'ouverts ω_n dont la capacité tend vers 0 et tels que $E \cup \omega_n$ soit ouvert. On note v_n une suite de fonctions convergeant vers 0 dans H^1 et supérieures à 1 p.p. sur ω_n. Ainsi, $|z| + v_n$ est supérieur à 1 p.p. sur l'ouvert $E \cup \omega_n$, et on a

$$\text{cap}(E) \leq \text{cap}(E \cup \omega_n) \leq \| |z| + v_n \|_{H^1}^2.$$

L'inégalité du lemme s'en déduit.   □

Ce sont les représentants quasi-continus qui permettent de faire les intégrations par parties par rapport à des mesures de $H^{-1}(D)$. Ainsi, nous avons

Proposition 3.3.35 *Soit $u, v \in H_0^1(D)$ avec $-\Delta u \geq 0$. Alors, $-\Delta u$ est une mesure qui ne charge pas les ensembles de capacité nulle et on a*

$$\int_D \nabla u \nabla v = \int_D \tilde{v} \, d(-\Delta u).$$

Démonstration: Faisons d'abord une remarque. La distribution $-\Delta u$ étant positive, c'est une mesure borélienne finie sur les compacts ("mesure de Radon") et, si $w \in \mathcal{C}_0^\infty(D)$, on peut écrire

$$\int_D w \, d(-\Delta u) = < w, -\Delta u >_{\mathcal{C}_0^\infty \times \mathcal{D}'} = \int_D \nabla w \nabla u.$$

Si $w \in H_0^1(D)$ est continue et à support compact, on peut, par convolution, l'approcher dans H^1 et uniformément par des fonctions de $\mathcal{C}_0^\infty(D)$ et passer à la limite ci-dessus pour obtenir

$$\int_D w \, d(-\Delta u) = \int_D \nabla w \nabla u \leq \|w\|_{H^1} \|u\|_{H^1}. \tag{3.61}$$

Soit $K \subset D$ et $w_n \in \mathcal{C}_0^\infty(D)$, positif, supérieur à 1 sur K et telle que $\text{cap}_D(K) = \lim_{n \to \infty} \int_D |\nabla w_n|^2$. On a, pour tout n

$$\int_K d(-\Delta u) \leq \int_D w_n d(-\Delta u) \leq \|w_n\|_{H^1} \|u\|_{H^1},$$

et à la limite,

$$\int_K -\Delta u \leq \|u\|_{H^1} \{\text{cap}(K)\}^{1/2}.$$

Cette estimation se propage aux ouverts et aux ensembles mesurables quelconques par définition de la capacité et d'après les propriétés des mesures. Ainsi, $\text{cap}_D(E) = 0 \Rightarrow -\Delta u(E) = 0$. Cette inégalité montre aussi que $-\Delta u$ est de masse totale finie.

Puisque $v \in H_0^1(D)$, il existe une suite $v_n \in \mathcal{C}_0^\infty(D)^+$ convergeant vers v dans H^1. Selon (3.61), on peut écrire

$$\int_D v_n \, d(-\Delta u) = \int_D \nabla v_n \nabla u, \quad \int_D |v_p - v_q| d(-\Delta u) = \int_D \nabla u \nabla |v_p - v_q|.$$

D'après la proposition 3.3.33, on peut supposer, quitte à extraire une sous-suite, que v_n converge quasi-partout vers $\tilde{v}$, et donc aussi $-\Delta u$-p.p. L'égalité ci-dessus montre que v_n est de Cauchy dans $L^1(-\Delta u)$. Elle y est donc convergente et sa limite est nécessairement égale à $\tilde{v}$. Donc $\tilde{v} \in L^1(-\Delta u)$ et l'identité de la proposition suit par passage à la limite à partir de v_n. $\square$

Remarque 3.3.36 Il résulte de l'analyse précédente que

$$v \in H^1_0(D) \to \tilde{v} \in L^1(-\Delta u) \text{ est continue.}$$

On peut aussi montrer que si $u \in H^1_0(D)$ est tel que Δu soit une mesure, alors cette mesure ne charge pas les ensembles de capacité nulle (voir [136]). Par contre, on ne peut pas étendre l'identité de la proposition en général, même si Δu est une fonction de $L^1(D)$ (voir [46]).

Nous allons maintenant énoncer une nouvelle caractérisation des cônes Γ_A en termes de représentants quasi-continus (voir la définition de Γ_A juste avant la définition 3.3.19).

Proposition 3.3.37 *Pour $A \subset D$ tel que Γ_A soit non vide*

$$\Gamma_A = \{v \in H^1_0(D); \tilde{v} \geq 1 \text{ q.p. sur } A\}.$$

Démonstration: Si $v \in \Gamma_A$, il est limite dans $H^1_0(D)$ de v_n p.p. supérieurs à 1 sur un voisinage ouvert Ω_n de A. Mais, d'après le lemme 3.3.30 appliqué avec $f = \tilde{v_n} - 1$, on a aussi $\tilde{v_n} \geq 1$ q.p. sur Ω_n et donc sur A. Comme on peut extraire de $\tilde{v_n}$ une suite convergeant q.p. vers $\tilde{v}$, il en résulte que $\tilde{v} \geq 1$ q.p. sur A.

Inversement, soit $v \in H^1_0(D)$ avec $\tilde{v} \geq 1$ q.p. sur A. On veut montrer que $v \in \Gamma_A$. Puisque Γ_A est fermé dans H^1, il suffit de montrer que, pour tout entier positif p, $\sup(v, -p) \in \Gamma_A$. Sans perte de généralité, on peut donc supposer que v est minorée par $-p$.

On note $\Omega_n = [(1 + 1/n)\tilde{v} > 1]$. Alors Ω_n contient A, et, d'après la remarque 3.3.31, il existe une suite d'ouverts $\omega_n \subset D$ avec $\Omega_n \cup \omega_n$ ouvert et $u_{\omega_n} \to 0$ dans $H^1_0(D)$. Mais $(1 + 1/n)\tilde{v} + (p+1)u_{\omega_n}$ est supérieur à 1 p.p. sur $\Omega_n \cup \omega_n$ -qui est un voisinage de A- et converge vers v dans $H^1_0(D)$ quand n tend vers l'infini. $\square$

Nous avons maintenant les outils pour démontrer la proposition 3.3.23.

Démonstration de la proposition 3.3.23: Notons $w := u_K - u_{\partial K}$. En utilisant les propositions 3.3.35 et 3.3.21, on peut écrire

$$\int_D |\nabla w^+|^2 = \int_D \nabla w^+ \nabla w = \int_D \tilde{w}^+ d(-\Delta w) \leq \int_D \tilde{w}^+ d(-\Delta u_K). \quad (3.62)$$

D'après la proposition 3.3.21, Δu_K est à support dans K. D'autre part, d'après la proposition 3.3.37, $u_K = 1$ q.p. sur K, $u_{\partial K} = 1$ q.p. sur ∂K: en particulier, $u_K = 1$ p.p. sur l'intérieur de K et Δu_K y est donc nul. Ainsi, Δu_K est, en fait, à support dans ∂K. Comme $\tilde{w} = \widetilde{u_K} - \widetilde{u_{\partial K}} = 0$ q.p. sur ∂K, on déduit de (3.62) que $\int_D |\nabla w^+|^2 = 0$ c'est-à-dire $u_K \leq u_{\partial K}$, d'où l'inégalité des deux puisque l'autre inégalité est triviale par monotonie.   □

Il est maintenant temps de poser une définition pour la notion suivante que nous avons utilisée implicitement à plusieurs reprises:

Définition 3.3.38 *Un sous-ensemble Ω de D est dit* **quasi-ouvert** *s'il existe une suite décroissante d'ouverts ω_n tels que*

$$\lim_{n \to +\infty} \mathrm{cap}(\omega_n) = 0,$$
$$\forall n, \ \Omega \cup \omega_n \text{ est ouvert.}$$

Remarque 3.3.39 Les ouverts sont évidemment tous des quasi-ouverts. On obtient aussi des exemples simples de quasi-ouverts en perturbant un ouvert par un ensemble de capacité nulle. Mais, comme un quasi-ouvert n'est vraiment défini que quasi-partout, on ne crée pas ainsi vraiment d'objets nouveaux. Par contre, on peut construire des exemples de quasi-ouverts non ouverts et même non égaux p.p. à des ouverts (voir exercice 3.6).

Dans la définition précédente, puisque $\cup_n(\Omega \cap \omega_n) = \Omega \cup (\cap_n \omega_n)$ et que $\cap_n \omega_n$ est de capacité nulle, on voit qu'un quasi-ouvert Ω est égal quasi-partout à un $\mathcal{G}_\delta$, c'est-à-dire à l'intersection dénombrable d'ouverts, qui est, en particulier, un ensemble mesurable de $\mathbb{R}^N$. Comme il est naturel de considérer qu'un quasi-ouvert est seulement défini quasi-partout, on pourra toujours considérer qu'il a cette propriété d'être un $\mathcal{G}_\delta$ (ou travailler avec un représentant qui a cette propriété).

Proposition 3.3.40 *Une réunion dénombrable de quasi-ouverts est un quasi-ouvert.*

Démonstration: Soit $(\Omega^p)_{p \geq 1}$ une suite de quasi-ouverts et, pour chaque p, $(\omega_n^p)_{n \geq 1}$ une suite d'ouverts associés à Ω^p selon la définition 3.3.38 et où on suppose de plus $\mathrm{cap}(\omega_n^p) \leq 2^{-(n+p)}$. Posons

$$\widetilde{\omega}_n := \cup_{p \geq 1} \omega_n^p, \ \Omega := \cup_{p \geq 1} \Omega^p.$$

Alors, $\Omega \cup \widetilde{\omega}_n = \cup_{p \geq 1}\{\Omega^p \cup \omega_n^p\}$ est ouvert et on a

$$\mathrm{cap}(\widetilde{\omega}_n) \leq \sum_{p \geq 1} 2^{-(n+p)} = 2^{-n}.$$

Ceci prouve que Ω est un quasi-ouvert.   □

Proposition 3.3.41 *Soit $f : \mathbb{R}^N \to \mathbb{R}$ quasi-continue et α un réel. Alors $[f > \alpha]$ est quasi-ouvert. En particulier, si $u \in H^1(\mathbb{R}^N)$, alors $[\tilde{u} > \alpha]$ est quasi-ouvert.*

Démonstration: Si f est quasi-continue, il existe une suite d'ouverts ω_n dont la capacité tend vers 0 et tels que la restriction de f à ω_n^c est continue. En particulier, $[f > \alpha]$ est un ouvert de ω_n^c, c'est-à-dire qu'il existe un ouvert Ω_n de D tel que $[f > \alpha] = \Omega_n \cap (\omega_n^c)$, ou encore $[f > \alpha] \cup \omega_n = \Omega_n \cup \omega_n$ et cet ensemble est bien un ouvert. $\square$

3.3.5 Une nouvelle définition de $H_0^1(\Omega)$

Le dernier résultat de ce paragraphe consiste en une caractérisation très utile de l'espace $H_0^1(\Omega)$ pour Ω ouvert: lorsque le bord de Ω est régulier, on montre qu'il coïncide avec les fonctions de $H^1(\mathbb{R}^N)$ nulles p.p. à l'extérieur de Ω (voir par exemple le lemme 3.2.15). Ceci n'est pas vrai pour des ouverts quelconques comme on le voit sur des exemples simples. Le bon point de vue fait l'objet du théorème suivant et va permettre ensuite de donner une définition de $H_0^1(\Omega)$ pour tout sous-ensemble Ω de $\mathbb{R}^N$.

Théorème 3.3.42 *Soit D un ouvert quelconque et Ω un ouvert contenu dans D. Alors*

$$(u \in H_0^1(\Omega)) \iff (u \in H_0^1(D) \text{ et } \tilde{u} = 0 \ \ q.p. \text{ sur } D \setminus \Omega). \qquad (3.63)$$

Démonstration: L'implication $\Longrightarrow$ est une conséquence de la proposition 3.3.33: si u est une fonction de $H_0^1(\Omega)$, il existe par définition une suite de fonctions u_n de $C_0^\infty(\Omega)$ qui converge vers u dans $H_0^1(\Omega) \hookrightarrow H_0^1(D)$. D'après la proposition 3.3.33, on peut donc en extraire une sous-suite qui converge quasi-partout dans D vers $\tilde{u}$. Mais puisque toutes les fonctions u_n sont nulles sur $D \setminus \Omega$, la fonction $\tilde{u}$ est nulle quasi-partout sur $D \setminus \Omega$.

Dans l'autre sens, soit u une fonction de $H_0^1(D)$ telle que $\tilde{u}$ soit nulle q.p. sur $D \setminus \Omega$, c'est-à-dire (en travaillant avec son extension par 0 à $\mathbb{R}^N \setminus D$) nulle q.p. sur Ω^c. Il s'agit de l'approcher dans H^1 par des fonctions de $C_0^\infty(\Omega)$. Quitte à décomposer u en $u^+ - u^-$ et à considérer successivement chacune d'entre elles, on peut supposer $u \geq 0$. Puisque $min(u, p)$ converge vers u dans H^1 quand p tend vers l'infini, on peut également supposer que u est bornée. Enfin, si $\zeta \in \mathcal{C}_0^\infty(B(0, 2))$ avec $0 \leq \zeta \leq 1, \zeta \equiv 1$ *sur* $B(0, 1)$, et si $\zeta_n(x) = \zeta(x/n)$, on vérifie que $u\zeta_n$ converge vers u dans H^1. Ainsi, on peut aussi supposer u identiquement nul en dehors d'une grande boule B.

L'idée est, bien sûr de régulariser u par convolution, mais il faut aussi "réduire" son support à l'intérieur de Ω. Pour cela, nous allons plutôt régulariser $(u - \delta)^+$ qui, pour $\delta > 0$, est, en quelque sorte, nul au voisinage du bord de Ω, du moins quasi-partout.

Plus précisément, nous introduisons ω_n la suite décroissante d'ouverts associée à la quasi-continuité de $\tilde{u}$. Quitte à augmenter ω_n, on peut supposer qu'il contient aussi le sous-ensemble de capacité nulle de Ω^c sur lequel $\tilde{u}$ n'est peut-être pas nulle. Ainsi,

$$\tilde{u} = 0 \ \text{ sur } \ (\Omega \cup \omega_n)^c.$$

Pour $\delta > 0, V_n := [\tilde{u} < \delta] \cup \omega_n$ est un voisinage ouvert de Ω^c de complémentaire inclus dans B et donc compact. Sur cet ouvert, on a

$$(u - \delta)^+(1 - u_{\omega_n}) = 0 \ p.p.,$$

et cette fonction est donc nulle p.p. hors du compact V_n^c de Ω. On considère alors la fonction $\rho_p * [(u-\delta)^+(1-u_{\omega_n})]$ où ρ_p est une suite régularisante. Pour p assez grand, cette fonction appartient à $C_0^\infty(\Omega)$. Pour terminer, il suffit de vérifier qu'elle converge bien dans $H_0^1(D)$ vers u lorsque, successivement, on fait tendre p vers l'infini, puis δ vers 0, puis n vers l'infini. Le point essentiel est que $(u - \delta)^+$ et $(1 - u_{\omega_n})$ sont toutes deux des fonctions de $H_0^1(D)$ *uniformément bornées* si bien que leur produit converge bien dans H^1 quand δ tend vers 0 et quand n tend vers l'infini. $\square$

La caractérisation de $H_0^1(\Omega)$, donnée par le théorème 3.3.42 pour un ouvert Ω, nous conduit à étendre cette définition à toute partie $A \subset D$ comme suit (où D est un ouvert fixe de $\mathbb{R}^N$):

Définition 3.3.43 *Pour $A \subset D$, on pose*

$$H_0^1(A) := \{u \in H_0^1(D); \tilde{u} = 0 \ q.p. \ dans \ D \setminus A\}.$$

D'après la proposition 3.3.33, c'est un sous-espace fermé de $H_0^1(D)$. Il est séparable comme $H^1(\mathbb{R}^N)$. En fait, il peut toujours être décrit à partir d'un ensemble A quasi-ouvert (unique):

Proposition 3.3.44 *Pour tout $A \subset D$, il existe $\Omega \subset D$ quasi-ouvert, unique, tel que $H_0^1(A) = H_0^1(\Omega)$. De plus, $H_0^1(\Omega)$ est dense dans $L^2(\Omega)$ et $\{u_\Omega^f; f \in L^\infty(D)\}$ est dense dans $H_0^1(\Omega)$.*

Démonstration: Soit u_n une suite dense dans $H_0^1(A)$ et soit

$$\Omega := \cup_n [\tilde{u}_n \neq 0].$$

Alors Ω est un quasi-ouvert comme réunion dénombrable de quasi-ouverts et

$$[\tilde{u}_n \neq 0] \subset A \ q.p. \Rightarrow \Omega \subset A \ q.p. \Rightarrow H_0^1(\Omega) \subset H_0^1(A).$$

Inversement, tout $u \in H_0^1(A)$ est limite dans H^1 et q.p. d'une sous-suite u_{n_k}: on peut alors écrire,

$$[\tilde{u} \neq 0] \subset \cup_k [\tilde{u}_{n_k} \neq 0] \subset \Omega \ q.p.,$$

et donc $H_0^1(A) \subset H_0^1(\Omega)$.

Pour l'unicité, montrons le résultat plus général suivant

$$[\Omega_1, \Omega_2 \subset D \ quasi-ouverts, \ H_0^1(\Omega_1) \subset H_0^1(\Omega_2)] \Rightarrow [\Omega_1 \subset \Omega_2, \ q.p.] \quad (3.64)$$

En effet, supposons $\text{cap}_D(\Omega_1 \setminus \Omega_2) > 0$. Soit ω_n une suite décroissante d'ouverts dont la capacité tend vers 0, avec $\Omega_1 \cup \omega_n$ ouverts. On note u_{ω_n} le potentiel capacitaire de ω_n dans D.

Pour n assez grand, $\operatorname{cap}([u_{\omega_n} < 1] \cap (\Omega_1 \setminus \Omega_2)) > 0$. Si K_p est une suite de compacts croissant vers l'ouvert $\Omega_1 \cup \omega_n$ et si u_{K_p} désigne le potentiel capacitaire de K_p dans $H_0^1(\Omega_1 \cup \omega_n)$, on vérifie que, pour p assez grand, $u_{K_p}(1 - u_{\omega_n})$ n'appartient pas à $H_0^1(\Omega_2)$ alors qu'il appartient à $H_0^1(\Omega_1)$.

Pour la densité de $H_0^1(\Omega)$ dans $L^2(\Omega)$, on prouve que

$$[f \in L^2(\Omega), \forall v \in H_0^1(\Omega), \int_\Omega fv = 0] \Rightarrow [f \equiv 0].$$

Soit ω_n une suite d'ouverts dont la capacité tend vers 0 et tels que $\Omega \cup \omega_n$ soit ouvert pour tout n. Il existe $f_n \in \mathcal{C}_0^\infty(\Omega \cup \omega_n)$ tel que $\|f - f_n\|_{L^2(\Omega \cup \omega_n)} \leq 1/n$. Comme $f_n(1 - u_{\omega_n}) \in H_0^1(\Omega)$, on a $\int_\Omega f f_n(1 - u_{\omega_n}) = 0$. En passant à la limite en n, on obtient $\int_\Omega f^2 = 0$.

Enfin, notons $W = \{u_\Omega^f; f \in L^\infty(D)\}$. Soit $u \in H_0^1(\Omega)$ et $g = -\Delta u$ calculé au sens des distributions dans D; ainsi, $g \in H^{-1}(D)$ et on a $u = u_\Omega^g$ puisque, pour tout $v \in H_0^1(\Omega) \subset H_0^1(D)$, on a

$$\int_\Omega \nabla u_\Omega^g \nabla v = < g, v >_{H_0^1 \times H^{-1}} = \int_D \nabla u \nabla v.$$

Il existe une suite $g_p \in L^\infty(D)$ convergeant vers g dans $H^{-1}(D)$. Mais, $u_\Omega^{g_p}$ converge dans $H_0^1(\Omega)$ vers $u_\Omega^g = u$. D'où la densité de W dans $H_0^1(\Omega)$. $\square$

Remarque 3.3.45 Une conséquence de (3.64) est que, si Ω est un quasi-ouvert de capacité non nulle, alors $H_0^1(\Omega) \neq \{0\}$. En particulier $|\Omega| > 0$.

La définition 3.3.43 de $H_0^1(A)$ nous permet d'étendre la notion de problème de Dirichlet à tout sous-ensemble $A \subset \mathbb{R}^N$ (c'est fait dans la proposition 4.5.1 du chapitre suivant).

3.4 Retour au problème de Dirichlet

Nous utiliserons à plusieurs reprises le lemme suivant:

Lemme 3.4.1 *Soit Ω_n une suite d'ouverts de $\mathbb{R}^N$ et $u_n \in H_0^1(\Omega_n)$ convergeant faiblement dans $H^1(\mathbb{R}^N)$ vers $u^\star$. On note $\widetilde{\Omega}_p := \cup_{n \geq p} \Omega_n$, $E = \cap_p \widetilde{\Omega}_p$. Alors $\tilde{u}^\star = 0$ q.p. hors de E. Si, de plus, il existe un ensemble A tel que $\lim_{n \to \infty} \operatorname{cap}(\Omega_n \setminus A) = 0$, alors $\tilde{u}^\star = 0$ q.p. hors de A.*

Démonstration: D'après le lemme de Mazur (cf. [45] Th. III.1), il existe une suite v_p de fonctions formées de combinaisons barycentriques des $u_n, n \geq p$ convergeant *fortement* dans H^1 vers $u^\star$. Puisque $\tilde{u}_n = 0$ q.p. hors de $\widetilde{\Omega}_n$, $\tilde{v}_p = 0$ q.p. hors de $\widetilde{\Omega}_p$. Mais d'après la proposition 3.3.33, quitte à extraire une sous-suite, on peut supposer que $\tilde{v}_p$ converge q.p. vers $\tilde{u}^\star$. On en déduit $\tilde{u}^\star = 0$ q.p. hors de $\widetilde{\Omega}_p$ pour tout p et donc $\tilde{u}^\star = 0$ q.p. hors de $E = \cap_p \widetilde{\Omega}_p$.

Si $\lim_{n \to \infty} \operatorname{cap}(\Omega_n \setminus A) = 0$, quitte à extraire une sous-suite, on peut supposer $\operatorname{cap}(\Omega_n \setminus A) \leq 2^{-n}$ et donc $\operatorname{cap}(\widetilde{\Omega}_p \setminus A) \leq 2^{-p+1}$. Ainsi, $\operatorname{cap}(E \setminus A) = 0$, puisqu'inférieur à $\operatorname{cap}(\widetilde{\Omega}_p \setminus A)$ pour tout p, et donc $\tilde{u}^\star$ est nul aussi q.p. hors de A. $\square$

3.4.1 Perturbation locale

Donnons d'abord une extension de la proposition 3.2.7 qui supposait les ouverts variables inclus dans l'ouvert limite. En fait, si l'excès n'est pas trop grand au sens de la capacité, la convergence subsiste.

Proposition 3.4.2 *Soit Ω_n une suite d'ouverts inclus dans D convergeant vers un ouvert Ω au sens de Hausdorff et tels que*

$$\lim_{n \to +\infty} \operatorname{cap}(\Omega_n \setminus \Omega) = 0.$$

Alors, $u^f_{\Omega_n}$ converge vers u^f_{Ω}.

Démonstration: Il s'agit de répondre à la question (3.32) pour la limite faible-H^1 $u^\star$ d'une sous-suite de $u_n = u^f_{\Omega_n}$ et donc, selon la proposition 3.3.42, de montrer

$$\tilde{u}^\star = 0 \ q.p. \ hors \ de \ \Omega .$$

Ceci résulte du lemme 3.4.1 ci-dessus. □

Remarque 3.4.3 Cette proposition est utile lorsqu'on veut perturber légèrement un ouvert Ω autour de sa frontière. On a par exemple le corollaire suivant (voir [155] pour une utilisation).

Corollaire 3.4.4 *Soit Ω un ouvert et $S \subset \partial\Omega$ un compact de capacité nulle. On suppose que*

$$\Omega_n \setminus \Omega \subset \bigcup_{x \in S} B(x, \epsilon_n), \ \Omega \setminus \Omega_n \subset \bigcup_{x \in \partial\Omega} B(x, \epsilon_n)$$

où $\epsilon_n > 0$ est une suite décroissant vers 0. Alors $u^f_{\Omega_n}$ converge vers u^f_{Ω}.

Démonstration: On vérifie que Ω_n converge au sens de Hausdorff vers Ω. D'autre part, la capacité du compact $\bigcup_{x \in S} \bar{B}(x, \epsilon_n)$ decroît vers celle du compact S qui est nulle. On peut donc appliquer la proposition 3.4.2. □

Remarque 3.4.5 Notons que l'hypothèse du corollaire ci-dessus est dissymétrique quant au traitement de $\Omega_n \setminus \Omega$ et $\Omega \setminus \Omega_n$. Il est surtout nécessaire de contrôler les "excès extérieurs" de Ω_n sur Ω.

3.4.2 Convergence compacte et ouverts stables

Jusqu'à maintenant, nous n'avons fait aucune hypothèse de régularité sur les ouverts que nous considérions. On peut obtenir des résultats plus précis de convergence, en particulier quand la convergence des Ω_n vers Ω a lieu "par l'extérieur", en supposant un minimum de régularité pour l'ouvert limite Ω ou pour les ouverts Ω_n eux-mêmes.

Supposons tout d'abord que la suite d'ouverts Ω_n converge vers Ω au sens des *compacts.* On sait déjà que la suite $u_n = u^1_{\Omega_n}$ converge faiblement dans $H^1_0(D)$ vers une fonction $u^\star$ et qu'il suffit (voir question (3.32) et proposition 3.2.5) de montrer que $u^\star$ appartient à $H^1_0(\Omega)$ pour pouvoir conclure à la convergence (forte) de $u^f_{\Omega_n}$ vers u^f_Ω pour tout f.

D'après le lemme 3.4.1, on sait que $\tilde{u}^\star = 0$ q.p. hors de $E = \cap_p (\cup_{n \geq p} \Omega_n)$.

Si L est un compact inclus dans l'extérieur de Ω (c'est-à-dire dans $\overline{\Omega}^c$), par définition de la convergence au sens des compacts, on aura $L \subset \overline{\Omega_n}^c$ à partir d'un certain rang, et donc $L \subset E^c$ et $\tilde{u}^\star = 0$ q.p. sur L. Comme ceci est vrai pour tout compact L inclus dans l'extérieur de Ω, on a en fait

$$\tilde{u}^\star \equiv 0 \quad \text{quasi} - \text{partout sur } \overline{\Omega}^c. \tag{3.65}$$

La question que nous avions posée en (3.32) se traduit donc, dans le cas de la convergence au sens des compacts, par une nouvelle question:

Quand peut-on affirmer que: $(\tilde{u}^\star \equiv 0 \quad \text{q.p. sur } \overline{\Omega}^c) \Longrightarrow (u^\star \in H^1_0(\Omega))$?
$$\tag{3.66}$$

ou encore, compte-tenu du théorème 3.3.42, quand a-t-on l'implication:

$(\tilde{u}^\star \equiv 0 \text{ quasi} - \text{partout sur } \overline{\Omega}^c) \Longrightarrow (\tilde{u}^\star \equiv 0 \text{ quasi} - \text{partout sur } \Omega^c)$?
$$\tag{3.67}$$

Énonçons tout d'abord une proposition qui caractérise exactement les ouverts pour lesquels (3.66) ou (3.67) est vrai. Elle est due à M. Keldyš: cf. [181], [189] ou [151] et voir aussi [53] pour une démonstration de l'équivalence entre (i) et (iii). Nous ne la démontrerons pas, renvoyant le lecteur intéressé à la littérature citée ci-dessus.

Théorème 3.4.6 *Soit Ω un ouvert inclus dans D. Alors les quatre propriétés suivantes sont équivalentes:*

(i) Toute fonction v de $H^1(\mathbb{R}^N)$ s'annulant quasi-partout sur $\overline{\Omega}^c$ est nulle quasi-partout sur Ω^c et est donc un élément de $H^1_0(\Omega)$.

(ii) Pour tout ouvert ω, $\text{cap}(\omega \backslash \overline{\Omega}) = \text{cap}(\omega \backslash \Omega)$.

(iii) Pour tout $x \in \mathbb{R}^N$ et $r > 0$, $\text{cap}(B(x,r) \backslash \overline{\Omega}) = \text{cap}(B(x,r) \backslash \Omega)$.

(iv) $\displaystyle\liminf_{r \to 0} \frac{\text{cap}(B(x,r) \backslash \overline{\Omega})}{\text{cap}(B(x,r) \backslash \Omega)} > 0 \quad q.p. \ x \in \partial\Omega.$

Si l'une ou l'autre de ces propriétés est satisfaite, on dira que l'ouvert Ω est **stable**.

Résumons les remarques ci-dessus par le résultat suivant,

Théorème 3.4.7 *Soit Ω_n une suite d'ouverts inclus dans un ouvert borné D qui converge au sens des compacts vers un ouvert Ω. On suppose que Ω est stable. Alors, $u^f_{\Omega_n}$ converge vers u^f_Ω.*

Remarque 3.4.8 Concernant la propriété (i), noter que

$$(\tilde{v} = 0 \ q.p. \ sur \ \overline{\Omega}^c) \Leftrightarrow (v = 0 \ p.p. \ sur \ \overline{\Omega}^c)$$

puisque $\tilde{v}$ est quasi-continue et $\overline{\Omega}^c$ ouvert. Un ouvert stable a donc aussi la propriété que

$$u = 0 \; p.p. \; sur \; \Omega^c \Rightarrow u \in H_0^1(\Omega).$$

Celle-ci est plus faible (voir exercice 3.9).

On peut donner comme exemple fondamental d'ouvert stable *les ouverts lipschitziens*: ceci est montré dans le lemme 3.2.15. Pour le prouver, on aurait pu aussi partir de la propriété de cône uniforme (voir chapitre 2) qui implique que

$$\left. \begin{array}{c} \text{Pour tout } x \in \partial\Omega, \text{ il existe un cône de sommet } x \\ \text{et d'ouverture strictement positive inclus dans } \overline{\Omega}^c. \end{array} \right\} \tag{3.68}$$

Ainsi, $B(x,r)\backslash\overline{\Omega}$ contient un cône C_1 de sommet x, d'ouverture fixe et de taille r et $B(x,r)\backslash\Omega$ *est inclus* dans un cône "complémentaire" C_2 de sommet x, d'ouverture "complémentaire" fixe et de taille r. On a donc, par monotonie de la capacité:

$$\frac{\text{cap}\,(B(x,r)\backslash\overline{\Omega})}{\text{cap}\,(B(x,r)\backslash\Omega)} \geq \frac{\text{cap}(C_1)}{\text{cap}(C_2)}. \tag{3.69}$$

Par changement d'échelle, ce rapport est indépendant de r et on obtient donc la condition (iv) de la proposition 3.4.6.

Remarque 3.4.9 La condition (3.68) est plus faible que celle de cône uniforme et n'implique donc pas que le bord soit lipschitzien. Elle est, par exemple, vérifiée par un ouvert bidimensionnel régulier en tout point sauf en un point de rebroussement dirigé vers l'extérieur.

3.4.3 Contraintes de type capacitaire

On peut trouver que les contraintes du ε-cône sont un peu trop fortes. Elles interdisent, en particulier, de travailler avec des ouverts avec fracture, ce qui est un des domaines d'application des problèmes d'optimisation de forme (problèmes inverses du type détection de failles dans un matériau). Une des façons d'affaiblir cette contrainte consiste à introduire des contraintes de capacité uniforme pour les points du bord.

Nous nous inspirons de l'approche de [60] et [53] qui elle-même utilise les estimations de [152]. On désigne par D une boule de $\mathbb{R}^N$.

Définition 3.4.10 *Soit α et r deux nombres positifs. On dira qu'un ouvert $\Omega \subset D$ possède la condition de densité capacitaire (α, r) si*

$$\forall x \in \partial\Omega, \quad \frac{\text{cap}\big(\Omega^c \cap B(x,r), B(x,2r)\big)}{\text{cap}\big(B(x,r), B(x,2r)\big)} \geq \alpha > 0.$$

Pour $\alpha < 1$ fixé, on notera

$$\mathcal{O}_{\alpha,r_0} = \{\Omega \subset B; \forall r, \; 0 < r < r_0, \; \Omega \text{ possède la condition de capacité } (\alpha, r)\}.$$

On voit facilement que c'est une condition plus faible que la propriété du ε-cône. Plus généralement, elle est vérifiée si, pour tout point x du bord, il existe un cône de taille indépendante de x inclus dans Ω^c. Elle est aussi impliquée par la propriété uniforme dite du tire-bouchon (voir [152] et exercice 3.10).

Cette régularité du bord implique la régularité höldérienne jusqu'au bord des solutions du problème de Dirichlet lorsque f est suffisamment régulier. Ainsi, nous avons

Lemme 3.4.11 *(cf. [152]) Soit $\Omega \in \mathcal{O}_{\alpha,r_0}$ et $f \in L^p(D)$, $p > N$. Alors, $u = u_\Omega^f \in C(\overline{D})$, $u = 0$ partout hors de $\bar{\Omega}$ et il existe $M > 0, \delta \in]0,1[$ tels que*

$$\forall x, y \in \overline{D}, |u(x) - u(y)| \leq M|x - y|^\delta,$$

où M, δ ne dépendent que de $\alpha, r_0, D, \|f\|_{L^p(D)}$.

Démonstration: On sait (voir par exemple [128]) que $w := u_D^f$ est höldérienne sur $\overline{D}$ avec une constante et un exposant ne dépendant que de $D, \|f\|_{L^p(D)}$. Mais, $h = w - u$ est harmonique sur Ω et $h - w \in H_0^1(\Omega)$. Or, l'appartenance à $\mathcal{O}_{\alpha,r_0}$ implique la régularité au sens de Wiener [10] (voir définition 3.70 plus loin) et donc implique (voir par exemple, [152] Theorem 6.27)

$$\forall x \in \partial\Omega, \quad \lim_{y \to x, y \in \Omega} h(y) = w(y).$$

En particulier, u admet un représentant continu sur $\overline{\Omega}$ qui est nul au bord de $\partial\Omega$. On peut donc le prolonger en une fonction continue sur $\overline{D}$ nulle sur $\overline{\Omega}^c$.

Mais, puisque w est höldérienne sur $\overline{D}$, d'après le théorème 6.44 de [152], il existe des constantes M, δ, ne dépendant que de $\|f\|_{L^p(D)}, D, \alpha, r_0$, telles que

$$\forall x, y \in \overline{\Omega}, |h(x) - h(y)| \leq M|x - y|^\delta.$$

Utilisant $u = w - h$, en déduit la même propriété pour u sur $\overline{\Omega}$ et l'inégalité s'étend immédiatement à tout $x, y \in \overline{D}$ puisque $u = 0$ sur $\overline{\Omega}^c$. $\square$

On va pouvoir déduire du lemme 3.4.11 le résultat suivant:

Théorème 3.4.12 *([60]) Soit Ω_n une suite d'ouverts dans $\mathcal{O}_{\alpha,r_0}$ qui converge au sens de Hausdorff vers un ouvert Ω. Alors, pour tout $f \in H^{-1}(D)$, $u_n = u_{\Omega_n}^f$ converge vers $u = u_\Omega^f$.*

Démonstration: Comme d'habitude, on peut supposer $f \equiv 1$ et on sait qu'il existe une sous-suite (qu'on note encore u_n) qui converge faiblement vers une fonction $u^\star \in H_0^1(D)$. Il s'agit de montrer que $\tilde{u}^\star$ est nul quasi-partout sur Ω^c. On va en fait montrer que $\tilde{u}$ est continu et nul partout hors de Ω.

D'après le lemme 3.4.11, les fonctions u_n sont höldériennes sur $\overline{D}$ avec les mêmes constantes M, δ. Comme, par ailleurs, elles sont uniformément bornées

---

[10] Norbert WIENER, 1894-1964, né aux Etats-Unis de père russe. A travaillé sur de nombreux sujets mathématiques dont le mouvement brownien, les espaces vectoriels normés, l'analyse harmonique, les théorèmes taubériens, mais on lui doit aussi l'introduction de la cybernétique

(puisque positives et majorées par $w = u_D^1$), d'après le théorème d'Ascoli, elles forment une suite de fonctions relativement compacte pour la convergence uniforme. On peut donc supposer que u_n converge aussi uniformément sur $\overline{D}$ vers $u^\star$ (qui est ainsi continu sur $\overline{B}$).

Soit maintenant $x \in \Omega^c$. Comme Ω_n converge vers Ω au sens de Hausdorff, $x = \lim x_n$ où $x_n \in \Omega_n^c$. Ainsi, $u_n(x_n) = 0$. Par convergence uniforme, on en déduit $u^\star(x) = 0$. Donc $u^\star = 0$ partout hors de Ω. $\qquad\square$

Remarque 3.4.13 On voit que la démonstration précédente permet en fait d'établir le fait plus général suivant: supposons que la suite des Ω_n soit telle que $u_n = u_{\Omega_n}^1$ satisfasse
- (i) $\forall n$, u_n est continue sur $\overline{D}$ et $u_n = 0$ partout hors de Ω_n,
- (ii) la suite (u_n) est équicontinue sur $\overline{D}$.
Alors u_n converge uniformément sur $\overline{D}$ et dans $H_0^1(D)$ vers $u^\star = u_\Omega^1$.

Il est classique en théorie du potentiel que $u_\omega^1 \in C(\overline{\omega})$ et $u_\omega^1 = 0$ partout hors de ω si ω est *régulier au sens de Wiener*, c'est-à-dire si ([103], [5], [189], [152], etc...)

$$\forall x \in \partial\omega, \ \lim_{r \to 0} w(x, r, 1, \omega) = +\infty, \tag{3.70}$$

où on note pour $0 < r < R \le 1$

$$w(x, r, R, \omega) := \int_r^R \frac{\mathrm{cap}\big(\omega^c \cap B(x, t), B(x, 2t)\big)}{\mathrm{cap}\big(B(x, t), B(x, 2t)\big)} \frac{dt}{t}.$$

Ceci est satisfait si $\omega \in \mathcal{O}_{\alpha, r_0}$ puisqu'alors $w(x, r, r_0, \omega) \ge \log(r_0/r)$. La condition (3.70) est même, dans ce cas, uniforme en $x \in \partial\omega$ et satisfaite uniformément dans $\mathcal{O}_{\alpha, r_0}$.

Il est naturel d'imaginer qu'une condition de Wiener "uniforme" puisse assurer l'équicontinuité des u_n plutôt que la condition plus forte de densité capacitaire qui, comme on l'a vu, assure directement l'höldérianité uniforme des u_n. Il est effectivement montré dans [60],[53] qu'une condition de Wiener, uniforme localement en x, et uniforme par rapport à n, implique l'équicontinuité nécessaire et la convergence des $u_{\Omega_n}^f$ vers u_Ω^f. La démonstration de ce résultat plus fort et plus naturel requiert cependant un travail beaucoup plus important. Nous renvoyons aussi à [119] où de telles conditions sont envisagées.

Notons, pour finir cette remarque, que *la condition (i) ne peut pas être affaiblie* en
(i)' u_n *est continue sur* $\overline{D}$ *et* $u_n = 0$ *quasi-partout hors de* Ω_n^c.

Pour s'en convaincre, il suffit de prendre $\Omega_n := D \setminus \{x_1, ..; x_n\}$ où D est le disque unité de $\mathbb{R}^2$ et (x_n) une suite dense dans D. Alors $u_{\Omega_n}^f \equiv u_D^f$ et Ω_n converge au sens de Hausdorff vers l'ensemble vide!

Une application du théorème 3.4.12 en dimension 2.

En dimension 2, il s'avère que la continuité du problème de Dirichlet relativement à la convergence au sens de Hausdorff est assurée dès qu'on limite le "nombre de trous" opérés dans la suite des Ω_n. C'est un très joli résultat dû à Šverak [246]. Bien qu'il soit uniquement de nature topologique, et donc apparemment pas lié a priori à la notion de capacité, il se trouve qu'on peut le déduire du théorème 3.4.12.

Soit l un entier ≥ 1, pour tout ouvert $\Omega \subset D$ on notera $\sharp \Omega^c$ le nombre de composantes connexes du complémentaire de Ω. On définit alors l'ensemble

$$\mathcal{O}_l = \{\Omega \subset D, \ \Omega \text{ ouvert}, \ \sharp \Omega^c \leq l\}.$$

Théorème 3.4.14 (Šverak) *Soit Ω_n une suite d'ouverts de la classe $\mathcal{O}_l$ qui converge au sens de Hausdorff vers Ω. Alors pour toute $f \in H^{-1}(D)$, $u_{\Omega_n}^f$ converge vers u_{Ω}^f.*

Démonstration: Comme d'habitude, on a, pour une suite extraite, $u_{\Omega_n}^1 \rightharpoonup u^\star$ dans $H_0^1(D)$ faible et p.p., et on veut prouver que $u^\star = 0$ q.p. sur Ω^c. En général, on ne peut pas trouver α et r_0 tels que $\Omega_n \in \mathcal{O}_{\alpha,r_0}(D)$, car il se peut que certaines composantes connexes de Ω_n^c convergent vers un point, auquel cas Ω_n n'est pas uniformément régulier et ne satisfait donc pas lui-même aux hypothèses du théorème 3.4.12.

On peut écrire $\overline{D} \setminus \Omega_n = F_n = F_n^1 \cup F_n^2 \ldots \cup F_n^l$ où les F_n^i sont compacts connexes, éventuellement vides. Quitte à travailler avec une suite extraite, on peut supposer que $F_n^j \xrightarrow{H} F_j$ pour $j = 1, \ldots, l$.
Il y a alors 3 possibilités pour les F_j:
1ère possibilité: $F_j = \emptyset$, mais alors F_n^j est vide à partir d'un certain rang. On note J_0 l'ensemble des indices j pour lesquels ceci a lieu.
2ème possibilité: $F_j = \{x_j\}$ est réduit à un point. On note J_1 l'ensemble des indices j pour lequel cela a lieu. Considérons alors $\Omega^\star = \Omega \cup \{x_i, i \in J_1\}$. On a $H_0^1(\Omega^\star) = H_0^1(\Omega)$ car un ensemble formé d'un nombre fini de points est de capacité nulle (et on utilise la proposition 3.3.42).

Donc, montrer que $u^\star \in H_0^1(\Omega)$ revient à montrer que $u^\star \in H_0^1(\Omega^\star)$. Soit I le complémentaire de $J_0 \cup J_1$ dans l'ensemble d'indices $\{1 \ldots l\}$. On va se restreindre à considérer $\Omega_n^\star = D \setminus \cup_{j \in I} F_j^n$ qui converge au sens de Hausdorff vers $\Omega^\star$, c'est-à-dire, en fait, à la:
3ème possibilité: pour $j \in I$, F_j contient au moins 2 points. Soit a_j leur distance. Ils sont limites de points de F_j^n qu'on peut supposer de distance au moins égale à $a_j/2$ pour n grand. Pour tout $x \in \partial \Omega_n^\star$ et $j(= j(x)) \in I$ tel que $x \in F_n^j$, on peut écrire, à l'aide du corollaire 3.3.25 que, $\forall r < a_j/4$,

$$\text{cap}(\Omega_n^{\star c} \cap B(x,r), B(x,2r)) \geq \text{cap}(F_n^j \cap B(x,r), B(x,2r)) \geq k_2 > 0,$$

où k_2 est une constante "universelle". Ceci montre que les ouverts $\Omega_n^\star$ appartiennent à $\mathcal{O}_{\alpha,r_0}$ avec $\alpha = k_2$, $r_0 = \min\{a_j, j \in I\}/4$.

D'après le théorème 3.4.12, $u^1_{\Omega^*_n}$ converge vers $u^1_{\Omega^*} = u^1_\Omega$. Mais, puisque $\Omega_n \subset \Omega^*_n$, d'après la proposition 3.1.22

$$u^1_{\Omega^*_n} \geq u^1_{\Omega_n} \geq 0 \, p.p.,$$

et à la limite $u^1_\Omega \geq u^* \geq 0 \; p.p.$, ce qui implique $u^* \in H^1_0(\Omega)$ d'après le corollaire 3.1.14. □

3.5 La γ-convergence

3.5.1 Définition

Nous sommes conduits à introduire une nouvelle topologie sur les ouverts de $\mathbb{R}^N$. La définition qui va suivre est moins géométrique que celles vues au chapitre 2: la γ-convergence n'est autre que la topologie sur l'ensemble des ouverts qui exprime la continuité par rapport au domaine de la solution du problème de Dirichlet.

Définition 3.5.1 *On dit qu'une suite d'ouverts Ω_n contenus dans D γ-converge vers l'ouvert $\Omega \subset D$, et on note $\Omega_n \xrightarrow{\gamma} \Omega$, si pour tout $f \in H^{-1}(D)$, on a $u^f_{\Omega_n} \to u^f_\Omega$ dans $H^1_0(D)$.*

Remarque 3.5.2 Compte-tenu du théorème 3.2.5, dans la définition ci-dessus, on peut se contenter de considérer le cas $f \equiv 1$ et on peut supposer que la convergence a lieu seulement dans $L^2(D)$.

Noter que la γ-limite n'est pas nécessairement unique puisqu'on peut trouver des ouverts distincts qui sont égaux quasi-partout et qui donnent donc le même espace H^1_0. Mais, nous verrons au chapitre suivant que deux ouverts limites d'une même suite sont égaux quasi-partout (voir aussi la proposition 3.3.44).

Nous avons vu aux paragraphes précédents et nous verrons également dans le chapitre suivant un certain nombre de conditions suffisantes assurant la γ-convergence des domaines. Ainsi, par exemple, le théorème de Sverak 3.4.14 ou celui de Chenais 3.2.13 peuvent se réécrire:

En dimension 2, si Ω_n converge au sens de Hausdorff vers Ω et si le nombre de composantes connexes du complémentaire de Ω_n reste uniformément borné, alors $\Omega_n \xrightarrow{\gamma} \Omega$.

Si Ω_n est une suite d'ouverts uniformément lipschitziens (avec une constante de Lipschitz valable pour toute la suite) qui converge au sens de Hausdorff vers Ω , alors $\Omega_n \xrightarrow{\gamma} \Omega$.

Plus généralement, si Ω_n converge au sens de Hausdorff vers Ω et satisfait à la propriété de densité capacitaire (3.4.10), alors $\Omega_n \xrightarrow{\gamma} \Omega$.

En fait, on peut caractériser la γ-convergence en termes de capacité de façon très précise: ceci est énoncé plus loin dans la proposition 3.5.5.

Dans le cas où il n'y a pas γ-convergence, on pourra néanmoins dire des choses assez précises sur la limite (ou les limites) de la suite $u_{\Omega_n}^f$. Ce sera, entre autres, l'objet du chapitre 7.

3.5.2 Lien avec la convergence au sens de Mosco

Il est utile de faire le lien entre la γ-convergence et la convergence au sens de Mosco des espaces de Sobolev $H_0^1(\Omega_n)$ et $H_0^1(\Omega)$ correspondants. Rappelons tout d'abord ce qu'est la convergence au sens de Mosco.

Définition 3.5.3 *Soit A_n une suite de convexes fermés d'un espace normé X. On dit que A_n converge au sens de Mosco vers A si les deux conditions suivantes sont réalisées:*

(M1) Pour tout $x \in A$, il existe une suite x_n, $x_n \in A_n$ telle que $x_n \to x$ (convergence forte)

(M2) Pour toute sous-suite y_{n_k} d'éléments de A_{n_k} convergeant faiblement vers un élément y, on a alors $y \in A$.

Les espaces de Sobolev $H_0^1(\Omega_n)$ et $H_0^1(\Omega)$ étant des sous-espaces (fermés) de $H_0^1(D)$, cela a bien un sens de parler de la convergence au sens de Mosco de $H_0^1(\Omega_n)$ vers $H_0^1(\Omega)$. On a alors le résultat suivant:

Proposition 3.5.4 *Ω_n γ-converge vers Ω si et seulement si $H_0^1(\Omega_n)$ converge au sens de Mosco vers $H_0^1(\Omega)$.*

Démonstration: *Condition suffisante:* Soit f fixée dans $H^{-1}(D)$ et $u_n = u_{\Omega_n}^f$. On sait qu'il existe une sous-suite, que nous noterons encore u_n qui converge faiblement vers une fonction $u^\star$ de $H_0^1(D)$. Mais d'après (M2), on a $u^\star \in H_0^1(\Omega)$.

Soit maintenant φ une fonction test dans $H_0^1(\Omega)$. D'après (M1), il existe une suite φ_n de fonctions de $H_0^1(\Omega_n)$ qui converge fortement vers φ. On a

$$\int_D \nabla u_n . \nabla \varphi_n \, dx = \int_{\Omega_n} \nabla u_n . \nabla \varphi_n \, dx = \int_{\Omega_n} f \varphi_n \, dx = \int_D f \varphi_n \, dx.$$

Passant à la limite dans l'égalité ci-dessus (limite forte en φ_n, faible en u_n), on obtient

$$\forall \varphi \in H_0^1(\Omega), \int_D \nabla u^\star . \nabla \varphi \, dx = \int_D f \varphi \, dx, \text{ ou } \int_\Omega \nabla u^\star . \nabla \varphi \, dx = \int_\Omega f \varphi \, dx.$$
$$(3.71)$$

Ainsi, $u^\star = u_\Omega^f$.

Condition nécessaire: Prouvons tout d'abord (M1). Soit $\varphi \in H_0^1(\Omega)$, posons

$f = -\Delta\varphi$, calculé au sens des distributions dans D, de telle sorte que $f \in H^{-1}(D)$. Par construction $\varphi = u_\Omega^f$. Introduisons alors $\varphi_n := u_{\Omega_n}^f$. Du fait de la γ-convergence de Ω_n vers Ω, φ_n converge fortement vers φ dans $H_0^1(D)$, ce qui prouve (M1) puisque $\varphi_n \in H_0^1(\Omega_n)$.

Prouvons maintenant (M2). Soit φ_k une suite de fonctions dans $H_0^1(\Omega_{n_k})$ qui converge faiblement dans $H_0^1(D)$ vers une fonction φ. Il s'agit de montrer que φ est dans $H_0^1(\Omega)$. Posons là encore $f = -\Delta\varphi \in H^{-1}(D)$ et introduisons $u_k := u_{\Omega_{n_k}}^f$. Par γ-convergence, u_k converge fortement vers $u = u_\Omega^f$ qui est un élément de $H_0^1(\Omega)$. Il reste à prouver que u et φ ne font qu'un. En passant à limite dans

$$\int_D \nabla(u_k - \varphi_k)\nabla u_k \, dx = \int_{\Omega_{n_k}} \nabla(u_k - \varphi_k).\nabla u_k \, dx =$$
$$= \int_{\Omega_{n_k}} (u_k - \varphi_k)f \, dx = \int_D (u_k - \varphi_k)f \, dx, \tag{3.72}$$

on obtient $\int_D \nabla(u - \varphi)\nabla u = \int_D (u - \varphi)f$. Par ailleurs, d'après la définition de f, $\int_D \nabla(u - \varphi)\nabla\varphi = \int_D (u - \varphi)f$. On en déduit $\int_D |\nabla(u - \varphi)|^2 = 0$. $\square$

On peut trouver dans la littérature diverses caractérisation de la convergence au sens de Mosco de $H_0^1(\Omega_n)$ vers $H_0^1(\Omega)$, par exemple dans [97],[98]. Donnons ici une jolie caractérisation ([52]) dont une démonstration peut aussi être trouvée dans [53]:

Proposition 3.5.5 *Etant donné des ouverts* Ω_n, Ω *inclus dans un ouvert borné* D, $H_0^1(\Omega_n)$ *converge au sens de Mosco vers* $H_0^1(\Omega)$ *si et seulement si, pour tout* $x \in \mathbb{R}^N$,
(C1) $\limsup_{n\to\infty} \mathrm{cap}(\Omega_n^c \cap \overline{B}(x,r), B(x,2r)) \le \mathrm{cap}(\Omega^c \cap \overline{B}(x,r), B(x,2r))$,
(C2) $\mathrm{cap}(\Omega^c \cap B(x,r), B(x,2r)) \le \liminf_{n\to\infty} \mathrm{cap}(\Omega_n^c \cap B(x,r), B(x,2r))$.
Plus précisément, (C1) équivaut à la condition (M1) de la convergence au sens de Mosco selon la définition 3.5.3 et (C2) équivaut à (M2).

Citons aussi deux autres caractérisations de la Mosco-convergence dues à Attouch, Sonntag et Tsukada (cf [25]):

Théorème 3.5.6 *On a équivalence entre les trois propriétés suivantes:*
(i) $H_0^1(\Omega_n)$ *Mosco-converge vers* $H_0^1(\Omega)$ *(et donc* Ω_n γ - *converge vers* Ω*).*
(ii) $\forall\varphi \in H_0^1(D)$, $d(\varphi, H_0^1(\Omega)) = \lim_{n\to+\infty} d(\varphi, H_0^1(\Omega_n))$ *(où* $d(\varphi, X)$ *désigne comme d'habitude la distance de* φ *au convexe* X*).*
(iii) $\forall\varphi \in H_0^1(D)$, $proj_{H_0^1(\Omega)}(\varphi) = \lim_{n\to+\infty} proj_{H_0^1(\Omega_n)}(\varphi)$ *(où* $proj_X(\varphi)$ *désigne la projection de* φ *sur le convexe* X*).*

Signalons enfin un autre point vue adopté au chapitre suivant consistant à travailler avec la norme de l'opérateur $R_\Omega : f \to u_\Omega^f$.

Remarque 3.5.7 Une conclusion importante de ce paragraphe est que la γ-convergence qui, dans sa définition initiale, dépend totalement de l'opérateur laplacien Δ, ne dépend en fait que de la norme H^1 comme on le voit dans les deux caractérisations ci-dessus en termes de la convergence des espaces $H_0^1(\Omega_n)$ ou en termes uniquement de la capacité associée à la norme H^1. Ainsi, on s'attend à ce que la γ-convergence implique aussi une bonne continuité pour les solutions de problèmes bien posés dans l'espace H_0^1. Nous en donnons quelques exemples dans le paragraphe suivant.

3.5.3 D'autres opérateurs associés à la H_0^1 γ-convergence

Nous prouvons ci-dessous que la γ-convergence (pour le Laplacien avec condition de Dirichlet) entraîne une γ-convergence pour l'opérateur de l'élasticité linéaire (sous les mêmes conditions de Dirichlet homogènes au bord) (cf [57]).

Rappelons tout d'abord les notations traditionnelles du problème de l'elasticité linéaire (on suit les notations de Ciarlet [85]).

Soit Ω un ouvert, contenu dans une boule D et $f = (f_1, f_2, f_3)$ une fonction vectorielle de $L^2(D; \mathbb{R}^3)$. On notera $H_0^1(\Omega; \mathbb{R}^3)$ l'espace des fonctions vectorielles $u = (u_1, u_2, u_3)$ telles que $u_i \in H_0^1(\Omega)$ pour $i = 1, 2, 3$. Pour $u \in H_0^1(\Omega; \mathbb{R}^3)$, on note Du la matrice jacobienne [11] de u de terme général $\frac{\partial u_i}{\partial x_j}$ et $\mathbf{e}(u) = \frac{1}{2}(Du + {}^t Du)$. Alors la recherche des (petits) déplacements u du corps élastique Ω soumis à une force interne f (et maintenu sur son bord) conduit à la résolution du problème variationnel

$$\begin{cases} \text{Trouver } u \in H_0^1(\Omega; \mathbb{R}^3) \text{ tel que pour tout } v \in H_0^1(\Omega; \mathbb{R}^3) \\ \int_\Omega \{\lambda \, tr \, \mathbf{e}(u) tr \, \mathbf{e}(v) dx + 2\mu \, \mathbf{e}(u) : \mathbf{e}(v)\} \, dx = \int_\Omega f.v \, dx, \end{cases} \tag{3.73}$$

Dans (3.73), les constantes λ, μ, strictement positives, sont les constantes de Lamé (caractéristiques du matériau) et l'existence et l'unicité d'une solution à (3.73) est assurée par le théorème de Lax-Milgram via les inégalités de Korn, cf [85].

Proposition 3.5.8 *Considérons une suite d'ouverts $\Omega_n \subset D$, un ouvert $\Omega \subset D$ et notons u_n (resp. u) les solutions de (3.73) correspondantes. Alors*

$$\Omega_n \, \gamma - converge \; vers \; \Omega \Longrightarrow u_n \longrightarrow u \; dans \; H_0^1(D; \mathbb{R}^3).$$

Démonstration: Puisque $\Omega_n \, \gamma-$converge vers Ω, on a Mosco-convergence de $H_0^1(\Omega_n)$ vers $H_0^1(\Omega)$. Remarquons que ceci implique immédiatement la Mosco-convergence de $H_0^1(\Omega_n; \mathbb{R}^3)$ vers $H_0^1(\Omega; \mathbb{R}^3)$. La démonstration consiste alors à reproduire celle effectuée lors de la proposition 3.5.4.

En remplaçant v par u_n dans la formulation variationnelle (3.73) et en utilisant l'ellipticité de la forme bilinéaire du premier membre et la continuité de

---

[11] Carl **Gustav** Jacob JACOBI, 1804-1851, allemand; travaux dans des domaines très variés: théorie des nombres, fonctions elliptiques, fonctions de plusieurs variables, équations aux dérivées partielles, formes quadratiques.

la forme linéaire du second membre, on obtient que la suite u_n est bornée dans $H_0^1(D; \mathbb{R}^3)$. Soit une sous-suite (encore notée u_n) convergeant faiblement vers un élément $u^\star$. Par la propriété (M2) de la Mosco-convergence de $H_0^1(\Omega_n; \mathbb{R}^3)$ vers $H_0^1(\Omega; \mathbb{R}^3)$, $u^\star \in H_0^1(\Omega; \mathbb{R}^3)$. Il reste à prouver que $u^\star$ vérifie l'équation. Soit v une fonction test dans $H_0^1(\Omega; \mathbb{R}^3)$; par (M1), il existe $v_n \in H_0^1(\Omega_n; \mathbb{R}^3)$ convergeant fortement vers v. En écrivant l'équation sur Ω_n, on a alors

$$\int_{\Omega_n} \{\lambda \, tr\, \mathbf{e}(u_n) tr\, \mathbf{e}(v_n) dx + 2\mu \, \mathbf{e}(u_n) : \mathbf{e}(v_n)\} \, dx = \int_{\Omega_n} f.v_n \, dx \qquad (3.74)$$

En prolongeant les fonctions par 0 en dehors de Ω_n, on peut écrire les intégrales ci-dessus sur D. Or les quantités $tr\, \mathbf{e}(u_n) tr\, \mathbf{e}(v_n)$ d'une part et $\mathbf{e}(u_n) : \mathbf{e}(v_n)$ d'autre part se présentent comme des combinaisons de produit des $\frac{\partial u_{n,i}}{\partial x_j}$ par des $\frac{\partial v_{n,k}}{\partial x_l}$. Du fait de la convergence forte de $\frac{\partial v_{n,i}}{\partial x_j}$ vers $\frac{\partial v_i}{\partial x_j}$ et de la convergence faible de $\frac{\partial u_{n,i}}{\partial x_j}$ vers $\frac{\partial \tilde{u}_i}{\partial x_j}$, on peut passer à la limite dans (3.74). On obtient donc que $u^\star = u$ est solution de (3.73). Comme u est la seule valeur d'adhérence possible pour la suite u_n, toute la suite converge vers u. Enfin, la convergence forte s'obtient, comme d'habitude, en prenant $v = u_n$ comme fonction test dans la formulation intégrale: si $a(u, v)$ désigne la forme bilinéaire, étendue à D, de la formulation (3.73), on obtient que $a(u_n, u_n)$ converge vers $a(u, u)$ et donc que $a(u_n - u, u_n - u)$ tend vers 0. La convergence forte se déduit alors de l'inégalité de Korn.   □

De la même façon, si on s'intéresse à la continuité par rapport au domaine pour un opérateur elliptique plus général que le Laplacien, le passage par la convergence au sens de Mosco fournit immédiatement le résultat suivant:

Proposition 3.5.9 *Soit D un ouvert borné et $Au := -\sum_{i,j=1}^{N} \frac{\partial}{\partial x_i}\left(a_{ij}(x)\frac{\partial u}{\partial x_j}\right)$ un opérateur elliptique à coefficients dans $L^\infty(D)$. Si les ouverts $\Omega_n \subset D$ γ-convergent vers un ouvert Ω, alors pour toute $f \in H^{-1}(D)$, la solution u_n de*

$$Au_n = f \quad \text{dans } \Omega_n, \; u_n \in H_0^1(\Omega_n) \qquad (3.75)$$

converge fortement dans $H_0^1(D)$ vers la fonction u solution de (3.75) dans Ω.

3.5.4 Remarques pour les opérateurs non-linéaires

Quand on travaille avec une condition de Dirichlet homogène, la méthode développée dans le cas du Laplacien peut être étendue à de nombreuses autres situations, avec des aménagements adéquats. Par exemple, si on souhaite travailler avec un opérateur non linéaire comme le p-Laplacien $u \to \text{div}\left(|\nabla u|^{p-2}\nabla u\right)$, il conviendra de travailler dans l'espace $W_0^{1,p}(D)$ avec la capacité "non linéaire" associée à la norme $W^{1,p}(D)$. Sinon, le plan de l'étude reste le même et les résultats sont très similaires. Nous renvoyons par exemple à [98], [100], [53] et à la bibliographie citée dans ces articles pour une étude de la question.

3.6 Estimations quantitatives

Jusqu'à maintenant, nous avons essentiellement donné des résultats **qualitatifs** de convergence. Or, on peut avoir besoin, dans certaines situations, d'estimations **quantitatives** indiquant plus précisément à quelle vitesse la convergence peut avoir lieu. Ces estimations peuvent s'exprimer en fonction de quantités géométriques comme la distance de Hausdorff.

Dans certains cas simples, on peut obtenir de telles estimations grâce au principe du maximum.

Proposition 3.6.1 *Soit Ω_n une suite d'ouverts **tous inclus** dans un ouvert Ω borné qu'on suppose de classe C^1. On se donne une fonction $f \in L^p(\Omega)$ où $p > N$ et on note $u_n = u_{\Omega_n}^f, u = u_\Omega^f$. Alors on a l'estimation L^∞:*

$$\|u_n - u\|_{L^\infty(\Omega)} \leq C d_H(\Omega_n, \Omega) \tag{3.76}$$

où C est une constante qui ne dépend que de Ω et u et $d_H(\Omega_n, \Omega)$ est la distance de Hausdorff entre Ω_n et Ω.

Notez qu'on ne suppose ici aucune régularité pour les Ω_n.

Démonstration: L'hypothèse $f \in L^p(\Omega)$, $p > N$ et la régularité C^1 de Ω assurent que $u \in C^1(\overline{\Omega})$ (voir par exemple [128]). Puisque les Ω_n sont tous inclus dans Ω, on a par différence:

$$\begin{cases} \Delta(u - u_n) = 0 & \text{dans } \Omega_n \\ u - \tilde{u}_n = u \text{ q.p. sur } \Omega_n^c. \end{cases} \tag{3.77}$$

Au moins formellement, par le principe du maximum, si on note $\mathcal{C}_n = \overline{\Omega} \setminus \Omega_n$, on s'attend à

$$\|u_n - u\|_{L^\infty(\Omega_n)} \leq \sup_{\partial\Omega_n} |u| \leq \sup_{\mathcal{C}_n} |u|.$$

On peut le justifier en constatant que, si $m = \sup_{\mathcal{C}_n} |u|$, on a $[(u-u_n)-m]^+ = 0$ q.p. sur Ω_n^c et donc $[(u - u_n) - m]^+ \in H_0^1(\Omega_n)$. Ainsi

$$0 = \int_{\Omega_n} \nabla(u - u_n)\nabla[(u - u_n) - m]^+ = \int_{[(u-u_n)>m]} |\nabla(u - u_n)^+|^2,$$

et donc $u - u_n \leq m$ *p.p.*. De même $u_n - u \leq m$ *p.p.*.

Puisque $u \in C^1(\overline{\Omega})$, si $M = \sup_{x \in \overline{\Omega}} |\nabla u(x)|$, on a, par inégalité des accroissements finis et puisque $u = 0$ sur $\partial\Omega$:

$$\forall x \in \mathcal{C}_n, \quad |u(x)| \leq M d(x, \partial\Omega) \leq M d_H(\Omega_n, \Omega).$$

$\square$

Le résultat précédent se généralise immédiatement au cas où u_Ω^f est Lipschitzienne, indépendamment de la raison pour laquelle elle l'est.

On peut aussi généraliser dans plusieurs autres directions, en supposant les domaines moins réguliers, ou en supposant que les Ω_n ne sont pas inclus dans Ω. Nous donnons ci-dessous deux exemples de tels résultats. Ils sont tirés de [229] auquel nous renvoyons pour les preuves.

Dans le premier résultat, nous supposerons que tous les domaines vérifient une propriété du ε-cône (voir chapitre 2).

Théorème 3.6.2 ([229]) *Soit Ω_n et Ω des ouverts d'une boule D vérifiant tous une propriété du ε-cône (pour un ε fixé). On suppose $f \in L^2(D)$. Alors, il existe $C = C(\varepsilon, f)$ tel que*

$$\|u_{\Omega_n}^f - u_\Omega^f\|_{H^1(D)} \le C \left(d_H(\Omega_n, \Omega) \right)^{1/2}. \tag{3.78}$$

Bien sûr, cette estimation redonne une démonstration du théorème 3.2.13.

On peut encore affaiblir les hypothèses en supposant que **seul** Ω possède une propriété du ε-cône. Mais dans ce cas, la seule distance de Hausdorff de Ω_n et Ω ne suffit plus à contrôler la distance entre les solutions. Rappelons que (voir chapitre 2)

$$d_H(\Omega_n, \Omega) = d^H(\Omega_n^c, \Omega^c) = \max\{\rho(\Omega_n^c, \Omega^c), \rho(\Omega^c, \Omega_n^c)\},$$

où $\rho(F_1, F_2) = \sup_{x \in F_1} d(x, F_2)$. En fait, on doit remplacer $\rho(\Omega^c, \Omega_n^c)$ par $\rho(\overline{\Omega_n}, \overline{\Omega})$. On a ainsi l'estimation disymétrique suivante.

Théorème 3.6.3 ([229]) *Soit Ω un ouvert vérifiant la propriété du ε-cône, Ω_n une suite d'ouverts quelconques de D, $f \in L^2(D)$. Alors, il existe $C = C(\varepsilon, f)$ tel que*

$$\|u_{\Omega_n}^f - u_\Omega^f\|_{H^1(D)} \le C \left(\max\{\rho(\Omega_n^c, \Omega^c), \rho(\overline{\Omega_n}, \overline{\Omega})\} \right)^{1/2}. \tag{3.79}$$

Les résultats précédents sont valables pour des opérateurs elliptiques plus généraux que le laplacien.

3.7 Continuité pour le problème de Neumann

3.7.1 Introduction

Dans tout ce paragraphe, nous considérons, pour chaque ouvert Ω inclus dans une boule B, la fonction u_Ω (ou plus simplement u quand il n'y a pas de confusion possible) solution du problème

$$\begin{cases} u \in H^1(\Omega) \text{ et pour tout } v \in H^1(\Omega) \\ \int_\Omega \nabla u . \nabla v + \int_\Omega uv = \int_\Omega fv, \end{cases} \tag{3.80}$$

où f est une fonction fixée de $L^2(B)$. D'après le théorème de Lax-Milgram, ce problème (3.80) possède une solution unique et quand Ω est régulier, la fonction u vérifie:

$$\begin{cases} -\Delta u + u = f & \text{dans } \Omega \\ \frac{\partial u}{\partial \nu} = 0 & \text{sur } \partial\Omega, \end{cases} \tag{3.81}$$

où $\frac{\partial u}{\partial \nu}$ désigne la dérivée normale extérieure au bord de Ω. Comme précédemment, nous allons considérer une suite de domaines Ω_n tous inclus dans la boule B, et notre but est d'étudier la convergence de u_{Ω_n} vers u_Ω quand Ω_n converge vers Ω en un certain sens. Comme dans le cas du problème de Dirichlet, il existe une borne H^1 uniforme sur les $u_n = u_{\Omega_n}$. Plus précisément, on a d'après (3.80) appliqué avec $v = u_n$,

$$\|u_n\|^2_{H^1(\Omega_n)} = \int_{\Omega_n} |\nabla u_n|^2 + \int_{\Omega_n} u_n^2 = \int_{\Omega_n} f\, u_n,$$

et donc, par l'inégalité de Cauchy-Schwarz:

$$\|u_n\|_{H^1(\Omega_n)} \le \|f\|_{L^2(\Omega_n)} \le \|f\|_{L^2(B)}. \tag{3.82}$$

On convient de noter $\overline{u}_n, \overline{\nabla} u_n$ les extensions par 0 à $B \setminus \Omega_n$ de $u_n, \nabla u_n$ (cette notation est un peu ambiguë puisque l'opérateur d'extension dépend de n, mais elle nous suffira ici). Ainsi,

$$\overline{u}_n, \overline{\nabla} u_n \text{ sont bornés dans } L^2(B). \tag{3.83}$$

En particulier, une sous-suite de $\overline{u}_n$ converge faiblement dans $L^2(B)$ vers $u^\star \in L^2(B)$. S'il y a continuité, on a $u^\star_{|\Omega} = u_\Omega$. Si, de plus, $f \equiv 1$, on vérifie à partir de (3.80) que $u_n \equiv 1$ sur Ω_n et $u \equiv 1$ sur Ω, soit $\overline{u}_n \equiv \chi_{\Omega_n}, \overline{u} = \chi_\Omega$. Ainsi, la suite de fonctions caractéristiques χ_{Ω_n} converge faiblement dans $L^2(B)$ vers χ_Ω et donc aussi fortement (voir chapitre 2). En conséquence, on a la condition nécessaire suivante:

Proposition 3.7.1 *Supposons que, pour tout $f \in L^2(B)$, $\overline{u}_{\Omega_n}$ converge faiblement dans $L^2(B)$ vers $\overline{u}_\Omega$. Alors χ_{Ω_n} converge fortement dans $L^2(B)$ vers χ_Ω.*

Il est donc naturel d'envisager dans un premier temps que les ouverts Ω_n convergent vers Ω au sens des fonctions caractéristiques. Nous suivons tout d'abord le plan de l'article de D. Chenais [77].

Dans le paragraphe précédent où il était question de condition de Dirichlet homogène, on travaillait avec l'espace de Sobolev $H_0^1(\Omega)$ et, quelle que soit la régularité de Ω, $H_0^1(\Omega)$ peut être considéré comme un sous-espace de $H_0^1(B)$ en prolongeant les fonctions par zéro.

Dans le cas de la condition au bord de Neumann, ce n'est pas aussi simple puisque, si l'ouvert Ω n'est pas régulier, il peut ne pas exister d'extension de toute fonction de $H^1(\Omega)$ en une fonction de $H^1(B)$ (penser à $\Omega =]0,1[\cup]1,2[$ en dimension 1 et voir aussi l'exercice 3.12). Or pour pouvoir parler de la convergence de u_{Ω_n} vers u_Ω, il peut être utile de disposer d'une telle extension. C'est pourquoi nous commençons par travailler avec des ouverts possédant un minimum de régularité. Une condition suffisante pour pouvoir disposer d'une telle extension est, par exemple, la condition du cône (cf. chapitre 2). Nous aurons besoin, de plus, que l'opérateur de prolongement soit uniforme en un certain sens pour tous les ouverts avec lesquels nous allons travailler. Plus précisément, nous allons considérer des ouverts appartenant à une classe $\mathcal{S}_k$ définie par l'existence de $k \in \mathbb{R}$ tel que

$$\begin{cases} \forall\, \Omega \in \mathcal{S}_k, \text{ il existe un opérateur de prolongement linéaire continu} \\ P_\Omega \text{ de } H^1(\Omega) \text{ dans } H^1(B) \text{ avec } \|P_\Omega\|_{H^1(\Omega) \to H^1(B)} \leq k. \end{cases}$$

(3.84)

C'est le cas pour des ouverts possèdant la propriété du ε-cône, cf [77]:

Proposition 3.7.2 (Chenais) *Soit $\varepsilon > 0$ fixé et*

$$\mathcal{O}_\varepsilon = \{\Omega \subset B, \ \Omega \text{ ouvert possèdant la propriété du } \varepsilon\text{-cône}\}.$$

Alors, il existe $k \in \mathbb{R}$ tel que $mathcalO_\varepsilon \subset \mathcal{S}_k$.

3.7.2 Le résultat de convergence

Théorème 3.7.3 *Soit Ω_n une suite d'ouverts de la classe $\mathcal{S}_k$ convergeant au sens des fonctions caractéristiques vers un ouvert Ω de B. On note u_n, u les solutions du problème de Neumann homogène (3.80) respectivement sur Ω_n, Ω et $\widehat{u}_n = P_{\Omega_n}(u_n)$ le prolongement de u_n à B.*

Alors $\widehat{u}_n$ converge fortement dans $L^2(B)$ et faiblement dans $H^1(B)$ vers $u^\star \in H^1(B)$ tel que $u^\star_{|\Omega} = u$. De plus, $\nabla \widehat{u}_n \chi_{\Omega_n}$ converge fortement dans $L^2(B)^N$ vers $\nabla u^\star \chi_\Omega$.

Corollaire 3.7.4 *Soit $\varepsilon > 0$ fixé et Ω_n une suite d'ouverts possèdant la propriété du ε-cône. On suppose que Ω_n converge au sens de Hausdorff (ou au sens des fonctions caractéristiques) vers un ouvert Ω de B. On note u_n, u les solutions du problème de Neumann homogène (3.80) respectivement sur Ω_n, Ω et $\widehat{u}_n = P_{\Omega_n}(u_n)$ le prolongement de u_n à B.*

Alors $\widehat{u}_n$ converge vers u au sens du théorème 3.7.3.

Démonstration du théorème 3.7.3: D'après (3.82) et l'appartenance de Ω_n à $\mathcal{S}_k$, la suite d'extensions $\widehat{u}_n$, vérifie :

$$\|\widehat{u}_n\|_{H^1(B)} \leq \|P_{\Omega_n}\| \, \|u_n\|_{H^1(\Omega_n)} \leq k\|f\|_{L^2(B)},$$

ce qui montre que la suite $\widehat{u}_n$ est bornée dans $H^1(B)$. A une suite extraite près, on peut supposer que $\widehat{u}_n$ converge faiblement dans $H^1(B)$ et fortement dans $L^2(B)$ vers une fonction $u^\star$ de $H^1(B)$. Montrons que $u^\star_{|\Omega}$ vérifie la formulation variationnelle (3.80) sur Ω.

Par définition de u_n, on a pour tout $v \in H^1(B)$:

$$\int_{\Omega_n} \nabla u_n \nabla v + \int_{\Omega_n} u_n v = \int_{\Omega_n} fv,$$

(3.85)

ce qui fournit en introduisant les fonctions caractéristiques $\chi_n := \chi_{\Omega_n}$ et $\chi := \chi_\Omega$:

$$\int_B \chi_n \nabla \widehat{u}_n \nabla v + \int_B \chi_n \widehat{u}_n v = \int_B \chi_n fv. \qquad (3.86)$$

Puisque par hypothèse χ_n converge vers χ dans $L^1(B)$ et p.p. (voir chap.2), on a

$$\chi_n fv \to \chi fv \text{ dans } L^1(B), \chi_n v \to \chi v \text{ et } \chi_n \nabla v \to \chi \nabla v \text{ dans } L^2(B).$$

Ajoutant la convergence faible dans $H^1(B)$ de $\widehat{u}_n$, on peut passer à la limite dans (3.86) pour obtenir

$$\int_B \chi \nabla u^\star \nabla v + \int_B \chi u^\star v = \int_B \chi fv,$$

ou encore

$$\int_\Omega \nabla u^\star . \nabla v + \int_\Omega u^\star v = \int_\Omega fv \text{ pour tout } v \text{ dans } H^1(B), \qquad (3.87)$$

et donc aussi pour tout $v \in H^1(\Omega)$ grâce à la propriété de prolongement $\Omega \in \mathcal{S}_k$. Ceci prouve que $u^\star_{|\Omega} = u$.

Comme cette preuve est valable pour toute sous-suite de $(\widehat{u}_n)$, on en déduit que toute la suite $\widehat{u}_n$ a la même propriété.

En fait, $\chi_n \nabla \widehat{u}_n$ converge *fortement* dans $L^2(B)$ vers $\chi \nabla u^\star$. En effet, prenant $v = \widehat{u}_n$ dans (3.85) et $v = u^\star$ dans (3.87), on obtient que

$$\lim \int_{\Omega_n} |\nabla u_n|^2 + u_n^2 = \lim \int_B \chi_n f \widehat{u}_n = \int_B \chi f u^\star = \int_\Omega |\nabla u^\star|^2 + u^{\star 2}.$$

Il en résulte que la convergence est forte dans $L^2(B)$ pour $\chi_n \nabla \widehat{u}_n$. $\square$

Remarque 3.7.5 On peut obtenir la convergence forte dans $H^1(B)$ de $\widehat{u}_n$ lui-même dans certains cas. En effet, on a

$$\|P_{\Omega_n}(u_n) - P_{\Omega_n}(\chi_n u^\star)\|_{H^1(B)} \le k\|u_n - \chi_n u^\star\|_{H^1(\Omega_n)}.$$

Puisque le membre de droite tend vers 0, la convergence forte a lieu pour $\widehat{u}_n$ si les opérateurs d'extension P_{Ω_n} vérifient la condition de compatibilité que $P_{\Omega_n}(\chi_n u^\star)$ converge fortement vers $u^\star$.

3.7.3 D'autres résultats de convergence

La convergence de Ω_n vers Ω au sens des fonctions caractéristiques n'entraîne pas en général la convergence de u_{Ω_n} vers u_Ω comme on peut s'en convaincre à partir d'exemples simples. On peut trouver des idées de tels exemples dans [224] en dimension deux. Donnons-en un en dimension un qui repose sur les mêmes idées. Soit

$$\Omega =]0,2[,\ a_n = 1 - 1/n,\ \Omega_n =]0,a_n[\cup]1,2[,\ f(x) = \chi_{]0,1[} + 2\chi_{]1,2[}.$$

Alors Ω_n converge au sens des fonctions caractéristiques vers Ω, mais

$$u_n = \chi_{]0,a_n[} + 2\chi_{]1,2[} \to u^\star = \chi_{]0,1[} + 2\chi_{]1,2[},$$

qui n'est pas égal à u_Ω puisqu'il n'appartient même pas à $H^1(\Omega)$ à cause de sa discontinuité au point 1.

Pour situer cet exemple par rapport au résultat du théorème 3.7.3, notons qu'il existe bien des opérateurs de prolongement linéaires continus de $H^1(\Omega_n)$ à $H^1(\Omega)$ puisqu'en fait Ω_n est tout à fait régulier, mais leur norme explose nécessairement avec n (on vérifie facilement que $P_{\Omega_n}(u_n)$ ne peut pas rester borné dans $H^1(\Omega)$, ce quel que soit le choix du prolongement linéaire P_{Ω_n}, voir exercice 3.11).

Dans cet exemple élémentaire, on voit que la limite pertinente pour les Ω_n est $\hat{\Omega} =]0,1[\cup]1,2[$ qui est la limite au sens de Hausdorff. On a effectivement, $u^\star = u_{\hat{\Omega}}$. On pourrait donc penser que la situation est meilleure pour la convergence au sens de Hausdorff, mais il n'en est rien comme le montre l'exemple suivant.

Soit R le rectangle $]-1,1[\times]0,1[$ et $K_n = \cup_{k=1}^{n-1}[-1,0]\times\{k/n\}$. On considère la suite d'ouverts Ω_n définis par $\Omega_n = R\backslash K_n$. Il est facile de vérifier que les ouverts Ω_n convergent au sens de Hausdorff vers l'ouvert $\Omega =]0,1[\times]0,1[$. Considérons alors la fonction $u(x,y) = \sin(\frac{\pi x}{2})$. Cette fonction est solution du problème

$$-\Delta u(x,y) + u(x,y) = (1 + \frac{\pi^2}{4})\sin(\frac{\pi x}{2}) := f(x,y)$$

sur tous les ouverts Ω_n avec des conditions de Neumann homogènes sur $\partial\Omega_n$. La fonction $u_n = u$ ne dépendant pas de n, elle converge évidemment vers u qui vérifie sur $\partial\Omega$:

$$\frac{\partial u}{\partial n}(0,y) = -\frac{\partial u}{\partial x}(0,y) = -\frac{\pi}{2}$$

et qui n'est donc pas la limite qu'on attendait.

Les ouverts Ω_n ci-dessus ont la propriété que leur périmètre tend vers l'infini. C'est un peu ceci qui entraîne ce comportement de la solution du problème de Neumann. On peut cependant modifier légèrement cet exemple de manière à ce que le périmètre des Ω_n reste borné. Pour cela, il suffit de remplacer K_n par $\hat{K}_n$ où, dans la définition de K_n, on remplace chaque segment $[-1,0]\times\{k/n\}$ par la réunion de petits segments $\cup_i[i2^{-n} - \epsilon_n, i2^{-n} + \epsilon_n]\times\{k/n\}$, $i = 0, 2^{-n}$ où ϵ_n est assez petit pour que $n2^n\epsilon_n$ tende vers 0. Alors, on a $u_{\Omega_n} = u_{\hat{\Omega}_n}$ et $\hat{\Omega}_n = R\backslash\hat{K}_n$ converge toujours au sens de Hausdorff vers Ω, mais $P(\partial\hat{\Omega}_n)$ devient borné. Cependant, cette opération crée des composantes connexes en nombre tendant vers l'infini dans $\partial\hat{\Omega}_n$.

En fait, en mettant une contrainte à la fois sur le périmètre et sur le nombre de composantes connexes de $\partial\Omega_n$, on peut obtenir un résultat de convergence intéressant dû à Chambolle et Doveri, [74]. Nous le donnons sans démonstration. Comme il s'exprime plus facilement en termes de mesure de Hausdorff monodimensionnelle qu'en termes de périmètre, rappelons-en la définition.

Soit Ω un ouvert borné de $\mathbb{R}^2$ de frontière $\partial\Omega$. Pour tout $\varepsilon > 0$, on considère tous les recouvrements possibles de $\partial\Omega$ par des boules de rayon r_i inférieur ou égal à ε et on note

$$\sigma(\varepsilon) = \inf\{\sum_i r_i\}. \tag{3.88}$$

où l'infimum est pris sur tous les recouvrements possibles. Alors

Définition 3.7.6 *On appelle mesure de Hausdorff (monodimensionnelle) de $\partial\Omega$, et on note $\mathcal{H}^1(\partial\Omega)$ la limite quand ε tend vers 0 de $\sigma(\varepsilon)$ où $\sigma(\varepsilon)$ est défini en (3.88):*

$$\mathcal{H}^1(\partial\Omega) = \lim_{\varepsilon \to 0} \sigma(\varepsilon).$$

Remarquons que cette limite (finie ou infinie) existe toujours par monotonie de $\sigma(\varepsilon)$. Notons qu'il existe d'autres notions très voisines de mesure de Hausdorff où les recouvrements sont faits avec des ouverts quelconques et non plus seulement avec des boules (voir par exemple dans [114]). Ces notions et d'autres sont largement comparées dans [116].

Enonçons maintenant le résultat de convergence pour le problème de Neumann dû à A. Chambolle et F. Doveri:

Théorème 3.7.7 ([74]) *Soit $\Omega_n \subset B$ une suite d'ouverts du plan qui converge au sens de Hausdorff vers un ouvert Ω. On suppose que*

$$\sup_n \mathcal{H}^1(\partial\Omega_n) < +\infty$$

et que le nombre de composantes connexes de $\partial\Omega_n$ est uniformément borné. On note u_n (resp. u) la solution du problème de Neumann (3.80) sur Ω_n (resp. Ω). Alors $(\overline{u}_n, \overline{\nabla}u_n)$ converge fortement vers $(\overline{u}, \overline{\nabla}u)$ dans $L^2(B)^3$.

Remarque 3.7.8 Grâce à l'exemple précédent, on a vu que la seule hypothèse de périmètre borné ne suffit pas. Il montre aussi que la seule hypothèse de nombre borné de composantes connexes pour $\partial\Omega_n$ ne suffit pas puisqu'on peut toujours considérer que, dans cet exemple, K_n est connexe en lui adjoignant $\{-1\} \times [0, 1]$.

Pour terminer, nous énonçons aussi sans démonstration un résultat, dû à Bucur et Varchon, qui peut être vu comme une généralisation du précédent (voir la discussion dans l'article [58]) et est dans l'esprit de celui de Šverak [246] déjà cité (voir aussi [59] pour une extension à l'opérateur $u \to -\Delta u + a(x)\,u$). On rappelle que $\mathcal{O}_l$ désigne l'ensemble des ouverts inclus dans B dont le complémentaire a au plus l composantes connexes. On a alors le résultat suivant:

Théorème 3.7.9 ([58]) *Soit Ω_n une suite d'ouverts de $\mathbb{R}^2$ appartenant à la classe $\mathcal{O}_l$. On suppose que Ω_n converge vers Ω au sens de Hausdorff. On note u_n (resp. u) la solution du problème de Neumann (3.80) sur Ω_n (resp. Ω). Alors $(\overline{u}_n, \overline{\nabla} u_n)$ converge fortement vers $(\overline{u}, \overline{\nabla} u)$ dans $L^2(B)^3$ si et seulement si $|\Omega_n|$ tend vers $|\Omega|$.*

Il n'est pas vrai que la convergence double au sens de Hausdorff et des fonctions caractéristiques entraîne la convergence des u_{Ω_n} vers u_Ω. On peut s'en rendre compte à l'aide du contre-exemple suivant:
on note $\mathcal{O} =]-1,1[\times]0,1[$,
et Ω_n est l'ouvert $\mathcal{O}$ privé des points $\{0\}\times\{k/n\}, k = 0...n$. Alors, Ω_n converge au sens de Hausdorff et des fonctions caractéristiques vers
$\Omega = (]-1,0[\times]0,1[) \cup (]0,1[\times]0,1[)$.
Mais, $u_{\Omega_n} = u_\mathcal{O}$ est indépendant de n et u_Ω a une dérivée normale nulle sur le segment vertical $\{0\}\times]0,1[$, alors que ce n'est pas le cas en général de $u_\mathcal{O}$. Ainsi, u_Ω n'est pas la limite des u_{Ω_n}.

On peut cependant montrer que, si cette double convergence a lieu, et si, de plus, l'ouvert limite est assez régulier pour que toute fonction de $H^1(\Omega)$ admette un prolongement à $H^1(D)$, alors la convergence de u_{Ω_n} vers u_Ω a lieu (voir exercice 3.13).

3.7.4 γ-convergence et condition de Neumann

Comme nous l'avions fait dans le cas d'une condition de Dirichlet homogène, reprenons le problème en termes de γ-convergence pour une condition au bord de type Neumann homogène. A-t-on là aussi équivalence entre la γ-convergence et la convergence au sens de Mosco des espaces de Sobolev correspondants, à savoir les espaces $H^1(\Omega_n)$ et $H^1(\Omega)$? Les choses ne sont pas aussi simples que dans le cas des espaces $H^1_0(\Omega_n)$ (voir par exemple [88], [204]). Tout d'abord, que signifie γ-convergence dans le contexte Neumann? Il ressort des résultats vus dans le paragraphe précédent qu'il existe (au moins) deux notions de convergence différentes: l'une, celle de D. Chenais, consistait à passer par l'intermédiaire d'opérateurs de prolongements; dans l'autre (cf Chambolle-Doveri ou Bucur-Varchon) on prolongeait tout par 0 en dehors de Ω_n et Ω, les fonctions et chacune de leurs dérivées partielles. Cette deuxième approche consiste à identifier l'espace $H^1(\Omega)$, où Ω varie dans la boule fixe B, à l'espace

$$\mathcal{V}(\Omega) = \{(v_0, v_1, v_2, \ldots, v_N) \in L^2(B)^{N+1};$$

$$\forall i = 0..N, \ v_i = 0 \text{ en dehors de } \Omega \text{ et } v_{j|_\Omega} = \frac{\partial v_0}{\partial x_j} \text{ dans } \Omega, \forall j = 1..N\},$$

où cet espace est muni de la topologie naturelle induite par $L^2(B)^{N+1}$. Il s'identifie à $H^1(\Omega)$ par l'application qui à $u \in H^1(\Omega)$ associe $(\overline{u}, \overline{\nabla} u)$ le prolongement par 0 sur $B \setminus \Omega$ de $(u, \nabla u)$. L'avantage de cette définition est qu'elle permet de regarder tous les espaces $\mathcal{V}(\Omega)$ comme des sous-espaces fermés de $L^2(B)^{N+1}$ et donc de pouvoir parler de convergence au sens de Mosco, ce qui n'était pas le cas avec les espaces de Sobolev $H^1(\Omega)$ qui ne sont pas naturellement plongés dans un même espace vectoriel indépendant de Ω.

On peut alors énoncer: *Supposons que $\mathcal{V}(\Omega_n)$ converge au sens de Mosco vers $\mathcal{V}(\Omega)$. Soit u_n (resp. u) la solution du problème de Neumann (3.80) sur Ω_n (resp. Ω). Alors $(\overline{u}_n, \overline{\nabla} u_n)$ converge vers $\overline{u}, \overline{\nabla} u$ dans $L^2(B)^{N+1}$.*

La démonstration de cette affirmation est exactement similaire à celle faite dans la proposition 3.5.4 (voir ci-dessous). Pour obtenir une réciproque, il est naturel de ne pas se limiter aux seuls seconds membres dans $L^2(B)$. Un point de vue qui convient est de considérer la famille de problèmes de Neumann sur $H^1(\Omega_n)$ définis à partir d'une forme linéaire continue L sur $L^2(B)^{N+1}$ par

$$u_n \in H^1(\Omega_n), \ \forall v \in H^1(\Omega_n), \int_{\Omega_n} u_n\, v + \nabla u_n \nabla v = \overline{L}(v), \qquad (3.89)$$

où $\overline{L}(v) = L(\overline{v}, \overline{\nabla} v)$. On vérifie immédiatement que $\overline{L}$ est bien une forme linéaire continue sur $H^1(\Omega_n)$ et donc u_n existe et est unique d'après le théorème de Lax-Milgram. Les problèmes considérés en (3.80) sont bien de cette forme avec $\overline{L}(v) = \int_{\Omega_n} f\, v$, $f \in L^2(B)$. On a alors le résultat suivant qui complète l'énoncé ci-dessus.

Proposition 3.7.10 *La suite $\mathcal{V}(\Omega_n)$ converge au sens de Mosco vers $\mathcal{V}(\Omega)$ si et seulement si, pour toute forme linéaire L continue sur $L^2(B)^{N+1}$ le prolongement $(\overline{u}_n, \overline{\nabla} u_n)$ de la solution u_n de (3.89) converge fortement dans $L^2(B)^{N+1}$ vers le prolongement $(\overline{u}, \overline{\nabla} u)$ de la solution correspondante sur Ω.*

Démonstration: Notons $H = L^2(B)^{N+1}$.

Condition nécessaire: Soit L une forme linéaire continue sur H et u_n la solution de (3.89). Sa norme dans $H^1(\Omega_n)$, et donc dans $\mathcal{V}(\Omega_n)$, est bornée par la norme de $\overline{L}$, elle-même bornée par celle de L (voir (3.82)). Il existe donc une sous-suite u_{n_k} qui converge faiblement dans H vers une fonction $u^\star \in H$. Mais d'après (M2), on a $u^\star \in \mathcal{V}(\Omega) = H^1(\Omega)$.

Soit maintenant φ une fonction test dans $\mathcal{V}(\Omega)$. D'après (M1), il existe une suite φ_n de fonctions de $\mathcal{V}(\Omega_n)$ qui converge fortement vers φ dans H. On a

$$\int_{\Omega_n} u_n\, \varphi_n + \nabla u_n . \nabla \varphi_n \, dx = \overline{L}(\varphi_n) = L(\overline{\varphi}_n, \overline{\nabla} \varphi_n).$$

Passant à la limite dans l'égalité ci-dessus (limite forte en φ_n, faible en u_n), on obtient que $u^\star$ est solution du problème sur Ω.

Condition suffisante: Prouvons tout d'abord (M1). Soit $\varphi \in \mathcal{V}(\Omega)$; considérons la forme linéaire continue sur H définie par

$$\forall v \in H, L(v) = \int_{\Omega} \varphi\, v_0 + \sum_{1 \le i \le N} \frac{\partial \varphi}{\partial x_i} v_i.$$

Par construction de L, φ est solution du problème de Neumann (3.89) sur Ω avec la donnée L. Introduisons la solution φ_n du problème (3.89). Par hypothèse, elle converge dans H vers la solution sur Ω qui est φ. Ceci prouve (M1) puisque $\varphi_n \in \mathcal{V}(\Omega_n)$.

Prouvons maintenant (M2). Soit φ^k une suite de fonctions dans $\mathcal{V}(\Omega_{n_k})$ qui converge faiblement dans H vers une fonction $\varphi = (\varphi_i)_{0 \leq i \leq N} \in H$. Il s'agit de montrer que φ est dans $\mathcal{V}(\Omega)$. Considérons la forme L linéaire continue sur H définie par

$$\forall v \in H, \quad L(v) = \int_B \varphi_0 \, v_0 + \sum_{1 \leq i \leq N} \varphi_i \, v_i.$$

Introduisons la solution correspondante u_k de (3.89) sur Ω_{n_k}. Par hypothèse, $(\overline{u}_k, \overline{\nabla} u_k)$ converge fortement dans H vers le prolongement $(\overline{u}, \overline{\nabla} u)$ de la solution u associée à L sur Ω. Il s'agit de prouver que u et φ ne font qu'un. En passant à limite dans

$$\int_{\Omega_{n_k}} u_k(u_k - \varphi_k) + \nabla u_k \nabla(u_k - \varphi_k) = \overline{L}(u_k - \varphi_k),$$

où

$$\overline{L}(u_k - \varphi_k) = \int_{\Omega_{n_k}} \varphi_0 \, (u_k - \varphi_k) + \sum_{1 \leq i \leq N} \varphi_i \frac{\partial(u_k - \varphi_k)}{\partial x_i},$$

on obtient, en notant $\overline{\frac{\partial u}{\partial x_i}}$ l'extension par 0 sur $B \setminus \Omega$ de $\partial u / \partial x_i$

$$\int_B \overline{u} \, (\overline{u} - \varphi_0) + \sum_{1 \leq i \leq N} \overline{\frac{\partial u}{\partial x_i}}[\overline{\frac{\partial u}{\partial x_i}} - \varphi_i] = \int_B \varphi_0 \, (\overline{u} - \varphi_0) + \sum_{1 \leq i \leq N} \varphi_i[\overline{\frac{\partial u}{\partial x_i}} - \varphi_i].$$

Par différence, on obtient $\overline{u} = \varphi_0$, $\overline{\nabla} u = (\varphi_1, ..., \varphi_N)$.   □

3.8 L'opérateur bi-Laplacien

Nous avons déjà vu dans le paragraphe 3.5.3 comment le passage par la convergence au sens de Mosco permettait d'envisager facilement le problème de la continuité par rapport au domaine pour d'autres opérateurs apparentés au Laplacien, au sens où l'espace sous-jacent était encore H^1.

Dans ce paragraphe, nous allons rapidement évoquer quelques pistes pour traiter le cas de l'opérateur bi-Laplacien, exemple canonique d'opérateur d'ordre 4 où l'espace sous-jacent est H^2 et non plus H^1. Il y a beaucoup de similarités; nous soulignerons surtout les différences.

On s'intéresse au problème

$$\begin{cases} \Delta^2 u = \Delta(\Delta u) = f \text{ dans } \Omega \\ \quad u = 0 \qquad \text{ sur } \partial\Omega \\ \quad \frac{\partial u}{\partial n} = 0 \qquad \text{ sur } \partial\Omega \end{cases} \qquad (3.90)$$

où Ω est un ouvert borné de $\mathbb{R}^N$ et $f \in H^{-2}(\mathbb{R}^N)$. La formulation variationnelle du problème (3.90) est donnée par

$$\begin{cases} u \in H_0^2(\Omega), \ \forall v \in H_0^2(\Omega) \\ \int_\Omega \Delta u \Delta v \, dx = \int_\Omega f v \, dx. \end{cases} \tag{3.91}$$

Ce problème admet une solution unique d'après le théorème de Lax-Milgram. Le plan que nous avions suivi dans le cas du Laplacien peut être transposé ici. Nous insisterons surtout sur les différences, en particulier en dimension 2 et 3, où H_0^2 s'injecte continûment dans $\mathcal{C}^0$, sans toutefois s'injecter dans $\mathcal{C}^1$, ce qui conduit à une situation nouvelle par rapport au cas du Laplacien. Pour d'autres développements ou des discussions plus détaillées sur les points que nous évoquerons ici, nous renvoyons à [172], [193], [146], [150].

3.8.1 Capacité H^2

Comme pour le problème de Dirichlet, nous définissons d'abord la capacité associée au problème qui est ici la capacité H^2. Nous nous contentons d'énoncer les principaux résultats (pour plus de détails, voir par exemple [145], [195], [5]). Dans tout ce paragraphe, D désigne un ouvert borné régulier fixé une bonne fois pour toutes (par exemple une boule).

Comme dans le cas H^1, on commence par définir la capacité des compacts:

Définition 3.8.1 *Pour tout compact K inclus dans D, on pose*

$$\mathrm{cap}_2(K) = \inf \left\{ \int_D |\Delta v|^2 \, dx; \quad v \in C_0^\infty(D), \ v \geq 1 \text{ sur } K \right\}. \tag{3.92}$$

On définit ensuite la capacité des ouverts, puis des ensembles quelconques.

Définition 3.8.2 *Soit ω un ouvert inclus dans D, on pose*

$$\mathrm{cap}_2(\omega) := \sup \{ \mathrm{cap}(K); \quad K \text{ compact}, \ K \subset \omega \}. \tag{3.93}$$

Soit E un sous-ensemble quelconque de D, on pose

$$\mathrm{cap}(E) := \inf \{ \mathrm{cap}(\omega); \quad \omega \text{ ouvert}, \ E \subset \omega \}. \tag{3.94}$$

On rappelle les injections de Sobolev en dimension inférieure ou égale à 3 (voir par exemple [128]): *Si $N \leq 3$, l'espace $H_0^2(D)$ s'injecte de façon compacte dans l'espace des fonctions continues sur $\overline{D}$.*
Si $N = 1$, l'espace $H_0^2(D)$ s'injecte de façon compacte dans l'espace des fonctions $\mathcal{C}^1(\overline{D})$.

Ainsi, en dimension inférieure ou égale à 3, la capacité d'un point est strictement positive. Elle est nulle à partir de la dimension 4. Plus généralement, une variété régulière de dimension d est de capacité nulle si et seulement si $d \leq N - 4$.

La plupart des propriétés de la H^1-capacité s'étendent: c'est le cas des points 1,2,3 de la proposition 3.3.9. La différence essentielle est que *l'espace H^2 n'est pas stable par troncature*, c'est-à-dire que $u \in H^2$ n'implique pas $\inf\{u, 1\} \in H^2$. Ainsi, le point 4 de la proposition 3.3.9 se réduit à la seule sous-additivité (voir par exemple [5]). Il n'est pas vrai non plus que le potentiel capacitaire soit inférieur ou égal à 1. On peut par contre montrer qu'il est borné, ce qui suffit pour beaucoup de propriétés (voir aussi [5]).

On définit de manière analogue la notion de fonction quasi-continue et les théorèmes 3.3.29, 3.3.33 restent vrais dans ce nouveau contexte.

On a aussi une caractérisation de H_0^2 du même type que celle donnée au théorème 3.3.42 :

Théorème 3.8.3 *Soit ω un ouvert contenu dans D et u une fonction de $H^2(D)$. Alors*

$$u \in H_0^2(\omega) \iff \begin{cases} \tilde{u} = 0 & H^2 - q.p. \text{ sur } \omega^c \\ \widetilde{\nabla u} = 0 & H^1 - q.p. \text{ sur } \omega^c , \end{cases} \tag{3.95}$$

où $\tilde{u}$ est le représentant H^2-quasi-continu de u et $\widetilde{\nabla u}$ le représentant H^1-quasi-continu de ∇u. Si $N \leq 3$, $\tilde{u}$ est continu et on a

$$(\tilde{u} = 0 \quad H^2 - q.p. \text{ sur } \omega^c) \Leftrightarrow (\tilde{u} = 0 \quad partout \text{ sur } \omega^c).$$

3.8.2 Etude de la continuité par rapport au domaine

On se place ici en dimension $N = 2$ ou $N = 3$. C'est une situation "intermédiaire" nouvelle qui n'apparaissait pas dans le problème de Dirichlet. En effet, en dimension 1, tout se passe très facilement à cause de l'injection compacte de H_0^2 dans $\mathcal{C}^1$ (c'est l'objet de l'exercice 3.14). En dimension $N \geq 4$, la situation est très similaire à celle du Laplacien, nous ne l'analyserons pas ici. En dimension 2 et 3, comme H_0^2 s'injecte de façon compacte dans l'espace des fonctions continues, une borne H^2 assure la compacité pour la convergence uniforme et donc une bonne stabilité des supports des solutions de (3.91) sur des ouverts variables.

Considérons une suite d'ouverts Ω_n, inclus dans D, qui converge au sens de Hausdorff vers un ouvert Ω. Notons u_n la solution du problème (3.90) ou (3.91) posé sur Ω_n et u la solution du même problème posé sur Ω. Exactement de la même façon qu'à la proposition 3.2.1, on peut prouver

Proposition 3.8.4 *Il existe $u^\star$ dans $H_0^2(D)$ et une suite extraite u_{n_k} telle que $u_{n_k} \rightharpoonup u^\star$ dans $H_0^2(D)$ (convergence faible) et u_{n_k} converge uniformément vers $u^\star$ dans D. De plus, $u^\star$ vérifie:*

$$\forall \, v \in H_0^2(\Omega) \qquad \int_\Omega \nabla u^\star \cdot \nabla v = \langle f, v \rangle_{H^{-2}(\Omega) \times H_0^2(\Omega)}. \tag{3.96}$$

La convergence uniforme de u_{n_k} vers $u^\star$ provient évidemment de l'injection compacte de H_0^2 dans $\mathcal{C}^0$ en dimension 2 ou 3.

On se rend compte que la question cruciale est, comme en (3.32): à quelle condition peut-on affirmer que $u^\star \in H_0^2(\Omega)$, c'est-à-dire que $u^\star = u$? Si c'est le cas, on aura, exactement comme pour la proposition 3.2.4, que la convergence est forte dans $H_0^2(D)$ et que toute la suite u_n converge.

Grâce à la convergence uniforme des u_{n_k}, il est facile de voir que la limite $u^\star$ appartient à l'espace

$$V_0(\Omega) = \{v \in H_0^2(D); \ \tilde{v} = 0 \ partout \ hors \ de \ \Omega\}.$$

En fait, on a le résultat précis suivant (cf.[150]) où u_n, u désignent les mêmes solutions que ci-dessus:

Proposition 3.8.5 *Soit Ω un ouvert de D. Alors, u_n converge vers u dans $H_0^2(D)$ pour tout $f \in H^{-2}(D)$ et pour toute suite d'ouverts Ω_n convergeant au sens de Hausdorff vers Ω, si et seulement si*

$$V_0(\Omega) = H_0^2(\Omega). \tag{3.97}$$

Il est intéressant de noter que le fait que la convergence attendue ait lieu ne dépend que de la limite Ω et non des Ω_n eux-mêmes. Bien sûr, la condition (3.97) exprime une certaine régularité de Ω. Ceci est discuté dans le paragraphe suivant.

Démonstration de la proposition 3.8.5: Supposons (3.97) vérifiée. Il suffit de montrer que la fonction $u^\star$ de la proposition 3.8.4 vérifie $u^\star \in V_0(\Omega)$. Or, si $x \in \Omega^c$, par définition de la convergence au sens de Hausdorff, il existe une suite $x_n \in \Omega_n^c$ convergeant vers x. Puisque $\tilde{u}_{n_k}(x_{n_k}) = 0$ et que la convergence de $\tilde{u}_{n_k}$ vers $\tilde{u}^\star$ a lieu uniformément, on en déduit que $\tilde{u}^\star(x) = 0$. Ainsi, $u^\star \in V_0(\Omega)$.

Inversement, supposons qu'il existe $w \in V_0(\Omega) \setminus H_0^2(\Omega)$. Soit $\Omega_n = D \setminus \Gamma_n$ où Γ_n désigne l'ensemble des n premiers points d'une suite dense dans $D \setminus \Omega$. Ainsi

$$d^H(\Omega, \Omega_n) = \max\{d(x, \overline{D} \setminus \Omega_n); x \in \overline{D} \setminus \Omega\} = \sup\{d(x, \Gamma_n); x \in D \setminus \Omega\},$$

converge vers 0 quand n tend vers l'infini. Si maintenant, $f = \Delta^2 w \in H^{-2}(D)$, on a $u_n = w$: en effet, par restriction à Ω_n, on a $\Delta^2 w = f$ sur Ω_n et aussi $w \in H_0^2(\Omega_n)$ puisque, par hypothèse, $\tilde{w} = 0$ partout hors de Ω et donc partout hors de Ω_n; d'autre part, puisque Γ_n est de H^1-capacité nulle, $\widetilde{\nabla w} = 0$ H^1-q.p. hors de Ω_n.

En résumé, les ouverts Ω_n convergent vers Ω au sens de Hausdorff et $u_n = w$ ne converge pas vers u puisque w n'appartient même pas à $H_0^2(\Omega)$ (par hypothèse). $\square$

On vérifie facilement que des ouverts avec des fissures, par exemple un carré privé d'un segment intérieur en dimension 2 ou un cube privé d'un carré intérieur en dimension 3, ne satisfont pas à la condition (3.97). Il est intéressant de noter que cette propriété est très liée à la H^1-stabilité. Nous avons en effet le résultat suivant qui dit, en quelque sorte, qu'en dimension 2 et 3, la H^1-stabilité assure la H^2-stabilité:

Proposition 3.8.6 *Soit Ω un ouvert qui vérifie l'une des propriétés énoncées dans le théorème 3.4.6 (c'est-à-dire Ω est H^1-stable), alors Ω vérifie la condition (3.97).*

Démonstration: Soit $v \in V_0(\Omega)$. Montrons que ∇v est nul H^1-quasi-partout sur $D \setminus \Omega$. Comme v est identiquement nulle sur l'ouvert $D \setminus \overline{\Omega}$, il en est de même de son gradient. Mais puisque Ω est H^1-stable,

$$\nabla v = 0 \text{ sur } D \setminus \overline{\Omega} \Longrightarrow \nabla v = 0 \ H^1 \text{ q.p. sur } D \setminus \Omega,$$

ce qu'il fallait vérifier.   □

Nous renvoyons à [146],[150] pour d'autres conditions nécessaires ou suffisantes de stabilité. Il y est par exemple prouvé que l'égalité $H_0^1(\Omega) \cap H_0^2(D) = H_0^2(\Omega)$ est une condition suffisante pour (3.97) ou aussi qu'il suffit que l'ensemble des points "singuliers" de $\partial \Omega$ soit de H^1-capacité nulle.

Exercices

Exercice 3.1 Soit D un ouvert quelconque de $\mathbb{R}^N$, $u \in H_0^1(D)$, $\varphi \in \mathcal{C}^\infty(\mathbb{R}^N, \mathbb{R}^N)$. Montrer que

$$\int_D \varphi \cdot \nabla(u^2) = -\int_D u^2 \, div \, \varphi.$$

En déduire que toute fonction de $H_0^1(D)$ qui est constante sur les composantes connexes de D, est identiquement nulle (on peut choisir $\varphi(x) = x$).

Exercice 3.2 Montrer que la propriété 2 de la proposition 3.3.9 n'est pas vraie pour des ensembles quelconques.

Exercice 3.3 Soit $S \subset B(0, 1/2) \subset \mathbb{R}^2$ un segment de longueur a.
1. Si $D_1 = B(0, 1) \subset \mathbb{R}^2$, montrer qu'il existe une constante $k > 0$ telle que $\text{cap}_{D_1}(S) \leq -k/\log a$. (On pourra majorer la capacité de S par celle d'un carré, puis celle du disque circonscrit).
2. Soit $K \subset S$ compact de mesure linéaire non nulle. Montrer que $\text{cap}_{D_1}(K)$ est non nulle. (On pourra montrer et utiliser que

$$\exists C > 0, \text{ such that } \forall u \in \mathcal{C}_0^\infty(D_1), \ \int_S u^2 \leq C \int_{D_1} |\nabla u|^2).$$

Exercice 3.4 Soit $u_n(x, y, z) = v_n(x, y)w(z)$ où $w \in \mathcal{C}_0^\infty(-2, 2)$, $w = 1$ sur $(-1, 1)$ et où v_n est le potentiel capacitaire du disque $D_n = B(0, 1/n) \subset \mathbb{R}^2$. Montrer que ∇u_n tend vers 0 dans $L^2(D_n \times (-2, 2))$. En déduire que la capacité d'un segment est nulle en dimension 3. Généraliser en dimension N.

Exercice 3.5 Soit D un ouvert borné de $\mathbb{R}^N$ et $v \in \mathcal{C}_0^\infty(D)$.
1. Montrer que $\int_D |\nabla v|^2 \leq \int_D |v||\Delta v| \leq \|v\|_\infty \int_D |\Delta v|$.
2. Soit $u \in \mathcal{C}^\infty(\overline{D})$ et $\varphi \in \mathcal{C}_0^\infty(D)$ avec $0 \leq \varphi \leq 1$. Établir:

$$\int_D \varphi |\nabla u|^2 \leq \|u\|_\infty \Big[\int_{Support\ \varphi} |\Delta u| + \|u\|_\infty \int_D |\Delta \varphi|/2 \Big].$$

3. En déduire qu'une fonction surharmonique (i.e. $-\Delta u \geq 0$) et bornée sur D est dans $H^1_{loc}(D)$.

Exercice 3.6 Soit x_n une suite dense dans la boule unité B_1 de $\mathbb{R}^3$ et α_n le terme général d'une série à termes positifs convergente. On pose

$$u(x) = \sum_{n=1}^\infty \alpha_n \frac{1}{|x - x_n|},$$

et $v = \inf(1, u)$. Vérifier que $u \in L^1(B_1)$ et que u et v sont surharmoniques. Montrer que $v \in H^1(B_1)$ (on peut utiliser l'exercice précédent); en déduire que l'ensemble $A = \{x \in B_1,\ v(x) < 1\}$ est un quasi-ouvert qui n'est pas égal p.p. à un ouvert (on suppose $\sum \alpha_n$ suffisamment petit pour que A soit non vide)..

Exercice 3.7 Soit $D_2 = B(0, 1) \subset \mathbb{R}^2$ et soit D_1 égal à D_2 privé du segment fermé joignant $(0, 0)$ à $(1, 0)$. On considère $\omega_n = B(0, 1/n) \cap D_1$.

Montrer que $\text{cap}_{D_2}(\omega_n)$ tend vers 0 quand $n \to +\infty$, alors que $\text{cap}_{D_1}(\omega_n) = +\infty$.

Vérifier que la fonction radiale $r \mapsto [-\log(r)]^{1/4}$ est dans $H^1_0(D_2)$, mais n'est pas "$H^1_0(D_1)-$quasi-continue" au sens de la remarque 3.3.31.

Exercice 3.8 Le but de cet exercice est de démontrer la proposition 3.2.11: on introduit

$$D =]0, 1[^2,\ f \in L^2(D),\ x_{ij} = \Big(i/n, j/n \Big),\ 0 < i, j < n,$$

$$\Omega_n = D \setminus \bigcup_{0 < i, j < n} \overline{B}(x_{ij}, r_n),\ u_n = u^f_{\Omega_n}.$$

Choisissons $r_n = e^{-dn^2}, d > 0$.

1) Montrer qu'il existe $u^\star \in H^1_0(D)$ et une suite extraite, qu'on notera encore u_n, convergeant faiblement vers $u^\star$ dans $H^1_0(D)$ et fortement dans $L^2(D)$.

On appelle "cellule" un petit carré centré en un point x_{ij} et de côté $1/n$. Elle contient un "trou" circulaire concentrique de rayon r_n et on note C^n_{ij} la couronne circulaire formée du disque inscrit de même centre, de rayon $1/2n$ et privé du trou. On introduit la suite de fonctions $z_n \in H^1(D)$ vérifiant sur chaque cellule:

$$z_n = 0 \text{ sur le trou},\ \Delta z_n = 0 \text{ sur la couronne } C^n_{ij},$$

et $z_n = 1$ partout ailleurs.

2) Déterminer l'expression de z_n dans chaque cellule. Vérifier que, dans chaque cellule, $-\Delta z_n = \mu_n - \nu_n$ où μ_n, ν_n sont des mesures positives à support respectivement dans le grand cercle de rayon $1/2n$ et dans le petit cercle de rayon r_n.

3) Montrer que z_n tend fortement vers 1 dans $L^2(D)$, que ∇z_n tend faiblement vers 0 dans $L^2(D)^N$ et que μ_n tend faiblement vers $2\pi/d$ dans $H^{-1}(D)$.

4) Montrer que $u^\star$ est solution de

$$u^\star \in H^1_0(D) \quad \text{et} \quad -\Delta u^\star + \frac{2\pi}{d} u^\star = f$$

cette équation étant à comprendre, comme d'habitude, au sens variationnel (on pourra utiliser que, si $\varphi \in \mathcal{C}^\infty_0(D)$, alors $\varphi z_n \in H^1_0(\Omega_n)$).

5) Adapter la démonstration ci-dessus pour prouver les deux premiers points de la proposition 3.2.11.

Exercice 3.9 Construire un compact K de $]0,1[$ d'intérieur vide et tel que, pour tout $x \in K$ et $\epsilon > 0$, la mesure de $K \cap]x - \epsilon, x + \epsilon[$ soit strictement positive. (On pourra choisir $K = [0,1] \setminus \omega$ où ω est la réunion des intervalles ouverts centrés en $k2^{-n}, 0 \le k \le 2^n$ et de rayon $r_{k,n} = 2^{-2n}, n \ge 2$).

On pose $\Omega :=]0,1[\cap \omega$. Montrer que Ω n'est pas stable mais que

$$H_0^1(\Omega) = \{u \in H_0^1(0,1); \ u = 0 \ p.p. \ sur \ ]0,1[\setminus\Omega\}.$$

Exercice 3.10 On dit qu'un ouvert a la *propriété du tire-bouchon* en un point x de son bord, s'il existe des constantes $r_0 > 0$, $\lambda \in]0,1[$ telles que, pour tout $r \in]0, r_0[$, il existe $y \in B(x,r)$ avec $B(y, \lambda r) \subset B(x,r) \cap \Omega^c$.

Montrer que, si cette condition est satisfaite avec des constantes r_0, λ ne dépendant pas de x, alors Ω vérifie la condition de densité capacitaire.

Exercice 3.11 Soit $\Omega =]0,2[$, $a_n = 1 - 1/n$, $\Omega_n =]0, a_n[\cup]1,2[$, $u_n = \chi_{]0,a_n[} + 2\chi_{]1,2[}$. On note $\hat{u}_n$ l'extension de u_n à Ω définie par

$$\forall x \in [a_n, 1], \ \hat{u}_n(x) = u_n(a_n) + \alpha_n(x - a_n) \ avec \ \alpha_n = (u_n(1) - u_n(a_n))/(1 - a_n).$$

1. Montrer que, si $\tilde{u}_n \in H^1(\Omega)$ est une autre extension de u_n, on a $\|\tilde{u}_n'\|_{L^2(\Omega)} \ge \|\hat{u}_n'\|_{L^2(\Omega)}$.
2. En déduire qu'il n'existe pas de constante $k > 0$ telle que $\Omega_n \in \mathcal{S}_k$ (au sens de la définition (3.84)).

Exercice 3.12 Soit Ω l'ouvert de $\mathbb{R}^2$ défini par

$$\Omega = \{(x,y) \ \ 0 < x < 1 \ \ 0 < y < x^2\}.$$

1) L'ouvert Ω est-il lipschitzien?
On considère la fonction $v(x,y) = x^{1-\beta}$ avec $\beta < 3/2$ mais proche de $3/2$.
2) Montrer que $v \in H^1(\Omega)$.
3) Soit B une boule contenant Ω. Montrer qu'il n'existe aucune fonction appartenant à $H^1(B)$ et prolongeant u.

Exercice 3.13 Soit Ω_n une suite d'ouverts d'une boule B qui convergent au sens de Hausdorff et des fonctions caractéristiques vers un ouvert Ω. Soit u_n, u les solutions du problème (3.80) sur Ω_n, Ω et soit $\overline{u}_n, \overline{\nabla} u_n$ leur extension par 0 à la boule B.
1. Soit $(u^\star, W)$ une limite faible dans $L^2(B)^{N+1}$ d'une sous-suite de $(\overline{u}_n, \overline{\nabla} u_n)$. Montrer que $(u^\star, W) = 0$ p.p. hors de Ω, que $W = \nabla u^\star$ sur Ω et que $u^\star_{|\Omega} \in H^1(\Omega)$.
2. On suppose que Ω est assez régulier pour que toute fonction de $H^1(\Omega)$ soit la restriction à Ω d'une fonction de $H^1(B)$. Montrer que $u^\star_{|\Omega} = u$ et que toute la suite $(\overline{u}_n, \overline{\nabla} u_n)$ converge fortement dans $L^2(B)$ vers $(\overline{u}, \overline{\nabla} u)$.

Exercice 3.14 On considère le problème du bi-Laplacien (3.90) en dimension $N = 1$. Soit Ω_n une suite d'ouverts inclus dans un intervalle fixe et convergeant au sens de Hausdorff vers un ouvert Ω et soit u_n (resp. u) les solutions correspondantes de (3.90). En utilisant l'injection compacte de H_0^2 dans $\mathcal{C}^1$, prouver la convergence de u_n vers u dans H_0^2.

Existence de formes optimales

4.1 Quelques problèmes géométriques

4.1.1 Problèmes isopérimétriques

Commençons par les problèmes isopérimétriques classiques, ou de surface minimale, mentionnés dans l'introduction. Nous utilisons la notion de périmètre introduit dans le chapitre 2. Soit D un ouvert de $\mathbb{R}^N$ et $V_0 \in]0, |D|[$. On considère les problèmes

$$P(\Omega^*) = \min\{P(\Omega); \Omega \subset D \text{ mesurable}, |\Omega| = V_0\}, \qquad (4.1)$$

$$P_D(\Omega^*) = \min\{P_D(\Omega); \Omega \subset D \text{ mesurable}, |\Omega| = V_0\}. \qquad (4.2)$$

On a alors

Proposition 4.1.1 *On suppose $|D| < +\infty$ et $V_0 \in]0, |D|[$. Alors, les problèmes (4.1) et (4.2) ont une solution. Si D peut contenir une boule de mesure V_0, toute solution de (4.1) est justement une boule de mesure V_0.*

Remarque 4.1.2 Les problèmes (4.1) et (4.2) sont essentiellement équivalents à leurs versions "duales", qui, elles, apparaissent proprement comme des *problèmes isopérimétriques*, à savoir

$$|\Omega^*| = \max\{|\Omega|; \Omega \subset D \text{ mesurable}, P(\Omega) = P_0\}, \qquad (4.3)$$

$$|\Omega^*| = \max\{|\Omega|; \Omega \subset D \text{ mesurable}, P_D(\Omega) = P_0\}. \qquad (4.4)$$

Nous renvoyons à l'exercice 4.3 pour l'étude directe de ces problèmes et leurs liens avec (4.1), (4.2).

Démonstration de la proposition 4.1.1: Vérifions d'abord que la famille des Ω "admissibles" n'est pas vide en construisant un ouvert de D de périmètre fini et de mesure V_0. Puisque D est ouvert, il est réunion dénombrable de boules, soit $D = \cup_p B_p$. Pour k assez grand, la réunion des k premières boules $\omega_k := \cup_{p \le k} B_p$ est de mesure supérieure ou égale à V_0 et c'est un ouvert de périmètre fini. Mais, il existe $r \in]0, +\infty[$ tel que $\omega_k \cap B(0, r)$ soit exactement de mesure V_0; et il est encore de périmètre fini.

Soit maintenant Ω_n une suite minimisante pour le problème (4.1). Puisque $P(\Omega_n) = \|\nabla \chi_{\Omega_n}\|_1$ est borné, il existe $\Omega^* \subset D$ mesurable et une suite extraite telle que $\chi_{\Omega_{n_k}}$ converge dans $L^1(D)$ vers χ_{Ω^*} (voir théorème 2.3.10). On a $|\Omega^*| = V_0$ et, par semi-continuité inférieure, $P(\Omega^*) \le \lim P(\Omega_n)$. Il en résulte que Ω^* réalise le minimum dans (4.1).

Le raisonnement est exactement le même pour le problème (4.2).

On rappelle *l'inégalité isopérimétrique* qui exprime que, pour tout ensemble A de mesure $|A| = m$, on a $P(A) \ge c_N |A|^{(N-1)/N}$ avec $c_N = N V_N^{1/N}$ où V_N est la mesure de la boule unité et l'égalité n'a lieu que si A est une boule. Ainsi, si D peut contenir une boule de mesure m, cette boule réalise le minimum cherché et toute autre solution est nécessairement une boule. $\square$

Remarque 4.1.3 Notons que si D n'est pas de mesure finie, il se peut que le problème (4.1) n'admette pas de solution. On peut par exemple considérer dans $\mathbb{R}^2$ le domaine

$$D = \{(x, y) \in \mathbb{R}^2; \ |y| < |2\pi^{-1} \arctan x|\},$$

et $V_0 = \pi$ l'aire d'un disque de rayon 1. D'après l'inégalité isopérimétrique, la borne inférieure cherchée Inf est supérieure ou égale à 2π. Mais, si

$$\Omega_n := B\big((n+1, 0), 2\pi^{-1} \arctan n\big) \cup B\big((2n, 0), \epsilon_n\big),$$

où $\pi\epsilon_n^2 + \pi[2\pi^{-1} \arctan n]^2 = \pi$, on vérifie que $\lim P(\Omega_n) = 2\pi$, c'est-à-dire que Ω_n est une suite minimisante et $Inf = 2\pi$. Mais D ne contient aucun disque de rayon 1: cette borne inférieure n'est donc pas atteinte.

La même remarque vaut aussi pour le problème (4.2) (voir exercice 4.1 ou aussi [53] qui présente d'autres exemples).

Bien sûr, si D est de mesure infinie mais peut contenir une boule de volume m, alors cette boule est solution du problème (4.1).

Si D est un demi-espace, on vérifie que le problème (4.2) admet pour solution une demi-boule "collée" au bord de D (voir exercice 4.2). Plus généralement, on peut noter que les solutions de (4.2) ont tendance à se "coller" au bord pour minimiser leur périmètre relatif.

Noter qu'on peut remplacer la contrainte de volume par une contrainte plus générale du type $\int_\Omega f = V_0$ où $f \in L^1(D)$ est donnée: les résultats et approches sont similaires, sous réserve que la famille des ensembles admissibles soit non vide.

4.1.2 Une extension

Le point important dans la démonstration précédente est la compacité des fonctions caractéristiques χ_{Ω_n} provenant de la borne sur $P(\Omega_n)$. La même approche permet de montrer l'existence pour une classe beaucoup plus générale de fonctionnelles dont nous donnons un exemple générique ci-dessous.

Supposons qu'on dispose d'un procédé (équation aux dérivées partielles ou autre) qui permette d'associer à tout ensemble mesurable $\Omega \subset D$ une fonction $y(\Omega) \in L^2(D)$ et que cette construction vérifie

$$\chi_{\Omega_n} \xrightarrow{L^1} \chi_\Omega \implies y(\Omega_n) \longrightarrow y(\Omega) \text{ dans } L^2(D). \tag{4.5}$$

Etant donnés $f \in L^2(D), K \in L^1(D)$ et $\tau > 0$, on définit alors la fonctionnelle

$$J(\Omega) = \int_D (y(\Omega) - f)^2 \, dx + \int_\Omega K + \tau P(\Omega). \tag{4.6}$$

Considérons alors les deux problèmes

$$\min\{J(\Omega), \ \Omega \subset D\}, \tag{4.7}$$

$$\min\{J(\Omega), \ \Omega \subset D, \ |\Omega| = V_0\} \quad \text{avec } V_0 \text{ fixé}. \tag{4.8}$$

Théorème 4.1.4 *On suppose $|D| < +\infty$ et $V_0 \in]0, |D|[$. Alors, les problèmes (4.7) et (4.8) ont une solution.*

Démonstration: Pour les deux problèmes, la fonctionnelle est minorée par $-\|K\|_{L^1(D)}$ et la famille des Ω admissibles tels que $J(\Omega) < +\infty$ n'est pas vide (voir la démonstration précédente).

Soit Ω_n une suite minimisante et M un majorant de la suite $J(\Omega_n)$. Alors $|\Omega_n| \le |D|$ et $\tau P(\Omega_n) \le M + \|K\|_{L^1(D)}$. Le théorème 2.3.10 assure l'existence de $\Omega^* \subset D$ et d'une sous-suite Ω_{n_k} tels que $\chi_{\Omega_{n_k}} \to \chi_{\Omega^*}$ dans $L^1(D)$. Ceci implique que $|\Omega^*| = V_0$ pour le problème (4.8) et, compte-tenu de l'hypothèse (4.5), que $y(\Omega_{n_k}) \longrightarrow y(\Omega^*)$ dans $L^2(D)$. Ajoutant à cela que $P(\cdot)$ est s.c.i., on en déduit

$$J(\Omega^*) \le \liminf J(\Omega_n) = \inf J,$$

ce qui montre que Ω^* réalise le minimum de J. $\square$

4.1.3 Surfaces capillaires

Reprenons le problème des surfaces capillaires évoqué dans le chapitre 1: on veut obtenir la surface d'un liquide au repos dans un récipient en exprimant qu'elle minimise l'énergie totale du système. Celle-ci est donnée (au moins lorsque les données sont régulières) par l'expression

$$E(\Omega) = \text{surface}(\partial\Omega \cap D) + \cos\gamma \, \text{surface}(\partial\Omega \cap \partial D) - \int_\Omega g x_3 \, dx,$$

où D est un ouvert borné correspondant au récipient et $\Omega \subset D$ est l'ouvert décrivant le volume occupé par le liquide. Ces termes représentent successivement les énergies de tension superficielle, de capillarité et de gravité.

Nous allons réécrire cette fonctionnelle à l'aide de la notion de périmètre valable pour tout ensemble mesurable Ω. Ainsi, on pose plus précisément

$$E(\Omega) = P_D(\Omega) + \cos\gamma \left(P(\Omega) - P_D(\Omega) \right) + \int_\Omega K(x)\,dx.$$

Ici, $K(\cdot)$ désigne plus généralement une fonction donnée de $L^1(D)$.

Proposition 4.1.5 *On suppose $V_0 < |D| < +\infty$ et $P(D) < +\infty$. Alors, le problème*

$$\min\{E(\Omega), \quad \Omega \text{ mesurable } \subset D, \ |\Omega| = V_0\}$$

possède une solution.

Démonstration: L'hypothèse sur D assure que la famille des Ω admissibles avec $E(\Omega) < +\infty$ est non vide.

Supposons d'abord $\cos\gamma \geq 0$. Dans ce cas, il est clair que E est minorée par $-\|K\|_{L^1}$ (rappelons que $P_D(\Omega) \leq P(\Omega)$). Soit Ω_n une suite minimisante. Alors $P_D(\Omega_n)$ est borné. Quitte à extraire une sous-suite, on peut donc supposer (cf. théorème 2.3.10) qu'il existe un ensemble mesurable $\Omega^* \subset D$ tel que $\chi_{\Omega_n} \to \chi_{\Omega}^*$ dans $L^1(D)$. Comme $\cos\gamma \geq 0$ et $1-\cos\gamma \geq 0$, par semi-continuité inférieure de $P(\cdot)$ et $P_D(\cdot)$, on en déduit que Ω^* réalise le minimum cherché de $E(\cdot)$ (par convergence dans $L^1(D)$, on a bien sûr $|\Omega^*| = V_0$).

Supposons maintenant $\cos\gamma \leq 0$. On se ramène alors au cas précédent en posant $\tilde{\Omega} := D \setminus \Omega$ et en remarquant que

$$E(\Omega) = \tilde{E}(\tilde{\Omega}) = P_D(\tilde{\Omega}) - \cos\gamma\, [P(\tilde{\Omega}) - P_D(\tilde{\Omega})] - \int_{\tilde{\Omega}} K + M,$$

où M est la constante $M = \int_D K + \cos\gamma\, P(D)$. Cette expression de $\tilde{E}$ s'obtient en remarquant que $P_D(\Omega) = P_D(\tilde{\Omega})$ (puisque $\nabla\chi_\Omega = -\nabla\chi_{\tilde{\Omega}}$ dans D) et que, d'autre part,

$$P(\Omega) - P_D(\Omega) = P(D) - [P(\tilde{\Omega}) - P_D(\tilde{\Omega})].$$

On se convainc facilement de cette identité en remarquant qu'elle exprime que l'aire de la paroi mouillée est égale à l'aire totale de la paroi moins celle de la paroi sèche (on le vérifie rigoureusement à l'aide des définitions).   □

Remarque 4.1.6 On peut se dispenser de l'hypothèse $P(D) < +\infty$ lorsque $\cos\gamma \geq 0$, mais pas lorsque $\cos\gamma < 0$, car $E(\cdot)$ n'est alors pas nécessairement minorée.

4.2 Exemples de non-existence

Nous nous intéressons ici à la question naturelle de minimiser des expressions du type $\Omega \to \int_\Omega F(x, u_\Omega, \nabla u_\Omega)$ où $u_\Omega = u_\Omega^f$ est la solution du problème de Dirichlet (cf. proposition 3.1.20), soit

$$u_\Omega^f \in H_0^1(\Omega), \ \forall v \in H_0^1(\Omega), \ \int_D \nabla u_\Omega^f \nabla v = \int_D f v,$$

avec $f \in L^2(D)$ et où F est une "bonne" fonction régulière.

L'objectif de ce paragraphe est de montrer qu'en général, il n'y a pas de forme optimale pour ce problème. Nous indiquons deux exemples dans cette direction. Nous donnons aussi un contre-exemple pour un problème analogue d'élasticité. Signalons encore un autre exemple par Yu. Osipov et A.P. Suetov, [211].

Exemple 1: Le premier exemple utilise la proposition 3.2.11 et l'exercice 3.8 du chapitre 3. Soit $D =]0, 1[\times]0, 1[$, $f \in L^2(D)$, $f > 0$ p.p. sur D, d un réel positif et w la solution de

$$\begin{cases} w \in H_0^1(D) \cap H^2(D), \\ -\Delta w + \frac{2\pi}{d} w = f \quad \text{dans } D. \end{cases}$$

On considère alors la fonctionnelle J définie par

$$J(\Omega) = \int_\Omega (u_\Omega^f - w)^2 \, dx.$$

C'est une fonctionnelle de type moindres carrés, très classique et très utilisée dans les applications. Fixons-nous un réel a, $0 < a < 1$, et considérons

$$\mathcal{O}_a = \{\Omega \subset D, \Omega \text{ ouvert}, |\Omega| \geq a\}.$$

Alors **le problème** $\min\limits_{\Omega \in \mathcal{O}_a} J(\Omega)$ **n'a pas de solution.**

En effet, on a vu dans l'exercice 3.8 que, si on pose

$$\Omega_n = D \setminus \bigcup_{i,j} \overline{B}(x_{ij}, e^{-dn^2}),$$

alors, $u_{\Omega_n}^f$ converge vers w faiblement dans $H_0^1(D)$ et fortement dans $L^2(D)$. Ainsi, $J(\Omega_n) = \|u_{\Omega_n} - w\|_{L^2(\Omega_n)}^2$ converge vers 0. Comme il est clair que la mesure de Ω_n tend vers $1 > a$, les ouverts Ω_n sont dans la classe $\mathcal{O}_a$ pour n assez grand et donc l'infimum de J est égal à 0.

S'il était atteint pour un certain ouvert Ω, on aurait $u_\Omega = w$ dans $L^2(\Omega)$ et, puisque $-\Delta u_\Omega = f$ dans $\mathcal{D}'(\Omega)$, on aurait aussi $-\Delta w = f$ dans $\mathcal{D}'(\Omega)$.

Or, par définition de w, $-\Delta w + \frac{2\pi}{d} w = f$ $p.p.$ dans D. On devrait donc avoir $w = 0$ sur Ω, ce qui est contradictoire avec $f > 0$ p.p. sur D et $|\Omega| > 0$.

L'argument peut être facilement adapté pour montrer qu'il n'y a pas non plus de quasi-ouvert solution. $\square$

Exemple 2: Donnons à présent un contre-exemple plus "direct" suggéré par G. Buttazzo (voir par exemple [53]).

Etant donné D un ouvert borné et $f \in L^2(D)$, on souhaite minimiser la fonctionnelle

$$J(\Omega) = \int_D (u_\Omega^f - u_0)^2 \, dx,$$

où u_0 est une fonction donnée dans $L^2(D)$. Une interprétation physique de ce problème pourrait être la suivante: D est une boîte ou une pièce chauffée par une source de chaleur f et $D \setminus \Omega$ représente l'endroit où on met de la glace. Le but du problème est de déterminer cette zone "glacée" pour que la température de la boîte soit la plus proche possible d'une température idéale u_0 connue.

Plaçons-nous dans une configuration très simple pour montrer, qu'en général, ce problème de minimum n'admet pas de solution. Nous choisissons $f \equiv 1$, $u_0 \equiv c \equiv constante$ et $D =$ la boule unité de $\mathbb{R}^2$.

D'après le principe du maximum, on a pour tout $\Omega \subset D$,

$$0 \le u_\Omega^1 \le u_D^1 = \frac{1-r^2}{4} \le \frac{1}{4}.$$

Si $c \ge \frac{1}{4}$ on a

$$u_\Omega^1 - c \le u_D^1 - c \le 0,$$

si bien que

$$J(\Omega) = \int_D (u_\Omega^1 - c)^2 \, dx \ge \int_D (u_D^1 - c)^2 \, dx = J(D),$$

ce qui montre que $\Omega = D$ réalise le minimum de J (c'est logique: comme on veut une température assez élevée, il faut refroidir le moins possible).

Plaçons-nous maintenant dans le cas $0 < c < \frac{1}{8}$. Il est facile de voir alors que D n'est plus le minimum de J. En effet, notant B_R le disque de centre O et de rayon $R < 1$, on a $u_{B_R}^1 = \frac{R^2 - r^2}{4}$ pour $r < R$ et donc $J(B_R)$ est donné par

$$2\pi \int_0^R (\frac{R^2 - r^2}{4} - c)^2 r \, dr + 2\pi \int_R^1 (0 - c)^2 r \, dr = \frac{\pi}{48} (R^6 - 12cR^4 + 48c^2).$$

Un calcul élémentaire montre alors que $J(B_R) < J(D)$ pour $R = \sqrt{8c} < 1$.

Prouvons à présent que J ne peut pas avoir de minimum (au moins régulier) dans ce cas. Soit Ω un tel minimum. Il est différent de D d'après ce qu'on vient de voir, soit $|\Omega| < |D|$. Supposons que sa fermeture soit différente de D (ce qui se produit s'il est assez régulier pour que $|\overline{\Omega}| = |\Omega| < |D|$). Soit B_ε une boule de rayon ε incluse dans $D \setminus \overline{\Omega}$. Posons $\Omega_\varepsilon = \Omega \cup B_\varepsilon$ et montrons que, pour ε assez petit, Ω_ε est un "meilleur" ouvert que Ω. Puisque Ω_ε est constitué de deux composantes connexes disjointes Ω et B_ε, la solution u_{Ω_ε} peut se calculer séparément sur chacune de ces composantes. Or, sur Ω, on a bien évidemment $u_{\Omega_\varepsilon} = u_\Omega$, tandis que sur B_ε, u_{Ω_ε} peut se calculer explicitement (elle est radiale par rapport au centre de la boule). En particulier il est facile de voir que, pour ε assez petit, on a $0 < u_{\Omega_\varepsilon} < c$ sur B_ε. Comparons alors $J(\Omega_\varepsilon)$ à $J(\Omega)$. On a

$$J(\Omega_\varepsilon) = \int_{\Omega_\varepsilon} (u_{\Omega_\varepsilon} - c)^2 \, dx + \int_{D \setminus \Omega_\varepsilon} c^2 \, dx =$$

$$\int_\Omega (u_\Omega - c)^2 \, dx + \int_{B_\varepsilon} (u_{B_\varepsilon} - c)^2 \, dx + \int_{D \setminus \Omega} c^2 \, dx - \int_{B_\varepsilon} c^2 \, dx =$$

$$J(\Omega) + \int_{B_\varepsilon} (u_{B_\varepsilon} - c)^2 - c^2 \, dx.$$

Or, pour ϵ assez petit, $0 < u_{\Omega_\varepsilon} < c$, et donc $(u_{\Omega_\varepsilon} - c)^2 < c^2$, ce qui implique $J(\Omega_\varepsilon) < J(\Omega)$. Ceci prouve bien que J ne peut avoir de minimum régulier. On peut se dispenser de cette hypothèse de régularité a priori de la forme optimale, mais cela demande plus d'outils (voir les commentaires dans [53] et aussi le chapitre 7). $\square$

Exemple 3: Minimisation de la compliance. Donnons à présent un autre exemple, typique en optimisation de structures, où le phénomène d'homogénéisation est également cause de non-existence. On considère une membrane plane Ω, incluse dans le carré unité $D =]0,1[\times]0,1[$. On suppose qu'on tire sur le côté gauche $\Gamma_0 = \{0\} \times [0,1]$ et sur le côté droit $\Gamma_1 = \{1\} \times [0,1]$ de la membrane à l'aide d'une force constante, horizontale, d'intensité égale à 1 (voir Figure 4.1). Nous choisissons ici, par souci de simplicité, le modèle scalaire. On peut trouver dans les livres, [12], [13] des contre-exemples avec le système de l'élasticité. L'espace des déplacements admissibles est ici $V_\Omega = H^1(\Omega)/\mathbb{R}$ (les déplacements sont définis à une constante additive près). L'énergie d'un tel déplacement $v \in V_\Omega$ vaut

$$\mathcal{E}_\Omega(v) := \frac{1}{2} \int_\Omega |\nabla v|^2 - \int_{\Gamma_0 \cup \Gamma_1} fv \qquad (4.9)$$

où f vaut -1 sur Γ_0 et $+1$ sur Γ_1. A Ω fixé, la position d'équilibre est évidemment obtenue pour le déplacement v_Ω qui minimise $\mathcal{E}_\Omega$. L'existence et l'unicité de v_Ω s'obtiennent comme à la proposition 3.1.20. De même, on montre aisément que v_Ω est solution de

$$v_\Omega \in V_\Omega, \; \forall \psi \in V_\Omega, \int_\Omega \nabla v_\Omega \cdot \nabla \psi = \int_{\Gamma_0 \cup \Gamma_1} \psi f, \qquad (4.10)$$

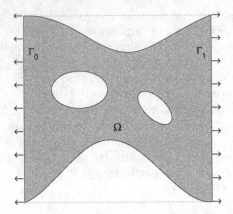

FIG. 4.1 –. *Une membrane tirée sur son côté gauche et sur son côté droit par une force constante*

qui, si Ω est un ouvert régulier, signifie

$$\begin{cases} \Delta v_\Omega = 0 & \text{dans } \Omega \\ \frac{\partial v_\Omega}{\partial n} = -1 & \text{sur } \Gamma_0 \\ \frac{\partial v_\Omega}{\partial n} = 1 & \text{sur } \Gamma_1 \\ \frac{\partial v_\Omega}{\partial n} = 0 & \text{sur } \partial\Omega - (\Gamma_0 \cup \Gamma_1) \end{cases} \tag{4.11}$$

La condition de compatibilité $\int_{\partial\Omega} f\,ds = 0$ étant satisfaite, le système (4.11) possède une solution unique dans V_Ω. Une quantité significative en élasticité est **la compliance** ou travail des forces extérieures. On la note ici $\mathcal{C}(\Omega)$ et elle est égale à

$$\mathcal{C}(\Omega) := \int_{\Gamma_0 \cup \Gamma_1} f v_\Omega\,ds = \int_\Omega |\nabla v_\Omega|^2, \tag{4.12}$$

la deuxième égalité dans (4.12) s'obtenant en faisant $\psi = v_\Omega$ dans (4.10). Remarquons que cette égalité fournit aussi la relation

$$\mathcal{C}(\Omega) = -2\mathcal{E}_\Omega(v_\Omega). \tag{4.13}$$

On est naturellement conduit à chercher la membrane la plus résistante possible sous l'effet de cette force appliquée, parmi les membranes d'aire donnée, ce qui conduit au problème d'optimisation de forme suivant:

Trouver $\Omega \subset]0,1[\times]0,1[$ avec $\Gamma_0 \cup \Gamma_1 \subset \partial\Omega$, $|\Omega| = a$ qui minimise $\mathcal{C}(\Omega)$.
$$\tag{4.14}$$
Nous allons montrer ci-dessous que le problème (4.14) n'a pas de solution. Dans l'article [75], A. Chambolle et C. Larsen montrent qu'en ajoutant comme termes de pénalisation à la compliance le volume et le périmètre, on a non

seulement existence d'un minimum pour le problème ci-dessus (cf. des résultats similaires au paragraphe 4.6), mais également que celui-ci est un ouvert C^∞!

Fixons la constante d'aire $a = 1/2$ pour simplifier et notons

$$\mathcal{O}_{ad} = \{\Omega \subset]0,1[\times]0,1[\ ouvert,\ |\Omega| = 1/2,\ \Gamma_0 \cup \Gamma_1 \subset \partial\Omega\}$$

la classe des ouverts admissibles. Pour tout $\Omega \in \mathcal{O}_{ad}$, la fonction $w_\alpha(x,y) = \alpha x$ est dans l'espace V_Ω et est donc admissible pour la formulation variationnelle définissant v_Ω. Ainsi,

$$\mathcal{E}_\Omega(v_\Omega) \leq \mathcal{E}_\Omega(w_\alpha) = \frac{1}{2}\,|\Omega|\,\alpha^2 - \alpha = \frac{1}{4}\,\alpha^2 - \alpha\,. \qquad (4.15)$$

Le second membre de (4.15) est minimum pour $\alpha = 2$ pour lequel il vaut -1. On déduit alors de (4.13) et (4.15):

$$\text{Pour tout } \Omega \in \mathcal{O}_{ad}, \quad \mathcal{C}(\Omega) \geq 2\,. \qquad (4.16)$$

La deuxième étape consiste maintenant à vérifier que 2 est l'infimum de $\mathcal{C}(\Omega)$ sur $\mathcal{O}_{ad}$, c'est-à-dire qu'on peut trouver une suite d'ouverts Ω_n dans $\mathcal{O}_{ad}$ telle que $\mathcal{C}(\Omega_n) \to 2$. Dans le rectangle $[0,1] \times [-\varepsilon/2, \varepsilon/2]$, avec $\varepsilon < 1/6$, définissons le tube suivant (cette construction nous a été aimablement suggérée par A. Chambolle):

$$\mathcal{T}_\varepsilon = (x,y) \text{ tels que } \begin{cases} -\dfrac{\varepsilon^2}{2(x+\varepsilon)} < y < \dfrac{\varepsilon^2}{2(x+\varepsilon)} & \text{si } 0 < x < \varepsilon(\frac{1}{k_\varepsilon} - 1) \\[2mm] -\dfrac{k_\varepsilon \varepsilon}{2} < y < \dfrac{k_\varepsilon \varepsilon}{2} & \text{si } \varepsilon(\frac{1}{k_\varepsilon} - 1) < x < 1 - \varepsilon(\frac{1}{k_\varepsilon} - 1) \\[2mm] -\dfrac{\varepsilon^2}{2(1-x+\varepsilon)} < y < \dfrac{\varepsilon^2}{2(1-x+\varepsilon)} & \text{si } 1 - \varepsilon(\frac{1}{k_\varepsilon} - 1) < x < 1 \end{cases}$$

voir Figure 4.2, où k_ε est une constante (dépendant de ε) que nous allons fixer maintenant. Nous allons fabriquer la suite minimisante Ω_n en juxtaposant n

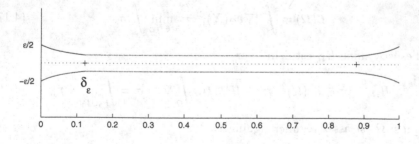

FIG. 4.2 −. *Un tube $\mathcal{T}_\varepsilon$*

tubes $\mathcal{T}_{1/n}$. Pour être conforme à la contrainte sur les aires, nous souhaitons donc que l'aire du tube $\mathcal{T}_\varepsilon$ soit égale à $\varepsilon/2$. Or cette aire A vaut

$$A = 4 \left(\int_0^{\varepsilon(\frac{1}{k_\varepsilon}-1)} \frac{\varepsilon^2 \, dx}{2(x+\varepsilon)} + \frac{k_\varepsilon \varepsilon}{2}(\frac{1}{2} - \varepsilon(\frac{1}{k_\varepsilon} - 1)) \right),$$

$$A = 2\varepsilon(\frac{k_\varepsilon}{2} + \varepsilon k_\varepsilon - \varepsilon - \varepsilon \log k_\varepsilon).$$

Il est élémentaire de vérifier que pour tout ε, $0 < \varepsilon < 1/6$, l'équation $\frac{x}{2} + \varepsilon x - \varepsilon - \varepsilon \log x = 1/4$ possède une solution unique dans l'intervalle $[1/4, 1/2]$, c'est cette solution que nous notons k_ε. On va également noter, pour simplifier, $\delta_\varepsilon = \varepsilon(\frac{1}{k_\varepsilon} - 1)$.

On définit l'ouvert Ω_n comme la réunion de n tubes empilés les uns sur les autres comme sur la figure 4.3.

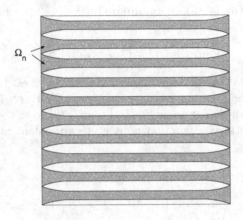

FIG. 4.3 –. *Une suite d'ouverts Ω_n minimisante pour la compliance.*

Pour calculer ou plutôt majorer la compliance de Ω_n, on va utiliser le principe suivant. Pour tout ouvert $\Omega \subset D$, on a:

$$\mathcal{C}(\Omega) = \int_\Omega |\nabla v_\Omega(X)|^2 = \min_{\sigma \in H_\Omega} \int_\Omega \sigma.\sigma \qquad (4.17)$$

où l'espace affine H_Ω est défini par

$$H_\Omega = \{\sigma \in L^2(\Omega)^2, \forall \psi \in H^1(\Omega), \int_\Omega \nabla \psi \cdot \sigma = \int_{\Gamma_0 \cup \Gamma_1} \psi f\}, \qquad (4.18)$$

ce qui si Ω est assez régulier signifie

$$H_\Omega = \left\{ \sigma \in L^2(\Omega)^2 \text{ tel que } \begin{vmatrix} \text{div } \sigma = 0 & \text{dans } \Omega \\ \sigma.n = -1 & \text{sur } \Gamma_0 \\ \sigma.n = 1 & \text{sur } \Gamma_1 \\ \sigma.n = 0 & \text{sur } \partial\Omega - (\Gamma_0 \cup \Gamma_1) \end{vmatrix} \right\}$$

On vérifie facilement (à l'aide de (4.10),(4.18)) que le minimum dans (4.17) est effectivement atteint pour le champ $\sigma = \nabla v_\Omega$. On va donc choisir un champ particulier qui nous permettra de majorer la compliance. Comme Ω_n est défini comme une réunion disjointe d'ouverts tous identiques, il suffit de définir σ sur le tube de base $\mathcal{T}_\varepsilon$ puis de le répéter par translation. Posons:

$$\sigma(x,y) = \begin{cases} \begin{pmatrix} 1 + x/\varepsilon \\ -y/\varepsilon \end{pmatrix} & \text{si } x \in]0, \delta_\varepsilon] \\[2ex] \begin{pmatrix} 1 + \delta_\varepsilon/\varepsilon \\ 0 \end{pmatrix} & \text{si } x \in]\delta_\varepsilon, 1 - \delta_\varepsilon[\\[2ex] \begin{pmatrix} 1 + (1-x)/\varepsilon \\ y/\varepsilon \end{pmatrix} & \text{si } x \in [1 - \delta_\varepsilon, 1] \end{cases} \qquad (4.19)$$

Il est immédiat de vérifier que $\operatorname{div} \sigma = 0$ dans $\mathcal{T}_\varepsilon$, que $\sigma.n = -1$ sur Γ_0 (où $x = 0$), 1 sur Γ_1 (où $x = 1$) et enfin que $\sigma.n = 0$ à la fois sur les branches d'hyperboles constituant le bord de $\mathcal{T}_\varepsilon$ ainsi que sur la partie horizontale de cette même frontière. Ce champ σ répété n fois est donc admissible pour la formulation variationnelle définissant la compliance de Ω_n et on a:

$$\mathcal{C}(\Omega_n) \le n \int_{\mathcal{T}_\varepsilon} \sigma.\sigma \qquad (4.20)$$

dans lequel on pose $\varepsilon = 1/n$. Le calcul de l'intégrale ci-dessus fournit:

$$\int_{\mathcal{T}_\varepsilon} \sigma.\sigma \, dX = \varepsilon^2 \left(\frac{1}{k_\varepsilon^2} - \frac{11 + k_\varepsilon^2}{12} \right) + \frac{\varepsilon}{k_\varepsilon} - \frac{2\varepsilon\delta_\varepsilon}{k_\varepsilon} = \frac{\varepsilon}{k_\varepsilon} + O(\varepsilon^2) \qquad (4.21)$$

Si bien qu'en multipliant par n, on obtient finalement:

$$\mathcal{C}(\Omega_n) \le \frac{1}{k_{1/n}} + O(1/n) \, . \qquad (4.22)$$

Or il est clair sur l'équation définissant k_ε que celui-ci tend vers $1/2$ quand ε tend vers 0. Le membre de droite de (4.22) tend donc vers 2 quand $n \to +\infty$, ce qu'il fallait vérifier.

Maintenant qu'on a montré que $\inf_{\Omega \in \mathcal{O}_{ad}} \mathcal{C}(\Omega) = 2$, vérifions qu'il ne peut être atteint. Si cet inf était atteint pour un ouvert admissible Ω, on aurait

$$\mathcal{E}_\Omega(v_\Omega) = -\frac{1}{2}\mathcal{C}(\Omega) = -1 = \mathcal{E}_\Omega(w_2)$$

(voir (4.15)). Par unicité de v_Ω, on en déduirait que $v_\Omega(x, y) = w_2(x, y) = 2x$ ce qui est impossible puisque v_Ω doit vérifier $\frac{\partial v_\Omega}{\partial n} = 1$ sur Γ_1. D'où la non-existence d'un minimum pour le problème (4.14). □

Quelles conséquences?: On comprend bien au vu de ces exemples que l'existence nécessite des hypothèses complémentaires soit sur l'ensemble des ouverts admissibles, soit sur la fonctionnelle. C'est ainsi que dans les paragraphes suivants, nous allons prouver des résultats d'existence successivement sous des hypothèses du type

- régularité uniforme du bord: propriété du ε-cône au paragraphe 4.3,
- contraintes capacitaires et contraintes sur le nombre de composantes connexes du complémentaire au paragraphe 4.4,
- cas de l'énergie de Dirichlet 4.5
- périmètre borné au paragraphe 4.6,
- monotonie de la fonctionnelle au paragraphe 4.7.

4.3 Régularité uniforme des formes admissibles

Commençons par réduire la classe des ensembles admissibles aux ouverts uniformément lipschitziens (ou vérifiant une propriété du ε-cône, voir chapitre 2).

Soit $D \subset \mathbb{R}^d$ un ouvert borné et $f \in L^2(D)$. Considérons pour tout ouvert $\Omega \subset D$, la solution u_Ω du problème de Dirichlet ou du problème de Neumann posé sur Ω, soit (voir (3.23), (3.80) pour la formulation exacte):

$$u_\Omega \in H_0^1(\Omega), \quad -\Delta u_\Omega = f \quad \text{dans } \Omega, \tag{4.23}$$

ou

$$\begin{cases} u_\Omega \in H^1(\Omega), \quad -\Delta u_\Omega + u_\Omega = f \quad \text{dans } \Omega, \\ \text{"} \frac{\partial u_\Omega}{\partial n} = 0 \quad \text{sur } \partial\Omega \text{"}. \end{cases} \tag{4.24}$$

Soit $j : D \times \mathbb{R} \times \mathbb{R}^N \to \mathbb{R}$ mesurable, continue en (r, p) p.p. x, et telle qu'il existe une constante C avec

$$\forall x \in D, \forall r \in \mathbb{R}, \forall p \in \mathbb{R}^N \quad |j(x, r, p)| \leq C(1 + r^2 + |p|^2). \tag{4.25}$$

On pose pour tout ouvert $\Omega \subset D$:

$$J(\Omega) = \int_\Omega j(x, u_\Omega(x), \nabla u_\Omega(x)) \, dx. \tag{4.26}$$

Cette fonctionnelle J est bien définie puisque, grâce aux hypothèses sur j, les fonctions sous le signe somme sont (mesurables et) intégrables et on a

$$|J(\Omega)| \leq C \int_\Omega 1 + |u_\Omega(x)|^2 + |\nabla u_\Omega(x)|^2 \, dx = C(\|u_\Omega(x)\|_{H^1} + |\Omega|) < +\infty.$$

Voici, par exemple, des fonctions j qui conduisent à des fonctionnelles de type moindres carrés et qui sont très utilisées dans la pratique (on vérifie sans difficultés que ces exemples satisfont l'hypothèse (4.25)):

- $j(x, r, p) = (r - g(x))^2$ ou $j(x, r, p) = r\, g(x)$ où $g \in L^2(D)$ est donnée,

- $j(x,r,p) = |p - p_0(x)|^2$ où $p_0 \in L^2(D)^N$.
- $j(x,r,p) = |p|^2 - 2\,r\,f(x)$, $f \in L^2(D)$.

Remarquons que la formulation adoptée contient le cas où l'intégration ne se fait pas sur Ω tout entier mais seulement sur un sous-domaine mesurable Ω', puisqu'il suffit alors de faire intervenir la fonction caractéristique $\chi_{\Omega'}$ en facteur dans j.

Le problème de minimisation n'est pas nécessairement posé sur tout l'ensemble $\mathcal{O}_\varepsilon$ des ouverts inclus dans D et possédant la propriété du ε-cône. Il peut y avoir des contraintes complémentaires. C'est pourquoi, dans la suite de ce paragraphe, nous supposerons que l'ensemble des ouverts admissibles $\mathcal{O}_{ad}$ vérifie

$$\begin{cases} \mathcal{O}_{ad} \subset \mathcal{O}_\varepsilon \quad \text{et } \mathcal{O}_{ad} \text{ est fermé pour} \\ \text{l'un des trois types de convergence : au sens de Hausdorff,} \\ \text{des fonctions caractéristiques ou des compacts (cf. chap. 2).} \end{cases} \qquad (4.27)$$

Ceci est, en particulier, vérifié pour les exemples suivants:

$$\mathcal{O}_{ad} = \{\Omega \in \mathcal{O}_\varepsilon; |\Omega| = m\}, \ \mathcal{O}_{ad} = \{\Omega \in \mathcal{O}_\varepsilon; |\Omega| \le m\},$$

$$\mathcal{O}_{ad} = \{\Omega \in \mathcal{O}_\varepsilon; K \subset \Omega\}, \ K \text{ compact donné,}$$

et leurs intersections. Nous pouvons alors énoncer:

Théorème 4.3.1 *Soit $\mathcal{O}_{ad}$ un ensemble non vide d'ouverts vérifiant (4.27), j une fonction qui vérifie (4.25) et J définie par (4.26). Alors il existe $\Omega \in \mathcal{O}_{ad}$ qui minimise J.*

Démonstration: Soit Ω_n une suite minimisante (J est clairement minorée). D'après le théorème 2.4.10, on peut en extraire une sous-suite Ω_{n_k} qui converge vers $\Omega^* \in \mathcal{O}_\varepsilon$ en les trois sens. L'hypothèse de fermeture (4.27) implique que $\Omega^* \in \mathcal{O}_{ad}$.

Pour le problème de Dirichlet, on obtient (cf. théorème 3.2.13) que $u_{\Omega_{n_k}}$ converge fortement dans $H_0^1(D)$ vers u_{Ω^*}. Les hypothèses sur J assurent que $J(u_{\Omega^*}) = \lim J(u_{\Omega_{n_k}})$. La limite Ω^* réalise donc le minimum cherché.

Pour le problème de Neumann, on applique le théorème 3.7.3: en effet, on peut montrer que la propriété de Lipschitz uniforme permet de définir des opérateurs linéaires d'extension de $H^1(\Omega_n)$ dans $H^1(D)$ qui sont de norme uniformément bornée (voir [77],[78]). On obtient donc la convergence forte de

$$\chi_{\Omega_{n_k}} u_{\Omega_{n_k}}, \ \chi_{\Omega_{n_k}} \nabla u_{\Omega_{n_k}} \text{ vers } \chi_\Omega u_{\Omega^*}, \chi_\Omega \nabla u_{\Omega^*}.$$

On en déduit à nouveau que $J(u_{\Omega^*}) = \lim J(u_{\Omega_{n_k}})$ et que Ω^* réalise donc le minimum cherché. $\square$

4.4 Contraintes de type capacitaire

Comme on l'a vu au chapitre précédent, on peut substantiellement affaiblir les hypothèses de régularité uniforme des ouverts considérés en utilisant les outils capacitaires ad hoc développés au chapitre 3. On a par exemple (voir chapitre 3 paragraphe 3.4.3 pour les définitions):

Proposition 4.4.1 *Soit J définie par (4.26) où u_Ω est solution du problème de Dirichlet (4.23). Alors il existe une solution de*

$$\Omega^* \in \mathcal{O}_{\alpha,r_0}, \ J(\Omega^*) = \min\{J(\Omega), \ \Omega \in \mathcal{O}_{\alpha,r_0}\}.$$

Théorème 4.4.2 (Šverak) *Si $N = 2$ et J est définie par (4.26) où u_Ω est solution du problème de Dirichlet (4.23), alors il existe une solution de*

$$\Omega^* \in \mathcal{O}_l, \ J(\Omega^*) = \min\{J(\Omega), \ \Omega \in \mathcal{O}_l\}$$

(on rappelle que $\mathcal{O}_l$ désigne l'ensemble des ouverts inclus dans une boule fixe et dont le nombre de composantes connexes du complémentaire est inférieur ou égal à l).

On peut obtenir aussi un résultat d'existence de forme optimale en ajoutant d'autres contraintes, comme par exemple $|\Omega| = m$.

La démonstration s'obtient à partir du théorème de continuité sous contraintes capacitaires 3.4.12 ainsi que de la compacité de toute suite d'ouverts pour la convergence de Hausdorff. Reste à s'assurer que l'ensemble $\mathcal{O}_{\alpha,r_0}$ est bien fermé pour la convergence de Hausdorff: c'est l'objet du lemme suivant.

Lemme 4.4.3 *La classe $\mathcal{O}_{\alpha,r_0}$ est fermée et donc compacte pour la convergence au sens de Hausdorff.*

Démonstration: Soit Ω_n une suite d'ouverts dans la classe $\mathcal{O}_{\alpha,r_0}$ qui converge vers un ouvert Ω au sens de Hausdorff. Notons $F_n = \overline{D} \setminus \Omega_n$ et $F = \overline{D} \setminus \Omega$. Notons également $F_\varepsilon = \bigcup_{x \in F} \overline{B}(x,\varepsilon)$. Par convergence au sens de Hausdorff, on a (revenir à la définition)

$$\forall \varepsilon > 0, \exists N_\varepsilon \, ; \ n \geq N_\varepsilon \Longrightarrow F_n \subset F_\varepsilon.$$

Soit $r < r_0$ et x un point fixé de $\partial\Omega$. Soit x_n une suite de points de $\partial\Omega_n$ convergeant vers x (voir chapitre 2). Pour $\varepsilon > 0$ fixé, choisissons $x_n \in \partial\Omega_n$ tel que $|x_n - x| < \varepsilon/2$ et $F_n \subset F_{\varepsilon/2}$. Notons τ la translation de vecteur $x_n - x$. Comme $\tau(B(x,r)) = B(x_n,r)$ et que la capacité est invariante par translation des deux arguments, on a

$$\text{cap}_{B(x,2r)}(F_\varepsilon \cap \overline{B}(x,r)) = \text{cap}_{B(x_n,2r)}(\tau(F_\varepsilon) \cap \overline{B}(x_n,r)).$$

Maintenant puisque $F_n \subset F_{\varepsilon/2}$ et $|x_n - x| < \varepsilon/2$, on a $F_n \subset \tau(F_\varepsilon)$ et donc, par monotonie de la capacité

$$\mathrm{cap}_{B(x,2r)}(F_\varepsilon \cap \overline{B}(x,r)) \geq \mathrm{cap}_{B(x_n,2r)}(F_n \cap \overline{B}(x_n,r)) \geq \alpha,$$

cette dernière inégalité provenant de la définition de la classe $\mathcal{O}_{\alpha,r_0}$. Comme la capacité est continue pour les suites décroissantes de compacts, et puisque $\bigcap_{\varepsilon>0} F_\varepsilon = F$ on a, en passant à la limite quand $\varepsilon \to 0$

$$\mathrm{cap}_{B(x,2r)}(F \cap \overline{B}(x,r)) \geq \alpha.$$

$\square$

4.5 Minimisation de l'énergie de Dirichlet

Il se trouve qu'on obtient l'existence d'une forme optimale dans le cas particulier, important pour les applications (voir le chapitre introductif), où, sous contrainte de volume, la fonctionnelle à minimiser est l'énergie de Dirichlet proprement dite, soit

$$J(\Omega) = \int_\Omega \frac{1}{2}|\nabla u_\Omega|^2 - f\,u_\Omega, \tag{4.28}$$

où $u_\Omega = u_\Omega^f$ est la solution du problème de Dirichlet sur Ω associé à f. Dans ce cas, on a bien sûr,

$$J(\Omega) = \inf\{\int_\Omega \frac{1}{2}|\nabla v|^2 - f\,v, \ v \in H_0^1(\Omega)\}. \tag{4.29}$$

En fait, la forme optimale n'existera que dans *la classe $\mathcal{A}(D)$ des ensembles quasi-ouverts de D* ce qui nécessite d'étendre la notion de problème de Dirichlet au cas des quasi-ouverts. Rappelons que, pour $\Omega \in \mathcal{A}(D)$, on définit (voir définition 3.3.43 et proposition 3.3.44)

$$H_0^1(\Omega) = \{v \in H_0^1(D), \tilde{v} = 0 \ q.p. \ sur \ D \setminus \Omega\},$$

où $\tilde{v}$ est le représentant quasi-continu de v. Pour $f \in H^{-1}(D)$, on note

$$G(v) = \int_D \frac{1}{2}|\nabla v|^2 - <f,v>_{H^{-1}\times H_0^1}.$$

Proposition 4.5.1 *Soit $D \subset \mathbb{R}^N$ ouvert et $\Omega \in \mathcal{A}(D)$ de mesure finie. Pour $f \in H^{-1}(D)$, il existe u_Ω^f unique solution de*

$$u_\Omega^f \in H_0^1(\Omega), \ \forall v \in H_0^1(\Omega), \ \int_D \nabla u_\Omega^f \nabla v = <f,v>_{H^{-1}\times H_0^1}.$$

De plus, u_Ω^f est l'unique élément de $H_0^1(D)$ vérifiant

$$G(u_\Omega^f) = \min\{G(v); \ v \in H_0^1(\Omega)\}.$$

L'existence de u_{Ω}^f résulte du théorème de Lax-Milgram, de l'inégalité de Poincaré (voir lemme 4.5.3) et du fait que $H_0^1(\Omega)$ est un sous-espace fermé non vide de $H_0^1(D)$. Sa caractérisation en termes de minimisation résulte de la stricte convexité de $v \to G(v)$.   □

On a alors le résultat suivant d'existence de forme optimale.

Théorème 4.5.2 *Soit D un ouvert quelconque de $\mathbb{R}^N$, $f \in H^{-1}(D)$, $0 < m < |D|$ et $J(\Omega) = G(u_{\Omega}^f)$. Alors, il existe $\Omega^* \in \mathcal{A}(D)$ solution de*

$$|\Omega^*| = m, \; J(\Omega^*) = \min\{J(\Omega); \Omega \in \mathcal{A}(D), |\Omega| \leq m\}. \qquad (4.30)$$

Nous allons donner trois démonstrations de l'existence d'une forme optimale pour ce problème modèle; elles ont toutes un caractère assez général qui va bien au-delà de ce seul exemple. La première, que nous donnons ci-dessous, suit l'approche de [96]. La deuxième est une conséquence de la proposition 4.5.5. La troisième (voir remarque 4.7.14) sera une application du résultat général d'existence concernant les fonctionnelles monotones pour l'inclusion qui est dû à Buttazzo-DalMaso (théorème 4.7.6).

Démonstration du théorème 4.5.2: Nous donnons ici une première démonstration utilisant l'approche de [96] qui consiste à considérer le problème auxiliaire suivant

$$G(u) = \min\{G(v); \; v \in H_0^1(D), \; |\Omega_v| \leq m\}. \qquad (4.31)$$

(Rappelons que Ω_v désigne le quasi-ouvert $\Omega_v : \{x \in D; \tilde{v}(x) \neq 0\}$.) Admettons pour l'instant l'existence de u solution de (4.31). On a bien sûr $u \in H_0^1(\Omega_u)$ et $|\Omega_u| \leq m$ et donc, d'après (4.31) $u = u_{\Omega_u}^f$. Par ailleurs, on a aussi

$$G(u) \leq \inf\{G(u_{\Omega}^f); \Omega \in \mathcal{A}(D), |\Omega| \leq m\} = \inf\{J(\Omega); \Omega \in \mathcal{A}(D), |\Omega| \leq m\}.$$

Ainsi

$$J(\Omega_u) = \min\{J(\Omega); \; \Omega \in \mathcal{A}(D), |\Omega| \leq m\}.$$

Si $|\Omega_u| = m$ (cas générique), alors $\Omega^* = \Omega_u$ est solution du problème (4.30). Si $|\Omega_u| < m$, on considère un quasi-ouvert Ω^* vérifiant les deux seules conditions $\Omega^* \supset \Omega_u, |\Omega^*| = m$ (il en existe: on peut prendre par exemple $\Omega_u \cup B(0, r) \cap D$ où $r > 0$ est bien choisi). Alors, puisque $u \in H_0^1(\Omega^*)$, on a encore $u = u_{\Omega^*}^f$ et on vérifie comme précédemment en utilisant (4.31) que Ω^* est solution de (4.30).

Le point essentiel pour l'existence d'une solution u à (4.31) est l'inégalité de Poincaré du lemme ci-dessous, valable pour les $v \in H_0^1(D)$ satisfaisant à la contrainte $|\Omega_v| \leq m$, même si D est non borné. Ainsi, puisque

$$2J(v) \geq \int_D |\nabla u|^2 - C\|f\|_{H^{-1}(D)} \|v\|_{H_0^1(D)},$$

on en déduit que $J(v)$ est minoré sur l'ensemble de tels v. Il en résulte aussi qu'une suite minimisante est bornée dans $H_0^1(D)$ et donc, à une sous-suite extraite près, convergente vers $u \in H_0^1(D)$ faiblement dans H^1 et p.p.. A la limite $|\Omega_u| \leq m$, et par continuité semi-inférieure de $v \to \int_D |\nabla v|^2$, on obtient (4.31) et la démonstration du théorème est ainsi achevée. $\square$

Lemme 4.5.3 *Il existe $C=C(N)$ tel que, pour tout $v \in H_0^1(D)$ vérifiant $|\Omega_v| \leq m$, on ait*

$$\int_D v^2 \leq C\, m^{2/N} \int_D |\nabla v|^2.$$

Démonstration: Soit $v^* : [0, +\infty[\to [0, +\infty[$ la fonction radiale décroissante telle que (voir chapitre 6)

$$\forall a \in [0, +\infty[,\ |v^* \geq a| = |v \geq a|.$$

On note D^* la boule de centre 0 et mesure $|D|$. On sait qu'alors (voir chapitre 6)

$$\int_{D^*} v^{*2} = \int_D v^2, \quad \int_{D^*} |\nabla v^*|^2 \leq \int_D |\nabla v|^2.$$

Il suffit donc de vérifier l'inégalité du lemme lorsque $D = D^*$ et que v est radiale décroissante, ce qui se fait comme suit (on note $c = NV_N$ le périmètre de la boule unité de $\mathbb{R}^N$, R le rayon de la boule de volume m, soit $m = V_N R^N$).

$$\int_D v^2 = c \int_0^R r^{N-1} v^2(r)\, dr = c \int_0^R r^{N-1}\, dr\, v(r) \int_R^r v'(s)\, ds =$$

$$= c \int_0^R ds\, v'(s) \int_0^s r^{N-1} v(r)\, dr$$

$$\leq -c \int_0^R ds\, v'(s) \Big[\int_0^s r^{N-1} v^2(r)\, dr \Big]^{1/2} \Big[\int_0^s r^{N-1}\, dr \Big]^{1/2}$$

$$\leq c \Big[\int_0^R r^{N-1} v^2(r)\, dr \Big]^{1/2} \int_0^R N^{-1/2} |v'(s)| s^{N/2}\, ds$$

$$\leq c \Big[\int_0^R r^{N-1} v^2(r)\, dr \Big]^{1/2} \Big[\int_0^R s^{N-1} |v'(s)|^2\, ds \Big]^{1/2} [R^2/2N]^{1/2}.$$

L'inégalité du lemme 4.5.3 s'en déduit. $\square$

Remarque 4.5.4 La situation "$|\Omega_u| < m$" de la démonstration ci-dessus peut effectivement arriver: c'est le cas si et seulement s'il existe w solution de

$$w \in H_0^1(D), |\Omega_w| < m, -\Delta w = f \text{ dans } D \text{ tout entier.} \tag{4.32}$$

En effet, d'une part, un tel w est solution de (4.31) puisqu'il minimise $G(v)$ parmi *tous* les $v \in H_0^1(D)$. D'autre part, si $|\Omega_u| < m$, pour tout réel t et pour tout $\varphi \in C_0^\infty(D)$ à support de mesure inférieure à $m - |\Omega_u|$, on a $G(u) \leq G(u + t\varphi)$, de quoi on déduit, en dérivant en $t = 0$, que u satisfait à (4.32).

Nous allons maintenant donner une autre démonstration du théorème 4.5.2 par une approche tout à fait différente et complètement élémentaire (elle est aussi abordée dans [110]).

On introduit pour $\Omega \subset D$ mesurable :

$$\hat{H}_0^1(\Omega) = \{u \in H_0^1(D),\ u = 0 \ p.p. \ sur\, D \setminus \Omega\}.$$

On a bien sûr $H_0^1(\Omega) \subset \hat{H}_0^1(\Omega)$ avec inclusion stricte en général, *l'égalité exprimant une certaine régularité de Ω*, par exemple l'égalité est vraie si Ω est stable au sens du théorème 3.4.6 (voir chapitre 3). L'espace $\hat{H}_0^1(D)$ est fermé dans $H_0^1(D)$ ce qui permet d'assurer l'existence et l'unicité de $\hat{u}_\Omega$ solution de

$$\hat{u}_\Omega \in \hat{H}_0^1(\Omega),\ G(\hat{u}_\Omega) = \min\{G(v); v \in \hat{H}_0^1(\Omega)\},$$

et c'est aussi l'unique solution de

$$\hat{u}_\Omega \in \hat{H}_0^1(\Omega),\ \forall v \in \hat{H}_0^1(\Omega),\ \int_D \nabla \hat{u}_\Omega \nabla v = <f, v>_{H^{-1} \times H_0^1}.$$

Noter que, si u_Ω désigne la solution du problème de Dirichlet usuel associé à $H_0^1(\Omega)$, on a $G(\hat{u}_\Omega) \leq G(u_\Omega)$ puisque $H_0^1(\Omega) \subset \hat{H}_0^1(\Omega)$.

On obtient le résultat d'optimalité suivant :

Proposition 4.5.5 *Soit D un ouvert de $\mathbb{R}^N$, $m \in]0, |D|[$, $f \in H^{-1}(D)$. Alors, il existe un ensemble quasi-ouvert $\hat{\Omega} \subset D$ tel que*

$$|\hat{\Omega}| = m,\ G(\hat{u}_{\hat{\Omega}}) = \min\{G(\hat{u}_\Omega); \Omega \subset D, |\Omega| \leq m\}. \tag{4.33}$$

Il est aussi solution du problème (4.30).

Démonstration de la proposition 4.5.5: A partir de l'inégalité de Poincaré dans D et de l'identité $\int_D |\nabla \hat{u}_\Omega|^2 = <f, \hat{u}_\Omega>_{H^{-1} \times H_0^1}$, on obtient l'existence d'une constante $C = C(m, D)$ telle que $\|\hat{u}_\Omega\|_{H_0^1(D)} \leq C \|f\|_{H^{-1}}$.

Soit Ω_n une suite minimisante d'ensembles mesurables pour le problème. D'après la remarque précédente, $u_n = \hat{u}_{\Omega_n}$ est borné dans $H_0^1(D)$. Quitte à extraire une sous-suite, on peut supposer que u_n converge faiblement dans $H_0^1(D)$ et p.p. vers une fonction u. A la limite, on a

$$G(u) \leq \inf\{G(\hat{u}_\Omega); \Omega \subset D, |\Omega| \leq m\},\ |\Omega_u| \leq \liminf |\Omega_{u_n}| \leq m.$$

On a en particulier, $G(u) \leq G(\hat{u}_{\Omega_u}) \leq G(u_{\Omega_u})$ et, puisque $u \in H_0^1(\Omega_u)$, ceci est encore inférieur à $G(u)$, d'où l'égalité. D'après la stricte convexité de $G(\cdot)$: $u = u_{\Omega_u} = \hat{u}_{\Omega_u}$.

Si $|\Omega_u| = m$, $\hat{\Omega} := \Omega_u$ satisfait à (4.33). Si $|\Omega_u| < m$, on considère un quasi-ouvert de D vérifiant les deux conditions $\hat{\Omega} \supset \Omega_u, |\hat{\Omega}| = m$. Alors, $G(u) \leq G(\hat{u}_{\hat{\Omega}}) \leq G(u_{\hat{\Omega}})$ et à nouveau puisque $u \in H_0^1(\hat{\Omega})$ et par unicité: $u = \hat{u}_{\hat{\Omega}} = u_{\hat{\Omega}}$ et $\hat{\Omega}$ est donc solution de (4.33).

Puisque $u = u_{\hat{\Omega}}$ dans tous les cas, il s'en suit que le quasi-ouvert $\hat{\Omega}$ est aussi solution du problème (4.30).   □

Remarque 4.5.6 Il est un peu surprenant qu'on obtienne une solution du problème initial (4.30) associé aux espaces $H_0^1(\Omega)$ avec une "fausse" définition de ces espaces, à savoir $\hat{H}_0^1(\Omega)$. En fait, nous obtenons même un résultat meilleur à savoir:

Proposition 4.5.7 *Sous les hypothèses de la proposition 4.5.5, on peut choisir $\hat{\Omega}$ de telle façon que $\hat{H}_0^1(\hat{\Omega}) = H_0^1(\hat{\Omega})$.*

Remarque 4.5.8 La dernière propriété exprime donc que, sous l'hypothèse naturelle de saturation de la contrainte, le problème (4.30) admet une solution qui est *un peu régulière*. En fait, comme on le verra dans la démonstration, *toute* solution de (4.30) est égale presque partout à un quasi-ouvert ayant au moins cette régularité.

On peut cependant vérifier qu'en général, même si la contrainte est saturée (i.e. $|\Omega_u| = m$), le quasi-ouvert obtenu a peu de régularité et peut même ne pas être ouvert, ni même être égal p.p. à un ouvert (voir [146],[147] et exercice 4.5). Par contre, si f est plus régulière, par exemple une fonction positive de L^∞, alors on peut montrer que la forme optimale est un ouvert régulier, mais ceci nécessite beaucoup de travail (voir [47],[49]).

Démonstration de la proposition 4.5.7: Montrons d'abord qu'étant donné un quasi-ouvert $\omega \subset D$, il existe un autre quasi-ouvert $\Omega^* \subset D$, unique, tel que

$$\Omega^* = \omega \text{ p.p.}, \ \hat{H}_0^1(\omega) = H_0^1(\Omega^*)(= \hat{H}_0^1(\Omega^*)). \tag{4.34}$$

L'unicité résulte de (3.3.44). Pour l'existence, posons $\Omega^* := \omega \cup_n [v_n \neq 0]$ où (v_n) est une suite dense dans $\hat{H}_0^1(\omega)$. Alors, Ω^* est quasi-ouvert, puisque réunion dénombrable de quasi-ouverts et on a $\Omega^* = \omega$ p.p.. En particulier,

$$H_0^1(\Omega^*) \subset \hat{H}_0^1(\Omega^*) = \hat{H}_0^1(\omega). \tag{4.35}$$

Soit $v \in \hat{H}_0^1(\omega)$. Il existe une sous-suite $(v_{n_k})_k$ convergeant vers v dans $H_0^1(D)$ et quasi-partout (pour les représentants quasi-continus). Puisque pour tout k, $v_{n_k} = 0$ q.p. hors de $[v_{n_k} \neq 0]$ et donc hors de Ω^*, on a aussi $v = 0$ q.p. hors de Ω^* et donc $v \in H_0^1(\Omega^*)$. Ainsi, on a l'égalité dans (4.35).

Appliquons (4.34) à $\omega := \hat{\Omega}$ obtenu dans la proposition 4.5.5. On a alors

$$|\Omega^*| = |\hat{\Omega}| = m, u_{\Omega^*} = \hat{u}_{\hat{\Omega}} = u_{\hat{\Omega}},$$

et Ω^* est aussi solution de (4.33).   □

Remarque 4.5.9 D'après (4.34), on a

$$\inf\{G(u_\Omega); \Omega \subset D \text{ quasi-ouvert}, |\Omega| \leq m\}$$

$$= \inf\{G(\hat{u}_\Omega); \Omega \subset D \text{ quasi-ouvert}, |\Omega| \leq m\},$$

ce qui explique qu'on peut indifféremment travailler avec $H_0^1(\Omega)$ ou avec $\hat{H}_0^1(\Omega)$ pour ce problème de minimisation.

Nous allons utiliser cette même idée pour résoudre le problème avec un terme de tension superficielle (ou de périmètre), soit

$$J(\Omega^*) = \min\{J(\Omega); \Omega \subset D, \text{ mesurable}, |\Omega| = m\}, \qquad (4.36)$$

où cette fois, pour $\sigma > 0$ donné

$$J(\Omega) = G(u_\Omega) + \sigma P(\Omega).$$

Comme nous l'avons vu dans l'introduction, cette fonctionnelle joue un rôle important dans les applications ainsi que le problème (4.36). Pour simplifier, nous allons supposer D borné.

Proposition 4.5.10 *Soit D un ouvert borné, $f \in H^{-1}(D)$, $m \in]0, |D|[$, $\sigma > 0$. Alors, il existe Ω^* mesurable solution de (4.36).*

Démonstration: Posons (avec les notations de la proposition 4.5.5)

$$\hat{J}(\Omega) = G(\hat{u}_\Omega) + \sigma P(\Omega).$$

On sait, d'après la démonstration de la proposition 4.1.1 qu'il existe un ensemble mesurable $\Omega \subset D$ tel que $|\Omega| = m, P(\Omega) < +\infty$ et donc tel que $\hat{J}(\Omega) < +\infty$. Comme pour $\sigma = 0$, on montre que $\hat{J}(\cdot)$ est minorée.

Soit Ω_n une suite minimisante pour $\hat{J}(\cdot)$ avec $|\Omega_n| = m$. Puisque $P(\Omega_n)$ est borné et que $u_n = \hat{u}_{\Omega_n}$ est borné dans $H_0^1(D)$, à une suite extraite près, on peut supposer que u_n converge faiblement dans $H_0^1(D)$ et p.p. vers une fonction u et qu'il existe $\hat{\Omega} \subset D$ mesurable tel que χ_{Ω_n} converge dans $L^1(D)$ vers $\chi_{\hat{\Omega}}$. On alors

$$|\hat{\Omega}| = m, \ P(\hat{\Omega}) \leq \liminf P(\Omega_n), \ G(u) \leq \liminf G(u_n),$$

$$\sigma P(\hat{\Omega}) + G(u) \leq \inf\{\sigma P(\Omega) + G(\hat{u}_\Omega); \Omega \subset D \text{ mesurable}, |\Omega| = m\}.$$

Mais comme $(1 - \chi_{\Omega_n}) u_n = 0$ p.p. dans D, on obtient que $(1 - \chi_{\hat{\Omega}}) u = 0$ p.p. dans D, c'est-à-dire que $u \in \hat{H}_0^1(\hat{\Omega})$. Ainsi, on a en particulier

$$\sigma P(\hat{\Omega}) + G(u) \leq \sigma P(\hat{\Omega}) + G(\hat{u}_{\hat{\Omega}}),$$

et donc $G(u) \leq G(\hat{u}_{\hat{\Omega}})$, c'est-à-dire $u = \hat{u}_{\hat{\Omega}}$. On en déduit

$$\hat{J}(\hat{\Omega}) = \min\{\hat{J}(\Omega);\ \Omega \subset D,\ \text{mesurable},\ |\Omega| = m\}.$$

Si $|\Omega_u| = m$, on a $\Omega_u = \hat{\Omega}$ p.p.. D'après (4.34), il existe Ω^* quasi-ouvert tel que $\hat{H}_0^1(\hat{\Omega}) = H_0^1(\Omega^*)$, $\Omega^* = \hat{\Omega}$ p.p.. Puisque $u = u_{\Omega^*}$, on vérifie que Ω^* est solution du problème (4.36) *et il est même quasi-ouvert*.

Supposons maintenant $|\Omega_u| < m$. Puisque $\Omega_u \subset \hat{\Omega}$ p.p., on peut toujours choisir un représentant Ω^* de $\hat{\Omega}$ tel que $\Omega_u \subset \Omega^*$ q.p. (on peut prendre $\Omega^* := \hat{\Omega} \cup \Omega_u$) et ainsi $u \in H_0^1(\Omega_u) \subset H_0^1(\Omega^*) \subset \hat{H}_0^1(\hat{\Omega}) = \hat{H}_0^1(\hat{\Omega})$. Alors à nouveau $u = u_{\Omega^*} = \hat{u}_{\hat{\Omega}}$ et Ω^* est solution du problème (4.36). $\square$

Remarque 4.5.11 Notons que "la plupart du temps", la solution est un quasi-ouvert: c'est le cas lorsque $|\Omega_u| = m$. Comme pour le problème sans terme de périmètre, il se peut cependant que $|\Omega_u| < m$. C'est le cas si $f \equiv 0$: on retrouve alors le problème isopérimétrique (4.1). On voit qu'affirmer l'existence d'un quasi-ouvert solution de ce problème est déjà un résultat de régularité! (en fait, on peut montrer qu'il existe un ouvert solution dans ce cas particulier).

Terminons ce paragraphe en mentionnant un résultat sur le problème de "for-mage extérieur" mentionné dans le paragraphe 1.3.1 de l'introduction. Cette fois, le domaine variable Ω est *un domaine extérieur*, c'est-à-dire le complé-mentaire d'un compact, et la contrainte de mesure porte sur ce compact (c'est le domaine occupé par le liquide). Intuitivement, on voit qu'il est plus difficile d'obtenir une forme optimale, car les forces en jeu ont tendance à "pousser" le liquide à l'infini s'il sort de son confinement. Il se trouve qu'effectivement le minimum absolu de la fonctionnelle d'énergie est atteint quand le liquide est repoussé à l'infini. Une conséquence importante est que les formes d'équi-libre (qui existent, voir par exemple [149]) doivent être recherchées parmi les *minima locaux de l'énergie*. On peut ainsi démontrer le résultat suivant (voir [162])

Proposition 4.5.12 *Soit* $f \in L^2(\mathbb{R}^2)$ *à support compact,* $\mathcal{O}$ *la famille des ouverts de* $\mathbb{R}^2$ *à complémentaire compact et* $\mathcal{W}(\Omega)$ *la fermeture de* $\mathcal{C}_0^\infty(\Omega)$ *pour la norme* $w \to \left[\int_\Omega |\nabla w|^2\right]^{1/2}$. *On pose*

$$\forall\, \Omega \in \mathcal{O}, \forall\, w \in \mathcal{W}(\Omega),\ \ E(\Omega, w) = \int_\Omega \frac{1}{2}|\nabla w|^2 - f\,w,$$

$$c(m) = \inf\{E(\Omega, w);\ \Omega \in \mathcal{O},\ |\Omega^c| = m,\ w \in \mathcal{W}(\Omega)\}.$$

Alors

$$(\, c(m) < +\infty\,) \Leftrightarrow (\int_{\mathbb{R}^2} f = 0\,).$$

De plus, pour tout $m > 0$

$$c(m) = \inf\{E(\mathbb{R}^2, w);\ w \in \mathcal{W}(\mathbb{R}^2)\},$$

$$\forall\, \Omega \in \mathcal{O}\ avec\ \Omega \neq \mathbb{R}^2,\ \forall\, w \in \mathcal{W}(\Omega),\ c(m) < E(\Omega, w).$$

4.6 L'effet de contraintes sur le périmètre

Nous avons vu, grâce à plusieurs exemples des paragraphes précédents, que l'existence d'un terme de périmètre $P(\Omega)$ ou $P_D(\Omega)$ dans une fonctionnelle ajoutait de la compacité dans les suites minimisantes et contribuait à l'existence de formes optimales.

Il n'est cependant pas vrai qu'en ajoutant le terme $P(\Omega)$ aux fonctionnelles du type $\Omega \to \int_\Omega F(x, u_\Omega, \nabla u_\Omega)$ apparaissant dans le paragraphe 4.2, on obtienne l'existence d'une forme minimale: le phénomène d'homogénéisation peut subsister. On voit que dans le premier exemple du paragraphe 4.2, $P(\Omega_n) \leq C\, n^2\, e^{-2dn^2} \to 0$ quand $n \to \infty$. Donc, Ω_n est encore une suite minimisante pour la fonctionnelle $J(\cdot) + P(\cdot)$.

Il existe en revanche des cas où le terme de périmètre apporte suffisamment de compacité pour générer l'existence d'une forme optimale: c'est le cas de l'exemple examiné dans ce paragraphe.

Il s'agit de trouver la configuration d'énergie minimale pour un mélange de deux matériaux conducteurs dans un ouvert borné D (de $\mathbb{R}^3$ ou plus généralement de $\mathbb{R}^N$). Notons α et β la conductivité supposée constante de chacun des 2 matériaux ($0 < \alpha < \beta$). Le problème consiste à trouver un domaine $\Omega \subset D$ (il s'agit du domaine occupé par le matériau de conductivité α) qui minimise la fonctionnelle

$$J(\Omega) = -\int_D f(x) u_\Omega(x)\, dx,$$

où $f \in L^2(D)$ représente la densité de source électrique et u_Ω est le potentiel électrostatique, solution du problème

$$\begin{cases} -\operatorname{div}\left((\alpha \chi_\Omega + \beta \chi_{D \setminus \Omega}) \nabla u_\Omega\right) = f & \text{dans } D \\ u_\Omega = 0 & \text{sur } \partial D. \end{cases} \tag{4.37}$$

On sait que, pour $\Omega \subset D$ mesurable donné, il existe une unique solution u_Ω du problème (4.37) dans $H_0^1(D)$ qui minimise la fonctionnelle

$$v \in H_0^1(D) \to J(v, \Omega) := \int_D (\alpha \chi_\Omega + \beta \chi_{D \setminus \Omega}) |\nabla v|^2\, dx - 2 \int_D fv\, dx, \quad (4.38)$$

(et on a $J(\Omega) = J(u_\Omega, \Omega)$). On peut donc reformuler le problème de forme optimale en minimisant directement la fonctionnelle double $(v, \Omega) \to J(v, \Omega)$ sur $H_0^1(D) \times \mathcal{O}_{ad}$ où $\mathcal{O}_{ad}$ est l'ensemble des domaines admissibles.

Cet exemple est un cas particulier d'une classe de fonctionnelles du type

$$(v, \Omega) \to \int_D j(x, \chi_\Omega, v, \nabla v),$$

et on sait que, même pour des j et $\mathcal{O}_{ad}$ raisonnables, il n'existe pas en général de formes optimales associées à ces fonctionnelles. Il y a le plus souvent un phénomène d'homogénéisation (voir [185],[207], [12], [13]). Par contre, l'adjonction d'un terme de périmètre assure en général l'existence. C'est ce que nous allons montrer sur l'exemple significatif considéré dans [19] et contenant le cas de l'énergie minimale cité ci-dessus.

Pour tout sous-ensemble Ω de D, on note $\alpha_\Omega(x)$ la fonction définie sur D par

$$\alpha_\Omega(x) = \alpha\chi_\Omega(x) + \beta\chi_{D\setminus\Omega}(x).$$

On se donne deux fonctions g_1 et g_2 définies sur $D \times \mathbb{R}$ et à valeurs dans $\mathbb{R}$ qu'on suppose semi-continues inférieurement par rapport à la deuxième variable (p.p. x) et intégrables avec $\sup_{|z|\le r}\{|g_1(x,z)| + |g_2(x,z)|\}$ intégrable pour tout r. On pose

$$g_\Omega(x,s) = \chi_\Omega(x)g_1(x,s) + \chi_{D\setminus\Omega}(x)g_2(x,s).$$

On considère d'abord le problème de minimisation suivant, pour $\Omega \subset D$ mesurable donné:

$$\min\{\int_D [\alpha_\Omega(x)|\nabla u(x)|^2 + g_\Omega(x,u)]\,dx, \quad u \in H_0^1(D)\}. \tag{4.39}$$

On montre facilement l'existence d'un minimum sous des hypothèse raisonnables, soit, par exemple:

Lemme 4.6.1 *On suppose, de plus, que g_1 et g_2 vérifient*

$$g_i(x,s) \ge \gamma(x) - ks^2 \quad i = 1,2 \tag{4.40}$$

où $\gamma \in L^1(D)$ et $k < \alpha\lambda_1$ avec λ_1 première valeur propre du Laplacien-Dirichlet sur D. Alors le problème de minimisation (4.39) possède (au moins) une solution u_Ω. Nous notons $E(\Omega)$ la valeur minimum de la fonctionnelle définie en (4.39).

On s'intéresse maintenant au problème d'optimisation de forme suivant où $\sigma > 0$ est donné:

$$\min\{E(\Omega) + \sigma P_D(\Omega); \quad \Omega \subset D \text{ mesurable}\}. \tag{4.41}$$

Théorème 4.6.2 *Sous les hypothèses du lemme 4.6.1, le problème de minimisation (4.41) possède une solution.*

Démonstration: Soit Ω_n une suite minimisante. Le périmètre relatif des Ω_n est borné et donc, d'après le théorème 2.3.10, on peut en extraire une sous-suite, encore notée Ω_n, telle que χ_{Ω_n} converge dans $L^1(D)$ vers χ_Ω où Ω est un sous-ensemble mesurable de D. On va bien sûr montrer que Ω est une solution du problème (4.41). Notons u_n une solution du problème (4.39) associée à Ω_n. Puisque

$$E(\Omega_n) = \int_D [\alpha_{\Omega_n}(x)|\nabla u_n(x)|^2 + g_{\Omega_n}(x,u_n)]\,dx \le M,$$

on a, en utilisant (4.40) et la définition de α_Ω

$$\int_D \alpha |\nabla u_n(x)|^2 + \gamma(x) - k|u_n(x)|^2 \, dx \leq M.$$

On en déduit, grâce à la majoration de k

$$\alpha \int_D |\nabla u_n(x)|^2 - \lambda_1 |u_n(x)|^2 \, dx \leq M - \int_D \gamma(x) \, dx = M_1.$$

L'inégalité de Poincaré (dont la meilleure constante est précisément $1/\lambda_1$) montre alors que la suite u_n est bornée dans $H_0^1(D)$. Elle converge donc (à une suite extraite près) faiblement dans H_0^1 et fortement dans L^2 vers une fonction $u \in H_0^1(D)$. On a, par s.c.i. de la norme et de la fonction g_Ω et grâce à la convergence ponctuelle des χ_{Ω_n} :

$$\int_D \alpha_\Omega(x) |\nabla u(x)|^2 \, dx \leq \liminf_n \int_D \alpha_{\Omega_n}(x) |\nabla u_n(x)|^2 \, dx$$

et

$$\int_D g_\Omega(x, u) \, dx \leq \liminf \int_D g_{\Omega_n}(x, u_n) \, dx.$$

Comme par définition, on a

$$E(\Omega) \leq \int_D [\alpha_\Omega(x) |\nabla u(x)|^2 + g_\Omega(x, u)] \, dx$$

on en déduit

$$E(\Omega) \leq \liminf E(\Omega_n)$$

et le théorème en résulte, en utilisant la s.c.i. du périmètre relativement à la convergence L^1, cf proposition 2.3.6. □

Remarque 4.6.3 Nous nous sommes placés ici dans le cas où la fonctionnelle coût est la même que celle qui est minimisée par la fonction d'état u_Ω. On pourrait découpler les deux (ce qui est le cas dans beaucoup d'applications) et considérer par exemple une fonctionnelle de la forme

$$\Omega \rightarrow \int_D j(x, \chi_\Omega, u_\Omega, \nabla u_\Omega),$$

où u_Ω est, par exemple, la solution du problème (4.37). Sous des hypothèses raisonnables, en particulier de s.c.i. pour j, on obtient alors un résultat analogue d'existence de forme optimale. Le point complémentaire essentiel à vérifier est que la solution u_{Ω_n} converge fortement dans $H_0^1(D)$ vers u_Ω lorsque α_{Ω_n} converge ponctuellement vers α_Ω. Ceci est exposé en détail dans [53].

Dans toutes ces minimisations, on obtient aussi l'existence d'une forme optimale si on ajoute la contrainte de volume $|\Omega| = m$ puisque celle-ci est préservée par la convergence forte des χ_{Ω_n}.

4.7 Monotonie de la fonctionnelle

Dans ce paragraphe, nous allons donner un résultat général d'existence de forme minimale pour les fonctionnelles qui sont décroissantes pour l'inclusion:

$$J(\Omega_1) \geq J(\Omega_2) \quad \text{quand } \Omega_1 \subset \Omega_2 \subset D \qquad (4.42)$$

où D est un ouvert borné fixé dans tout le paragraphe. Si $J(\cdot)$ est aussi supposée s.c.i. pour la γ−convergence, alors il existe un *quasi-ouvert* minimisant $J(\cdot)$ à mesure donnée. Ce résultat est dû à G. Buttazzo et G. Dal Maso, cf [63].

Nous allons travailler avec la classe déjà introduite plus haut

$$\mathcal{A}(D) = \{\Omega \subset D; \quad \Omega \text{ quasi-ouvert}\}.$$

On rappelle (voir proposition 4.5.1) que, pour toute $f \in H^{-1}(D)$, le problème

$$\begin{cases} u_\Omega^f \in H_0^1(\Omega), \ \forall v \in H_0^1(\Omega) \\ \int_\Omega \nabla u_\Omega^f \cdot \nabla v \, dx = < f, v >_{H^{-1} \times H_0^1}, \end{cases} \qquad (4.43)$$

a une solution unique et on introduit l'opérateur résolvant

$$R_\Omega : H^{-1}(D) \to H_0^1(\Omega) \subset H_0^1(D)$$

qui associe à chaque $f \in H^{-1}(D)$, l'unique solution u_Ω^f du problème (4.43). Prenant $v = u_\Omega^f$ dans (4.43), on voit que R_Ω est un opérateur linéaire continu de $H^{-1}(D)$ dans $H_0^1(\Omega)$ de norme 1. De plus R_Ω est symétrique:

$$\forall f, g \in H^{-1}(D), \quad < f, R_\Omega(g) >_{H^{-1} \times H_0^1} = < R_\Omega(f), g >_{H^{-1} \times H_0^1}.$$

Avec cette définition, la notion de γ-convergence peut s'énoncer:

Définition 4.7.1 *Soit Ω_n une suite de quasi-ouverts et Ω un quasi-ouvert tous inclus dans D. On dit que Ω_n γ-converge vers Ω si $R_{\Omega_n}(f)$ converge vers $R_\Omega(f)$ fortement dans $H_0^1(D)$ pour tout $f \in H^{-1}(D)$.*

Cette notion de γ−convergence pour les quasi-ouverts a essentiellement toutes les propriétés vues pour les ouverts. Rassemblons-les dans une proposition.

Proposition 4.7.2 *Avec les notations de la définition ci-dessus*
(i) Il existe une constante $C = C(D)$ telle que,

$$\forall \Omega \in \mathcal{A}(D), \ \|R_\Omega(f)\|_{H_0^1(D)} \leq C\|f\|_{H^{-1}(D)}.$$

(ii) Si $R_{\Omega_n}(f)$ converge vers $R_\Omega(f)$ dans $L^2(D)$, la convergence a lieu fortement dans $H_0^1(D)$.
(iii) Si la γ-limite existe, elle est unique (modulo l'égalité quasi-partout).
(iv) (Šverak) Ω_n γ-converge vers Ω si et seulement si $R_{\Omega_n}(1)$ converge vers $R_\Omega(1)$ dans $L^2(D)$.

Démonstration: Les points (i) et (ii) se démontrent exactement comme pour les ouverts (cf. proposition 3.2.1 et corollaire 3.2.2).

Pour (iii), on se rappelle que $R_{\Omega_n}(f)$ est la projection sur $H^1_0(\Omega_n)$ de $R_D(f)$ puisque

$$\forall v \in H^1_0(\Omega_n), \ \int_D (R_D(f) - R_{\Omega_n}(f))v = 0.$$

Ainsi, si Ω_n γ-converge vers Ω et vers $\hat{\Omega}$, les projections de $R_D(f)$ sur $H^1_0(\Omega)$ et sur $H^1_0(\hat{\Omega})$ coïncident pour tout f. Il en résulte que ces deux espaces sont égaux et donc que $\Omega = \hat{\Omega}$ d'après la proposition 3.3.44.

Pour le point (iv), soit $(u^\star)^f$ la limite faible de $R_{\Omega_n}(f)$ (ou d'une sous-suite). On remarque d'abord que $(u^\star)^f \in H^1_0(\Omega)$. En effet, si $f \in L^\infty$, on a $|R_{\Omega_n}(f)| \le \|f\|_\infty R_{\Omega_n}(1)$, et donc à la limite $|(u^\star)^f| \le \|f\|_\infty R_\Omega(1)$, ce qui implique $(u^\star)^f \in H^1_0(\Omega)$, et on termine par un argument de densité dans $H^1_0(\Omega)$ de l'espace $\{R_\Omega(f); f \in L^\infty(D)\}$ (cf. proposition 3.3.44).

Reste à montrer que $(u\star)^f$ vérifie l'équation variationnelle voulue. Soit $\varphi \in H^1_0(\Omega)^+$. Puisque $\varphi_n = \inf\{\varphi, q\,R_{\Omega_n}(1)\} \in H^1_0(\Omega_n)$, $(q > 0)$, on a

$$\int_D \nabla u^f_{\Omega_n} \nabla \varphi_n = \,<f, \varphi_n>_{H^{-1}\times H^1_0}.$$

Mais, par convergence forte de φ_n dans H^1_0, si on note $\Phi = \inf\{\varphi, q\,R_\Omega(1)\}$, on a aussi

$$\int_D \nabla (u^\star)^f \nabla \Phi = \,<f, \Phi>_{H^{-1}\times H^1_0}. \qquad (4.44)$$

Si $\varphi = R_\Omega(g)$ avec $g \in L^\infty(D)$, alors $\varphi \le \|g\|_\infty R_\Omega(1)$ et donc $\Phi = \varphi$ dès que $q \ge \|g\|_\infty$, d'où (4.44) avec Φ remplacé par φ. On termine aussi par densité comme ci-dessus. $\square$

Nous utiliserons aussi la caractérisation suivante de la γ−convergence.

Lemme 4.7.3 Ω_n γ-converge vers Ω, si et seulement si R_{Ω_n} converge vers R_Ω pour la topologie uniforme d'opérateurs de $\mathcal{L}(L^2(D))$, c'est-à-dire

$$\lim_{n\to\infty} \sup_{\|f\|_{L^2(D)} \le 1} \|R_{\Omega_n}(f) - R_\Omega(f)\|_{L^2(D)} = 0.$$

Démonstration: La convergence dans $\mathcal{L}(L^2(D))$ implique la γ−convergence par exemple d'après le (iv) de la proposition précédente. Inversement, supposons que Ω_n γ-converge vers Ω. Les opérateurs R_{Ω_n}, R_Ω sont continus de H^{-1} dans H^1_0 et donc aussi de L^2 dans L^2. On peut trouver f^n dans la boule unité de $L^2(D)$ réalisant la borne supérieure dans

$$\sup_{\|f\|_{L^2(D)} \le 1} \|R_{\Omega_n}(f) - R_\Omega(f)\|_{L^2(D)} = \|R_{\Omega_n}(f^n) - R_\Omega(f^n)\|_{L^2(D)}.$$

En effet, si f_k est une suite maximisante, on peut en extraire une sous-suite qui converge faiblement vers f^n appartenant lui aussi à la boule unité de

$L^2(D)$. Comme l'injection de $L^2(D)$ dans $H^{-1}(D)$ est compacte (puisque c'est l'adjoint de l'injection de $H_0^1(D)$ dans $L^2(D)$), on en déduit l'égalité ci-dessus quand k tend vers l'infini.

Maintenant, répétons le procédé avec la suite f^n: il existe f dans la boule unité de $L^2(D)$ telle que f^n converge faiblement dans $L^2(D)$ et fortement dans $H^{-1}(D)$ vers f. Soit alors n_1 tel que pour $n \geq n_1$, on ait à la fois

$$\|f^n - f\|_{H^{-1}(D)} \leq \frac{\varepsilon}{4} \quad \text{et} \quad \|R_{\Omega_n}(f) - R_\Omega(f)\|_{L^2(D)} \leq \frac{\varepsilon}{2},$$

la deuxième inégalité venant de la définition même de la γ-convergence de Ω_n vers Ω. On a alors

$$\sup_{\|g\|_{L^2(D)} \leq 1} \|R_{\Omega_n}(g) - R_\Omega(g)\|_{L^2(D)} = \|R_{\Omega_n}(f^n) - R_\Omega(f^n)\|_{L^2(D)} \leq$$

$$\|R_{\Omega_n}(f) - R_\Omega(f)\|_{L^2(D)} + \|R_{\Omega_n}(f^n - f) - R_\Omega(f^n - f)\|_{L^2(D)} \leq$$

$$\frac{\varepsilon}{2} + \|R_{\Omega_n} - R_\Omega\|_{\mathcal{L}(H^1, H_0^1)} \frac{\varepsilon}{4} \leq \frac{\varepsilon}{2} + 2\frac{\varepsilon}{4} = \varepsilon,$$

ce qui prouve le résultat.   □

Corollaire 4.7.4 *Soit k un entier, $k \geq 1$. Alors l'application $\Omega \rightarrow \lambda_k(\Omega)$ qui, à un quasi-ouvert Ω associe la k-ième valeur propre du problème de Dirichlet (comptées avec leur ordre de multiplicité) est continue pour la γ-convergence et elle est décroissante pour l'inclusion.*

Démonstration: Remarquons tout d'abord que la théorie spectrale sur un quasi-ouvert se fait exactement de la même façon que sur un ouvert: l'opérateur résolvant R_Ω est autoadjoint compact positif sur $L^2(D)$. Sa restriction à $L^2(\Omega)$ est injective: en effet, si $R_\Omega(f) = 0$ pour $f \in L^2(\Omega)$ (prolongé par 0 dans D), alors $\forall v \in H_0^1(\Omega), \int_\Omega fv = 0$. Ceci implique $f \equiv 0$ d'après la proposition 3.3.44. Si la capacité du quasi-ouvert Ω n'est pas nulle, l'espace $L^2(\Omega)$ est non nul et de dimension infinie. Les valeurs propres du problème de Dirichlet sont les inverses des valeurs propres de la restriction de R_Ω à $L^2(\Omega)$ qui admet une suite de valeurs propres strictement positives décroissant vers 0.

Le continuité pour la γ-convergence se déduit alors d'un résultat classique de continuité des valeurs propres d'un opérateur compact pour la convergence uniforme d'opérateurs (cf, par exemple Dunford-Schwartz, [112] volume 2).

Remarquons que si Ω est de capacité nulle, alors $H_0^1(\Omega) = \{0\}$ et, par convention, on posera $\lambda_k(\Omega) = +\infty$ pour tout k. Cette définition permet de rendre continue l'application $\Omega \rightarrow \lambda_k(\Omega)$, dans tous les cas, y compris dans celui où la suite de quasi-ouverts Ω_n converge vers un quasi-ouvert Ω de capacité nulle. En effet, dans ce cas, on a R_{Ω_n} qui converge uniformément vers 0 et le résultat déjà cité montre que les valeurs propres de R_{Ω_n} convergent aussi vers 0, leur inverse converge donc vers l'infini.

La monotonie est une conséquence des formules de Courant-Fischer

$$\lambda_k(\Omega) = \min_{E_k \in \mathcal{H}_k} \max_{v \in E_k \setminus \{0\}} \frac{\int_\Omega |\nabla v|^2}{\int_\Omega v^2},$$

où $\mathcal{H}_k$ désigne la famille des sous-espaces de dimension k de $H_0^1(\Omega)$. Cette formule est bien connue pour les ouverts (voir par exemple [103] ou [223]). On vérifie qu'elle est conservée pour les quasi-ouverts en utilisant, par exemple, qu'un quasi-ouvert est, selon la définition, limite décroissante des ouverts $\Omega \cup \omega_n$ où ω_n est une suite décroissante d'ouverts dont la capacité tend vers 0. Ceci implique la γ-convergence de $\Omega \cup \omega_n$ vers Ω et donc la convergence des $\lambda_k(\cdot)$.   □

Donnons à présent un autre exemple de fonctionnelle continue pour la γ-convergence. Soit $g : D \times \mathbb{R} \times \mathbb{R}^N :\longrightarrow \overline{\mathbb{R}}$ une fonction mesurable telle que, pour presque tout $x \in D$, $g(x, ., .)$ est semi continue inférieurement sur $\mathbb{R} \times \mathbb{R}^N$ et vérifie de plus

$$g(x, s, \xi) \geq -\alpha(x) - \beta(s^2 + |\xi|^2), \tag{4.45}$$

avec $\alpha \in L^1(D)$ et β constante réelle, tous deux donnés. On se donne également un élément f de $H^{-1}(D)$, et on associe à tout quasi-ouvert $\Omega \in \mathcal{A}(D)$, la fonction $u_\Omega = R_\Omega(f)$ comme défini ci-dessus. Alors on a

Proposition 4.7.5 *La fonctionnelle J définie sur $\mathcal{A}(D)$ par*

$$J(\Omega) = \int_D g(x, u_\Omega(x), \nabla u_\Omega(x)) \, dx$$

est semi-continue inférieurement pour la γ-convergence.

Cela résulte, d'une part de la continuité de l'application $\Omega \to u_\Omega$ quand $\mathcal{A}(D)$ est muni de la topologie de la γ-convergence et $H_0^1(D)$ de sa topologie forte et, d'autre part de la semi-continuité inférieure de l'application $u \to \int_D g(\cdot, u, \nabla u)$ pour la topologie forte de $H_0^1(D)$ qui est une conséquence des hypothèses sur g et du lemme de Fatou.

Venons-en au résultat d'existence principal de ce paragraphe

Théorème 4.7.6 (Buttazzo-DalMaso) *Soit $J : \mathcal{A}(D) \to]-\infty, +\infty]$ une fonctionnelle qui vérifie*

(i) J est semi continue inférieurement pour la γ-convergence.

(ii) J est décroissante: si $\Omega_1 \subset \Omega_2$, alors $J(\Omega_1) \geq J(\Omega_2)$.

Alors, pour tout réel $c \in]0, +\infty[$, le problème de minimum

$$\min\{J(\Omega); \quad \Omega \in \mathcal{A}(D), \quad |\Omega| = c\}$$

a une solution.

Dans la pratique, c'est évidemment l'hypothèse (ii) qui est la plus difficile à réaliser. Nous donnerons ci-dessous deux applications qui couvrent un éventail assez important de problèmes et qui sont intéressants en eux-mêmes.

La démonstration que nous allons donner du théorème n'est pas exactement celle du papier original de Buttazzo et Dal Maso, elle s'inspire plutôt de l'article [54]. On s'est aperçu, tout au long du chapitre 3, que la γ-convergence n'était pas compacte sur l'ensemble $\mathcal{A}(D)$. C'est pourquoi nous introduisons la notion de γ-convergence *faible* qui, elle, sera séquentiellement compacte sur $\mathcal{A}(D)$.

Pour tout $\Omega \in \mathcal{A}(D)$, notons $w_\Omega = R_\Omega(1)$, la solution du problème de Dirichlet (4.43) avec le second membre $f \equiv 1$.

Définition 4.7.7 *Nous dirons qu'une suite de quasi-ouverts Ω_n de $\mathcal{A}(D)$ γ-converge* faible *vers un quasi-ouvert Ω si la suite de fonctions w_{Ω_n} converge faiblement dans $H_0^1(D)$ vers une fonction w telle que $\Omega = \{x \in D; w(x) > 0\}$.*

Remarque 4.7.8 – Il est facile de vérifier que la γ-convergence entraîne la γ-convergence faible (cf [54]). On peut s'en convaincre en utilisant l'unicité de la proposition 3.3.44 après avoir remarqué que, si w_{Ω_n} converge vers $w = w_\Omega$, alors $H_0^1(\Omega) = H_0^1([w > 0])$. En effet, on a bien sûr $[w > 0] \subset \Omega$ q.p.. Si maintenant $v \in H_0^1(\Omega)$, d'après la proposition 3.3.44, il est limite de $R_\Omega(g_p)$ avec $g_p \in L^\infty(D)$ où donc $|R_\Omega(g_p)| \leq \|g\|_\infty w$, c'est-à-dire que $R_\Omega(g_p) \in H_0^1([w > 0])$. Cette propriété se conserve à la limite pour v.

– En général le w de la définition ne coïncide pas avec w_Ω. Ceci n'est vrai en fait que si Ω_n γ-converge vers Ω.

– On peut prouver (cf [63]) que si Ω_n γ-converge faiblement vers Ω, alors $H_0^1(\Omega)$ contient toutes les limites faibles de suites de $H_0^1(\Omega_n)$. C'est-à-dire que la Propriété (M2) de la convergence au sens de Mosco est réalisée.

– La γ-convergence faible est séquentiellement compacte. En effet, si Ω_n est une suite de quasi-ouverts dans $\mathcal{A}(D)$, on a immédiatement que w_{Ω_n} est bornée dans $H_0^1(D)$. On peut donc en extraire une sous-suite convergente vers une fonction w et posant alors $\Omega = \{x \in D; w(x) > 0\}$, on obtient que la suite Ω_n γ-converge faiblement vers Ω.

Le point clé dans la démonstration du théorème 4.7.6 est le suivant:

Proposition 4.7.9 *Soit $J : \mathcal{A}(D) \to \overline{R}$ une fonctionnelle décroissante pour l'inclusion. Alors J est semi-continue inférieurement pour la γ-convergence si et seulement si elle est semi-continue inférieurement pour la γ-convergence faible.*

Démonstration du théorème 4.7.6: C'est une conséquence immédiate de la proposition ci-dessus. Notons d'abord que J est minorée par $J(D) > -\infty$. On suppose que J n'est pas identiquement $+\infty$ sur l'ensemble considéré (sinon tout quasi-ouvert admissible est solution). Soit alors Ω_n une suite minimisante. Elle γ-converge faiblement (à une sous-suite près) vers un quasi-ouvert Ω^* qui vérifie, grâce aux propriétés s.c.i. de $J(\cdot)$ et $|\cdot|$

$$|\Omega^*| \leq c, \ J(\Omega^*) \leq \inf\{J(\Omega), \ \Omega \subset D \text{ quasi} - \text{ouvert } |\Omega| = c\}.$$

Si $|\Omega^*| = c$, Ω^* est solution. Si $|\Omega^*| < c$, puisque J est décroissante, tout quasi-ouvert de D contenant Ω^* et de mesure c est solution (et il en existe). □

La proposition 4.7.9 résulte essentiellement du lemme 4.7.11 ci-dessous. Il est lui-même une conséquence du lemme 4.7.10 qui le précède. Ils figurent tous deux dans le papier original [63] ainsi que dans [54] et sont tous deux intéressants en soi. Nous en donnons une démonstration plus loin (nouvelle en ce qui concerne le 1er des deux lemmes).

Lemme 4.7.10 *Supposons que w_{Ω_n} converge faiblement dans $H_0^1(D)$ vers w. Soit $v_n \in H_0^1(\Omega_n)$ convergeant faiblement dans $H_0^1(D)$ vers v. Alors $v \in H_0^1(\Omega_w)$.*

Lemme 4.7.11 *Soit Ω_n une suite de quasi-ouverts de D tels que w_{Ω_n} converge faiblement dans $H_0^1(D)$ vers $w \in H_0^1(\Omega)$ où Ω est un quasi-ouvert de D. Alors, il existe une suite d'entiers $(n_k)_k$ et une suite de quasi-ouverts (C_k) qui $\gamma-$convergent vers Ω avec $\Omega_{n_k} \subset C_k \subset D$.*

Démonstration de la proposition 4.7.9 : Compte-tenu du premier point de la remarque 4.7.8, il suffit de montrer que la semi-continuité inférieure pour la γ-convergence entraîne la semi-continuité inférieure pour la faible γ-convergence faible.

Soit donc Ω_n une suite de quasi-ouverts de D $\gamma-$convergente faiblement vers le quasi-ouvert Ω et soit $L = \liminf J(\Omega_n)$. Quitte à extraire une sous-suite, on peut supposer que $L = \lim J(\Omega_n)$. Par définition, w_{Ω_n} converge faiblement vers $w \in H_0^1(D)$ avec $[w > 0] = \Omega$, et donc $w \in H_0^1(\Omega)$. Soit $(n_k, C_k)_k$ les éléments associés à la suite Ω_n selon le lemme 4.7.11 ci-dessus. Par monotonie de J et grâce à sa semi-continuité pour la $\gamma-$convergence forte, on a

$$J(\Omega) \leq \liminf J(C_k) \leq \liminf J(\Omega_{n_k}).$$

□

Démonstration du lemme 4.7.10: Comme il suffit de montrer que $\tilde{v} = \inf\{|v|, k\} \in H_0^1(\Omega_w)$ pour tout $k > 0$ et comme $\tilde{v}$ est la limite faible de $\inf\{|v_n|, k\} \in H_0^1(\Omega_n)$, on peut supposer v_n, v positifs et bornés.

Notons k un majorant uniforme de $\|v_n\|_\infty$ et introduisons, pour tout $\lambda > 0$ la solution variationnelle de

$$v_n^\lambda \in H_0^1(\Omega_n), \ v_n^\lambda - \lambda \Delta v_n^\lambda = v_n \ dans \ \Omega_n,$$

c'est-à-dire $\lambda v_n^\lambda = R_{\Omega_n}(v_n - v_n^\lambda)$. On a aussi $\|v_n^\lambda\|_\infty \leq k$ (voir ci-dessous). Ainsi $v_n^\lambda \leq 2k\lambda^{-1} w_{\Omega_n}$ et à la limite $v^\lambda := \lim_n v_n^\lambda \leq 2k\lambda^{-1}w$, soit $v^\lambda \in H_0^1(\Omega_w)$.

Il nous suffit donc de vérifier que la limite v^λ existe bien et qu'elle converge elle-même faiblement dans H^1 vers v quand λ tend vers 0, ce qui est élémentaire.

En effet, à partir de la définition variationnelle de v_n^λ, on obtient

$$\int_D (v_n^\lambda - v_n)^2 + \lambda |\nabla(v_n^\lambda - v_n)|^2 = < \lambda \Delta v_n, v_n^\lambda - v_n >_{H^{-1} \times H_0^1} . \quad (4.46)$$

Majorant le second membre par inégalité de Schwarz et simplifiant, on déduit (on suppose $\lambda \in]0,1[$)

$$\int_D (v_n^\lambda - v_n)^2 + \lambda |\nabla(v_n^\lambda - v_n)|^2 \le \lambda \|\Delta v_n\|_{H^{-1}}^2 \le C\lambda.$$

Ceci prouve d'abord que, pour λ fixé, v_n^λ est borné dans $H_0^1(D)$ et donc, au moins pour une sous-suite, converge faiblement dans H^1 vers une limite v^λ. De plus, à la limite, l'inégalité est préservée

$$\int_D (v^\lambda - v)^2 + \lambda |\nabla(v^\lambda - v)|^2 \le C\lambda.$$

Cette inégalité prouve que v^λ est borné dans H^1 et converge fortement dans L^2 vers v, ce qui termine la démonstration.

Pour vérifier le principe du maximum ($\|v_n^\lambda\|_\infty \le k$), on écrit à partir de la formulation variationnelle pour v_n^λ

$$\int_D [(v_n^\lambda - v_n)^+]^2 + \lambda |\nabla(v_n^\lambda - v_n)^+|^2 = \int_D (v_n - k)(v_n^\lambda - k)^+ \le 0.$$

□

Démonstration du lemme 4.7.11: On introduit les quasi-ouverts

$$\Omega^\epsilon = [w_\Omega > \epsilon], \; \Omega_n^\epsilon = \Omega_n \cup \Omega^\epsilon.$$

A une suite extraite près, on peut supposer que $w_{\Omega_n^\epsilon}$ converge faiblement dans $H_0^1(D)$ vers w^ϵ. Le point est de montrer que

$$(w_\Omega - \epsilon)^+ \le w^\epsilon \le w_\Omega. \quad (4.47)$$

Admettons-le et terminons la démonstration: (4.47) et le fait que w^ϵ est borné dans $H_0^1(D)$ impliquent que w^ϵ converge vers w_Ω faiblement dans H^1 et fortement dans L^2. Etant donné une suite ϵ_k décroissant vers 0, on peut donc trouver une sous-suite n_k telle que $w_{\Omega_{n_k}^{\epsilon_k}}$ converge vers w_Ω dans L^2 et faiblement H^1: ainsi $C_k := \Omega_{n_k}^{\epsilon_k}$ γ–converge vers Ω.

Pour montrer la 1ère inégalité de (4.47), remarquons que

$$w_{\Omega_n^\epsilon} \ge w_{\Omega^\epsilon} = (w_\Omega - \epsilon)^+,$$

et l'inégalité se conserve à la limite pour w^ϵ.

Pour la 2ème, on introduit $v^\epsilon = \epsilon^{-1}(\epsilon - w_\Omega)^+$ et $v_n = \inf\{w_{\Omega_n^\epsilon}, v^\epsilon\}$. Alors, $v_n \in H_0^1(\Omega_n)$ et converge faiblement vers $v = \inf\{w^\epsilon, v^\epsilon\}$: d'après le lemme 4.7.10, $v = 0$ q.p. hors de Ω; comme $v^\epsilon = 1$ hors de Ω, on en déduit $w^\epsilon = 0$ q.p. hors de Ω, c'est-à-dire $w^\epsilon \in H_0^1(\Omega)$. D'après les définitions de $w_{\Omega_n^\epsilon}, w_\Omega$

$$\int_D \nabla w_{\Omega_n^\varepsilon} \nabla [(w_{\Omega_n^\varepsilon} - w_\Omega)^+] = \int_D (w_{\Omega_n^\varepsilon} - w_\Omega)^+,$$

$$\int_D \nabla w_\Omega \nabla [(w^\varepsilon - w_\Omega)^+] = \int_D (w^\varepsilon - w_\Omega)^+.$$

Passant à la limite en n et soustrayant les deux relations, on obtient $(w^\varepsilon - w_\Omega)^+ = 0$, ce qui est la 2ème inégalité de (4.47). □

Examinons à présent quelques conséquences du théorème 4.7.6.

Corollaire 4.7.12 *Pour tout entier $k \geq 1$ fixé, et c réel $0 < c < |D|$ le problème*

$$\min\{\lambda_k(\Omega); \quad \Omega \in \mathcal{A}(D), \quad |\Omega| = c\} \tag{4.48}$$

(où λ_k est la k-ième valeur propre du Laplacien avec conditions de Dirichlet) a une solution. Plus généralement, si $\Phi : \mathbb{R}^m \to \mathbb{R}$ est une fonction croissante semi-continue inférieurement, alors le problème

$$\min\{\Phi(\lambda_{k_1}(\Omega), \lambda_{k_2}(\Omega), \ldots, \lambda_{k_m}(\Omega)); \quad \Omega \in \mathcal{A}(D), \quad |\Omega| = c\}$$

(m pouvant éventuellement prendre une valeur infinie) a une solution.

Le résultat se déduit immédiatement du théorème 4.7.6 en utilisant le corollaire 4.7.4.

Noter qu'on obtient aussi une solution pour les problèmes de minimisation avec pénalisation de la contrainte du type

$$\min\{\lambda_k(\Omega) + \big||\Omega| - c\big|, \Omega \in \mathcal{A}(D)\}.$$

En effet, ici la fonctionnelle n'est plus monotone, mais elle reste s.c.i. pour la γ−convergence faible comme somme de deux fonctionnelles s.c.i., ce qui suffit grâce à la compacité de $\mathcal{A}(D)$ pour cette convergence.

Le problème de minimum (4.48) est simple à énoncer mais conduit à des questions difficiles. Par exemple, quelles sont les propriétés qualitatives du minimum? quelle est sa régularité? peut-on l'identifier dans certains cas? etc. Nous renvoyons au paragraphe 1.2.3, ainsi qu'à [53], [156], [157] pour une discussion assez approfondie sur ces questions. Voir aussi le chapitre 6 pour quelques éléments de réponse.

Le théorème s'applique aussi à la fonctionnelle plus classique suivante qui fait intervenir la solution du problème de Dirichlet.

Corollaire 4.7.13 *Soit $f \in H^{-1}(D)$, $f \geq 0$, et $g : D \times \mathbb{R} :\longrightarrow \overline{\mathbb{R}}$ une fonction mesurable, telle que pour presque tout $x \in D$, $g(x,.)$ est semi continue inférieurement sur $\mathbb{R}^N \times \mathbb{R}$ et décroissante vérifiant de plus*

$$g(x,s) \geq -\alpha(x) - \beta s^2 \tag{4.49}$$

avec $\alpha \in L^1(D)$ *et* β *constante réelle, tous deux donnés. A tout quasi-ouvert* $\Omega \in \mathcal{A}(D)$, *on associe la fonction* $u_\Omega = R_\Omega(f)$ *et on considère la fonctionnelle* J *définie sur* $\mathcal{A}(D)$ *par*

$$J(\Omega) = \int_D g(x, u_\Omega(x)) \, dx.$$

Alors le problème de minimum

$$\min\{J(\Omega); \quad \Omega \in \mathcal{A}(D), \quad |\Omega| = c\}$$

a une solution.

En effet, l'hypothèse (i) du théorème est assurée par la proposition 4.7.5, tandis que l'hypothèse (ii) résulte du principe du maximum (ici $\Omega \to u_\Omega$ est croissante puisque $f \geq 0$) et de la monotonie de la fonction g.

Remarque 4.7.14 Cet exemple contient comme cas particulier l'énergie de Dirichlet traitée au paragraphe 4.5, où $g(x, s) = -f(x) s$. En fait, pour ce cas, il n'est pas nécessaire de supposer $f \geq 0$. En effet, en a

$$J(\Omega) = -\int_D f \, u_\Omega = \inf\{\int_D |\nabla v|^2 - 2f \, v, \; v \in H_0^1(\Omega)\}.$$

Puisque $\Omega \to H_0^1(\Omega)$ est croissante, $J(\cdot)$ est une fonction décroissante de Ω quel que soit le signe de f. On retrouve ainsi une nouvelle démonstration du théorème 4.5.2, au moins dans le cas D borné.

Exercices

Exercice 4.1 Montrer que, si D n'est pas de mesure finie, le problème (4.2) n'a pas nécessairement de solution (on pourra s'inspirer de l'exemple de la remarque 4.1.3).

Exercice 4.2 On suppose que D est un demi-espace. Montrer, par exemple à l'aide d'un argument de symétrie, que le problème (4.2) admet une solution qui est nécessairement une demi-boule "collée" au bord.

Exercice 4.3 On considère les deux problèmes isopérimétriques

$$|\Omega^*| = \max\{|\Omega|; \Omega \subset D \text{ mesurable}, \; P(\Omega) \leq P_0\}, \tag{4.50}$$

$$|\Omega^*| = \max\{|\Omega|; \Omega \subset D \text{ mesurable}, \; P_D(\Omega) \leq P_0\}. \tag{4.51}$$

Montrer qu'ils admettent une solution qui, si elle est différente de D, vérifie $P(\Omega^*) = P_0$ (resp. $P_D(\Omega^*) = P_0$) et coïncide avec celle de (4.1) (resp. de (4.2)) pour des valeurs convenables de P_0.

Exercice 4.4 On suppose ici que $y(\Omega) = \chi_\Omega$. Que se passe-t-il pour les problèmes (4.7) et (4.8) quand on prend $\tau = 0$ dans la fonctionnelle J définie par (4.6)?

Exercice 4.5 On considère le problème de minimisation (4.30) dans la boule unité B de $\mathbb{R}^3$.

1. Montrer que, s'il existe $w \in H_0^1(B)$ tel que $-\Delta w = f$ dans B et $|\Omega_w| = m$, alors Ω_w est un quasi-ouvert solution de (4.30). Supposons qu'il existe aussi un *ouvert* Ω^* solution de (4.30): prouver qu'alors $w = u_{\Omega^*}$, $\Omega_w = \Omega^*$ p.p..

Soit $(x_n)_{n \geq 1}$ une suite dense dans B et

$$v(x) = \sum_{n \geq 1} \alpha_n |x - x_n|^{-1}, \quad z = \inf\{1, v\},$$

où $\alpha_n > 0, \sum_n \alpha_n = \alpha < (16\pi)^{-1}$.

2. Montrer successivement que (voir aussi l'exercice 3.6):

$$z = 1 \ dans \ B(x_n, \alpha_n), |[z < 1]| > 0,$$

$$-\Delta v \geq 0 \ dans \ B, \ -\Delta z \geq 0 \ dans \ B, \ v \in H^1(B).$$

3. Soit $\psi \in \mathcal{C}_0^\infty(B)$ avec $0 \leq \psi \leq 1$, $\psi \equiv 1$ sur $B_{1/2}$ et $\eta > 0$ suffisamment petit pour que $|[v < 1 - \eta]| > 0$. On pose $w = \psi (1 - \eta - z)^+$. Montrer que Ω_w est un quasi-ouvert qui n'est pas égal p.p. à un ouvert.

4. Montrer qu'on peut choisir $f \in H^{-1}(B)$ et $m \in]0, 4\pi/3[$ de telle façon que le problème (4.30) associé n'admette pas de solution qui soit un ouvert de B.

Exercice 4.6 Montrer que, quand σ tend vers 0, toute solution du problème (4.36) converge vers une solution du problème (4.30).

Exercice 4.7 Montrer que si Ω_n γ-converge faiblement vers un quasi-ouvert de capacité nulle (c'est-à-dire le quasi-ouvert "vide"), alors il γ-converge fortement. Montrer que la suite d'ouverts obtenus en privant le carré unité de $\mathbb{R}^2$ des disques fermés centrés en $(i/n, j/n), 1 \leq i, j \leq n - 1$ et de rayon r_n a cette propriété si r_n tend assez vite vers 0. (Voir exercice 3.8).

Exercice 4.8 Démontrer le lemme 4.6.1.

Exercice 4.9 Le corollaire 4.7.12 est-il vrai quand on remplace les valeurs propres du Laplacien-Dirichlet par celles du Laplacien-Neumann?

Exercice 4.10 Soit D formé de la réunion de deux disques ouverts disjoints D_1, D_2 de rayons $R_1 > R_2$. Soit $m \in]\pi R_1^2, \pi(R_1^2 + R_2^2)[$ et $\omega \subset D_2$ un quasi-ouvert de mesure $m - \pi R_1^2$.

Montrer que $\Omega^* = \omega \cup D_1$ est solution du problème suivant (cf. problème (4.48))

$$|\Omega^*| = m, \ \lambda_1(\Omega^*) = \min\{\lambda_1(\Omega); \Omega \in \mathcal{A}(D), |\Omega| = m\}.$$

Exercice 4.11 Soit D un ouvert borné de $\mathbb{R}^N$ et $m \in]0, |D|[$. Montrer, à l'aide du théorème 4.7.6, que le problème suivant admet une solution

$$\min\{\text{cap}_D(F); F \subset D \ quasi - fermé, \ |F| = m\}.$$

Exercice 4.12 Soit K un compact de $\mathbb{R}^N$ et $m > |K|$. Montrer que le problème

$$\min\{\text{cap}_\Omega(K); \Omega \ quasi - ouvert, \ |\Omega| = m\}$$

a une solution.

5

Dérivation par rapport au domaine

5.1 Introduction

Dans ce chapitre, nous étudions comment on peut écrire des conditions d'optimalité du premier et du deuxième ordre pour des fonctionnelles de forme. Comme dans tout problème d'optimisation, elles ont plusieurs objectifs. Tout d'abord, elles permettent d'obtenir des renseignements intéressants sur le minimum (qui n'est pas connu *a priori*) et aident à le déterminer. Ainsi, on sait qu'en dimension finie, une des méthodes de recherche du minimum d'une fonctionnelle $J : \mathbb{R}^N \to \mathbb{R}$ consiste à résoudre l'équation (nonlinéaire en général) $\nabla J(x) = 0$ dans $\mathbb{R}^N$, puis à faire le tri parmi les solutions pour trouver celles correspondant au minimum. Quand la variable est une forme, cette équation conduit en général à un problème à frontière libre dit surdéterminé au sens où, en plus de l'équation d'état, qui est à elle seule un problème bien posé, la condition d'optimalité fournit une équation supplémentaire que doit vérifier la solution du problème sur le bord du domaine. Nous en verrons plusieurs exemples au cours de ce chapitre. Inversement d'ailleurs, de nombreux problèmes à frontière libre apparaissent comme l'équation d'Euler [1] d'un certain problème d'optimisation de forme. On dit alors que ce dernier est une formulation variationnelle du problème à frontière libre et on peut utiliser cette formulation, soit pour prouver l'existence d'une solution, soit pour la calculer numériquement... et c'est un 2ème objectif des conditions d'optimalité et de la dérivation.

En effet, en dimension finie, pour déterminer numériquement le minimum d'une fonctionnelle, on peut, entre autres approches,
– soit, comme indiqué ci-dessus, résoudre le système d'équations $\nabla J(x) = 0$, par exemple par une méthode de Newton, ce qui nécessite alors de dériver

---

[1] Leonhard EULER, 1707-1783, suisse, professeur à Saint-Pétersbourg, puis à Berlin, puis à nouveau à Saint-Pétersbourg. A laissé son nom un peu partout en mathématiques grâce à son oeuvre colossale touchant pratiquement à tous les domaines et d'une créativité exceptionnelle.

une fois de plus J et de faire intervenir le Hessien ou matrice des dérivées secondes de J

- soit, utiliser une méthode de descente de type gradient ou "quasi-Newton", chacune nécessitant le calcul de la dérivée de J à chaque itération.

L'approche est globalement la même pour calculer des formes optimales.

De même, les conditions d'ordre deux permettent d'analyser si une forme critique (c'est-à-dire annulant la dérivée première), possède une dérivée seconde positive ou non afin de détecter si cette forme est minimale, comme en calcul variationnel classique.

Pour toutes ces raisons, et d'autres encore, il est important de pouvoir disposer de la dérivée (ou différentielle) de la fonctionnelle qu'on souhaite minimiser. Mais, ce n'est pas chose facile pour une fonctionnelle de forme. En effet, la notion classique de différentiabilité requiert un cadre d'espace vectoriel normé, ce qui n'est pas le cas de l'ensemble des ouverts ou des domaines de $\mathbb{R}^N$. Alors, comment fait-on?

Soit $E : \mathcal{O} \to X$ où $\mathcal{O}$ est une famille de sous-ensembles de $\mathbb{R}^N$ et X un espace vectoriel normé. Une approche relativement satisfaisante est de considérer l'application $\theta \to \mathcal{E}(\theta) = E\big((I+\theta)(\Omega)\big)$ où θ varie autour de 0 dans un espace vectoriel normé Θ d'applications de $\mathbb{R}^N$ dans lui-même. On parle alors de *différentiabilité au sens classique de Fréchet*[2] pour l'application $\theta \in \Theta \to \mathcal{E}(\theta) \in X$. Ce point de vue s'avère particulièrement intéressant et efficace pour prouver les propriétés de régularité des fonctionnelles de forme usuelles, pour faire les calculs de dérivation et pour bien dégager les structures des dérivées dites "de forme".

Cependant, il est connu que, pour faire des calculs de différentielles (qui peuvent ici devenir très vite complexes), il est souvent plus agréable de se ramener à une variable réelle (on sait que $\forall \xi \in \Theta, \mathcal{E}'(0)\xi = \frac{d}{dt}_{|t=0} \mathcal{E}(t\,\xi)$!). Ainsi, nous analyserons aussi assez largement les dérivées d'expressions $t \in [0, T[\to E(\Omega_t)$ où $\Omega_t = \Phi(t)(\Omega)$ et $t \to \Phi(t) \in \Theta$. Un exemple classique consiste à prendre $\Phi(t) = I + t\theta$ où θ est un champ de vecteur régulier de $\mathbb{R}^N$ dans $\mathbb{R}^N$.

Quel que soit le point de vue, il est nécessaire de contourner la difficulté suivante: naturellement, les fonctions en jeu sont définies sur le domaine variable Ω_t (ou $\Omega_\theta = (I+\theta)(\Omega)$) et ne sont pas a priori définies sur un même domaine pour t (ou θ) petit. Par exemple, comment peut-on dériver une fonction $t \to u_t \in H^1(\Omega_t)$ où Ω_t est un ouvert variable?

En fait, la réponse dépend des cas et, plutôt que de poser une définition, donnons des principes généraux:

- Si u_t admet un prolongement "naturel" à $\mathbb{R}^N$, on utilisera la dérivée de son prolongement: c'est le cas par exemple si $u_t \in H^1_0(\Omega_t)$ (prolongée par 0).

---

[2] Maurice FRÉCHET, 1878-1973, français; enseigne à Poitiers, Strasbourg, Paris; a largement contribué au développement de la topologie et de l'analyse fonctionnelle.

- La fonction $v_t = u_t \circ \Phi(t)$ est toujours définie sur le domaine fixe Ω. Dans l'exemple ci-dessus, elle appartient à l'espace fixe $H^1(\Omega)$ (on suppose Φ régulier) et on peut donc s'intéresser à la dérivabilité de $t \to v_t \in H^1(\Omega)$. Si l'objectif est de dériver une fonction de u_t, ce point de vue peut suffire en "transportant" la fonction par $\Phi(t)$.

- S'il ne suffit pas ou qu'on veuille revenir à u_t, on peut "recomposer par $\Phi(t)^{-1}$" et obtenir des renseignements sur la dérivabilité de $t \to u_{t|_K}$, la restriction à tout compact K de l'ouvert Ω (puisque $K \subset \Omega_t$ pour t petit). Comme Ω est la réunion des compacts K, ceci permet de définir une dérivée de $t \to u_t$ sur Ω tout entier.

Cette approche est un peu simplifiée lorsqu'il existe un prolongement linéaire continu P des espaces fonctionnels de Ω à $\mathbb{R}^N$, par exemple de $H^1(\Omega)$ à $H^1(\mathbb{R}^N)$. On utilise alors la dérivabilité de $t \to P(v_t) \circ \Phi(t)^{-1}$ et on retrouve les propriétés de $t \to u_{t|_K}$.

Notons enfin que, dans la plupart des applications, il se trouve que $[t \to v_t]$ a plus de régularité que $[t \to u_t]$ et il est donc souvent stratégique de l'étudier.

Il existe beaucoup de contributions autour de la dérivation par rapport au domaine et il est difficile d'en faire une présentation organisée. Après l'article pionnier en 1907 de J. Hadamard [3] [137], il faut citer [231], [126], puis, avec le regain d'intérêt des années 70, les contributions [71], [69], [70] de J. Céa et al., ou [196], puis la série importante de travaux de F. Murat-J. Simon [205], [206], [239], [240], les travaux plus récents [108], [109], [61], [132], [133], [134], [135], [71], [210], [101],[102] ainsi que les livres [242], [110]. Ce chapitre emprunte beaucoup à tous ces travaux: il en retient ce qui a paru aux auteurs à la fois essentiel et suffisamment simple pour une bonne pratique de la dérivation par rapport au domaine et avec une présentation "self-contained". Mentionnons pour mémoire tous les aspects de dérivation numérique de formes qui ne seront pas abordés ici et qui ont connu un essor spectaculaire ces toutes dernières années.

5.2 Intégrales sur un domaine variable

5.2.1 Introduction

Commençons par la question importante dans beaucoup d'applications qu'est la dérivation d'intégrales de la forme

$$t \to I(t) = \int_{\Omega_t} f(t, x)\, dx,$$

---

[3] Jacques Salomon HADAMARD, 1865-1963, français, professeur à Bordeaux, puis à la Sorbonne, à l'Ecole Polytechnique et au Collège de France. On lui attribue le théorème des nombres premiers, mais aussi des travaux novateurs sur les équations intégrales et l'analyse variationnelle pour les équations aux dérivées partielles.

où $\Omega_t = \Phi(t, \Omega)$ est l'image d'un ensemble mesurable fixe $\Omega \subset \mathbb{R}^N$ par un difféomorphisme variable $\Phi(t, \cdot) : \mathbb{R}^N \to \mathbb{R}^N$ défini pour $t \in [0, T[$ avec $\forall y \in \mathbb{R}^N, \Phi(0, y) = y$. Ce calcul se fait par changement de variable en posant $x = \Phi(t, y)$, $y \in \Omega$ de telle sorte que

$$I(t) = \int_\Omega f(t, \Phi(t, y)) J(t, y)\, dy, \qquad (5.1)$$

où

$$J(t, y) = \det \left(D_y \Phi(t, y) \right)$$

est le jacobien de $\Phi(t, \cdot)$, c'est-à-dire le déterminant de la différentielle en y de $\Phi(t, \cdot)$ (ici $\Phi(t)$ est voisin de l'identité et $\det(D_y\Phi(t, y)) > 0$)). L'avantage est que le domaine est maintenant fixe et, en supposant suffisamment de régularité sur les données (voir plus loin), on obtient en posant $V(0, y) = \frac{\partial \Phi}{\partial t}(t, y)|_{t=0}$

$$I'(0) = \int_\Omega \left[\frac{\partial f}{\partial t}(0, y) + \nabla_y f(0, y)\, V(0, y) + f(0, y)\frac{\partial}{\partial t}_{|t=0} J(t, y) \right] dy. \quad (5.2)$$

Un calcul simple (voir ci-dessous) montre que $\frac{\partial}{\partial t}_{|t=0} J_\Phi(t, y) = \operatorname{div}_y V(0, y)$, si bien que (5.2) peut être réécrit

$$I'(0) = \int_\Omega \left[\frac{\partial f}{\partial t}(0, y) + \operatorname{div}_y(f\, V)(0, y) \right] dy, \qquad (5.3)$$

ou encore, en intégrant par parties quand c'est possible

$$I'(0) = \int_\Omega \frac{\partial f}{\partial t}(0, y)\, dy + \int_{\partial\Omega} (f\, V)(0, y).n(y)\, d\mathcal{H}^{N-1}(y), \qquad (5.4)$$

où $n(\cdot)$ désigne la normale unitaire extérieure à $\partial\Omega$ et $\mathcal{H}^{N-1}$ est la mesure superficielle sur $\partial\Omega$ (ou $(N-1)$-mesure de Hausdorff, en général).

Nous allons maintenant donner un énoncé précis pour (5.3).

5.2.2 Notations

On note $W^{1,\infty}(\mathbb{R}^N, \mathbb{R}^N)$ (ou plus simplement $W^{1,\infty}$ quand il n'y aura pas d'ambiguïté) l'espace des applications bornées et lipschitziennes de $\mathbb{R}^N$ dans lui-même muni de la norme

$$\forall \theta \in W^{1,\infty}, \; \|\theta\|_{1,\infty} = \sup_{y, \hat{y} \in \mathbb{R}^N, y \neq \hat{y}} \left\{ |\theta(y)| + |\theta(y) - \theta(\hat{y})| / |y - \hat{y}| \right\},$$

où $\mathbb{R}^N$ est muni de la norme euclidienne $|\cdot|$. On note I l'identité de $\mathbb{R}^N$.

On rappelle (voir par exemple [114]) que cet espace s'identifie au sous-espace de $L^\infty(\mathbb{R}^N)$ dont les dérivées partielles au sens des distributions sont des fonctions de $L^\infty(\mathbb{R}^N)$. De plus, les fonctions de $W^{1,\infty}$ sont différentiables p.p. et on a

$$\forall \theta \in W^{1,\infty}, \; \|\theta\|_{1,\infty} = \|\theta\|_{\infty} + supess_{y \in \mathbb{R}^N} \|D_y \theta(y)\|$$

où les normes des différentielles sont comprises en tant qu'opérateurs linéaires de $\mathbb{R}^N$ dans lui-même. Le lecteur désirant ne travailler qu'avec des dérivées au sens classique pourra d'ailleurs remplacer $W^{1,\infty}$ par $C^{1,\infty} := C^1 \cap W^{1,\infty}$ dans la suite sans perdre d'idée essentielle. La considération de $W^{1,\infty}$ est cependant intéressante pour des déformations d'ouverts lipschitziens.

Si $\|\theta\|_{1,\infty} < 1$, par le théorème du point fixe, $I+\theta$ est inversible, $(I+\theta)^{-1} \in W^{1,\infty}$ et on a

$$\begin{cases} \|(I+\theta)^{-1} - I\|_{1,\infty} \leq \|\theta\|_{1,\infty}(1 - \|\theta\|_{1,\infty})^{-1}, \\ \|(I+\theta)^{-1} - I + \theta\|_{\infty} \leq \|\theta\|_{1,\infty} \|I - (I+\theta)^{-1}\|_{\infty}. \end{cases} \quad (5.5)$$

Ainsi, $\theta \in W^{1,\infty} \to (I+\theta)^{-1} \in W^{1,\infty}$ est continu en 0 et $\theta \in W^{1,\infty} \to (I+\theta)^{-1} \in L^{\infty}$ est différentiable en 0, sa différentielle étant l'opposé de l'identité.

On se donne

$$\Phi : t \in [0, T[\to W^{1,\infty}(\mathbb{R}^N) \text{ dérivable en 0 avec } \Phi(0) = I, \Phi'(0) = V. \quad (5.6)$$

Comme $\Phi(t)$ est voisin de l'identité dans $W^{1,\infty}$ pour t voisin de 0, elle est inversible et, quitte à diminuer T, d'après (5.5)

$$\begin{cases} [t \in [0, T[\to \Phi(t)^{-1} \in W^{1,\infty}] \text{ est continu en 0,} \\ [t \in [0, T[\to \Phi(t)^{-1} \in L^{\infty}] \text{ est dérivable en 0 de dérivée } - V. \end{cases} \quad (5.7)$$

On écrira indifféremment $\Phi(t)(y)$ ou $\Phi(t, y)$ (de même pour toutes les autres fonctions). On note $J(t, y) = \det(D_y \Phi(t)(y))$ le jacobien de $\Phi(t)$ en y (qui est donc défini p.p. $y \in \mathbb{R}^N$).

Remarque 5.2.1 Le choix des Φ: Un choix fréquent pour les fonctions $\Phi(t)$ est

$$\Phi(t)(x) = x + t\, \theta(x) \text{ avec } \theta \in W^{1,\infty}(\mathbb{R}^N).$$

Ce choix sera particulièrement important plus loin quand nous parlerons de différentiabilité par rapport à $\theta \in W^{1,\infty}$ de fonctions définies sur $\Omega_\theta = (I + \theta)(\Omega)$. Pour des dérivées secondes, il pourra aussi être intéressant de choisir $\Phi(t) = I + t\theta + t^2 \hat{\theta}$. Nous renvoyons également à la remarque 5.2.9 pour d'autres choix de fonctions Φ.

On se fixe $\Omega \subset \mathbb{R}^N$ mesurable et on note $\forall t \in [0, T[, \Phi(t)(\Omega) = \Omega_t$. On vérifie facilement que Ω_t est mesurable et que, si Ω est ouvert, alors Ω_t l'est aussi.

Pour tout $t \in [0, T[$, on se donne $f(t, \cdot) \in L^1(\Omega_t)$ et on considère la fonction

$$t \in [0, T[\to I(t) = \int_{\Omega_t} f(t, x)\, dx = \int_{\Omega} f(t, \Phi(t, y)) J(t, y)\, dy.$$

Une preuve de la formule de changement de variable dans ce cadre lipschitzien peut être trouvée dans [114]. Dans tout ce qui suit, on omettra d'indiquer la variable d'intégration quand il n'y aura pas d'ambiguïté. Ainsi, on écrira par exemple pour les intégrales ci-dessus

$$\int_{\Omega_t} f(t) = \int_{\Omega} f(t, \Phi(t)) J(t).$$

5.2.3 La formule de dérivation

Nous commençons par le cas plus facile où $f(t, \cdot)$ est définie partout sur $\mathbb{R}^N$. Les dérivées en 0 sont des dérivées à droite.

Théorème 5.2.2 *Soit Φ vérifiant (5.6). On suppose que*

$$t \in [0, T[\to f(t) \in L^1(\mathbb{R}^N) \text{ est dérivable en 0 (de dérivée } f'(0)), \quad (5.8)$$

$$f(0) \in W^{1,1}(\mathbb{R}^N). \quad (5.9)$$

Alors $t \to I(t) = \int_{\Omega_t} f(t)$ est dérivable en 0 et on a

$$I'(0) = \int_{\Omega} f'(0) + \operatorname{div}[f(0) V]. \quad (5.10)$$

Si, de plus, Ω est un ouvert à bord lipschitzien, alors

$$I'(0) = \int_{\Omega} f'(0) + \int_{\partial\Omega} f(0) \, n.V . \quad (5.11)$$

Remarques Noter que, dans ce théorème, la dérivabilité de I et la formule (5.10) sont obtenues en supposant Ω seulement mesurable. La formule (5.11) requiert un peu de régularité du bord: il suffit en fait que $f(0)V$ admette une trace H^{N-1}−intégrable sur $\partial\Omega$. Comme $f(0)V \in W^{1,1}$, c'est le cas si Ω est à bord lipschitzien (voir [114]). Bien sûr, si $f(t) \equiv f \in L^1(\mathbb{R}^N)$ seulement, il n'est pas vrai que $t \to \int_{\Omega_t} f$ soit dérivable: il suffit de prendre $\Omega =]0, 1[, \Omega_t =]t, 1[, f(x) = x^{-1/2}\chi_\Omega$.

Un cas fréquent est celui où $f(t, \cdot)$ n'est définie que sur le domaine variable Ω_t et pas dans $\mathbb{R}^N$. Bien sûr, le théorème s'applique encore si f admet une extension sur $\mathbb{R}^N$ qui satisfait les hypothèses ci-dessus. Cependant, il est souvent plus intéressant de faire les hypothèses sur la fonction composée $(t, y) \to f(t, \Phi(t, y))$ plutôt que sur la fonction f elle-même: en effet, elle est définie sur un domaine fixe et est souvent plus régulière que f dans les applications.

On a les corollaires suivants où $f(t)$ est seulement supposée définie sur Ω_t:

Corollaire 5.2.3 *Soit Φ vérifiant (5.6) et $t \in [0, T[\to f(t) \in L^1(\Omega_t)$. On suppose que*

$$t \in [0, T[\to F(t) = f(t, \Phi(t, \cdot)) \in L^1(\Omega) \text{ est dérivable en 0,} \quad (5.12)$$

et qu'il existe un opérateur de prolongement linéaire et continu $P :: L^1(\Omega) \to L^1(\mathbb{R}^N)$ tel que $P(f(0)) \in W^{1,1}(\mathbb{R}^N)$.

Alors, il existe un prolongement $t \in [0, T[\to \tilde{f}(t) \in L^1(\mathbb{R}^N)$ dérivable en 0 de $t \to f(t)$ avec

$$\tilde{f}'(0) = F'(0) - \nabla P(f(0)).V.$$

De plus, $t \to I(t) = \int_{\Omega_t} f(t)$ est dérivable en 0 et on a la formule (5.10) en posant: p.p. $x \in \Omega$, $f'(0)(x) := \tilde{f}'(0)(x)$.

Remarque 5.2.4 Si Ω est un ouvert à bord régulier, un tel prolongement existe (voir par exemple [45] pour le cas C^1). Si Ω est ouvert, pour tout $z \in \Omega$, il existe $t_z \in]0, T[$ et $r_z > 0$ tel que

$$\forall t \in]0, t_z[, B(z, r_z) \subset \Omega_t, \text{ et donc p.p. } x \in B(z, r_z), f(t, x) = \tilde{f}(t, x).$$

Ainsi, pour tout compact $K \subset \Omega$, $t \to f(t)_{|K} \in L^1(K)$ est dérivable en 0 et la définition de $f'(0)$ ne dépend bien que de f. En fait, même si Ω est seulement mesurable, on peut montrer que cette définition ne dépend pas du choix de l'extension $\tilde{f}$ de f: voir l'exercice 5.11.

Si Ω n'est pas ouvert, il faut comprendre que $\text{div}[f(0)V]$ est obtenu en dérivant $P(f(0))V$ dans $\mathbb{R}^N$ et en prenant ensuite sa restriction à Ω. Comme pour la dérivée en temps, on vérifie qu'elle ne dépend pas du choix de l'extension.

Corollaire 5.2.5 *Soit Φ vérifiant (5.6), Ω ouvert et $t \in [0, T[\to f(t) \in L^1(\Omega_t)$. On suppose que*

$$t \in [0, T[\to F(t) = f(t, \Phi(t, \cdot)) \in L^1(\Omega) \text{ est dérivable en 0,} \qquad (5.13)$$

et que $f(0) \in W^{1,1}(\Omega)$. Alors, $t \to I(t) = \int_{\Omega_t} f(t)$ est dérivable en 0; pour tout compact $K \subset \Omega$, $t \to f(t)_{|K} \in L^1(K)$ est dérivable en 0, $f'(0) = F'(0) - \nabla f(0).V \in L^1(\Omega)$ et on a la formule (5.10).

Remarque Il faut comprendre que la fonction $f'(0)$ est définie ici par prolongement à partir des dérivées en 0 de $t \to f(t)_{|K}$. On prouve qu'elle est égale à $F'(0) - \nabla f(0).V$, ainsi elle appartient à $L^1(\Omega)$.

5.2.4 Les démonstrations

Commençons par dégager un lemme.

Lemme 5.2.6 *Soit $g \in W^{1,1}(\mathbb{R}^N)$ et $\Psi : [0, T[\to W^{1,\infty}$ continue en 0 avec $t \to \Psi(t) \in L^\infty$ dérivable en 0, de dérivée Z. Alors,*

$$t \to G(t) := g \circ \Psi(t) \in L^1(\mathbb{R}^N)$$

est dérivable en 0 et on a $G'(0) = \nabla g.Z$.

Démonstration: Nous utiliserons ici et plus loin que, sous l'hypothèse du lemme, pour tout $h \in L^1(\mathbb{R}^N)$

$$\lim_{t \to 0} h \circ \Psi(t) = h \text{ dans } L^1(\mathbb{R}^N). \tag{5.14}$$

En effet, on peut approcher h dans $L^1(\mathbb{R}^N)$ par des $h^p \in C_0^\infty(\mathbb{R}^N)$ et, en intercalant $h^p \circ \Psi(t)$, on voit par changement de variable $x = \Psi(t)y$ (dont le jacobien est uniformément borné) que

$$\|h \circ \Psi(t) - h\|_{L^1} \leq C\|h - h^p\|_{L^1} + \|h^p \circ \Psi(t) - h^p\|_{L^1}.$$

Puisque $h^p \in C_0^\infty$, ce dernier terme tend vers 0 à p fixé.

Supposons d'abord que $g \in C_0^\infty$. On a

$$\forall k \in \mathbb{R}^N, \ g(y+k) - g(y) - \nabla g(y).k = \int_0^1 [\nabla g(y+sk) - \nabla g(y)].k \, ds.$$

On l'applique avec $k = \Psi(t,y) - y = t \, Z(y) + t\epsilon(t,y)$ où $\epsilon(t,.)$ tend vers 0 dans L^∞, et on intègre en y. On a en posant

$$\eta_t = t^{-1}\|g(\Psi(t)) - g - t\nabla g.Z\|_{L^1},$$

$$e(t,g)(y) = \int_0^1 |\nabla g((1-s)y + s\Psi(t,y)) - \nabla g(y)|ds,$$

$$\eta_t \leq \|\nabla g\|_{L^1}\|\epsilon(t)\|_\infty + C \|e(t,g)\|_{L^1}, \tag{5.15}$$

où C est un majorant uniforme de $\|Z + \epsilon(t)\|_\infty$. On notant $C(g)$ la mesure du support de g, on a les estimations

$$\|e(t,g)\|_{L^1} \leq C(g)\|\nabla g\|_\infty\|\Psi(t) - I\|_\infty; \quad \|e(t,g)\|_{L^1} \leq 2\|\nabla g\|_{L^1}\|\Psi(t)\|_{W^{1,\infty}},$$

cette 2ème inégalité utilisant le changement de variable $x = (1-s)y + s\Psi(t,y)$.

Soit alors $g \in W^{1,1}$ et $g^p \in C_0^\infty$ convergeant vers g dans $W^{1,1}$. L'inégalité (5.15), qui est vraie pour g^p, passe à la limite pour g (on utilise (5.14)). D'autre part, grâce aux deux inégalités précédentes et $e(t,g) \leq e(t,g-g^p) + e(t,g^p)$, on a pour tout p

$$\|e(t,g)\|_{L^1} \leq 2\|g - g^p\|_{W^{1,1}}\|\Psi(t)\|_{W^{1,\infty}} + C(g^p)\|g^p\|_{W^{1,\infty}}\|\Psi(t) - I\|_\infty.$$

On en déduit que $\lim_{t \to 0} \eta_t = 0$, c'est-à-dire la conclusion du lemme. □

Démonstration du théorème 5.2.2: D'après (5.6),

$$p.p. \, y \in \mathbb{R}^N, \ D_y\Phi(t,y) = D_y\Phi(0,y) + t \, D_y V(y) + t\epsilon(t,y),$$

où $\epsilon(t)$ tend vers 0 dans L^∞. Ici $D_y\Phi(0,y) = I$ est l'application identique de $\mathbb{R}^N$ et on se rappelle que l'application déterminant est différentiable et que sa différentielle en l'identité est la fonction trace. Ainsi,

$$p.p. \, y \in \mathbb{R}^N, \, \det(D_y \Phi(t,y)) = 1 + t \operatorname{trace}(D_y V(y)) + t\epsilon_1(t,y),$$

avec $\epsilon_1(t)$ tendant vers 0 dans L^∞, soit encore

$$J(t,y) = 1 + t \operatorname{div}_y V(y) + t\epsilon_1(t,y). \tag{5.16}$$

Maintenant, on décompose $[I(t) - I(0)]/t$ en trois termes:

$$I_1 = \frac{1}{t} \int_\Omega [f(t, \Phi(t)) - f(0, \Phi(t))] J(t)$$

$$I_2 = \frac{1}{t} \int_\Omega [f(0, \Phi(t)) - f(0)] J(t), \quad I_3 = \int_\Omega f(0) \frac{1}{t} [J(t) - J(0)].$$

D'après (5.16) et par convergence dominée, I_3 tend vers $\int_\Omega f(0) \operatorname{div}_y V$ quand $t \to 0$. En revenant sur Ω_t, on constate que

$$I_1 = \frac{1}{t} \int_{\Omega_t} [f(t) - f(0)] = \frac{1}{t} \int_{\mathbb{R}^N} \chi_{\Omega_t} [f(t) - f(0)]$$

et tend donc vers $\int_\Omega f'(0)$ d'après (5.8) et le fait que χ_{Ω_t} tend fortement vers χ_Ω (facile à vérifier, voir exercice 5.11). Pour I_2, on applique le lemme 5.2.6 avec $g = f(0)$ et $\Psi(t) = \Phi(t)$ pour trouver une limite égale à $\int_\Omega \nabla f(0).V$. Ceci termine la preuve de la dérivabilité de $I(\cdot)$ et de l'expression (5.10). $\square$

Pour les corollaires, on utilise le lemme suivant:

Lemme 5.2.7 *Soit* $t \in [0, T[\to h(t) \in L^1(\mathbb{R}^N)$ *dérivable en 0 avec* $h(0) \in W^{1,1}(\mathbb{R}^N)$. *Alors, sous l'hypothèse (5.6),* $t \to g(t) = h(t) \circ \Phi(t)^{-1} \in L^1(\mathbb{R}^N)$ *est dérivable en 0 et* $g'(0) = h'(0) - \nabla g(0).V$.

Démonstration: Notons $\psi_t = \Phi(t)^{-1}$. On écrit $[g(t) - g(0)]/t = A(t) + B(t) + C(t)$ avec

$$A(t) = [\frac{h(t) - h(0)}{t} - h'(0)] \circ \psi_t, B(t) = h'(0) \circ \psi_t, C(t)[h(0) \circ \psi_t - h(0)]/t.$$

Par changement de variable, $\|A(t)\|_{L^1} \leq C \|\frac{h(t) - h(0)}{t} - h'(0)\|_{L^1}$ tend vers 0. Le 2ème terme $B(t)$ tend vers $h'(0)$ d'après (5.14). Pour le 3ème terme $C(t)$, on applique le lemme 5.2.6, en utilisant (5.7) et $h(0) \in W^{1,1}$, pour conclure qu'il converge vers $-\nabla h(0).V$. $\square$

Démonstration du corollaire 5.2.3: Posons $\tilde{f}(t) := P(F(t)) \circ \Phi(t)^{-1} \in L^1(\mathbb{R}^N)$. On a $\tilde{f}(t)_{|\Omega_t} = f(t)$. Puisque, par composition $t \to P(F(t))$ est dérivable en 0 et que $P(f(0)) \in W^{1,1}$, on applique le lemme 5.2.7 pour obtenir la dérivabilité de $t \to \tilde{f}(t)$.

On applique alors le théorème 5.2.2 à $\tilde{f}$ pour obtenir le corollaire. $\square$

Démonstration du corollaire 5.2.5: Soit $\zeta \in C_0^\infty(\Omega)$ avec $\zeta \equiv 1$ sur un voisinage de K. D'après le lemme 5.2.7 et (5.7), $t \to (\zeta f(t)) \circ \Phi(t)^{-1} \in L^1(\mathbb{R}^N)$ est dérivable en 0. Sa restriction à K, qui est $f(t)_{|K}$ pour t petit, est donc dérivable dans $L^1(K)$ et on a sur K: $f'(0) = [F'(0) - \nabla f(0).V]_{|K}$. Ceci permet de définir $f'(0)$ sur Ω tout entier par prolongement et on a l'expression annoncée pour $f'(0)$.

Puisque $I(t) = \int_\Omega F(t)J(t)$, $t \to I(t)$ est dérivable et on a

$$I'(0) = \int_\Omega F'(0) + f(0) \operatorname{div} V = \int_\Omega f'(0) + \nabla f(0).V + f(0)\operatorname{div} V,$$

d'où la formule (5.10). $\square$

5.2.5 Dérivation sur un intervalle et premières applications

Enonçons maintenant un corollaire pour la dérivabilité sur un intervalle.

Corollaire 5.2.8 *On suppose*

$$\Phi \in C^1([0,T[;W^{1,\infty}(\mathbb{R}^N)), \; f \in C^1([0,T[;L^1(\mathbb{R}^N)) \cap C([0,T[;W^{1,1}(\mathbb{R}^N)).$$

On pose $V(t,x) = \frac{\partial \Phi}{\partial t}(t, \Phi(t)^{-1}(x))$.

Alors $t \in [0,T[\to I(t)$ *est continuement dérivable sur* $[0,T[$ *et on a*

$$I'(t) = \int_{\Omega_t} \frac{\partial f}{\partial t}(t) + \operatorname{div}[f\,V](t) \,. \tag{5.17}$$

Démonstration: Avec la définition de V, on a

$$\forall (t,x) \in [0,T[\times\mathbb{R}^N, \; \frac{\partial \Phi}{\partial t}(t,x) = V(t,\Phi(t,x)), \; \Phi(0,x) = x. \tag{5.18}$$

Soit $t_0 \in [0,T[$. On pose

$$\overline{\Phi}(t) = \Phi(t+t_0) \circ \Phi(t_0)^{-1}, \; \overline{f}(t,x) = f(t+t_0, x)$$

et on applique le théorème 5.2.2 à $\overline{\Phi}, \overline{f}$ pour obtenir que I est dérivable en t_0 et la formule correspondante. Noter que la définition de V a été posée pour que

$$\frac{\partial \overline{\Phi}}{\partial t}(0) = \frac{\partial \Phi}{\partial t}(t_0, \Phi(t_0)^{-1}(\cdot)) = V(t_0, \cdot).$$

Il est facile de vérifier la continuité de $t \to I'(t)$ sur la formule. $\square$

Remarque 5.2.9 Très souvent Φ est défini comme le flot associé au champ de vecteurs V selon l'équation (5.18). Les deux approches sont totalement équivalentes. En effet, si on se donne $V \in C([0,T[;W^{1,\infty}(\mathbb{R}^N))$, l'équation (5.18) admet une solution unique sur $[0,T[$. La solution $\Phi(t)$ appartient bien à l'espace voulu puisque $Z(t,y) = D_y\Phi(t,y)$ est solution de $\frac{\partial Z}{\partial t} = D_y V(t,\Phi(t,x)).Z$: ainsi Z et $\frac{\partial Z}{\partial t}$ sont continues de $[0,T[$ dans $L^\infty(\mathbb{R}^N)$.

Noter que si $\Phi(t)(x) = x + t\theta(x)$ où $\theta \in W^{1,\infty}(\mathbb{R}^N)$, alors

$$V(0) = \theta, \; V(t) = \theta \circ (I + t\theta)^{-1}. \tag{5.19}$$

Nous terminons ce paragraphe par quelques applications.
Soit $f \in W^{1,1}(\mathbb{R}^N)$ et $\Phi \in C^1([0,T[;W^{1,\infty})$. Alors, $t \in [0,T[\to \int_{\Omega_t} f$ est dérivable et on a

$$\frac{d}{dt} \int_{\Omega_t} f = \int_{\Omega_t} \operatorname{div}[fV] \ (\int_{\partial\Omega_t} f\, V.n \text{ si } \Omega_t \text{ ouvert régulier}). \qquad (5.20)$$

C'est une application directe du corollaire 5.2.8. On en déduit, par exemple, la loi de conservation de volume pour une application Φ.

Corollaire 5.2.10 *Soit* $\Phi \in C^1([0,T[;W^{1,\infty})$. *Alors* $|\Omega_t| = |\Omega|$ *pour tout ensemble mesurable* $\Omega \subset \mathbb{R}^N$ *si et seulement si* $\operatorname{div}_x V = 0$ *sur* $\mathbb{R}^N$.

En effet, on applique la formule précédente avec $f \equiv 1$. On voit que le volume est conservé si et seulement si $\int_\Omega \operatorname{div}_x V = 0$ pour tout ensemble mesurable Ω. Ceci équivaut à $\operatorname{div}_x V = 0$ p.p.

On obtient de la même façon l'équation de continuité qui traduit la conservation de la masse pour les milieux continus.

Corollaire 5.2.11 *Sous les hypothèses du corollaire 5.2.8, on a*

$$\forall \Omega \text{ mesurable}, \int_{\Omega_t} f = \int_\Omega f,$$

si et seulement si

$$\frac{\partial f}{\partial t} + \operatorname{div}_x[fV] = 0 \text{ sur } [0,T[\times\mathbb{R}^N.$$

Nous aurons besoin d'une formule de dérivation qui n'entre pas dans celles déjà vues: en effet, nous allons devoir dériver des intégrales de la forme $\int_{\Omega_t} g\, u(t)$ où $u(t) \in H^1_0(\Omega_t)$ mais où g appartient seulement à $L^2(\mathbb{R}^N)$. Lorsque $g \in H^1(\mathbb{R}^N)$ et que Ω est un ouvert régulier, on obtient

$$\frac{d}{dt}_{|t=0} \int_{\Omega_t} g\, u(t) = \int_\Omega g\, u'(0) + \int_{\partial\Omega} g\, u(0)V(0).n = \int_\Omega g\, u'(0).$$

Il se trouve que ceci reste vrai quand $g \in L^2$ seulement et pour tout Ω mesurable (on renvoie au chapitre précédent pour la définition de $H^1_0(\Omega)$ lorsque Ω est seulement mesurable ou quasi-ouvert).

Lemme 5.2.12 *Soit* Φ *vérifiant (5.6),* $g \in L^2(\mathbb{R}^N)$ *et* $t \in [0,T[\to u(t) \in H^1_0(\Omega)$ *dérivable en 0 pour la norme de* $L^2(\mathbb{R}^N)$. *Alors,* $t \to \int_{\Omega_t} g\, u(t)$ *est dérivable en 0 et on a*

$$\frac{d}{dt}_{|t=0} \int_{\Omega_t} g\, u(t) = \int_\Omega g\, u'(0).$$

Démonstration: Il suffit de remarquer que $u(t) \in H_0^1(\Omega)$ nous permet d'écrire

$$I(t) = \int_{\Omega_t} g\, u(t) = \int_{\mathbb{R}^N} g\, u(t).$$

Ainsi

$$\frac{I(t) - I(0)}{t} = \int_{\mathbb{R}^N} g\, \frac{u(t) - u(0)}{t},$$

converge vers $\int_{\mathbb{R}^N} g\, u'(0)$ lorsque t tend vers 0.

5.3 Un problème modèle

5.3.1 Présentation du problème

Nous reprenons $t \to \Phi(t)$ vérifiant (5.6), $\Omega \subset \mathbb{R}^N$ mesurable *borné* et $\Omega_t = \Phi(t, \Omega)$. On se donne une fonction $f \in L_{loc}^2(\mathbb{R}^N)$, $\lambda \geq 0$ et on considère la solution u du problème de Dirichlet

$$\begin{cases} -\Delta u + \lambda u = f & \text{dans } \Omega \\ u = 0 & \text{sur } \partial\Omega. \end{cases}$$

Remarque Nous renvoyons à la proposition 4.5.1 pour la définition de la solution u lorsque Ω est seulement mesurable: on peut, en effet étendre la définition de $H_0^1(\Omega)$ à ce cadre. Comme il est montré dans la proposition 3.3.44, si nécessaire, on peut toujours modifier Ω en un quasi-ouvert sans changer $H_0^1(\Omega)$ (et de façon unique).

On considère de même, pour t voisin de 0, la solution u_t du problème de Dirichlet

$$\begin{cases} -\Delta u_t + \lambda u_t = f & \text{dans } \Omega_t \\ u_t = 0 & \text{sur } \partial\Omega_t, \end{cases} \tag{5.21}$$

défini plus précisément par sa formulation variationnelle:

$$u_t \in H_0^1(\Omega_t),\ \forall \varphi_t \in \Omega_t,\ \int_{\Omega_t} \nabla u_t \nabla \varphi_t + \lambda u_t \varphi_t = \int_{\Omega_t} f \varphi_t. \tag{5.22}$$

Comme fonctionnelle, on s'intéresse dans ce paragraphe à

$$J(\Omega_t) := a \int_{\Omega_t} |\nabla u_t - \nabla v_0|^2 + b \int_{\Omega_t} |u_t - v_1|^2, \tag{5.23}$$

où a et b sont des réels fixés et v_0 (resp. v_1) une fonction de $H_{loc}^2(\mathbb{R}^N)$ (resp. $H_{loc}^1(\mathbb{R}^N)$) donnée.

Pour pouvoir calculer la dérivée de $t \to J(\Omega_t)$, il est utile de dériver $t \to u_t$ en un sens adéquat. Comme on l'a vu précédemment, la situation diffère selon que les fonctions u_t admettent un prolongement ou pas. Or ici, puisque $u_t \in H_0^1(\Omega_t)$, il admet un prolongement naturel par 0 en une fonction de $H^1(\mathbb{R}^N)$. Nous travaillerons donc selon ce point de vue et nous ne distinguerons pas entre u_t élément de $H_0^1(\Omega_t)$ ou élément de $H^1(\mathbb{R}^N)$.

5.3.2 Un calcul formel

Supposons un instant que Ω soit un ouvert à bord régulier et que $t \to u_t$ aient de bonnes propriétés de dérivabilité (on note u' sa dérivée en 0). On peut alors dériver le problème (5.21), d'abord à l'intérieur de Ω, puis au bord en dérivant par rapport à t, et à x fixé, la relation

$$\forall x \in \partial\Omega, \ u_t(\Phi(t, x)) = 0.$$

On obtient ainsi

$$\text{dérivation à l'intérieur :} \ -\Delta u' + \lambda u' = 0 \text{ dans } \Omega, \qquad (5.24)$$

$$\text{dérivation au bord :} \ u' + \nabla u.V = 0 \text{ sur } \partial\Omega. \qquad (5.25)$$

Ainsi, u' est caractérisé comme étant la solution d'un problème aux limites de type Dirichlet non homogène sur Ω. On peut continuer le calcul de façon formelle et appliquer la formule (5.10) pour dériver $t \to j(t) = J(\Omega_t)$, ce qui donne

$$
\begin{aligned}
j'(0) = &\int_\Omega 2a\nabla u'.(\nabla u - \nabla v_0) + 2bu'(u - v_1) + \\
&+ \int_{\partial\Omega}[a|\nabla u - \nabla v_0|^2 + b|u - v_1|^2]V(0).n \ .
\end{aligned}
\qquad (5.26)
$$

Cette formule présente plusieurs difficultés. D'abord, on verra que u' est seulement dans $L^2(\mathbb{R}^N)$ en général: ceci pose un problème dans la 1ère intégrale de (5.26) pour le produit $\nabla u'.\nabla u$. D'autre part, $\nabla u \in L^2(\Omega)$ n'admet en général pas de trace sur $\partial\Omega$, ce qui pose problème pour l'écriture de la 2ème intégrale dans (5.26). Revenir à la forme non intégrée $\int_\Omega \mathrm{div}[\|\nabla u - \nabla v_0\|^2 V]$ n'aide pas vraiment car ∇u n'appartient pas à H^1: donc l'écriture de (5.26) et a fortiori sa justification posent des difficultés, au moins sans régularité sur Ω. En fait, nous pouvons réduire la question en remarquant que

$$\int_{\Omega_t} |\nabla u_t|^2 + \lambda u_t^2 = \int_{\Omega_t} f u_t. \qquad (5.27)$$

Ceci s'obtient à l'aide de la formulation variationnelle (5.22) en prenant $\varphi_t = u_t$. Ainsi, la fonctionnelle peut être réécrite

$$j(t) = \int_{\Omega_t} a(f u_t - \lambda u_t^2 - 2\nabla u_t.\nabla v_0 + |\nabla v_0|^2) + b(u_t^2 - 2u_t v_1 + v_1^2).$$

Mais puisque $u_t \in H_0^1(\Omega_t)$, ceci s'écrit encore

$$j(t) = \int_{\mathbb{R}^N} \bar{a} f u_t + (b - \lambda a) u_t^2 + 2a u_t \Delta v_0 - 2b u_t v_1 + \int_{\Omega_t} a|\nabla v_0|^2 + bv_1^2 \quad (5.28)$$

On voit immédiatement que, dès lors qu'on sait que $t \to u_t \in L^2(\mathbb{R}^N)$ est dérivable en 0, alors $j'(0)$ existe et le calcul est immédiat puisque le domaine variable n'apparaît plus que dans la dernière intégrale.

5.3.3 Les deux énoncés principaux

Théorème 5.3.1 *On suppose que Ω est mesurable borné, $f \in H^1(\mathbb{R}^N)$ et que Φ satisfait (5.6). Alors $t \to u_t \in L^2(\mathbb{R}^N)$ est dérivable en 0. Si Ω est un ouvert, sa dérivée u' est l'unique solution du problème*

$$u' + \nabla u.V \in H_0^1(\Omega), \quad -\Delta u' + \lambda u' = 0 \text{ dans } \Omega. \quad (5.29)$$

Dans tous les cas, la fonction j est dérivable en 0 et on a

$$j'(0) = \int_\Omega u'[af + 2(b - a\lambda)u + 2a\Delta v_0 - 2bv_1] + \text{div}\,[a|\nabla v_0|^2 + bv_1^2]. \quad (5.30)$$

Remarque Il est également possible d'écrire une formulation variationnelle faible de $-\Delta u' + u' = 0$ lorsque Ω est seulement mesurable: voir l'exercice 5.3.

Le point sans doute le plus important dans la démonstration de la dérivabilité de $t \to u_t$ est l'utilisation de la fonction composée $v_t = u_t \circ \Phi(t)$ définie sur le domaine fixe Ω et la preuve de sa dérivabilité. D'abord, il se trouve que cette fonction est dérivable à valeurs dans $H_0^1(\Omega)$. La dérivabilité de u_t se déduit alors par composition puisque $u_t = v_t \circ \Phi(t)^{-1}$ (et on a alors par dérivation directe de cette relation: $u' = v' - \nabla u.V$). Ensuite, l'outil très général pour prouver la dérivabilité de v_t est *le théorème des fonctions implicites appliqué à l'équation transportée sur le domaine fixe Ω.*

A ce point, il devient plus intéressant de parler de *différentiabilité* plutôt que de simple dérivabilité. Nous allons donc considérer des perturbations de l'identité $I + \theta$ où $\theta \in W^{1,\infty}(\mathbb{R}^N, \mathbb{R}^N)$ et est proche de 0 dans cet espace de telle sorte que $I + \theta$ est un homéomorphisme bi-lipschitzien (voir (5.5)). On introduit alors $\Omega_\theta = (I + \theta)(\Omega)$, u_θ la solution du problème

$$u_\theta \in H_0^1(\Omega_\theta), \ \forall \varphi_\theta \in H_0^1(\Omega_\theta), \int_{\Omega_\theta} \nabla u_\theta \nabla \varphi_\theta + \lambda u_\theta \varphi_\theta = \int_{\Omega_\theta} f \varphi_\theta, \quad (5.31)$$

et enfin $v_\theta = u_\theta \circ (I + \theta)$. Nous avons alors le résultat-clef suivant.

Théorème 5.3.2 *On suppose $f \in H^1(\mathbb{R}^N)$. Alors, $\theta \in W^{1,\infty} \to v_\theta \in H_0^1(\Omega)$ est de classe C^1 sur un voisinage de 0. De plus, $\theta \in W^{1,\infty} \to u_\theta \in L^2(\mathbb{R}^N)$ est différentiable en 0.*

Remarque Notons que Ω est seulement mesurable borné. Nous allons voir un peu plus loin que, quand f est C^∞, l'application $\theta \to v_\theta$ est même *de classe* C^∞, *ce, pour tout ensemble mesurable Ω!* En revanche, si f est seulement dans L^2, $\theta \to v_\theta \in H_0^1$ n'est pas nécessairement différentiable en 0 (voir remarques 5.3.4 et 5.3.6).

5.3.4 Les démonstrations

La démonstration des théorèmes utilise le lemme technique suivant qui sera aussi utile ultérieurement. On note J_θ le jacobien de $I + \theta$ $\left(J_\theta = \det(I + D\theta)\right)$. Pour une fonction $\theta \to G(\theta)$, on notera $G'(\theta)$ sa différentielle en θ.

Lemme 5.3.3 *Soit $g \in W^{1,p}(\mathbb{R}^N)$, $1 \le p < +\infty$. Alors, l'application*

$$G : \theta \in W^{1,\infty} \to g \circ (I + \theta) \in L^p(\mathbb{R}^N)$$

est de classe C^1 sur un voisinage de 0 et on a

$$\forall \xi \in W^{1,\infty}, \ G'(\theta).\xi = [\nabla g \circ (I + \theta)].\xi \ .$$

Plus généralement, si $\theta \in W^{1,\infty} \to \Psi(\theta) \in W^{1,\infty}$ est continu en 0 avec $\Psi(0) = I$ et $\theta \in W^{1,\infty} \to (g(\theta), \Psi(\theta)) \in L^p \times L^\infty$ différentiable en 0 avec $g(0) \in W^{1,p}$ et $g'(0) : W^{1,\infty} \to W^{1,p}$ continu, alors l'application

$$\mathcal{G} : \theta \in W^{1,\infty} \to g(\theta) \circ \Psi(\theta) \in L^p(\mathbb{R}^N)$$

est différentiable en 0 et on a

$$\forall \xi \in W^{1,\infty}, \ \mathcal{G}'(0)\,\xi = g'(0)\,\xi + \nabla g(0).\Psi'(0)\,\xi \ . \tag{5.32}$$

Remarque 5.3.4 Si $g \in L^2(\mathbb{R}^N)$ seulement, il n'est pas vrai que $\theta \in W^{1,\infty} \to g \circ (I + \theta) \in H^{-1}$ soit différentiable en 0 (voir [242] pour un contre-exemple). En revanche, $\theta \in W^{1,\infty} \to g \circ (I + \theta)J_\theta \in H^{-1}$ (qui apparaît naturellement dans les changements de variable) est faiblement différentiable au voisinage de 0. En effet, pour $v \in H^1(\mathbb{R}^N)$

$$\int v[g \circ (I + \theta)J_\theta - g] = \int g[v \circ (I + \theta)^{-1} - v],$$

et d'après le lemme précédent, $\theta \in W^{1,\infty} \to v \circ (I + \theta)^{-1} \in L^2$ est différentiable. Le facteur J_θ est important car cette propriété n'est pas vraie pour $\theta \in W^{1,\infty} \to g \circ (I + \theta) \in H^{-1}$ (voir l'exercice 5.5). Si on remplace $W^{1,\infty}$ par $C^{k,\infty}$, $k \ge 2$, les deux sont faiblement différentiables, mais non fortement en général.

Remarque 5.3.5 La 2ème partie du lemme ci-dessus s'applique en particulier à $\Psi(\theta) = (I + \theta)^{-1}$ d'après (5.5). On l'utilise pour montrer des différentiabilités à l'intérieur d'un ouvert Ω: si $\theta \to g(\theta) \in W^{1,p}(\Omega)$ vérifie les mêmes hypothèses que ci-dessus sur l'ouvert Ω plutôt que $\mathbb{R}^N$ et si

$\zeta \in C_0^\infty(\Omega), \zeta \equiv 1$ sur un voisinage de $k \subset \Omega$ compact, en appliquant le lemme à $\theta \to (\zeta g(\theta), (I + \theta)^{-1})$, on en déduit comme dans la démonstration du corollaire 5.2.5 que

$$\theta \in W^{1,\infty} \to g(\theta) \circ (I + \theta)^{-1}_{|K} \in L^p(K),$$

est différentiable en 0. Si $g(\theta) = f(\theta) \circ (I + \theta)$ où $f(\theta) \in W^{1,p}(\Omega_\theta)$, on obtient la différentiabilité de $\theta \to f(\theta)$ à l'intérieur de Ω.

Montrons le théorème 5.3.1, en admettant pour l'instant le théorème 5.3.2 et le lemme 5.3.3.

Démonstration du théorème 5.3.1: D'après le théorème 5.3.2 et par composition, $t \to u_t = u_{\Phi(t)-I} \in L^2(\mathbb{R}^N)$ est différentiable en 0 et

$$u_t = v_t \circ \Phi(t)^{-1} \Rightarrow u' = v' - \nabla u.V.$$

Ceci prouve que $u' + \nabla u.V \in H_0^1(\Omega)$.

Si Ω est ouvert et $\varphi \in \mathcal{C}_0^\infty(\Omega)$, pour t petit, on a aussi $\varphi \in \mathcal{C}_0^\infty(\Omega_t)$ et donc

$$\int_{\mathbb{R}^N} f\,\varphi = \int_{\Omega_t} f\,\varphi = \int_{\Omega_t} \nabla u_t.\nabla \varphi + \lambda u_t \varphi = \int_{\mathbb{R}^N} -u_t \Delta\varphi + \lambda u_t \varphi.$$

Par dérivation, on obtient que: $\forall \varphi \in \mathcal{C}_0^\infty(\Omega), 0 = \int_\Omega -u'\Delta\varphi + \lambda u'\varphi$.

Quant à la formule (5.30), elle a déjà été établie comme conséquence de l'expression (5.28). $\square$

Démonstration du lemme 5.3.3: Le résultat sur G est une conséquence de celui sur $\mathcal{G}$: on fixe θ_0 petit et on choisit $g(\theta) \equiv g \circ (I + \theta_0)$ et $\Psi(\theta) = I + (I+\theta_0)^{-1}\theta$. On constate ensuite la continuité de $\theta_0 \to G'(\theta_0)$ sur la formule (on utilise l'approche de (5.14) pour la continuité de $\theta_0 \to \nabla g \circ (I + \theta_0)$).

Pour la différentiabilité de $\mathcal{G}$ en 0, montrons

$$\|g(\theta) \circ \Psi(\theta) - g(0) - \nabla g(0).\Psi'(0)\,\theta - g'(0)\,\theta\|_p = o(\|\theta\|_{1,\infty}).$$

On décompose ceci en quatre morceaux

$$A(\theta) = [g(\theta) - g(0) - g'(0)\,\theta] \circ \Psi(\theta), \quad B(\theta) = \nabla g(0).[\Psi(\theta) - \Psi(0) - \Psi'(0)\,\theta],$$

$$C(\theta) = g(0) \circ \Psi(\theta) - g(0) - \nabla g(0).[\Psi(\theta) - \Psi(0)], \quad D(\theta) = (g'(0).\theta) \circ \Psi(\theta) - g'(0)\,\theta.$$

Par changement de variable pour A

$$\|A(\theta)\|_p \le \|g(\theta) - g(0) - g'(0)\,\theta\|_p \|\Psi(\theta)\|_{1,\infty} = o(\|\theta\|_{1,\infty}).$$

$$\|B(\theta)\|_p \le \|g\|_{1,p}\|\Psi(\theta) - \Psi(0) - \Psi'(0)\,\theta\|_\infty = o(\|\theta\|_{1,\infty}).$$

Pour C, posons $g := g(0), \psi := \Psi(\theta) - \Psi(0)$. On a, comme dans la démonstration du lemme 5.2.6

$$\|g(I+\psi)-g-\nabla g.\psi\|_p = \|\int_0^1 ds[\nabla g(I+s\psi)-\nabla g].\psi\|_p \le \|\psi\|_\infty \|e(g)\|_p,$$
$$(5.33)$$

où $e(g) = \int_0^1 |\nabla g(I+s\psi)-\nabla g|ds$. On approche g dans $W^{1,p}$ par $g^k \in C_0^\infty$, et comme dans la démonstration du lemme 5.2.6, on a

$$\|e(g)\|_p \le \|e(g-g^k)\|_p + \|e(g^k)\|_p \le 2\|g-g^k\|_{1,p}[1+\|\psi\|_{1,\infty}] + C_k\|\psi\|_\infty,$$

où C_k ne dépend que de g_k. Puisque ψ tend vers 0 dans L^∞ en restant borné dans $W^{1,\infty}$ quand $\|\theta\|_{1,\infty}$ tend vers 0, on en déduit que $\|e(g)\|_p$ tend aussi vers 0 et donc, d'après (5.33), que $C(\theta) = o(\|\theta\|_{1,\infty})$ puisque $\|\psi\|_\infty \le C\|\theta\|_{1,\infty}$. Enfin, pour D, en exprimant l'accroissement en termes du gradient de $g'(0)\,\theta$, on a

$$\|D(\theta)\|_p \le \|g'(0)\,\theta\|_{1,p}\|\Psi(\theta)-I\|_\infty \le C\|\theta\|_{1,\infty}^2.$$

$\square$

Démonstration du théorème 5.3.2: Le point majeur est que v_θ est solution de

$$v_\theta \in H_0^1(\Omega), \quad -\mathrm{div}\big(A(\theta)\nabla v_\theta\big) + \lambda J_\theta v_\theta = [f\circ(I+\theta)]J_\theta, \quad (5.34)$$

où

$$A(\theta) = J_\theta(I+D\theta)^{-1}(I+{}^tD\theta)^{-1}. \quad (5.35)$$

Cela se voit par changement de variable à partir de la formulation variationnelle. En effet, rappelons que, si $\varphi \in H_0^1(\Omega)$, alors $\varphi_\theta := \varphi\circ(I+\theta)^{-1} \in H_0^1(\Omega_\theta)$ et on a

$$\nabla\varphi_\theta = [(I+{}^tD\theta)^{-1}\nabla\varphi]\circ(I+\theta)^{-1}.$$

Par définition de u_θ

$$\forall\,\varphi \in H_0^1(\Omega), \quad \int_{\Omega_\theta} \nabla u_\theta \nabla\varphi_\theta + \lambda u_\theta \varphi_\theta = \int_{\Omega_\theta} f\,\varphi_\theta. \quad (5.36)$$

Par changement de variable, $x = (I+\theta)(y)$, ceci s'écrit encore (rappelons aussi que $\nabla v_\theta = (I+{}^tD\theta)[\nabla u_\theta \circ (I+\theta)]$): $\forall\varphi \in H_0^1(\Omega)$,

$$\int_\Omega \{[(I+{}^tD\theta)^{-1}\nabla v_\theta][(I+{}^tD\theta)^{-1}\nabla\varphi] + \lambda v_\theta \varphi\} J_\theta = \int_\Omega [f\circ(I+\theta)]\varphi J_\theta.$$

On en déduit (5.34).

On considère maintenant l'opérateur

$$F: (\theta,v)\in W^{1,\infty}\times H_0^1(\Omega) \to -\mathrm{div}\big(A(\theta)\nabla v\big)+\lambda J_\theta v-[f\circ(I+\theta)]J_\theta \in H^{-1}(\Omega).$$

(Explication: si Ω est ouvert, cette définition est claire. Si Ω est seulement mesurable, $H^{-1}(\Omega)$ désigne le dual de $H_0^1(\Omega)$ et on définit l'opérateur de dérivation par dualité, soit

$$\forall \varphi \in H_0^1(\Omega), \ < -\mathrm{div}(A(\theta)\nabla v), \varphi > = \int_\Omega A(\theta)\nabla v.\nabla\varphi.)$$

L'application F est de classe C^1 pour θ petit: en effet, $\theta \in W^{1,\infty} \to J_\theta = \det(I + D\theta) \in L^\infty$ est de classe C^∞ puisque $\theta \in W^{1,\infty} \to I + D\theta \in L^\infty(\mathbb{R}^N, \mathcal{M}_N)$ l'est, où on note $\mathcal{M}_N$ l'espace des matrices carrées $N \times N$, et l'application det est polynomiale et continue pour la norme L^∞. De même $\theta \in W^{1,\infty} \to (I + D\theta)^{-1} = \sum_{q \geq 0}(-1)^q D\theta^q \in L^\infty(\mathbb{R}^N, \mathcal{M}_N)$ est aussi C^∞ (sa différentielle est $\xi \to -(I + D\theta)^{-1}D\xi(I + D\theta)^{-1}$). Donc

$$\theta \in W^{1,\infty} \to A(\theta) \in L^\infty(\mathbb{R}^N, \mathcal{M}_N) \text{ est de classe } C^\infty, \tag{5.37}$$

et l'application

$$(A, v) \in L^\infty(\mathbb{R}^N, \mathcal{M}_N) \times H_0^1(\Omega) \to -\mathrm{div}(A\nabla v) \in H^{-1}(\Omega),$$

est de classe C^∞ puisque bilinéaire et continue. Enfin, d'après le lemme 5.3.3,

$$\theta \to k(\theta) = [f \circ (I + \theta)]J_\theta \in L^2(\mathbb{R}^N) \subset H^{-1}(\Omega)$$

est de classe C^1.

L'opérateur $D_v F(0,0)$ est un isomorphisme de $H_0^1(\Omega)$ sur $H^{-1}(\Omega)$ puisque

$$\forall \ \varphi \in H_0^1(\Omega), \ D_v F(0,0)\varphi = -\Delta\varphi + \lambda\varphi.$$

Ainsi, d'après le théorème des fonctions implicites, il existe $\theta \in W^{1,\infty} \to v(\theta) \in H_0^1(\Omega)$ de classe C^1 sur un voisinage de 0 telle que $F(\theta, v(\theta)) \equiv 0$. Par unicité pour le problème (5.36), on en déduit $v(\theta) = v_\theta$, d'où la régularité annoncée pour v_θ.

Pour celle de u_θ, on écrit $u_\theta = v_\theta \circ (I + \theta)^{-1}$. On applique alors la 2ème partie du lemme 5.3.3 avec $p = 2$, $g(\theta) = v_\theta$, qui satisfait aux hypothèses d'après le point précédent, et $\Psi(\theta) = (I + \theta)^{-1}$ qui satisfait aux hypothèses d'après (5.5). □

Remarque 5.3.6 On voit que la régularité de l'application F n'est en fait limitée que par celle de f. En exploitant l'approche ci-dessus, nous pouvons facilement obtenir des résultats de différentiabilité d'ordre supérieur. C'est ce que nous faisons dans la section suivante.

En revanche, si f est seulement dans L^2, on voit que $\theta \to v_\theta \in H_0^1(\Omega)$ n'est pas en général différentiable. En effet, si elle l'était, $\theta \to \mathrm{div}(A(\theta)\nabla v_\theta) \in H^{-1}(\Omega)$ le serait aussi puisque $\theta \to A(\theta) \in L^\infty$ l'est et les autres opérateurs sont linéaires continus. Or, pour $\lambda = 0$, ceci est égal à $f \circ (I + \theta)J_\theta$ sur Ω et il existe des $f \in L^2$ pour lesquels ceci n'est pas différentiable (voir remarque 5.3.4).

On peut aussi se demander quelle est la régularité de $\theta \to u_\theta$ au voisinage de 0 et pas seulement en 0. On voit qu'elle passe par celle de $(I + \theta)^{-1}$ et il faut être prudent (voir exercice 5.2). Ceci dit, la recomposition par $(I + \theta)^{-1}$ de $v_\theta = u_\theta \circ (I + \theta)$ crée des difficultés artificielles (voir exercices 5.1 et 5.2).

5.3.5 Dérivabilité d'ordre supérieur

Proposition 5.3.7 *On suppose $f \in H^k(\mathbb{R}^N)$ avec $k \geq 1$ entier. Alors, l'application*

$$\theta \in W^{1,\infty} \to v_\theta \in H_0^1(\Omega)$$

est de classe C^k sur un voisinage de 0. Si $f \in C^\infty(\mathbb{R}^N)$, elle est de classe C^∞ (ce pour tout Ω mesurable).

Démonstration: Il suffit de montrer que la fonction F introduite dans la démonstration précédente est de classe C^k et d'appliquer le théorème des fonctions implicites comme ci-dessus. Comme le 1er morceau de F est C^∞, il suffit de montrer que $\theta \to [f \circ (I + \theta)]J_\theta \in L^2(\Omega)$ est de classe C^k. Ceci se fait facilement par récurrence à partir du lemme 5.3.3 (voir aussi le lemme 5.3.9 un peu plus loin). $\square$

Remarque Bien sûr, sans hypothèse supplémentaire, on ne peut pas espérer autant de régularité pour $\theta \to u_\theta = v_\theta \circ (I + \theta)^{-1}$, puisque la différentielle 1ère fait déjà intervenir $\nabla v_\theta \circ (I + \theta)^{-1}$ (qui n'est même pas différentiable à valeurs dans H^{-1} puisque ∇v_θ est seulement dans L^2 en général). Par contre, on peut, par exemple en déduire que

$$\theta \in W^{1,\infty} \to \int_{\Omega_\theta} u_\theta = \int_\Omega v_\theta J_\theta \text{ est } C^\infty,$$

puisque $\theta \to v_\theta$, J_θ le sont. Il en est de même de la fonctionnelle d'énergie de Dirichlet que nous avons longuement analysée au chapitre précédent.

Corollaire 5.3.8 *On suppose $f \in H^k(\mathbb{R}^N), k \geq 1$. Alors l'application*

$$\theta \in W^{1,\infty} \to j(\theta) = \frac{1}{2} \int_{\Omega_\theta} |\nabla u_\theta|^2 + \lambda u_\theta^2 - \int_\Omega f\, u_\theta,$$

est de classe C^k au voisinage de 0 et on a

$$\forall \xi \in W^{1,\infty}, \ j'(0).\xi = -\frac{1}{2} \int_\Omega f\, u' = -\frac{1}{2} \int_\Gamma |\nabla u|^2 \xi.n \ (\text{si } \Omega \text{ assez régulier}).$$

Démonstration: On se rappelle que $\int_{\Omega_\theta} |\nabla u_\theta|^2 + \lambda u_\theta^2 = \int_{\Omega_\theta} f\, u_\theta$, si bien que

$$j(\theta) = -\frac{1}{2} \int_{\Omega_\theta} f\, u_\theta = -\frac{1}{2} \int_\Omega f \circ (I + \theta)\, v_\theta\, J_\theta.$$

Cette dernière formule permet de voir que j est de classe C^k d'après la proposition 5.3.7. On peut dériver $j(\theta) = -\frac{1}{2} \int_{\mathbb{R}^N} f\, u_\theta$ pour obtenir

$$\forall \xi \in W^{1,\infty}, \ j'(0).\xi = -\frac{1}{2} \int_{\mathbb{R}^N} f\, u' = -\frac{1}{2} \int_\Omega f\, u'.$$

Si Ω est ouvert, on a $f = -\Delta u + \lambda u$ sur Ω et donc, si Ω est à bord régulier

$$2j'(0).\xi = -\int_\Omega u'(-\Delta u + \lambda u) = \int_\Gamma u'\nabla u.n,$$

en utilisant $-\Delta u' + \lambda u' = 0$. Et puisque $u' = -\nabla u.\xi$ au bord et que ∇u est colinéaire à n, on en déduit la formule du corollaire.

5.3.6 Dérivabilité dans des espaces réguliers

Terminons par quelques résultats de régularité dans des espaces plus réguliers. Rassemblons d'abord dans un lemme diverses propriétés de dérivabilité d'ordre supérieur. Pour $k \geq 1$ entier, on désigne par $W^{k,\infty}(\mathbb{R}^N, \mathbb{R}^N)$ ou $W^{k,\infty}$ l'espace des fonctions de classe C^{k-1} dont toutes les dérivées jusqu'à l'ordre $(k-1)$ sont bornées et dont la $(k-1)$-ème dérivée est dans $W^{1,\infty}$ et on le munit d'une norme naturelle associée.

Lemme 5.3.9 *On suppose $g \in H^{m+k}(\mathbb{R}^N)$ avec $m \geq 0$, $k \geq 1$ entiers. Alors*

$$\theta \in W^{\max\{m,1\},\infty} \to g \circ (I + \theta) \in H^m(\mathbb{R}^N),$$

est de classe C^k.
Si $t \in [0,T[\to G(t) \in H^{m+k}(\mathbb{R}^N)$ est de classe C^k et si $\xi \in C_0^\infty(\mathbb{R}^N)$, alors

$$t \in [0,T[\to G(t) \circ (I + t\xi)^{-1} \in H^m(\mathbb{R}^N)$$

est de classe C^k au voisinage de 0.

Démonstration: Notons $\mathcal{G}(\theta) = g \circ (I + \theta)$. Supposons d'abord $m = 0$: il s'agit de montrer que, si $g \in H^k$, $k \geq 1$, alors $[\theta \in W^{1,\infty} \to \mathcal{G}(\theta) \in L^2]$ est de classe C^k. On sait déjà qu'elle est de classe C^1 avec $\mathcal{G}'(\theta)\xi = \nabla g \circ (I + \theta).\xi$ où $\nabla g \in H^{k-1}$. On obtient donc le résultat par récurrence pour $k \geq 2$.
Supposons $m = 1$: il s'agit de montrer que, si $g \in H^{k+1}$, alors $[\theta \in W^{1,\infty} \to \mathcal{G}(\theta) \in H^1]$ est de classe C^k ou que

$$\theta \in W^{1,\infty} \to \nabla \mathcal{G}(\theta) = {}^t(I + D\theta)\nabla g \circ (I + \theta) \in L^2$$

est de classe C^k. Or $\theta \in W^{1,\infty} \to D\theta \in L^\infty$ est de classe C^∞ et $\nabla g \in H^k$. Cela résulte donc du cas précédent $m = 0$.
Soit maintenant $g \in H^{m+k}$ avec $m \geq 2$. Il s'agit de montrer que

$$\theta \in W^{m,\infty} \to \nabla(\mathcal{G}(\theta)) = {}^t(I + D\theta)\,\nabla g \circ (I + \theta) \in H^{m-1}$$

est de classe C^k. Comme $\theta \in W^{m,\infty} \to D\theta \in W^{m-1,\infty}$ est de classe C^∞ et que la multiplication par un élément de $W^{m-1,\infty}$ est continue de H^{m-1} dans H^{m-1}, il suffit de montrer que

$$\theta \in W^{m-1,\infty} \to \nabla g \circ (I + \theta) \in H^{m-1}$$

est de classe C^k sachant que $\nabla g \in H^{m-1+k}$. Cela s'obtient donc par récurrence sur m à partir de $m - 1 = 1$ pour lequel on vient de le montrer.

On déduit du résultat précédent que, pour $m, k \geq 1$ et $l \geq \max\{m, 1\}$, l'application

$$(g, \Theta) \in H^{m+k}(\mathbb{R}^N) \times W^{l,\infty} \to g \circ (I + \Theta) \in H^m(\mathbb{R}^N) \qquad (5.38)$$

est de classe C^k (grâce à sa linéarité par rapport à g). Puisque l'application

$$t \in [0, T[\to (G(t), (I + t\xi)^{-1} - I) \in H^{m+k} \times W^{l,\infty}$$

est de classe C^k (on utilise $\xi \in C_0^\infty$ et on suppose T assez petit), il en résulte que $t \in [0, T[\to G(t) \circ (I + t\xi)^{-1} \in H^m(\mathbb{R}^N)$ est de classe C^k. $\quad\square$

Proposition 5.3.10 *Soit $m \geq 0$, $k \geq 1$. Si $f \in H^{(m-1)^+ + k}(\mathbb{R}^N)$ et Ω est de classe C^{m+1}, alors*

$$\theta \in W^{m+1,\infty} \to v_\theta \in H_0^1(\Omega) \cap H^{m+1}(\Omega),$$

est de classe C^k au voisinage de 0.

On suppose $f \in H^{(m+k-2)^+ + k}(\mathbb{R}^N)$ avec $k \geq 1$, $m \geq 0$, Ω de classe C^{m+k} et $\xi \in C_0^\infty$. Il existe alors un prolongement $\tilde{u}_t \in H^{m+k}(\mathbb{R}^N)$ de $u_t := u_{t\xi}$ tel que

$$t \in [0, T[\to \tilde{u}_t \in H^m(\mathbb{R}^N)$$

soit de classe C^k.

Démonstration: Le cas $m = 0$ a déjà fait l'objet de la proposition 5.3.7. Supposons donc $m \geq 1$. On considère la restriction de l'opérateur F défini dans la démonstration du théorème 5.3.2 à $X = W^{m+1,\infty} \times \left(H_0^1(\Omega) \cap H^{m+1}(\Omega) \right)$. Considéré comme à valeurs dans $H^{m-1}(\Omega)$, elle est de classe C^k : en effet,

$$\theta \in W^{m+1,\infty} \to J_\theta \in W^{m,\infty} \text{ et } (\theta, v) \in X \to -\text{div}\left(A(\theta)\nabla v\right) + \lambda J_\theta v \in H^{m-1},$$

sont de classe C^∞ et $\theta \in W^{m+1,\infty} \to f \circ (I + \theta)J_\theta \in H^{m-1}$ est de classe C^k d'après le lemme 5.3.9. Par ailleurs, $D_v F(0,0)$ est un isomorphisme de $H_0^1(\Omega) \cap H^{m+1}(\Omega)$ dans $H^{m-1}(\Omega)$ (voir par exemple [45] pour les résultats de régularité correspondants). La régularité annoncée de v_θ résulte donc du théorème des fonctions implicites.

Celle de u_t s'en déduit : comme $f \in H^{(m'-1)^+ + k}$ avec $m' = m + k - 1 \geq 0$ et Ω est de classe C^{m+k}, $\theta \in W^{m+k,\infty} \to v_\theta \in H^{m+k}(\Omega)$ est de classe C^k. Par composition, $t \to v_{t\xi} \in H^{m+k}(\Omega)$ est aussi de classe C^k. On applique alors le lemme 5.3.9 avec $G(t) = P(v_{t\xi})$ où P est un prolongement linéaire continu de $H^{m+k}(\Omega)$ à $H^{m+k}(\mathbb{R}^N)$ (voir [4]). Il en résulte que $t \to \tilde{u}_t = P(v_{t\xi}) \circ (I + t\xi)^{-1} \in H^m(\mathbb{R}^N)$ est de classe C^k et $\tilde{u}_t$ est bien un prolongement de u_t. $\quad\square$

Remarque On pourrait aussi énoncer des résultats de différentiabilité dans les espaces de Hölder $C^{k,\alpha}$: pour cela on considère la restriction de l'opérateur F utilisé ci-dessus à ces sous-espaces et on applique la théorie de régularité de Schauder [4] à $D_v F(0,0)$. Par exemple, on peut considérer

---

[4] Jules SCHAUDER, 1899-1943, polonais de la célèbre école de Lwów, victime de la Shoah. Un des acteurs du développement spectaculaire des espaces fonctionnels et des méthodes topologiques en analyse.

$$F : C^{2,\alpha} \times (H_0^1 \cap C^{2,\alpha}) \to C^{\alpha},$$

qui est de classe C^{∞} si $f \in C^{\infty}$. Par la théorie de Schauder, si Ω est assez régulier, $DF_v(0,0)$ est un isomorphisme de $H_0^1 \cap C^{2,\alpha}$ dans C^{α}. On en déduit que $\theta \in C^{2,\alpha} \to v_{\theta} \in C^{2,\alpha}$ est de classe C^{∞}.

5.4 Intégrales sur un bord variable

Beaucoup de problèmes conduisent à la dérivation d'intégrales sur des bords de domaines variables: par exemple, la considération de conditions au bord de type Neumann, ou de type mixte, ou aussi le calcul de dérivées secondes puisque les dérivées 1ères contiennent déjà des intégrales sur le bord. Nous donnons dans ce paragraphe un certain nombres d'outils utiles pour ce type de dérivation.

5.4.1 Intégrales de bord: définitions et propriétés

Dans tout ce paragraphe, on se donne un ouvert Ω borné qui est au moins de classe C^1, c'est-à-dire que Ω est à bord lipschitzien selon la définition 2.4.5 et que les fonctions φ intervenant dans cette définition sont de classe C^1 (et pas seulement lipschitziennes). On note $\Gamma = \partial\Omega$.

Notons que beaucoup des propriétés que nous allons rappeler s'étendent au cas lipschitzien, mais nous choisissons le cadre C^1 pour garder une présentation plus simple.

Par compacité, on va donc supposer que Γ est représentable par un nombre fini de graphes de classe C^1 autour de points $x_i \in \Gamma$, $i = 1...p$. Ainsi, on suppose que, pour chaque i (voir déf 2.4.5), il existe un système orthonormé local de coordonnées $x = (x', x_N) \in \mathbb{R}^{N-1} \times \mathbb{R}$ autour de $x_i = (0,0)$ et

$$\varphi_i : B(0, r_i) \subset \mathbb{R}^{N-1} \to] - a_i, a_i[\text{ de classe } C^1, \ \varphi_i(0) = 0,$$

tels que: $\Gamma = \cup_i \Gamma_i$, $\Gamma_i = \{ (x', \varphi_i(x')); \ x' \in B(0, r_i) \}$. Si
$\mathcal{O}_i := B(0, r_i) \times] - a_i, a_i[$, les fonctions ψ_i définies en coordonnées locales par

$$\forall x = (x', x_N) \in \mathcal{O}_i, \ \psi_i(x) = \psi_i(x', x_N) := (x', \varphi_i(x') - x_N),$$

définissent des C^1-difféomorphismes de $\mathcal{O}_i$ dans le voisinage ouvert $\psi_i(\mathcal{O}_i)$ de x_i - noter que $\psi_i^{-1}(y', y_N) = (y', \varphi_i(y') - y_N)$ -. De plus

$$\psi_i(B(0, r_i) \times \{0\}) = \Gamma_i = \Gamma \cap \psi_i(\mathcal{O}_i), \ \psi_i(\mathcal{O}_i \cap \mathbb{R}^{N-1} \times] - \infty, 0[) = \Omega \cap \psi_i(\mathcal{O}_i).$$

Au recouvrement ouvert de Γ par les $\psi_i(\mathcal{O}_i)$, on associe une partition de l'unité $\xi_i \in \mathcal{C}_0^{\infty}(\psi_i(\mathcal{O}_i))$, $\xi_i \geq 0$, $i = 1...p$ avec $\sum_i \xi_i \equiv 1$ sur un voisinage de Γ. Toute fonction $\gamma : \Gamma \to \mathbb{R}^q$, $q \geq 1$ peut être ainsi étendue à $\mathbb{R}^N$ tout entier selon la formule

$$\forall x \in \mathbb{R}^N, \ \gamma(x) = \sum_i \xi_i(x) \, \gamma(\psi_i \circ \pi_i \circ \psi_i^{-1}(x)), \qquad (5.39)$$

où π_i est la projection orthogonale définie par $\pi_i(x', x_N) = (x', 0)$. Ceci permet, en particulier, de définir une extension continue à $\mathbb{R}^N$ tout entier de la normale extérieure unitaire n à Γ. Celle-ci peut être définie sur Γ_i par

$$\forall x \in \Gamma_i, \ n(x) = n(x', \varphi(x')) = (\nabla_{x'} \varphi_i(x'), -1)/[1 + |\nabla \varphi_i(x')|^2]^{1/2}. \ (5.40)$$

Etant donné $f : \Gamma \to \mathbb{R}$, on note $f_i = f\xi_i$. Comme d'habitude, on dit que $f \in L^1(\Gamma)$ si, pour tout i, $[x' \to f_i(x', \varphi_i(x'))] \in L^1(B(0, r_i))$ et on pose $\int_\Gamma f = \sum_i \int_{\Gamma_i} f_i$ avec

$$\int_{\Gamma_i} f_i = \int_{B_i} f_i(x', \varphi_i(x'))[1 + |\nabla \varphi_i(x')|^2]^{1/2} \, dx'. \qquad (5.41)$$

De façon classique, cette définition ne dépend que de f et Γ comme on peut le vérifier à l'aide du lemme suivant (on y désigne par e_N le N−ème vecteur de la base locale autour de x_i).

Lemme 5.4.1 *Soit ω un voisinage ouvert de 0 dans $\mathbb{R}^N$ et $\psi : \omega \to \psi_i(\mathcal{O}_i)$ un autre C^1−difféomorphisme tel que $\psi(\omega') = \Gamma_i$ où $\omega' = \omega \cap [\mathbb{R}^{N-1} \times \{0\}]$. Alors*

$$\int_{\Gamma_i} f_i = \int_{\omega'} f_i \circ \psi \, |^t(D\psi)^{-1} e_N| \, |\det(D\psi)|.$$

Démonstration: on pose dans $\psi_i(\mathcal{O}_i)$

$$(x', \varphi_i(x') - x_N) = \psi(\zeta) = \psi(\zeta', \zeta_N) = (\psi'(\zeta', \zeta_N), \psi_N(\zeta', \zeta_N)),$$

et, en particulier, $(x', \varphi_i(x')) = (\psi'(\zeta', 0), \psi_N(\zeta', 0))$. On effectue le changement de variable $x' = \psi'(\zeta', 0)$ dans (5.41), ce qui donne

$$\int_{\Gamma_i} f_i = \int_{\omega'} f_i \circ \psi \, [1 + |\nabla \varphi_i|^2]^{1/2} |\det[D_{\zeta'} \psi'(\zeta', 0)]| \, d\zeta'.$$

Puisque $x' = \psi'(\zeta', 0) = \psi'(\zeta', \zeta_N)$, on a $D_{\zeta_N} \psi' \equiv 0$ et donc

$$\det D\psi = \det [D_{\zeta'} \psi'(\zeta', 0)] \frac{\partial \psi_N}{\partial \zeta_N}.$$

Soit maintenant $v :=^t (D\psi)^{-1} e_N = (v', v_N)$ c'est-à-dire

$$^t D_{\zeta'} \psi' v' + v_N \nabla_{\zeta'} \psi_N = 0, \quad \frac{\partial \psi_N}{\partial \zeta_N} v_N = 1.$$

Dérivant $\varphi_i(\psi'(\zeta', 0)) = \psi_N(\zeta', 0)$, on obtient

$$\nabla \varphi_i =^t D_{\zeta'} \psi'^{-1} . \nabla_{\zeta'} \psi_N,$$

et donc $v' = -v_N \nabla \varphi_i$, soit encore à l'aide des relations ci-dessus,

$$|\det[D_{\zeta'}\psi'(\zeta,0)]|[1+|\nabla\varphi_i|^2]^{1/2} = |v_N \det(D\psi)|\left(1+|v'|^2/v_N^2\right)^{1/2} = |\det D\psi||v|,$$

d'où le lemme. □

Soit maintenant T un C^1-difféomorphisme de $\mathbb{R}^N$ et Ω_T l'image de Ω par T (de bord $\Gamma_T = T(\Gamma)$). On notera $[T']$ la matrice jacobienne de T de terme général $[T']_{ij} = \dfrac{\partial T_i}{\partial x_j}$ et $\mathrm{Jac}(T) = |\det[T']|$ le Jacobien de T.

Définition 5.4.2 *On appelle jacobien tangentiel de T sur Γ la quantité notée $\mathrm{Jac}_\Gamma(T)$ et définie par*

$$\mathrm{Jac}_\Gamma(T) = |{}^t[T']^{-1}n|\mathrm{Jac}(T). \tag{5.42}$$

Le jacobien tangentiel est donc une fonction continue définie sur Γ. Enonçons maintenant la formule de changement de variable.

Proposition 5.4.3 *Soit $f : \Gamma_T \to \mathbb{R}$. Alors $f \in L^1(\Gamma_T)$ si et seulement si $f \circ T \in L^1(\Gamma)$ et*

$$\int_{\Gamma_T} f = \int_\Gamma f \circ T \, \mathrm{Jac}_\Gamma(T). \tag{5.43}$$

Démonstration: On considère les éléments $\varphi_i, \psi_i, \mathcal{O}_i, B(0, r_i), \xi_i$ associés à Γ comme ci-dessus et on applique le lemme 5.4.1 à $\Gamma_i, f_i, \omega, \psi$ remplacés par $\widetilde{\Gamma}_i, \widetilde{f}_i, \mathcal{O}_i, \widetilde{\psi}$ où

$$\widetilde{\Gamma}_i = T(\Gamma_i), \quad \widetilde{f}_i = f.(\xi_i \circ T^{-1}), \quad \widetilde{\psi} = T \circ \psi_i.$$

On obtient

$$\int_{T(\Gamma_i)} \widetilde{f}_i = \int_{B(0,r_i)} (f \circ T.\xi_i) \circ \psi_i \, |{}^t[T' \circ \psi_i]^{-1}{}^t(D\psi_i)^{-1}e_N| \, |\mathrm{Jac}(T) \circ \psi_i \det D\psi_i|.$$

On vérifie que $\det D\psi_i = -1$ et $\psi_i^{-1}(y', y_N) = (y', \varphi_i(y') - y_N)$ de telle sorte que

$${}^t(D\psi_i)^{-1}e_N = (\nabla\varphi_i, -1) = [1 + |\nabla\varphi_i|^2]^{1/2}\, n.$$

Ainsi

$$\int_{T(\Gamma_i)} \widetilde{f}_i = \int_{B(0,r_i)} (f \circ T.\xi_i.\mathrm{Jac}_\Gamma(T)) \circ \psi_i \, [1 + |\nabla\varphi_i|^2]^{1/2},$$

ce qui d'après la définition 5.41 donne encore

$$\int_{T(\Gamma_i)} \widetilde{f}_i = \int_{\Gamma_i} f \circ T.\xi_i.\mathrm{Jac}_\Gamma(T).$$

Il reste à sommer en i pour obtenir la formule voulue. □

5.4.2 Un premier énoncé

Nous considérons une famille $t \in [0, T[\to \Phi(t)$ de C^1-*difféomorphismes* de $\mathbb{R}^N$ dans lui-même vérifiant (5.6). Nous notons Γ_t le bord de $\Omega_t = \Phi(t)(\Omega)$ où Ω est un ouvert fixe de classe au moins C^1. Nous nous intéressons à la dérivation d'expressions du type $t \to G(t) = \int_{\Gamma_t} g(t)$ où $g(t) : \Gamma_t \to \mathbb{R}$ est donnée. D'après la proposition 5.4.3 et le lemme 5.4.1, il s'agit donc de dériver l'expression

$$t \to G(t) = \int_{\Gamma} g \circ \Phi(t)\, \mathrm{Jac}_\Gamma \left(\Phi(t)\right) = \int_{\Gamma} g \circ \Phi(t)\, \|{}^t D\Phi(t)^{-1} n\| \det D\Phi(t).$$

Nous devrons nous pencher sur la dérivation de chacun de ces termes et c'est ce que nous ferons un peu plus loin. Cependant, il est déjà possible d'obtenir des résultats de dérivation relativement généraux par application directe du théorème 5.2.2 de dérivation d'une intégrale portant sur Ω_t. Commençons par le cas favorable où $g(t) = W(t).n_t$. On applique alors la formule (5.10) à $G(t) = \int_{\Gamma_t} W(t).n_t = \int_{\Omega_t} \mathrm{div}\, W(t)$, soit

$$G'(0) = \int_\Omega \mathrm{div}\, W'(0) + \mathrm{div}\left[V \mathrm{div}\, W(0)\right] = \int_\Gamma W'(0).n + (V.n)\mathrm{div}\, W(0).$$

Cette formule est valable si $t \to W(t) \in W^{1,1}(\mathbb{R}^N, \mathbb{R}^N)$ est dérivable en 0 et $\mathrm{div}\, W(0) \in W^{1,1}$.

Cette approche peut, en fait, être appliquée à toute intégrale de bord, au moins en supposant suffisamment de régularité sur Ω, sur g et sur la famille $\Phi(t)$. En effet, on peut alors considérer que g, ainsi que la normale n_t à Γ_t admettent une extension à $\mathbb{R}^N$ tout entier (voir (5.39)): on les note encore g, n_t. Et on peut écrire

$$G(t) = \int_{\Gamma_t} g(t) = \int_{\Gamma_t} g(t)n_t.n_t = \int_{\Omega_t} \mathrm{div}(g(t)n_t).$$

Au moins formellement, par application de la formule (5.10), on obtient

$$G'(0) = \int_\Omega \frac{\partial}{\partial t}_{|t=0} \left(\mathrm{div}\,(g(t)n_t)\right) + \mathrm{div}\left(V \mathrm{div}(g(0)n)\right).$$

Après interversion des ordres de dérivation et intégration par parties, on obtient encore

$$G'(0) = \int_\Gamma n.\left[\frac{\partial}{\partial t}_{|t=0} (g(t)n_t) + V.n\, \mathrm{div}(g(0)n)\right].$$

Supposons qu'on ait choisi une extension n_t de norme 1: alors, en $t = 0$,

$$n.\frac{\partial}{\partial t} n_t = \frac{\partial}{\partial t}\frac{1}{2} n_t.n_t = 0.$$

Ainsi, si on note $g'(0) = \frac{\partial}{\partial t}\big|_{t=0} g(t)$, on a

$$G'(0) = \int_\Gamma g'(0) + (V.n)\big(n.\nabla g(0) + g(0) \operatorname{div} n\big). \tag{5.44}$$

On peut ainsi énoncer:

Proposition 5.4.4 *Supposons que Ω est de classe C^3, que $t \in [0,T[\to \Phi(t) \in C^2$ est dérivable en 0 avec $\Phi(0) = I, \Phi'(0) = V$ et que $t \to g(t) \in W^{1,1}(\mathbb{R}^N)$ est dérivable en 0 avec $g(0) \in W^{2,1}(\mathbb{R}^N)$.*

Alors, $t \to G(t)$ est dérivable en 0 et on a la formule (5.44).

Démonstration: On applique à $G(t) = \int_{\Omega_t} \operatorname{div}(g(t)n_t)$ la proposition 5.10. Les hypothèses impliquent que $\operatorname{div} n \in C^1$ et $\nabla g(0) \in W^{1,1}$, et donc aussi $\operatorname{div}(g(0)n) \in W^{1,1}(\mathbb{R}^N)$. Il suffit ainsi de vérifier que

$$t \to \operatorname{div}(g(t)n_t) = g(t)\operatorname{div} n_t + \nabla g(t).n_t \in L^1(\mathbb{R}^N),$$

est dérivable en 0. Comme la régularité de $t \to \operatorname{div} n_t \in C^0$ est contrôlée par celle de $t \to \Phi(t) \in C^2$ (voir, en particulier, la définition 5.39 du prolongement de n_t), cela résulte des hypothèses de dérivabilité du lemme.   □

Une application: Nous pouvons appliquer ceci à la dérivation de la fonction périmètre $t \to p(t) = P(\Omega_t) = \int_{\Gamma_t} 1$. Sous les hypothèses faites ci-dessus sur Ω et $\Phi(t)$, nous obtenons donc

$$p'(0) = \int_\Gamma \operatorname{div} n\, (V.n).$$

La fonction $\operatorname{div} n$ ne dépend pas de l'extension unitaire choisie pour n et ne dépend que de la géométrie de Ω: elle s'identifie en fait à la courbure moyenne de Γ. Nous rappelons la démonstration de ce fait dans le paragraphe qui suit et nous y rappelons quelques outils de géométrie différentielle souvent utiles pour tous ces calculs de dérivation d'intégrales sur le bord.

5.4.3 Un peu de géométrie différentielle

On dit qu'une fonction $g : \Gamma \to \mathbb{R}$ est de classe C^1 sur Γ si son extension définie par (5.39) est de classe C^1. On note $C^1(\Gamma)$ l'espace correspondant.

Définition 5.4.5 (Gradient tangentiel) *Soit g une fonction de classe C^1 sur Γ. On définit son gradient tangentiel par*

$$\operatorname{grad}_\Gamma g = \nabla_\Gamma g = \operatorname{grad} \widetilde{g} - (\nabla \widetilde{g}.n)\, n \qquad \text{sur } \Gamma$$

où $\widetilde{g} \in C^1(\mathbb{R}^N)$ est un prolongement de g.

On voit immédiatement que cette définition est indépendante du prolongement $\widetilde{g}$, car si $\widetilde{g} = 0$ sur Γ, en dérivant en coordonnées locales $\widetilde{g}(x', \varphi_i(x')) = 0$, on obtient $\nabla_{x'}\widetilde{g} + \partial_{x_N}\widetilde{g}\,\nabla_{x'}\varphi_i = 0$ et donc (voir section 5.4.1)

$$\nabla \widetilde{g} = (\nabla_{x'} \widetilde{g}, \partial_{x_N} \widetilde{g}) = -n \, (1 + |\nabla_{x'} \varphi_i|^2)^{1/2} \partial_{x_N} \widetilde{g} \quad (\text{soit } \nabla_\Gamma \widetilde{g} = 0).$$

On appelle $W^{1,1}(\Gamma)$ la fermeture de $C^1(\Gamma)$ pour la norme

$$\|g\|_{1,1} = \int_\Gamma |g| + |\nabla_\Gamma g|.$$

Ainsi, $\nabla_\Gamma g$ est défini par fermeture pour tout $g \in W^{1,1}(\Gamma)$ et c'est une fonction de $L^1(\Gamma, \mathbb{R}^N)$.

Définition 5.4.6 (Divergence tangentielle) *Soit $W \in C^1(\Gamma, \mathbb{R}^N)$. On définit sa divergence tangentielle par*

$$\text{div}_\Gamma W = \text{div} \widetilde{W} - [\widetilde{W}']n.n \tag{5.45}$$

où $\widetilde{W} \in C^1(\mathbb{R}^N, \mathbb{R}^N)$ est un prolongement de W.

Cette définition ne dépend pas de l'extension de W choisie. En effet, on vérifie

$$\text{div} \widetilde{W} - [\widetilde{W}']n.n = trace(D_\Gamma W) \tag{5.46}$$

où $D_\Gamma W$ est la matrice dont la $i$ème ligne est $\nabla \widetilde{W}_i - (\nabla \widetilde{W}_i.n)n = \nabla_\Gamma W_i$.

Cette définition s'étend aussi par densité à tout $W \in W^{1,1}(\mathbb{R}^N, \mathbb{R}^N)$.

Remarque Pour $x \in \Gamma$, choisissons un repère orthonormé d'origine x tel que l'hyperplan $x_N = 0$ soit tangent à Γ (et donc $n = \pm e_N$). On a alors :

$$\text{div}_\Gamma W(x) = \sum_{j=1}^{N-1} \frac{\partial \widetilde{W}_j}{\partial x_j}(x). \tag{5.47}$$

Notons les formules

$$\forall f, g \in C^1(\Gamma), \ \nabla_\Gamma (f \, g) = g \, \nabla_\Gamma f + f \, \nabla_\Gamma g. \tag{5.48}$$

$$\forall f \in C^1(\Gamma), \forall W \in C^1(\mathbb{R}^N, \mathbb{R}^N), \ \text{div}_\Gamma (fW) = f \, \text{div}_\Gamma W + W.\nabla_\Gamma f. \tag{5.49}$$

La première formule résulte immédiatement de la définition du gradient tangentiel. Pour la seconde, on applique la 1ère à l'écriture de chaque ligne de la matrice $D_\Gamma (fW)$ et on en prend la trace (cf. (5.46)).

Définition 5.4.7 *On suppose Ω de classe C^2. On définit alors la courbure moyenne de Γ par $H = \text{div}_\Gamma n$.*

Cette courbure moyenne s'exprime de façon classique à l'aide des graphes φ_i définissant Γ si on suppose de plus $D\varphi_i(0) = 0$. En effet, d'après (5.40) et (5.46), on a alors en l'origine $x_i \in \Gamma$ du repère

$$H(x_i) = \sum_{j=1}^{N-1} \partial_{x_j}\{\partial_{x_j}(\varphi_i/[1+|\nabla\varphi_i|^2]^{1/2})\} = \sum_{j=1}^{N-1} \frac{\partial^2\varphi_i}{\partial x_j^2}(0).$$

On retrouve la signification géométrique usuelle de la courbure moyenne $H(x_i)$ comme la somme des courbures des sections de Γ par $N-1$ plans qui sont mutuellement perpendiculaires et tous perpendiculaires à l'hyperplan tangent. En effet, l'intersection de Γ avec le plan P_i dirigé par les axes x_i, x_N est la courbe paramétrée par

$$x_N = \varphi_i(0,\dots,0,t,0,\dots,0)$$

(où le t se trouve à la $i$ème place). Compte-tenu des hypothèses sur φ_i, la courbure à l'origine de cette courbe vaut $\frac{\partial^2\varphi_i}{\partial x_i^2}(0)$ ce qui fournit le résultat annoncé puisque la famille des plans P_i satisfait la condition géométrique.

Notons aussi:

Proposition 5.4.8 *Soit Ω de classe C^2. Alors pour toute extension N unitaire et de classe C^1 de n, on a*

$$\operatorname{div} N = H \text{ sur } \partial\Omega.$$

Démonstration: En dérivant $N^2 = 1$ par rapport à chaque x_i, on obtient $^t[N'].n = 0$ sur $\partial\Omega$. Puisque $H = \operatorname{div}_\Gamma n = \operatorname{div} N - [N']n.n$ et $[N']n.n = n.^t[N']n = 0$, on obtient la relation voulue. □

Application: Décomposition de la divergence tangentielle

Pour tout champ de vecteur W défini sur Γ, on appelle composante tangentielle de W, qu'on note W_Γ, la projection orthogonale de W sur le plan tangent:

$$W_\Gamma := W - (W.n)n.$$

Proposition 5.4.9 *On suppose Ω de classe C^2. Soit $f \in W^{1,1}(\Gamma)$, $W \in W^{1,1}(\Gamma,\mathbb{R}^N)$. Alors*

$$\operatorname{div}_\Gamma(f\,n) = H\,f, \quad \operatorname{div}_\Gamma W = \operatorname{div}_\Gamma W_\Gamma + H\,n.W. \tag{5.50}$$

$$\int_\Gamma \operatorname{div}_\Gamma W = \int_\Gamma H\,n.W, \quad \int_\Gamma W.\nabla_\Gamma f = \int_\Gamma -f\operatorname{div}_\Gamma W + Hf W.n, \ . \tag{5.51}$$

Démonstration: On peut supposer f, W dans C^1 et terminer par densité. La 1ère relation se déduit immédiatement de (5.49) (puisque $n.\nabla_\Gamma f = 0$). Elle implique la seconde à partir de $W = W_\Gamma + (W.n)\,n$. La 3ème s'en déduit avec l'aide du lemme suivant et la 4ème suit aisément à l'aide de (5.49). □

Lemme 5.4.10 *On suppose Ω de classe C^2. Soit $V \in W^{1,1}(\Gamma,\mathbb{R}^N)$ tel que $V.n = 0$ sur Γ. Alors*

$$\int_\Gamma \operatorname{div}_\Gamma V = 0.$$

Démonstration: On peut supposer V de classe C^1. Utilisant la partition de l'unité ξ_i (section 5.4.1), il suffit de montrer $\int_{\Gamma_i} \mathrm{div}_\Gamma(\xi_i V) = 0$, c'est-à-dire qu'on peut supposer V à support compact dans Γ_i. On note $\widetilde{V}$ l'extension de V définie en coordonnées locales par $\widetilde{V}(x', x_N) = V(x', \varphi_i(x'))$. On pose $\alpha = [1 + |\nabla_{x'}\varphi_i|^2]^{1/2}$. Nous allons vérifier que

$$\mathrm{div}_\Gamma V = \alpha^{-1} \sum_{j=1}^{N-1} \partial_{x_j}(\alpha \widetilde{V}_j). \tag{5.52}$$

Ainsi

$$\int_\Gamma \mathrm{div}_\Gamma V = \int_{B(0, r_i)} \sum_{j=1}^{N-1} \partial_{x_j}(\alpha \widetilde{V}_j) = 0,$$

puisque $[x' \to \widetilde{V}(x', \varphi_i(x'))]$ est à support compact dans $B(0, r_i)$.

On note $\varphi = \varphi_i$. La définition de la divergence tangentielle donne

$$\mathrm{div}_\Gamma V = \sum_{j=1}^{N-1} \frac{\partial \widetilde{V}_j}{\partial x_j} - \sum_{j=1}^{N} \sum_{l=1}^{N-1} \frac{\partial \widetilde{V}_j}{\partial x_l} n_j n_l \quad \text{sur } \Gamma_i.$$

En utilisant la formule qui donne les n_j (dans $\widetilde{n}$) et l'hypothèse $V.n = 0$ qui se traduit ici par $\widetilde{V}_N = \sum_{j=1}^{N-1} \widetilde{V}_j \frac{\partial \varphi}{\partial x_j}$, on obtient

$$\mathrm{div}_\Gamma V = \sum_{j=1}^{N-1} \frac{\partial \widetilde{V}_j}{\partial x_j} - \frac{1}{\alpha^2} \sum_{j=1}^{N-1} \sum_{l=1}^{N-1} \frac{\partial \widetilde{V}_j}{\partial x_l} \frac{\partial \varphi}{\partial x_j} \frac{\partial \varphi}{\partial x_l} +$$

$$+ \frac{1}{\alpha^2} \sum_{l=1}^{N-1} \frac{\partial}{\partial x_l} \left(\sum_{j=1}^{N-1} \widetilde{V}_j \frac{\partial \varphi}{\partial x_j} \right) \frac{\partial \varphi}{\partial x_l}$$

$$= \sum_{j=1}^{N-1} \frac{\partial \widetilde{V}_j}{\partial x_j} + \frac{1}{\alpha^2} \sum_{j=1}^{N-1} \sum_{l=1}^{N-1} \widetilde{V}_j \frac{\partial^2 \varphi}{\partial x_j \partial x_l} \frac{\partial \varphi}{\partial x_l} = \alpha^{-1} \sum_{j=1}^{N-1} \partial_{x_j}(\alpha \widetilde{V}_j),$$

d'où (5.52). $\square$

Remarque Une démonstration plus géométrique consisterait à introduire la solution de

$$\zeta(0, x) = x, \ \partial_t \zeta(t, x) = \widetilde{V}(\zeta(t, x)) \ \forall t > 0 \, .$$

Puisque $V.n = 0$ sur Γ, $[x \in \Gamma \Rightarrow \zeta(t, x) \in \Gamma]$ et donc $\zeta(t, \Omega) = \Omega$. En particulier, si J_t désigne le jacobien tangentiel de $\zeta(t, \cdot)$, $t \to \int_\Gamma J_t$ est constante. Or sa dérivée en $t = 0$ est exactement $\int_\Gamma \mathrm{div}_\Gamma V$ d'après le lemme 5.4.15 démontré plus loin.

Le Laplacien d'une fonction u est défini sur un ouvert par la formule $\Delta u = \mathrm{div}(\mathrm{grad}\, u)$. Si la fonction u est définie sur une variété (en l'occurrence le bord Γ de l'ouvert Ω), on a une définition analogue lorsqu'elle appartient à

$$W^{2,1}(\Gamma) := \{u \in W^{1,1}(\Gamma);\ \nabla_\Gamma u \in W^{1,1}(\Gamma, \mathbb{R}^N)\}.$$

Définition 5.4.11 (Opérateur de Laplace-Beltrami) *Soit* Ω *un ouvert de classe* C^2. *L'opérateur de Laplace-Beltrami* [5] *sur* Γ, *noté* Δ_Γ, *est défini par*

$$\forall u \in W^{2,1}(\Gamma),\quad \Delta_\Gamma u = \mathrm{div}_\Gamma[\nabla_\Gamma u]. \tag{5.53}$$

On déduit de cette définition et de la proposition 5.4.9 la formule suivante.

Proposition 5.4.12 *Soit* Ω *un ouvert de classe* C^2 *et* $u : \overline{\Omega} \to \mathbb{R}$ *de classe* C^2. *Alors*

$$\Delta u = \Delta_\Gamma u + H \frac{\partial u}{\partial n} + \frac{\partial^2 u}{\partial n^2} \ \text{ sur } \Gamma. \tag{5.54}$$

Remarque: On rappelle que la dérivée normale au bord est donnée par $\frac{\partial u}{\partial n} = \frac{d}{dt}|_{t=0} u(x + tn(x)) = \nabla u.n$ et la dérivée normale seconde par

$$\frac{\partial^2 u}{\partial n^2} = \frac{d^2}{dt^2}\Big|_{t=0} u(x + tn(x))$$

$$= \frac{d}{dt}\Big|_{t=0} \nabla u(x + tn(x)).n = (D^2 u.n).n = \sum_{i,j=1}^{N} \frac{\partial^2 u}{\partial x_i x_j} n_i n_j.$$

La formule (5.54) s'étend par densité aux fonctions de $H^3(\Omega)$.

Démonstration de la proposition 5.4.12: À partir de (5.50), on a

$$\mathrm{div}_\Gamma \nabla u = \mathrm{div}_\Gamma \nabla_\Gamma u + H \nabla u.n = \Delta_\Gamma u + H \nabla u.n. \tag{5.55}$$

Par la formule (5.45), on a aussi

$$\mathrm{div}_\Gamma \nabla u = \mathrm{div}(\nabla u) - [(\nabla u)']n.n, \tag{5.56}$$

avec $[(\nabla u)'] = D^2 u$ qui est la matrice Hessienne de u de terme général $\frac{\partial^2 u}{\partial x_i \partial x_j}$. On en déduit la formule (5.54). $\square$

Donnons encore quelques formules d'intégration par parties pour des intégrales sur Γ.

Théorème 5.4.13 *Soit* Ω *un ouvert de classe* C^2 *de bord* Γ. *Pour* $f, g \in H^2(\Omega)$,

$$\int_\Gamma \frac{\partial f}{\partial x_i} g = -\int_\Gamma f \frac{\partial g}{\partial x_i} + \int_\Gamma \left(\frac{\partial}{\partial n}(fg) + H f g \right) n_i. \tag{5.57}$$

Si f *est dans* $H^2(\Omega)$ *et* g *dans* $H^3(\Omega)$, *alors*

---

[5] Eugenio BELTRAMI, 1835-1900, italien, professeur à Bologne, Pise, Rome, Pavie. Travaux en géométrie différentielle avec, entre autres, la fameuse preuve de l'indépendance de l'axiome des parallèles en géométrie euclidienne.

$$\int_\Gamma \nabla f.\nabla g = -\int_\Gamma f\Delta g + \int_\Gamma \left(\frac{\partial f}{\partial n}\frac{\partial g}{\partial n} + f\frac{\partial^2 g}{\partial n^2} + Hf\frac{\partial g}{\partial n}\right). \qquad (5.58)$$

et

$$\int_\Gamma \nabla_r f.\nabla_r g = -\int_\Gamma f\Delta_r g. \qquad (5.59)$$

Remarquons que la formule (5.59) est très semblable à la formule habituelle sur un ouvert, l'absence de terme de bord venant du fait que la variété Γ est "sans bord".

Démonstration: À partir de (5.51), on a

$$\int_\Gamma \mathrm{div}_r (fW) = \int_\Gamma HfW.n. \qquad (5.60)$$

Or $\mathrm{div}_r fW = W.\mathrm{grad}_r f + f\mathrm{div}_r W$ (cf. 5.49), donc en décomposant le gradient tangentiel en $\mathrm{grad}_r f = \nabla f - \frac{\partial f}{\partial n} n$ et en remplaçant dans (5.60), on obtient

$$\int_\Gamma f\mathrm{div}_r W + \nabla f.W = \int_\Gamma (Hf + \frac{\partial f}{\partial n})W.n.$$

Prenons dans cette dernière formule $W = ge_i$ où e_i est le i-ème vecteur de base. On obtient

$$\int_\Gamma f\mathrm{div}_r ge_i + \frac{\partial f}{\partial x_i} g = \int_\Gamma (Hf + \frac{\partial f}{\partial n})gn_i. \qquad (5.61)$$

On utilise maintenant la définition de la divergence tangentielle pour calculer $\mathrm{div}_r ge_i$. Puisque $\mathrm{div} ge_i = \frac{\partial g}{\partial x_i}$ et $[(ge_i)'].n.n = \sum_{k,l=1}^N \frac{\partial g}{\partial x_k}\delta_{i,k}n_k n_l = \frac{\partial g}{\partial n}n_i$, la formule (5.57) se déduit immédiatement de (5.61).

Pour obtenir (5.58), il suffit de remplacer g par $\frac{\partial g}{\partial x_i}$ dans (5.57) puis de sommer pour i de 1 à N.

Quant à (5.59), elle s'obtient immédiatement à partir de (5.58) en utilisant la formule (5.54) ainsi que la relation

$$\nabla f.\nabla g = (\nabla_r f + \frac{\partial f}{\partial n} n).(\nabla_r g + \frac{\partial g}{\partial n} n) = \nabla_r f.\nabla_r g + \frac{\partial f}{\partial n}\frac{\partial g}{\partial n}.$$

5.4.4 Extension de la normale à un domaine variable

Énonçons ici un résultat technique très utile dans les calculs de dérivation sur le bord. On note $C^{1,\infty} = C^1 \cap W^{1,\infty}(\mathbb{R}^N, \mathbb{R}^N)$ muni de la norme de $W^{1,\infty}$. On se donne

$$t \in [0, T[\to \Phi(t) \in C^{1,\infty} \text{ dérivable en } 0 \text{ avec } \Phi(0) = I, \Phi'(0) = V. \quad (5.62)$$

On a donc les propriétés (5.7) en remplaçant $W^{1,\infty}$ par $C^{1,\infty}$ et en supposant T assez petit. On note encore $\Omega_t = \Phi(t)(\Omega), \Gamma_t = \partial\Omega_t$.

Proposition 5.4.14 *On suppose Ω de classe C^2. Soit $n \in C^1(\mathbb{R}^N, \mathbb{R}^N)$ une extension de la normale unitaire à Γ. Alors*

$$t \to n_t = w(t)/\|w(t)\| \text{ avec } w(t) = ({}^tD\Phi(t)^{-1}n) \circ \Phi(t)^{-1}, \qquad (5.63)$$

est une extension de n à Γ_t avec $t \to n_t \in C^0(\mathbb{R}^N, \mathbb{R}^N)$ dérivable en 0.

Pour toute extension $t \in [0, T[\to n_t \in C^0(\mathbb{R}^N, \mathbb{R}^N)$ dérivable en 0 avec $n_0 \in C^1(\mathbb{R}^N, \mathbb{R}^N)$, on a

$$\frac{\partial n_t}{\partial t}_{\big|_{t=0}} = -\nabla_\Gamma(V.n) - (Dn_0.n)V.n \text{ sur } \Gamma. \qquad (5.64)$$

Démonstration: Soit $n \in C^1(\mathbb{R}^N, \mathbb{R}^N)$ une extension de la normale unitaire à Γ. La fonction $t \to n_t = w(t)/\|w(t)\| \in C^0(\mathbb{R}^N, \mathbb{R}^N)$ est dérivable par composition (cf. (5.7)). Sa restriction à Γ_t est bien la normale unitaire: vérifions-le en utilisant la représentation locale de Γ comme graphe de $\varphi = \varphi_i$ (voir section 5.4.1). Si on définit en coordonnées locales $G(x) = \varphi(x') - x_N$, Γ_t est définie localement comme l'ensemble des points $x \in \mathbb{R}^N$ tels que $G(\Phi(t)^{-1}x) = 0$. On obtient donc n_t localement autour de Γ_i pour $t \in [0, T[$ comme le gradient normalisé de $[x \to G(\Phi(t)^{-1}x)]$ ce qui donne la formule (5.63).

Dérivant ${}^tD\Phi(t) \circ \Phi(t)^{-1}w(t) = n \circ \Phi(t)^{-1}$, on obtient

$$ {}^tDV.n + w'(0) = -Dn.V \text{ ou } w'(0) = -\nabla(V.n) + ({}^tDn - Dn)V, $$

$$\frac{\partial n_t}{\partial t}_{\big|_{t=0}} = w'(0) - n(w'(0).n)w'(0)_\Gamma = -\nabla_\Gamma(V.n) - Z_\Gamma, \qquad (5.65)$$

où $Z = ({}^tDn - Dn)V$. À ce stade, il est nécessaire d'expliciter une extension de n pour continuer les calculs. Le plus simple est d'en choisir une telle que Dn soit symétrique.

C'est le cas du gradient de la fonction distance signée à Γ. Rappelons sa définition et ses propriétés en utilisant la représentation locale de Γ section 5.4.1. Il existe alors τ_i tel que

$$\delta : (x', \tau) \in B(0, r_i) \times] - \tau_i, \tau_i[\to (x', \varphi_i(x')) + \tau n(x', \varphi_i(x')), \ \delta(0,0) = (0,0),$$

soit un C^1-difféomorphisme autour de $(0, 0)$ (on vérifie que $D\delta(0, 0)$ est inversible). On peut donc poser $d(\delta(x', \tau)) := \tau$. Cette fonction est a priori de classe C^1; elle est en fait de classe C^2. On peut s'en rendre compte en différentiant la relation $x = \delta(x', d(x))$ par rapport à x: en notant $\beta = [1 + |\nabla_{x'}\varphi_i|^2]^{-1/2}$, $N = \beta\nabla_{x'}\varphi_i$ si bien que $n = (N, -\beta)$, on obtient

$$[I] = \begin{bmatrix} D_x x' + N D_x d + d D_x N \\ D_{x'}\varphi_i D_x x' - \beta D_x d - d D_x \beta \end{bmatrix}.$$

On multiplie à gauche par $[D_{x'}\varphi_i \ -1]$ pour obtenir, puisque $D_{x'}\varphi_i D_x N + D_x \beta = 0$ et que $x' = \pi_1(\delta^{-1}(x))$, que

$$D_x d(x) = [\beta(D_{x'}\varphi_i, -1)] \circ \pi_1 \circ \delta^{-1}(x),$$

où π_1 est la projection $(x', \tau) \to x'$. On constate que $D_x d$ est de classe C^1. De plus, $\nabla d =^t D_x d$ est un vecteur unitaire qui coïncide avec n sur Γ. Ce prolongement $n := \nabla d$ peut être étendu à tout $\mathbb{R}^N$ avec la partition de l'unité ξ_i. En particulier, $Dn = D^2 d$ est symétrique autour de Γ.

Reprenant (5.65), on en déduit que $\frac{\partial n_t}{\partial t}\big|_{t=0} = -\nabla_\Gamma(V.n)$ pour cette extension, ce qui est bien la formule (5.64) car, pour toute extension n

$$[n \text{ unitaire au voisinage de } \Gamma] \Rightarrow [^t Dn.n \equiv 0]. \tag{5.66}$$

Comme Dn est symétrique, on a aussi $Dn.n \equiv 0$.

Soit maintenant $\tilde{n}_t$ une autre extension dérivable de la normale à Γ_t. On a $\forall x \in \Gamma$, $(\tilde{n}_t - n_t)(\Phi(t)x) = 0$ et donc

$$\frac{\partial(\tilde{n}_t - n_t)}{\partial t}\bigg|_{t=0} + D(\tilde{n}_0 - n).V = 0.$$

Mais

$$D_\Gamma(\tilde{n}_0 - n) = 0 \Rightarrow D(\tilde{n}_0 - n).V = D(\tilde{n}_0 - n).n (V.n) = D\tilde{n}_0.n(V.n).$$

On en déduit

$$\frac{\partial \tilde{n}_t}{\partial t}\bigg|_{t=0} = \frac{\partial n_t}{\partial t}\bigg|_{t=0} = -D(\tilde{n}_0 - n).V = -\nabla_\Gamma(V.n) - (D\tilde{n}_0.n)(V.n).$$

5.4.5 Une formule générale de dérivation au bord

Examinons à présent le cas d'une intégrale de surface

$$G(\theta) = \int_{\Gamma_\theta} g(\theta) = \int_\Gamma g(\theta) \circ (I + \theta) J^\theta. \tag{5.67}$$

où on note plus simplement

$$J^\theta = \text{Jac}_{\Gamma_\theta}(I + \theta) = \det(I + D\theta)\|^t(I + D\theta)^{-1} n\|. \tag{5.68}$$

Ici, on ne peut plus travailler seulement avec $\theta \in W^{1,\infty}$ puisqu'alors $D\theta$, J_θ ne sont définis que p.p. dans $\mathbb{R}^N$ et on ne peut donc pas définir leur trace sur $\Gamma = \partial\Omega$. L'espace naturel est $C^{1,\infty} := C^1 \cap W^{1,\infty}$ que nous munissons de la même norme que $W^{1,\infty}$. Nous introduisons de même pour $k \geq 1$ entier $C^{k,\infty} := C^k \cap W^{k,\infty}$.

Nous avons d'abord le lemme.

Lemme 5.4.15 *On suppose Ω ouvert borné de classe C^1. L'application $\theta \in C^{1,\infty} \to J^\theta \in C^0(\Gamma)$ est de classe C^∞ sur un voisinage de 0 et on a*

$$\forall \xi \in C^{1,\infty}, \ D_\theta J^\theta_{|\theta=0}\xi = \text{div}_\Gamma \xi.$$

Si $t \to \Phi(t) \in C^{1,\infty}$ est dérivable en 0 de dérivée V, alors $t \to J^{\Phi(t)-I} \in C^0(\Gamma)$ est dérivable en 0 et on a

$$\frac{d}{dt}_{|t=0} J^{\Phi(t)-I} = \operatorname{div}_\Gamma V.$$

Notons le corollaire immédiat suivant:

Corollaire 5.4.16 *On suppose Ω ouvert borné de classe C^1. Alors, l'application $\theta \in C^{1,\infty} \to P(\Omega_\theta)$ est de classe C^∞. En particulier, pour tout $\xi \in C^{1,\infty}$, $t \to p(t) = P\big((I + t\xi)(\Omega)\big)$ est indéfiniment dérivable au voisinage de 0 et on a $p'(0) = \int_\Gamma \operatorname{div}_\Gamma \xi$.*

On renvoie à une section suivante pour l'expression de la dérivée seconde. Noter que, si Ω est de classe C^2, d'après la proposition 5.4.9, on peut aussi écrire

$$p'(0) = \int_\Gamma H\, n.\xi\,.$$

Inversement, on peut s'intéresser à ce qui se passe lorsque Ω est moins régulier: l'exercice 5.6 traite un cas modèle où Ω est seulement à bord C^1 par morceaux. Un bon cadre général est celui où Ω est seulement à périmètre fini: puisque $P(\Omega_\theta) = \int_\Gamma J^\theta$ et que J^θ est continu sur $\mathbb{R}^N$, l'important est, en effet, de pouvoir définir l'intégrale d'une fonction continue sur Γ. C'est possible lorsque Ω est à périmètre fini avec les outils de mesure géométrique (voir par exemple [114]). On obtient alors encore des propriétés C^∞ pour $\theta \to P(\Omega_\theta)$ dans ce cadre (voir par exemple [129]).

On donne maintenant les deux résultats principaux pour la dérivation d'une intégrale de bord. On se place dans le cas plus difficile où la fonction à dériver $g(\theta)$ n'est définie que sur l'ouvert variable et les hypothèses portent sur la fonction transportée sur le domaine fixe. Bien sûr, le résultat est a fortiori vrai si la fonction $g(\theta)$ admet une extension à $\mathbb{R}^N$ suffisamment régulière.

Théorème 5.4.17 *On suppose Ω ouvert borné de classe C^1. Considérons $\theta \in C^{1,\infty} \to g(\theta) \in W^{1,1}(\Omega_\theta)$ tel que $\theta \in C^{1,\infty} \to h(\theta) = g(\theta) \circ (I + \theta) \in W^{1,1}(\Omega)$ est différentiable en 0. Alors $\theta \to \mathcal{G}(\theta) = \int_{\Gamma_\theta} g(\theta)$ est différentiable en 0 et on a*

$$\forall \xi \in C^{1,\infty}, \ \mathcal{G}'(0)\xi = \int_\Gamma h'(0)\xi + g(0)\operatorname{div}_\Gamma \xi.$$

Pour tout compact $K \subset \Omega$, $\theta \in C^{1,\infty} \to g(\theta)_K \in L^1(K)$ est différentiable en 0 et on a

$$\forall \xi \in C^{1,\infty}, \ g'(0)\xi = h'(0)\xi - \nabla g(0).\xi \in L^1(\Omega).$$

Si, de plus, Ω est de classe C^2 et $g(0) \in W^{2,1}(\Omega)$, alors

$$\mathcal{G}'(0)\xi = \int_\Gamma g'(0)\xi + \nabla g(0).\xi + g(0)\operatorname{div}_\Gamma \xi$$

$$= \int_\Gamma g'(0)\xi + (\xi.n)[\tfrac{\partial g(0)}{\partial n} + H\, g(0)].$$

Proposition 5.4.18 *Soit Ω ouvert borné de classe C^2 et Φ satisfaisant l'hypothèse (5.62). On suppose $t \to g(t) \circ \Phi(t) \in W^{1,1}(\Omega)$ dérivable en 0 avec $g(0) \in W^{2,1}(\Omega)$.*

Alors $t \to G(t) = \int_{\Gamma_t} g(t)$ est dérivable en 0, $t \to g(t)_{|\omega} \in W^{1,1}(\omega)$ est dérivable en 0 pour tout ouvert $\omega \subset \overline{\omega} \subset \Omega$; la dérivée $g'(0)$ ainsi définie est dans $W^{1,1}(\Omega)$ et on a

$$G'(0) = \int_{\Gamma} g'(0) + [V.n][\frac{\partial g(0)}{\partial n} + H g(0)].$$

Donnons maintenant les démonstrations de tous ces résultats.

Démonstration du lemme 5.4.15: Par composition d'application C^∞, l'application $\theta \in C^{1,\infty} \to J^\theta = \det(I + D\theta)\|{}^t(I + D\theta)^{-1} n\| \in C^0(\Gamma)$ est aussi de classe C^∞. On sait que $D_\theta[\det(I + D\theta)]_{|\theta=0}^{\bullet} \cdot \xi = \operatorname{div}\xi$. Reste à évaluer la dérivée en $t = 0$ de

$$t \to w(t) = \|v(t)\|, \text{ où } v(t) = {}^t(I + t\, D\xi)^{-1} n.$$

On a $w'(0) = n.v'(0)$ et on obtient $v'(0)$ en dérivant ${}^t(I + t\, D\xi)v(t) = n$, soit ${}^t D\xi.n + v'(0) = 0$. On en déduit $w'(0) = -n.({}^t D\xi.n) = -(D\xi.n).n$. Ainsi

$$D_\theta J_{|\theta=0}^\theta \cdot \xi = \operatorname{div}\xi - (D\xi.n).n = \operatorname{div}_\Gamma \xi.$$

L'autre partie du lemme en résulte par composition. □

Démonstration du corollaire 5.4.16: On a $P(\Omega_\theta) = \int_\Gamma J^\theta$. Comme l'intégrale sur Γ est une opération linéaire continue de $C^0(\Gamma)$ dans $\mathbb{R}$, la régularité et la formule s'obtiennent par composition à partir du lemme 5.4.15. □

Démonstration du théorème 5.4.17: Puisque $\mathcal{G}(\theta) = \int_\Gamma h(\theta)\, J^\theta$, la différentiabilité de $\mathcal{G}$ ainsi que l'expression de $\mathcal{G}'(0)$ s'obtiennent par composition à l'aide du lemme 5.4.15 et grâce à la continuité de l'application trace de $W^{1,1}$ dans L^1. Le 2ème point résulte directement du lemme 5.3.3 (voir remarque 5.3.5). Si $\nabla g(0)$ admet une trace sur Γ, on peut en déduire une nouvelle expression de $\mathcal{G}'(0)$ en substituant $h'(0)$: c'est le cas sous l'hypothèse supplémentaire $g(0) \in W^{2,1}(\Omega)$ et Ω de classe C^2. La dernière expression de la différentielle est obtenue à l'aide de l'identité

$$\nabla g(0).\xi + g(0)\operatorname{div}_\Gamma \xi = \frac{\partial g(0)}{\partial n} + \operatorname{div}_\Gamma (g(0).\xi)$$

et de (5.51). □

Démonstration de la proposition 5.4.18: Notons $h(t) = g(t) \circ \Phi(t)$. Puisque $G(t) = \int_\Gamma h(t)\, J^{\Phi(t)-I}$, la dérivabilité de G est immédiate à l'aide du lemme 5.4.15 et on a $G'(0) = \int_\Gamma h'(0) + h(0)\operatorname{div}_\Gamma V$. La dérivabilité de $t \to g(t) \in W^{1,1}(\omega)$ résulte du corollaire 5.2.5 appliqué à $g(t)$ et à $\nabla g(t)$ et on a $g'(0) = h'(0) - \nabla g(0).V \in W^{1,1}(\Omega)$. Par substitution, on obtient

$$G'(0) = \int_\Gamma g'(0) + \nabla g(0).V + g(0)\operatorname{div}_\Gamma V,$$

ce qui donne la formule annoncée par la même manipulation que ci-dessus.
□

Remarque On rappelle que, pour un ouvert Ω de classe C^1, il existe une extension linéaire et continue $P : W^{1,1}(\Omega) \to W^{1,1}(\mathbb{R}^N)$ telle que: $\forall v \in W^{1,1}(\Omega), P(v)_{|_\Omega} = v$ (voir [45]). Ainsi, sous les hypothèses de la proposition 5.4.18, $t \to P\big(g(t) \circ \Phi(t)\big) \in W^{1,1}(\mathbb{R}^N)$ est dérivable en 0. On peut donc aussi appliquer le théorème 5.2.2 ou son corollaire 5.2.3 pour obtenir la différentiabilité de

$$t \to P\big(g(t) \circ \Phi(t)\big) \circ \Phi(t)^{-1} \in L^1(\mathbb{R}^N),$$

et donc la différentiabilité des restrictions de $t \to g(t)$ à des ouverts de fermeture incluse dans Ω.

5.5 Dérivation du problème de Neumann

Le cas d'une condition au bord de Neumann est plus compliqué qu'une condition de Dirichlet puisque la normale elle-même dépend du domaine. Nous donnons ici les résultats essentiels sur la dérivation du problème.

Dans tout le paragraphe, Ω est un ouvert borné de classe au moins C^1 et on se donne Φ vérifiant (5.62). On se donne $f \in L^2(\Omega)$ et $g \in H^1(\mathbb{R}^N)$ de telle sorte que $g_{\Gamma_t} \in L^2(\Gamma_t)$ est bien définie. On considère la solution u_t du problème de Neumann qui s'écrit formellement

$$\begin{cases} -\Delta u_t + u_t = f & \text{dans } \Omega_t \\ \dfrac{\partial u_t}{\partial n} = g & \text{sur } \Gamma_t, \end{cases} \tag{5.69}$$

et dont la formulation variationnelle exacte est

$$\begin{cases} u_t \in H^1(\Omega_t) \quad \text{et pour tout } v_t \in H^1(\Omega_t) \\ \displaystyle\int_{\Omega_t} \nabla u_t.\nabla v_t + u_t v_t = \int_{\Omega_t} f v_t + \int_{\Gamma_t} g v_t . \end{cases} \tag{5.70}$$

Comme pour le problème de Dirichlet, on peut déjà *formellement* écrire l'équation satisfaite par la dérivée de $t \to u_t$ en $t = 0$ qu'on note u' (et on note sans indice tous les éléments en $t = 0$). À l'intérieur de Ω on a

$$-\Delta u' + u' = 0 \text{ dans } \Omega.$$

Au bord, on dérive par rapport à t la relation

$$\forall x \in \Gamma, \nabla u_t(\Phi(t,x)).n_t(\Phi(t,x)) = g(\Phi(t,x)), \tag{5.71}$$

ce qui donne:

$$\nabla u'.n + (D^2 u.V).n + \nabla u.[\frac{\partial n_t}{\partial t} + Dn.V] = \nabla g.V \text{ sur } \Gamma . \tag{5.72}$$

Ainsi, u' est complètement identifié comme la solution d'un nouveau problème de Neumann. On peut expliciter un peu plus la valeur au bord. En décomposant $V = (V.n)n + V_\Gamma$, on obtient

$$(D^2 u.V).n + \nabla u.[Dn.V] - \nabla g.V = (V.n)[(D^2 u.n).n + \nabla u\,(Dn.n) - \frac{\partial g}{\partial n}] + a_\Gamma ,$$

avec $a_\Gamma = (D^2 u.V_\Gamma).n + \nabla u.(Dn.V_\Gamma) - \nabla g.V_\Gamma$. En dérivant $\nabla u.n = g$ tangentiellement dans la direction V_Γ, on a $a_\Gamma = 0$. On utilise alors la proposition 5.4.14 et (5.64) pour transformer (5.72) en

$$- \nabla u'.n = (V.n)[\frac{\partial^2 u}{\partial n^2} - \frac{\partial g}{\partial n}] - \nabla u.\nabla_\Gamma (V.n) . \qquad (5.73)$$

Noter que cette formule nécessite de pouvoir définir des traces sur Γ de $\nabla u'$, $D^2 u$, ∇g.

Énonçons d'abord les résultats de différentiabilité pour $\theta \to u_\theta$ où u_θ est la solution du problème de Neumann associé à f, g sur $\Omega_\theta = (I + \theta)(\Omega)$ avec $\Gamma_\theta = \partial\Omega_\theta$. On note $U_\theta = u_\theta \circ (I + \theta)$.

Théorème 5.5.1 *On suppose Ω ouvert borné de classe C^1 et $f \in H^1(\mathbb{R}^N)$, $g \in H^2(\mathbb{R}^N)$. Alors l'application*

$$\theta \in C^{1,\infty}(\mathbb{R}^N, \mathbb{R}^N) \to U_\theta \in H^1(\Omega)$$

est de classe C^1 sur un voisinage de 0.
Si $f \in H^{\max\{m,1\}}(\mathbb{R}^N)$, $g \in H^{m+2}(\mathbb{R}^N)$ avec $m \geq 0$, elle est de classe C^{m+1}. Si de plus, Ω est de classe C^{m+1}, l'application

$$\theta \in C^{m+1,\infty} \to U_\theta \in H^{m+1}(\Omega),$$

est alors de classe C^1 et il existe un prolongement $\tilde{u}_\theta \in H^{m+1}(\mathbb{R}^N)$ de u_θ tel que

$$\theta \in C^{m+1}(\mathbb{R}^N, \mathbb{R}^N) \to \tilde{u}_\theta \in H^m(\mathbb{R}^N)$$

soit de classe C^1.

Démonstration: Comme dans la démonstration du théorème 5.3.2, on commence par transporter l'équation variationnelle

$$\forall v_\theta \in H^1(\Omega_\theta), \int_{\Omega_\theta} \nabla u_\theta \nabla v_\theta + u_\theta v_\theta = \int_{\Omega_\theta} f v_\theta + \int_{\Gamma_\theta} g v_\theta.$$

Choisissant $v_\theta = v \circ (I + \theta)$ avec $v \in H^1(\Omega)$, on obtient que

$$\int_\Omega A(\theta)\nabla U_\theta \nabla v + U_\theta v J_\theta = \int_\Omega [f \circ (I + \theta)]v J_\theta + \int_\Gamma g \circ (I + \theta)J^\theta,$$

où $A(\theta)$ est défini en (5.35) et J^θ en (5.68). On considère l'application F qui à $(\theta, U) \in C^{1,\infty} \times H^1(\Omega)$ associe

$$\mathcal{A}_\theta U + U J_\theta - [f \circ (I + \theta)] J_\theta - [g \circ (I + \theta)] J^\theta \in \left(H^1(\Omega)\right)',$$

où $\mathcal{A}_\theta$ est l'opérateur de $H^1(\Omega)$ dans son dual $\left(H^1(\Omega)\right)'$ défini par

$$\forall U, v \in H^1(\Omega), < \mathcal{A}_\theta(U), v >= \int_\Omega A(\theta) \nabla U \nabla v.$$

De même, $[g \circ (I + \theta)] J^\theta$ est l'élement de $\left(H^1(\Omega)\right)'$ qui à $v \in H^1(\Omega)$ associe $\int_\Gamma [g \circ (I + \theta)] J^\theta v$ ce qui est bien continu d'après la continuité de l'opérateur trace de $H^1(\Omega)$ dans $L^2(\Gamma)$.

On vérifie, comme dans la démonstration du théorème 5.3.2, que F est de classe C^1 pour θ petit. Le seul point vraiment nouveau est la différentiabilité de

$$\theta \in C^{1,\infty} \to [g \circ (I + \theta)] J^\theta \in \left(H^1(\Omega)\right)'.$$

Mais, comme $g \in H^2(\mathbb{R}^N)$, d'après le lemme 5.3.9, $\theta \in C^1 \to g \circ (I + \theta) \in H^1(\mathbb{R}^N)$ est de classe C^1 et, par continuité de l'application trace, $\theta \in C^1 \to g \circ (I + \theta)_{|_\Gamma} \in L^2(\Gamma)$ est aussi de classe C^1. On complète en utilisant que $\theta \in C^1 \to J^\theta \in C^0(\Gamma)$ est C^∞. Par ailleurs, $\theta \in C^{1,\infty} \to f \circ (I + \theta)_{|_\Omega} \in L^2(\Omega) \subset \left(H^1(\Omega)\right)'$ est différentiable puisque $f \in H^1(\mathbb{R}^N)$.

L'opérateur $D_U F(0,0)$ est un isomorphisme de $H^1(\Omega)$ sur $\left(H^1(\Omega)\right)'$ puisque

$$\forall v, \hat{v} \in H^1(\Omega), (D_U F(0,0) v).\hat{v} = \int_\Omega \nabla v \nabla \hat{v} + v \hat{v}.$$

D'après le théorème des fonctions implicites, il existe $\theta \in C^1 \to U(\theta) \in H^1(\Omega)$ de classe C^1 sur un voisinage de 0 tel que $F(\theta, U(\theta)) \equiv 0$. Par unicité, on a $U(\theta) = U_\theta$. Ceci prouve la régularité C^1 de $\theta \to U_\theta$.

Supposons maintenant $f \in H^{m+1}(\mathbb{R}^N)$, $g \in H^{m+2}(\mathbb{R}^N)$. On sait que $(\theta, U) \in C^{1,\infty} \times H^1(\Omega) \to \mathcal{A}_\theta U + U J^\theta \in \left(H^1(\Omega)\right)'$ est C^∞. La régularité de F n'est donc limitée que par celle de

$$\theta \in C^{1,\infty} \to (f \circ (I + \theta) J_\theta, g \circ (I + \theta) J^\theta) \in (L^2(\Omega), H^1(\Omega))$$

qui est alors de classe C^{m+1} d'après le lemme 5.3.9. Il en résulte que $\theta \in C^1 \to U_\theta \in H^1$ est aussi de classe C^{m+1}.

Supposons de plus que Ω est de classe C^{m+1} et $m \geq 1$. On considère alors la restriction de F à $C^{m+1,\infty} \times H^{m+1}$. Toujours d'après le lemme 5.3.9, l'application ci-dessus est de classe C^1 à valeurs dans $H^{m-1}(\Omega) \times H^m_{|_\Gamma}$ et F est donc de classe C^1 à valeurs dans ce sous-espace de $\left(H^1(\Omega)\right)'$. De plus $D_U F(0,0)$ est un isomorphisme de H^{m+1} sur ce sous-espace (voir par exemple [45] et les références qui y sont contenues pour ces résultats de régularité). On en déduit, toujours par le théorème des fonctions implicites que $\theta \in C^{m+1,\infty} \to U_\theta \in H^{m+1}$ est de classe C^1.

Enfin, introduisant un prolongement linéaire continu P de $H^{m+1}(\Omega)$ à $H^{m+1}(\mathbb{R}^N)$, on pose $\tilde{u}_\theta P(v_\theta) \circ (I + \theta)^{-1}$ et on déduit le dernier point du théorème (voir lemme 5.3.3 et exercice 5.2). $\square$

Nous en déduisons le résultat suivant pour le problème (5.69).

Théorème 5.5.2 *Soit Ω ouvert borné de classe C^2, f dans $H^1(\mathbb{R}^N)$, g dans $H^2(\mathbb{R}^N)$ et Φ satisfaisant (5.62). On considère la solution u_t du problème (5.69) et $U_t = u_t \circ \Phi(t)$. Alors, $t \to U_t \in H^1(\Omega)$ est dérivable en 0 et il existe un prolongement $\tilde{u}_t \in H^1(\mathbb{R}^N)$ de u_t avec $t \to \tilde{u}_t \in L^2(\mathbb{R}^N)$ dérivable en 0. Sa dérivée $u' \in H^1(\Omega)$ est l'unique solution du problème variationnel: $\forall v \in H^2(\Omega)$*

$$\int_\Omega \nabla u'.\nabla v + u'v + \int_\Gamma (\nabla_\Gamma u.\nabla_\Gamma v + u\,v)(V.n) = \int_\Gamma [f + H\,g + \frac{\partial g}{\partial n}]\,v(V.n),$$

où $u \in H^2(\Omega)$. Si Ω est de classe C^3 et $V \in C^2$, alors $u \in H^3(\Omega), u' \in H^2(\Omega)$ et est l'unique solution de

$$\begin{cases} -\Delta u' + u' = & 0 \quad\quad \text{dans } \Omega \\ \dfrac{\partial u'}{\partial n} = (\frac{\partial g}{\partial n} - \frac{\partial^2 u}{\partial n^2})\,V.n + \nabla u.\nabla_\Gamma (V.n) & \text{sur } \Gamma. \end{cases} \quad (5.74)$$

Démonstration: Pour la régularité de U_t, u_t, on applique le théorème 5.5.1 en remarquant que $U_t = U_{\Phi(t)-I}, u_t = u_{\Phi(t)-I}$ et on obtient de plus que $u' = U'(0) - \nabla u.V \in H^1(\Omega)$ puisque $u \in H^2(\Omega)$ compte-tenu de la régularité des données. D'après le lemme 5.2.7, on peut dire aussi que $t \to \nabla u_t \in L^2(\omega)$ est dérivable en 0 pour tout ouvert ω tel que $\overline{\omega} \subset \Omega$. On peut alors dériver l'équation variationnelle (5.70): étant donné $v \in H^2(\Omega)$, puisque Ω est de classe C^2, il admet un prolongement à $H^2(\mathbb{R}^N)$ qu'on note encore v. On peut donc choisir $v_t \equiv v$ dans (5.70). On dérive en utilisant le corollaire 5.2.5 et la proposition 5.4.18 ce qui donne:

$$\int_\Omega \nabla u'.\nabla v + u'v + \int_\Gamma (\nabla u.\nabla v + uv)\,V.n =$$
$$\int_\Gamma (V.n)\,[f\,v + Hg\,v + \frac{\partial(gv)}{\partial n}]. \quad (5.75)$$

Utilisant la formule vue plus haut

$$\nabla u.\nabla v - \frac{\partial u}{\partial n}\frac{\partial v}{\partial n} = \nabla_\Gamma u.\nabla_\Gamma v,$$

et $g = \frac{\partial u}{\partial n}$, on obtient la 1ère expression du théorème.

Choisissant maintenant v dans $C_0^\infty(\Omega)$, on obtient immédiatement que u' vérifie $-\Delta u' + u' = 0$ au sens des distributions. Si Ω est de classe C^3 et $V \in C^2$, alors $u \in H^3(\Omega)$ et $u' \in H^2(\Omega)$ et on peut écrire

$$\int_\Omega \nabla u'.\nabla v + u'v = \int_\Gamma v\frac{\partial u'}{\partial n} + \int_\Omega (-\Delta u' + u') = \int_\Gamma v\frac{\partial u'}{\partial n}.$$

Utilisant $u - f = \Delta u = \Delta_\Gamma u + H \frac{\partial u}{\partial n} + \frac{\partial^2 u}{\partial n^2}$ ainsi que la formule d'intégration par parties (5.59):

$$\int_\Gamma (V.n)v\Delta_\Gamma u(V.n) = \int_\Gamma \nabla_\Gamma u.\nabla_\Gamma(vV.n) = \dots$$

$$\dots = \int_\Gamma (V.n)\nabla_\Gamma u.\nabla_\Gamma v + v\nabla_\Gamma u.\nabla_\Gamma (V.n),$$

et en utilisant que les traces sur Γ des fonctions de $H^2(\Omega)$ forment un ensemble dense dans $L^2(\Gamma)$, on en déduit l'expression (5.74). $\square$

5.6 Comment dériver les problèmes aux limites

Au vu de notre expérience des paragraphes précédents, dégageons quelques principes généraux sur la dérivation d'un problème aux limites sur un domaine variable $\Omega_t = \Phi(t)(\Omega)$ selon les notations précédentes. Nous venons de voir le cas des problèmes associés à l'opérateur de Dirichlet $-\Delta + \lambda I$ avec des conditions aux bords de Dirichlet et avec des conditions aux bords de Neumann. Considérons maintenant un problème aux limites très général, linéaire ou non linéaire, s'écrivant formellement

$$A(t, u_t) = f \text{ dans } \Omega_t, \quad B(t, u_t) = g \text{ sur } \Gamma_t, \qquad (5.76)$$

où $A(t, \cdot), B(t, \cdot)$ opèrent sur des espaces de fonctions définies sur Ω_t, Γ_t. Dans les deux exemples précédents, nous avions

$$A(t, u) = -\Delta u + \lambda u, \ B(t, u) = u \text{ ou } B(t, u) = \nabla u.n_t,$$

où n_t est un prolongement à tout $\mathbb{R}^N$ de la normale au bord de Γ_t.

La première étape est de démontrer la dérivabilité de $t \to u_t$. Ceci se fait en appliquant le théorème des fonctions implicites à l'opérateur transporté sur Ω, Γ. On obtient donc d'abord la régularité de la fonction $t \to U_t = u_t \circ \Phi(t)$. On en déduit ensuite la dérivabilité de $t \to u_t$ au moins à l'intérieur de Ω: ceci permet de définir $u'(0)$ sur Ω tout entier et sa régularité jusqu'au bord est généralement déduite de l'expression $u'(0) = U'(0) - \nabla u.\Phi'(0)$.

L'autre aspect est le calcul proprement dit de cette dérivée $u' = u'(0)$. Pour cela, on "dérive" le système (5.76). Sous des hypothèses de régularité adéquates, on obtient que la fonction u' est alors caractérisée comme la solution du nouveau problème aux limites

$$\partial_t A(0, u) + \partial_u A(0, u).u' = 0 \ \text{ sur } \Omega, \qquad (5.77)$$

$$\partial_t B(0, u) + \partial_u B(0, u).u' = \frac{\partial}{\partial n}\big(g - B(0, u)\big)(V.n) \ \text{ sur } \Gamma, \qquad (5.78)$$

où la dérivation à l'intérieur de Ω est généralement facile à obtenir au sens des distributions; quant à celle au bord, elle est obtenue comme suit: posant $Z_t := B(t, u_t) - g$, il s'agit de dériver en $t = 0$ la relation $Z_t \circ \Phi(t) = 0$ sur Γ. On obtient sur Γ

$$Z'(0) + \nabla Z(0).V = 0 \quad \text{et} \quad \nabla_\Gamma Z(0) = 0,$$

$$\Rightarrow \nabla Z(0) = n \frac{\partial Z(0)}{\partial n} \quad \text{et} \quad Z'(0) = -(V.n)\frac{\partial Z(0)}{\partial n}.$$

Ici $Z'(0) = \partial_t B(0, u) + \partial_u B(0, u).u'$, d'où l'expression (5.78).

Ainsi, si $B(t, u) = \nabla u.n_t$, on a

$$\partial_t B(0, u) = \nabla u.n'(0), \quad \partial_u B(0, u).u' = \nabla u'.n,$$

$$\frac{\partial}{\partial n} B(0, u) = (D^2 u.n).n + \nabla u.(Dn.n),$$

et on retrouve bien le calcul fait section 5.5 à l'aide de l'expression de $n'(0)$ donnée dans (5.64), ce qui donne

$$[\nabla u_t.n_t = g \text{ sur } \Gamma_t] \Rightarrow [\frac{\partial u'}{\partial n} = (\frac{\partial g}{\partial n} - \frac{\partial^2 u}{\partial n^2})V.n + \nabla u.\nabla_\Gamma (V.n) \text{ sur } \Gamma] (5.79)$$

Dans (5.76), on peut bien sûr supposer que f, g dépendent elles-mêmes de t: il suffit alors d'ajouter leur dérivée par rapport à t dans les seconds membres de (5.77), (5.78).

On peut trouver plusieurs énoncés plus explicites de ce genre de résultats, avec des hypothèses adéquates précises, dans [205], [206], [239] ou [242].

Nous allons maintenant appliquer ces idées à des problèmes de valeurs propres.

5.7 Dérivation d'une valeur propre simple

On s'intéresse ici à la dérivée de $t \to \lambda_k(\Omega_t)$ la k-ème valeur propre du laplacien sur $\Omega_t = \Phi(t)(\Omega)$ avec conditions de Dirichlet ou de Neumann ainsi que des fonctions propres associées. Nous avons déjà étudié dans les chapitres 3 et 4 la continuité de l'application $\Omega \mapsto \lambda_k(\Omega)$ qui induit la continuité de $t \to \lambda_k(\Omega_t)$ pour les familles de fonctions $\Phi(t)$ satisfaisant (5.6).

La question de la dérivabilité est un peu plus délicate: elle n'aura lieu, au moins sous sa forme traditionnelle, que pour les valeurs propres simples. On peut s'en rendre compte à l'aide d'un exemple élémentaire en dimension finie: soit A_t la matrice 2×2 donnée par

$$A_t = \begin{pmatrix} 1+t & 0 \\ 0 & 1-t \end{pmatrix}$$

La matrice $A_0 = I$ a une valeur propre double. La première valeur propre de A_t (ou sa plus petite) λ_1 est donc $1 - t$ si $t \geq 0$ et $1 + t$ si $t \leq 0$, soit

$$\lambda_1(A_t) = 1 - |t| \qquad \lambda_2(A_t) = 1 + |t|,$$

c'est-à-dire que $t \to \lambda_1(A_t)$ n'est pas dérivable en $t = 0$. Ceci ne se produit pas autour de matrices à valeurs propres simples. En fait, quand on examine de plus près la situation de $t \to \lambda_1(A_t)$, on s'aperçoit qu'il y a deux "branches" (en l'occurrence deux segments) se raccordant en 1 et que, sur chacune de ces branches, la fonction $t \to \lambda_1(A_t)$ est dérivable (elle est même analytique!). Autrement dit, on peut renuméroter les valeurs propres de façon à avoir la différentiabilité. Cette situation est générale, le lecteur intéressé par le cas des valeurs propres multiples pourra consulter avec profit [76], [90] dans lesquels les auteurs choisissent d'introduire le sous-différentiel, ou [226] ou [203] où est prouvée la dérivabilité directionnelle des valeurs propres multiples. Enfin [176] reste une référence incontournable pour ce type de questions.

Dans la suite de ce paragraphe, pour des raisons de simplicité, nous allons nous restreindre au cas de valeurs propres simples pour l'opérateur de Laplace avec conditions au bord de Dirichlet d'une part et de Neumann d'autre part. Nous allons commencer par "deviner" le résultat, ou plus précisément obtenir la formule de la dérivée grâce à un calcul formel, sans justifications. Nous prouverons alors rigoureusement dans le premier cas les résultats de dérivabilité nécessaires pour justifier ces calculs, ce en utilisant le théorème des fonctions implicites.

On se donne donc un ouvert (ou un quasi-ouvert) Ω et une famille d'applications $\Phi(t)$ satisfaisant (5.6) et nous notons $\lambda_k(t)$ la k-ème valeur propre de l'opérateur $-\Delta$ sur $\Omega_t = \Phi(t)(\Omega)$ avec conditions de Dirichlet ou de Neumann. Nous la supposons simple et, fixant k pour toute la suite, nous désignons par u_t une fonction propre associée de $H_0^1(\Omega_t)$ ou de $H^1(\Omega_t)$ selon le cas, avec la normalisation

$$\int_{\Omega_t} u_t^2(x)\,dx = 1. \tag{5.80}$$

Commençons par le cas d'une condition au bord de type Dirichlet. On a donc

$$\begin{cases} -\Delta u_t = \lambda_k(t)u_t & \text{dans } \Omega_t \\ u_t = 0 & \text{sur } \Gamma_t := \partial\Omega_t. \end{cases} \tag{5.81}$$

Notant u' la dérivée en 0 de $t \to u_t$ et appliquant la procédure résumée dans le paragraphe précédent, la dérivation de (5.81), (5.80) conduit à:

$$\begin{cases} -\Delta u' = \lambda_k u' + \lambda_k' u & \text{dans } \Omega \\ u' = -\frac{\partial u}{\partial n} V.n & \text{sur } \Gamma\,;\ \int_\Omega u\,u' = 0. \end{cases} \tag{5.82}$$

Multiplions l'équation de (5.82) par u et intégrons sur Ω; on obtient, compte-tenu des relations de normalisation:

$$- \int_{\Omega} u \Delta u' = \lambda_k' \int_{\Omega} u^2 + \lambda_k \int_{\Omega} u\, u' = \lambda_k'. \qquad (5.83)$$

Par intégration par parties et en réutilisant (5.81), (5.82)

$$- \int_{\Omega} u \Delta u' = \int_{\Gamma} u' \frac{\partial u}{\partial n} - \int_{\Omega} u' \Delta u = \int_{\Gamma} u' \frac{\partial u}{\partial n} = - \int_{\Gamma} \left[\frac{\partial u}{\partial n} \right]^2 V.n.$$

On peut ainsi énoncer avec les notations ci-dessus:

Théorème 5.7.1 (Cas Dirichlet) *Soit Ω un ouvert borné de classe C^2. On suppose que $\lambda_k(\Omega)$ est une valeur propre simple. Alors, les fonction $t \to \lambda_k(t)$, $t \to u_t \in L^2(\mathbb{R}^N)$ sont dérivables en $t = 0$ et $u' \in H^1(\Omega)$ est l'unique solution de (5.82) avec*

$$\lambda_k'(0) := - \int_{\Gamma} \left(\frac{\partial u}{\partial n} \right)^2 V.n \,. \qquad (5.84)$$

La démonstration rigoureuse de ce théorème sera donnée un peu plus loin. La formule (5.84) permet de retrouver qualitativement certains résultats. Si on considère par exemple un champ de vecteurs V qui contracte le domaine, i.e. $V.n \leq 0$ partout, alors $\lambda_k' \geq 0$, c'est-à-dire que la valeur propre augmente (ce qu'on savait déjà, mais c'est surtout l'aspect quantitatif qui est intéressant).

Notons que le calcul de $\lambda_k'(0)$ aurait pu être fait en dérivant $\lambda_k(t) = \int_{\Omega_t} |\nabla u_t|^2$.

Effectuons maintenant le même travail pour une condition de Neumann. De la même façon en dérivant

$$\begin{cases} -\Delta u_t = \lambda_k(t) u_t & \text{dans } \Omega_t \\[2mm] \frac{\partial u_t}{\partial n} = 0 & \text{sur } \Gamma_t \end{cases}$$

ainsi que la relation de normalisation et en utilisant la formule (5.79), on obtient

$$\begin{cases} -\Delta u' = \lambda_k u' + \lambda_k' u & \text{dans } \Omega, \;\; 0 = \int_{\Gamma} u^2 (V.n) + 2 \int_{\Omega} u\, u', \\[2mm] \frac{\partial u'}{\partial n} = - \frac{\partial^2 u}{\partial n^2} V.n + \nabla u . \nabla_{\Gamma}(V.n) & \text{sur } \Gamma. \end{cases} \qquad (5.85)$$

Dérivant $\lambda_k(t) = \int_{\Omega_t} |\nabla u_t|^2$, on obtient

$$\lambda_k' = \int_{\Gamma} |\nabla u|^2 (V.n) + 2 \int_{\Omega} \nabla u . \nabla u'.$$

$$2 \int_{\Omega} \nabla u . \nabla u' = -2 \int_{\Omega} u' \Delta u = 2\lambda_k \int_{\Omega} u' u = -\lambda_k \int_{\Gamma} u^2(V.n).$$

D'où $\lambda_k' = \int_{\Gamma} \left(|\nabla u|^2 - \lambda_k u^2 \right) V.n$. On peut finalement énoncer:

Théorème 5.7.2 (Cas Neumann) *Soit Ω un ouvert de classe C^3. On suppose que $\lambda_k(\Omega)$ est une valeur propre simple. Alors, les fonction $t \to \lambda_k(t)$,*

$t \to u_t \in L^2(\omega)$, où ω est un ouvert tel que $\overline{\omega} \subset \Omega$, sont dérivables en $t = 0$ et $u' \in H^2(\Omega)$ est l'unique solution de (5.85) avec

$$\lambda'_k(0) := \int_\Gamma \left(|\nabla u|^2 - \lambda_k u^2 \right) V.n \ . \tag{5.86}$$

Nous allons à présent démontrer le théorème 5.7.1. Nous renvoyons par exemple à [197] pour un problème et une approche analogues, mais avec des espaces fonctionnels différents. La démonstration que nous allons donner est intéressante en ce sens qu'elle se généralise à de nombreuses situations semblables. Partons de la formulation variationnelle du problème spectral sur l'ensemble mesurable $\Omega_\theta = (I + \theta)(\Omega)$ où $\theta \in W^{1,\infty}(\mathbb{R}^N, \mathbb{R}^N)$:

$$\begin{cases} u_\theta \in H_0^1(\Omega_\theta), \quad \int_{\Omega_\theta} u_\theta^2 = 1, \text{ et } \forall \varphi_\theta \in H_0^1(\Omega_\theta) \\ \int_{\Omega_\theta} \nabla u_\theta.\nabla \varphi_\theta = \lambda_k(\theta) \int_{\Omega_\theta} u_\theta \varphi_\theta \ \ (\text{on pose } \lambda_k(\theta) := \lambda_k(\Omega_\theta)). \end{cases} \tag{5.87}$$

(On renvoie au chapitre 4 pour la définition de $H_0^1(\Omega)$ lorsque Ω est seulement mesurable et pour le problème de valeur propre associé). Nous supposons que la k-ème valeur propre $\lambda_k = \lambda_k(\Omega)$ est simple et nous désignons toujours par u une fonction propre associée avec $\int_\Omega u^2 = 1$. Pour θ voisin de 0 dans $W^{1,\infty}$, $\lambda_k(\theta)$ est simple et on peut choisir le signe de u_θ pour que

$$\theta \in W^{1,\infty} \to (u_\theta, \lambda(\theta)) \in H_0^1(\Omega_\theta) \times \mathbb{R} \subset H^1(\mathbb{R}^N) \times \mathbb{R}$$

soit continue (ceci résulte de l'étude de la continuité faite au chapitre 4).

Nous reprenons les notations et arguments de la démonstration du théorème 5.3.2. Nous transportons cette équation variationnelle sur Ω ce qui donne en notant $v_\theta = u_\theta \circ (I + \theta)$

$$v_\theta \in H_0^1(\Omega), \ -\text{div}\big(A(\theta)\nabla v_\theta\big) = \lambda(\theta)v_\theta J_\theta \ \text{ sur } \Omega,$$

et la normalisation

$$\int_\Omega v_\theta^2 J_\theta = 1 \ .$$

On considère alors l'opérateur $\mathcal{F} : W^{1,\infty} \times H_0^1(\Omega) \times \mathbb{R} \to H^{-1}(\Omega) \times \mathbb{R}$ défini par

$$\mathcal{F}(\theta, v, \lambda) = \big(-\text{div}(A(\theta)\nabla v) - \lambda v J_\theta, \int_\Omega v^2 J_\theta - 1 \big).$$

(Si Ω est seulement mesurable, on définit cet opérateur au sens variationnel comme au théorème 5.3.2). Cet opérateur est de classe C^1 et même C^∞ comme on l'a vu. De plus,

$$\forall (\hat{v}, \hat{\lambda}) \in H_0^1(\Omega) \times \mathbb{R}, \ D_{v,\lambda}\mathcal{F}(0, u, \lambda_k)(\hat{v}, \hat{\lambda})(-\Delta\hat{v} - \hat{\lambda}u - \lambda_k\hat{v}, 2\int_\Omega u\hat{v}).$$

Montrons que $D_{v,\lambda}\mathcal{F}(0, u, \lambda_k)$ est un isomorphisme de $H_0^1 \times \mathbb{R}$ sur $H^{-1} \times \mathbb{R}$: comme elle est continue, d'après le théorème de Banach, il suffit de montrer qu'elle est bijective, c'est-à-dire:

Lemme 5.7.3 *On suppose que λ_k est valeur propre simple. Etant donné $(Z, \Lambda) \in H^{-1}(\Omega) \times \mathbb{R}$, il existe une unique solution $(\hat{v}, \hat{\lambda}) \in H_0^1(\Omega) \times \mathbb{R}$ au système*

$$\begin{cases} -\Delta\hat{v} - \hat{\lambda}u - \lambda_k\hat{v} = Z \text{ dans } \Omega, \\ 2\int_\Omega u\hat{v} = \Lambda. \end{cases} \tag{5.88}$$

Démonstration du lemme: A nouveau, il faut comprendre (5.88) au sens variationnel pour inclure le cas Ω mesurable. Par compacité de l'opérateur

$$(-\Delta)^{-1} : X = \left(H_0^1(\Omega)\right)' \to H_0^1(\Omega) \subset \left(H_0^1(\Omega)\right)',$$

on peut appliquer l'alternative de Fredholm [6] à l'opérateur $-\Delta - \lambda_k I$. Comme, par hypothèse, le noyau de cet opérateur est de dimension 1, un élément $\varphi \in X$ sera dans son image si et seulement s'il satisfait la relation d'orthogonalité $< \varphi, u >_{X \times H_0^1} = 0$, ce qui fournit, quand on l'applique à $\varphi = Z + \hat{\lambda}u$:

$$0 = < Z + \hat{\lambda}u, u > = \hat{\lambda} + < Z, u >.$$

Ceci détermine $\hat{\lambda}$ de manière unique. De plus, tous les antécédents de $Z + \hat{\lambda}u$ par $-\Delta - \lambda_k I$ s'écrivent $v_0 + s\,u$, $s \in \mathbb{R}$ où v_0 est un antécédent particulier. Or la relation $2\int_\Omega u\hat{v} = \Lambda$ impose

$$\Lambda = 2\int_\Omega u(v_0 + s\,u) = 2s + 2\int_\Omega uv_0.$$

Ainsi, s est lui aussi déterminé de manière unique, ce qui prouve l'existence d'une unique solution au système (5.88). $\square$

D'après le théorème des fonctions implicites, il existe $\theta \to (v(\theta), \lambda(\theta)) \in H_0^1(\Omega) \times \mathbb{R}$ de classe C^∞ sur un voisinage $\mathcal{V}$ de 0 dans $W^{1,\infty}$ et un voisinage $\mathcal{O}$ de $(0, u, \lambda_k)$ dans $W^{1,\infty} \times H_0^1(\Omega) \times \mathbb{R}$ tels que

$$v(0) = u, \quad \lambda(0) = \lambda_k, \quad \mathcal{F}^{-1}(\{0\}) \cap \mathcal{O} = \{(\theta, v(\theta), \lambda(\theta)); \theta \in \mathcal{V}\}.$$

Ainsi $\theta \to (v(\theta), \lambda(\theta))$ coïncide nécessairement avec la fonction continue $\theta \to (v_\theta, \lambda_k(\theta))$. On peut donc en déduire:

Théorème 5.7.4 *On suppose Ω mesurable borné et $\lambda_k(\Omega)$ simple. L'application $\theta \in W^{1,\infty} \to (v_\theta, \lambda_k(\theta)) \in H_0^1(\Omega) \times \mathbb{R}$ est de classe C^∞ sur un voisinage de 0. L'application $\theta \in W^{1,\infty} \to u_\theta \in L^2(\mathbb{R}^N)$ est différentiable en 0 et on a*

$$\forall \xi \in W^{1,\infty}, \; D_\theta u_{\theta|_{\theta=0}}\xi = D_\theta v_{\theta|_{\theta=0}}\xi - \nabla u.\xi \in L^2(\mathbb{R}^N).$$

---

[6] Erik **Ivar** FREDHOLM, 1866-1927, suédois, a enseigné à Stockholm. Célèbre pour ses contributions à la théorie des équations intégrales.

En particulier, $t \to \lambda_k(t) = \lambda_k(\Phi(t) - I)$ et $t \to u_t = u_{\Phi(t)-I} \in L^2(\mathbb{R}^N)$ sont dérivables en 0.

Si Ω est de classe C^2, alors $u \in H^2(\Omega)$, $\lambda'_k(0)$ est donné par (5.84) et $u' \in H^1(\Omega)$ est l'unique solution de (5.82).

Démonstration: La propriété C^∞ est montrée ci-dessus. On compose avec $t \to \theta = \Phi(t) - I$ pour avoir la dérivabilité de $t \to \lambda_k(t), u_t$ et on a $u' = v' - \nabla u.V$ où $v' \in H^1_0(\Omega)$ est la dérivée de $t \to v_t = v_{\Phi(t)-I}$.

Si Ω est de classe C^2, la solution u est dans $H^2(\Omega)$ (voir [45]). Ainsi, d'après l'expression ci-dessus, $u' \in H^1(\Omega)$ et aussi $\nabla u.n \in L^2(\Gamma)$. Donc, les calculs menés pour la démonstration du théorème 5.7.1 sont tout à fait justifiés. □

5.8 Utilisation de l'état adjoint

Dans ce paragraphe, nous allons montrer comment l'introduction d'un problème auxiliaire ou **problème adjoint** permet parfois de simplifier l'expression de la dérivée de la fonctionnelle. En particulier, nous allons faire "disparaître" de son expression la dérivée u' de l'état ce qui aura certains avantages, en particulier d'un point de vue numérique, nous y reviendrons un peu plus loin.

Remarquons que cette technique d'introduction de l'état adjoint n'est pas spécifique aux problèmes d'optimisation de forme et qu'elle est utilisée dans le cadre plus général du **contrôle optimal** dont l'optimisation de forme n'est qu'un cas particulier.

Commençons par expliquer le principe sur un exemple. Pour cela reprenons l'exemple du paragraphe 5.3. Rappelons brièvement les résultats que nous avions obtenu. L'état était défini comme la solution du problème aux limites

$$\begin{cases} -\Delta u_t + u_t = f & \text{dans } \Omega_t \\ u_t = 0 & \text{sur } \Gamma_t. \end{cases}$$

La fonctionnelle était donnée par

$$j(t) = J(\Omega_t) := a \int_{\Omega_t} |\nabla u_t - \nabla v_0|^2 + b \int_{\Omega_t} |u_t - v_1|^2, \tag{5.89}$$

et, pour sa dérivée, on a la formule

$$\begin{aligned} j'(0) = {} & 2a \int_\Omega (\nabla u - \nabla v_0).\nabla u' + 2b \int_\Omega (u - v_1)u' \\ & + \int_\Gamma [a|\nabla u - \nabla v_0|^2 + b|u - v_1|^2](V.n) \,. \end{aligned} \tag{5.90}$$

(On se place dans le cas régulier pour simplifier).

Introduisons l'état adjoint p comme étant la solution du problème

$$\begin{cases} -\Delta p + p = -2a(\Delta v_0 - \Delta u) + 2b(u - v_1) & \text{dans } \Omega \\ \quad\quad p = 0 \;\; \text{sur } \Gamma. \end{cases} \tag{5.91}$$

En multipliant l'équation définissant p par u' et en intégrant sur Ω on obtient la relation

$$-\int_\Omega u' \Delta p + \int_\Omega u'p = -2a\int_\Omega u'(\Delta v_0 - \Delta u) + 2b\int_\Omega u'(u - v_1)$$

soit en utilisant la formule de Green

$$-\int_\Omega \Delta u' p - \int_\Gamma u'\frac{\partial p}{\partial n} + \int_\Omega u'p = 2a\int_\Omega \nabla u'.(\nabla v_0 - \nabla u) +$$

$$+ 2a\int_\Gamma u'\frac{\partial(v_0 - u)}{\partial n} + 2b\int_\Omega u'(u - v_1).$$

En utilisant l'équation vérifiée par u': $-\Delta u' + u' = 0$, on obtient

$$2a\int_\Omega \nabla u'.(\nabla u - \nabla v_0) + 2b\int_\Omega u'(u - v_1) = -\int_\Gamma u'\frac{\partial p}{\partial n} - 2a\int_\Gamma u'\frac{\partial(v_0 - u)}{\partial n}.$$

En introduisant alors ceci dans la formule (5.90) qui donne $j'(0)$, et en utilisant le fait que u' est donné sur Γ par $u' = -\dfrac{\partial u}{\partial n}\,V.n$, on obtient une autre formule pour la dérivée de la fonctionnelle J:

$$j'(0) = \int_\Gamma [\frac{\partial u}{\partial n}\frac{\partial p}{\partial n} + 2a\frac{\partial u}{\partial n}\frac{\partial(v_0 - u)}{\partial n} + a|\nabla u - \nabla v_0|^2 + b(u - v_1)^2]\,V.n.$$

On peut encore un peu transformer ceci en utilisant le fait que le gradient de u est porté par la normale, et donc en particulier $\nabla u.\nabla v_0 = \dfrac{\partial u}{\partial n}\dfrac{\partial v_0}{\partial n}$. On peut donc énoncer

Proposition 5.8.1 *La dérivée de la fonctionnelle J définie en (5.89) peut s'écrire*

$$j'(0) = \int_\Gamma [\frac{\partial u}{\partial n}\frac{\partial p}{\partial n} + a[|\nabla v_0|^2 - (\frac{\partial u}{\partial n})^2] + b(u - v_1)^2]\,V.n. \tag{5.92}$$

où p est la solution du problème (5.91).

Commentaires:

– Comme on le voit, l'introduction de l'état adjoint a pour conséquence de fournir une expression de la dérivée en fonction de u et p et donc sans la dérivée de l'état u'. Plus précisément la formule (5.92) fait apparaître sous l'intégrale une quantité qui dépend de u et p:

$$\mathcal{F}(u,p) = \frac{\partial u}{\partial n}\frac{\partial p}{\partial n} + a[|\nabla v_0|^2 - (\frac{\partial u}{\partial n})^2] + b(u - v_1)^2$$

qui est facteur de $V.n$. Quel peut-en être l'intérêt? Les fonctions u et p sont complètement indépendantes du champ de déplacement et donc la fonction $\mathcal{F}(u,p)$ peut se calculer *a priori* avant même de choisir dans quelle direction déplacer le bord $\partial\Omega$. C'est ainsi que si on cherche à minimiser la fonctionnelle J en utilisant une méthode de descente, on cherchera le champ de déplacement V de sorte que la dérivée $j'(0)$ soit, par exemple, la plus négative possible. Ainsi le choix de V tel que

$$V.n = -\mathcal{F}(u,p)$$

par exemple permet d'atteindre un tel objectif. Cette démarche serait bien sûr impossible avec l'expression (5.90) de J, car la définition de u' dépend de $V.n$.

- Le fait d'avoir traité une condition au bord de Dirichlet dans l'exemple ci-dessus n'a rien de particulier. L'important est que la fonction u' (ou $\frac{\partial u'}{\partial n}$, etc... suivant le cas) soit connue sur le bord de Ω (voir plus loin).
- Un cas particulier important est celui où la fonctionnelle J est définie comme étant, non pas une intégrale sur Ω, mais une intégrale sur une partie D fixe de Ω. Dans ce cas, le plus simple est de se ramener au cas précédent en introduisant à l'intérieur de l'intégrale la fonction caractéristique de D, c'est-à-dire en écrivant $\int_D = \int_\Omega \chi_D$.
- Il y a bien sûr quelque chose qui reste un peu mystérieux dans la démarche suivie ci-dessus: comment trouve-t-on l'équation vérifiée par l'état adjoint p? Le principe est évidemment de se débarrasser des intégrales où apparaissent u'. Comme, d'après le point précédent, u' est connu sur le bord, il reste les intégrales sur Ω. Pour cela un *truc* consiste à remplacer u' par la fonction-test v dans les intégrales qui interviennent dans l'expression de $j'(0)$ (voir (5.90)) pour obtenir la formulation variationnelle de l'équation vérifiée par p. Ainsi, dans le cas présent, elle s'écrit:

$$\begin{cases} p \in H_0^1(\Omega) \quad \text{et} \quad \forall v \in H_0^1(\Omega), \\ \int_\Omega \nabla p.\nabla v + p\,v = 2a\int_\Omega(\nabla u - \nabla v_0)\nabla v + 2b\int_\Omega(u - v_1)v \quad. \end{cases} \tag{5.93}$$

Plus généralement, pour une fonctionnelle $J(\Omega) = \int_\Omega F(x, u(x), \nabla u(x))dx$ où $F = F(x, u, q)$ est une fonction régulière, puisqu'on a

$$j'(0) = \int_\Omega u'\partial_u F + \nabla_q F.\nabla u' + \int_\Gamma FV.n\,,$$

on introduira le problème adjoint

$$p \in H_0^1(\Omega), \quad -\Delta p + p = \partial_u F - \text{div}_x[\nabla_q F].$$

On a alors en multipliant par u' et en intégrant par parties comme précédemment

$$-\int_\Gamma u'\frac{\partial p}{\partial n} = \int_\Omega u'\partial_u F + \nabla u'.\nabla_q F - \int_\Gamma u'\nabla_q F.n.$$

On en déduit

$$j'(0) = \int_\Gamma (V.n)[\frac{\partial u}{\partial n}\frac{\partial p}{\partial n} + F - \frac{\partial u}{\partial n}\nabla_q F.n].$$

S'il s'agit du problème de Neumann pour u où (voir (5.74)), u' est solution de

$$-\Delta u' + u' = 0, \quad \frac{\partial u'}{\partial n} = \nabla u.\nabla_\Gamma (V.n) + (V.n)[\frac{\partial g}{\partial n} - \frac{\partial^2 u}{\partial n^2}], \quad (5.94)$$

on considèrera le problème adjoint

$$\frac{\partial p}{\partial n} = n.\nabla_q F \text{ sur } \Gamma \quad -\Delta p + p = \partial_u F - \text{div}_x[\nabla_q F] \text{ dans } \Omega.$$

Par le même calcul, on obtient

$$j'(0) = \int_\Gamma p\frac{\partial u'}{\partial n} + FV.n,$$

et ici $\frac{\partial u'}{\partial n}$ est donné par (5.94).

Si maintenant J contient des termes de bord, soit par exemple $J(\Omega) = \int_\Gamma G(\sigma, u(\sigma), \nabla u(\sigma))\,d\sigma$ avec $G = G(x, u, q)$ régulière, on rappelle que (voir proposition 5.4.18)

$$j'(0) = \int_\Gamma u'\partial_u G + \nabla_q G.\nabla u' + (V.n)[\frac{\partial G}{\partial n} + HG].$$

Puisque, en écrivant $\nabla u' = \nabla_\Gamma u' + \frac{\partial u'}{\partial n}n$ et en utilisant (5.51), on a

$$\int_\Gamma \nabla_q G.\nabla u' = \int_\Gamma (\nabla_q G.n)\frac{\partial u'}{\partial n} - u'\text{div}_\Gamma G + Hu'\nabla_q G.n,$$

on introduit alors le problème adjoint

$$\frac{\partial p}{\partial n} = \partial_u G - \text{div}_\Gamma \nabla_q G + H\nabla_q G.n \text{ sur } \Gamma, \quad -\Delta p + p = 0 \text{ dans } \Omega.$$

Et on obtient en multipliant par u' et en intégrant par parties comme précédemment

$$j'(0) = \int_\Gamma (V.n)[\frac{\partial G}{\partial n} + HG] + [p + \nabla_q G.n]\frac{\partial u'}{\partial n}.$$

Le principe est tout à fait général avec tout opérateur différentiel linéaire A à conditions linéaires au bord. Il faut alors résoudre un problème adjoint associé à l'opérateur différentiel adjoint A^* avec les termes non homogènes choisis pour "absorber" la partie de u' qui n'est pas connue au bord. Nous renvoyons à [242] pour des exemples et d'autres énoncés.

Conclusion : Il apparaît clairement dans tous les cas traités que la dérivée de la fonctionnelle J est une forme linéaire en $V.n$. Cette propriété est en fait complètement générale et c'est l'objet du paragraphe suivant.

5.9 Structure des dérivées de forme

5.9.1 Introduction et notations

On appelle fonctionnelle de forme toute application $E : \mathcal{O} \to \mathbb{R}$ où $\mathcal{O}$ est un famille de sous-ensembles de R^N. Nous avons vu de nombreux exemples où de telles fonctionnelles conduisaient à des applications dérivables $t \in [0, T[\to E(\Omega_t)$ le long d'une sous-famille $\Omega_t \in \mathcal{O}$ ou à des applications différentiables $\theta \in W^{1,\infty}$ (ou $\in C^{k,\infty}) \to E((I + \theta)(\Omega))$. Comme nous l'avons constaté, ces dérivées ou différentielles ont des structures particulières dues au fait qu'elles sont définies via des fonctionnelles de forme et ce paragraphe est essentiellement destiné à l'analyse de ces structures. Commençons par indiquer les notations qui y sont utilisées.

Notations : Nous continuons à utiliser les notations $W^{k,\infty}$, $C^{k,\infty}$ (voir section 5.4.5). Pour θ dans ces espaces et $\Omega \subset \mathbb{R}^N$, nous notons aussi $\Omega_\theta = (I + \theta)(\Omega)$, $\Gamma_\theta = \partial\Omega_\theta$. Pour $k \geq 1$ entier, nous notons $\mathcal{O}_k$ l'ensemble des ouverts de classe C^k de $\mathbb{R}^N$.

Les différentielles 1ères et 2èmes en θ d'une application $\mathcal{E}$ des espaces $W^{k,\infty}$, $C^{k,\infty}$ à valeurs dans $\mathbb{R}$ sont notées $\mathcal{E}'(\theta)$, $\mathcal{E}''(\theta)$ et on écrit $\mathcal{E}'(\theta)\,\xi$, $\mathcal{E}''(\theta)(\xi, \zeta)$ pour le résultat de leur application à des éléments ξ, ζ de l'espace de différentiation.

Etant donné $\Omega \subset \mathbb{R}^N$ et $\Gamma = \partial\Omega$, nous continuons à noter $V_\Gamma = V - (V.n)n$ pour un champ de vecteurs V sur Γ. Plus généralement, si A est une fonction de Γ à valeurs dans les matrices $p \times N$, nous notons

$$A_\Gamma := A - (A\,n)^t n, \text{ soit } (A_\Gamma)_{i,j} = A_{i,j} - (A\,n)_i n_j.$$

Avec ces notations, on a

$$\forall \xi \in C^0(\Gamma, \mathbb{R}^N), \ A_\Gamma\,\xi = A\,\xi_\Gamma = A_\Gamma\,\xi_\Gamma. \tag{5.95}$$

Nous utiliserons aussi les opérateurs tangentiels définis au paragraphe 5.4.3, soit :

$$\nabla_\Gamma, \ \text{div}_\Gamma, \ \Delta_\Gamma \text{ et pour } V \in C^1(\Gamma, \mathbb{R}^p), \ D_\Gamma V : [D\,V]_\Gamma.$$

Si $V = (V_1, ..., V_p)$, la i-ème ligne de la matrice $D_\Gamma V$ est donc $^t\nabla_\Gamma V_i$. Son application à $\xi \in C^0(\Gamma, \mathbb{R}^N)$ sera tout simplement notée $D_\Gamma V\,\xi$. Rappelons que, pour Ω de classe C^2, si d est la fonction distance à Γ (voir la démonstration de la proposition 5.4.14), alors $n = \nabla d$ définit une extension unitaire et de classe C^1 de n autour de Γ et

$$D_\Gamma n = D^2 d \text{ est donc une matrice symétrique sur } \Gamma. \tag{5.96}$$

En effet, $^t Dn\,n = 0$ puisque n est unitaire autour de Γ. Donc $D_\Gamma n = D\,n - (Dn\,n).n = D^2 d - n.(^t Dn\,n) = D^2 d$.

5.9.2 Un premier résultat de structure

Commençons par un premier résultat sur la structure des dérivées premières de forme. Pour $k \geq 1$ entier et $\Omega \subset \mathbb{R}^N$, on y note $\mathcal{O}(\Omega, k) = \{(I + \theta)(\Omega); \theta \in C^{k,\infty}, \|\theta\|_{k,\infty} < 1\}$.

Proposition 5.9.1 *Soit $k \geq 1$ entier, $\Omega \subset \mathbb{R}^N$, $E : \mathcal{O}(\Omega, k\} \to \mathbb{R}$. On suppose que la fonction*

$$\theta \in C^{k,\infty} \to \mathcal{E}(\theta) : E(\Omega_\theta)$$

est différentiable en 0. Alors,

$$\xi \in C_0^\infty(\mathbb{R}^N, \mathbb{R}^N) \to \mathcal{E}'(0)\,\xi \in \mathbb{R}$$

définit une distribution d'ordre supérieur ou égal à $-k$ sur $\mathbb{R}^N$ qui est à support dans $\Gamma = \partial\Omega$.

Si, de plus, Ω est un ouvert de classe C^1, alors, pour tout $\xi \in C^{1,\infty}$ tel que $\xi.n = 0$ sur Γ, on a $\mathcal{E}'(0)\,\xi = 0$.

En d'autres termes, la dérivée autour de Ω d'une fonctionnelle de forme dans une direction ξ ne dépend que de la trace de ξ sur le bord de Ω et même seulement de la composante normale de cette trace dans le cas régulier. Ceci avait déjà été remarqué par Hadamard [137].

Démonstration: Par définition, $\mathcal{E}'(0)$ est une forme linéaire continue sur $C^{k,\infty}(\mathbb{R}^N, \mathbb{R}^N)$. Sa restriction à C_0^∞ est donc une distribution, qui est d'ordre au moins $-k$ puisqu'elle admet un prolongement continu pour la norme $C^{k,\infty}$.

Soit $\xi \in C^{1,\infty}$ à support compact dans le complémentaire de Γ. On considère le flot associé à ξ, c'est-à-dire la solution de

$$\forall (t, x) \in [0, +\infty[\times\mathbb{R}^N, \quad \frac{\partial \zeta}{\partial t}(t, x) = \xi(\zeta(t, x)), \ \zeta(0, x) = x \,, \quad (5.97)$$

qui existe globalement en temps puisque ξ est globalement lipschitzien. Soit ω un voisinage ouvert de Γ sur lequel ξ est nul. Alors, $\forall x \in \omega, \forall t \geq 0$, $\xi(\zeta(t, x)) \equiv 0$ et donc $\zeta(t, x) \equiv x$. Il en résulte que $\zeta(t, \Omega) = \Omega$ et donc $t \to \mathcal{E}(\zeta(t))$ est constante. Sa dérivée en 0 est nulle et égale à $\mathcal{E}'(0)\,\xi$. Ainsi, $\mathbb{R}^N \setminus \Gamma$ est un ouvert de nullité pour la distribution $\mathcal{E}'(0)$.

Si Ω est un ouvert de classe C^1 et que $\xi.n = 0$ sur Γ, on a encore $\zeta(t, \Omega) = \Omega$ car Γ est invariant pour le flot de ξ. D'où la même conclusion.
Indication: L'invariance de Γ sous cette hypothèse est classique. On peut la retrouver comme suit: prenons la représentation locale de Γ comme graphe de φ_i (voir section 5.4.1) et notons, *sur un voisinage de Γ_i*:

$$n = (\nabla_{x'}\varphi_i, -1)/\beta, \beta = (1 + \|\nabla_{x'}\|^2)^{1/2}, \tilde{\xi} := \xi - (\xi.n)n, \ G(x', x_N) = \varphi_i(x') - x_N \,.$$

Alors Γ est invariant (localement) par tout flot $t \to \tilde{\zeta}(t)$ du champ de vecteurs continu $\tilde{\xi}$ puisque $G(\tilde{\zeta})' = \beta\, n.\tilde{\xi} \equiv 0$ et donc $G(\tilde{\zeta}(t)) = G(\tilde{\zeta}(0)) = 0$ si $\tilde{\zeta}(0) \in \Gamma$.

Comme ξ et $\tilde{\xi}$ coïncident sur Γ, par unicité du flot de ξ, $\zeta = \tilde{\zeta}$ pour une donnée initiale sur Γ. □

Remarque Le dernier point de la proposition s'applique plus généralement lorsque $\partial\Omega$ est une variété de classe C^1, sans que ce soit nécessairement le bord d'un ouvert. On peut penser à la longueur d'une courbe gauche fermée dans $\mathbb{R}^3$ ou plus généralement la d-mesure de Hausdorff d'une variété sans bord dans $\mathbb{R}^N$. Par contre, ceci ne contient pas par exemple le cas où Ω est un segment de $\mathbb{R}^2$ et $E(\cdot)$ est la longueur des courbes perturbées: dans ce cas, la dérivée prend en compte les variations de l'extrémité du segment dans la direction "tangentielle" (voir [120]).

5.9.3 Exemples de dérivées 1ères de forme

Nous avons vu de nombreux exemples de telles différentielles dans les paragraphes précédents. Rappelons-en quelques-uns. Nous notons ξ un élément générique de $C^{1,\infty}$ et rappelons que $\mathcal{E}'(0)\,\xi = \frac{d}{dt}_{|_{t=0}}\mathcal{E}(t\,\xi)$.

- $E(\Omega) = |\Omega| = \int_\Omega dx:\;\; \mathcal{E}'(0)\,\xi = \int_\Omega \operatorname{div}\xi = -<\nabla\chi_\Omega, \xi >_{\mathcal{D}'\times C_0^\infty}$.
  (Voir (5.20)). Ainsi $\mathcal{E}'(0) = -\nabla\chi_\Omega$ ce qui est bien une distribution d'ordre -1. On sait qu'elle est d'ordre 0 si et seulement si Ω est localement à périmètre fini.

- On peut prendre plus généralement $E(\Omega) = \int_\Omega f$ où $f \in W^{1,1}(\mathbb{R}^N)$. Alors, d'après (5.20)

$$\mathcal{E}'(0)\,\xi = \int_\Omega \operatorname{div}(f\xi) = \int_\Omega \nabla f.\xi + f\operatorname{div}\xi = <\chi_\Omega\nabla f - \nabla(f\chi_\Omega), \xi >_{\mathcal{D}'\times C_0^\infty},$$

et donc $\mathcal{E}'(0) = \chi_\Omega\nabla f - \nabla(f\chi_\Omega)$. Lorsque Ω est de classe C^1, il peut être plus intéressant de constater que $\mathcal{E}'(0)\,\xi = \int_\Gamma f\,\xi.n$. On voit que ceci ne dépend que de $\xi.n_{|_\Gamma}$ et est une forme linéaire continue portant sur $\xi.n_{|_\Gamma}$. Le caractère très général de cette propriété est prouvé un peu plus loin.

- $E(\Omega) = P(\Omega)$ qui est différentiable au moins lorsque Ω est de classe C^1 et on a (voir corollaire 5.4.16)

$$\mathcal{E}'(0)\,\xi = \int_\Gamma \operatorname{div}_\Gamma \xi = \int_\Gamma H\,\xi.n,$$

la 2ème écriture étant valable lorsque Ω est de classe C^2. Dans ce cas $\mathcal{E}'(0) = H\,(\mathcal{H}^{N-1})_{|_\Gamma}\,n$ où $(\mathcal{H}^{N-1})_{|_\Gamma}$ est la restriction à Γ de la $(N-1)$-mesure de Hausdorff.

- $E(\Omega) = \int_\Gamma g$ où $g \in W^{2,1}(\mathbb{R}^N)$ et Ω de classe C^2. Alors (voir Prop. 5.4.18)

$$\mathcal{E}'(0)\,\xi = \int_\Gamma (\xi.n)\left(\frac{\partial g}{\partial n} + H\,g\right).$$

- $E(\Omega) = \int_\Omega |\nabla u_\Omega|^2$ où u_Ω est la solution du problème de Dirichlet: on a la différentiabilité pour tout Ω mesurable (on peut toujours le supposer quasi-ouvert) et on a (voir corollaire 5.3.8)

$$\mathcal{E}'(0)\,\xi = \int_\Omega \operatorname{div}(|\nabla u|^2 \xi) = \int_\Gamma |\nabla u|^2\,\xi.n, \tag{5.98}$$

la 2ème formule étant valable si Ω est de classe C^1. Dans tous les cas

$$\mathcal{E}'(0) = \chi_\Omega \nabla |\nabla u|^2 - \nabla(|\nabla u|^2 \chi_\Omega). \tag{5.99}$$

- $E(\Omega) = \lambda_k(\Omega)$ la k-ème valeur propre du Laplacien avec condition de Dirichlet. On a (si λ_k est simple, voir (5.84))

$$\mathcal{E}'(0)\,\xi = -\int_\Omega \operatorname{div}(|\nabla u^2|\,\xi) = -\int_\Gamma |\nabla u|^2 \xi.n \,,$$

et donc la même formule qu'en (5.98) au signe près.

- $E(\Omega) = \int_\Omega |\nabla u_\Omega|^2 + u_\Omega^2$ où u_Ω est la solution du problème de Neumann (5.69) sur Ω ouvert de classe C^2. Alors

$$\mathcal{E}'(0)\,\xi = \int_\Gamma (\xi.n)\big[|\nabla u|^2 + u^2 + 2u\big(\frac{\partial g}{\partial n} - \frac{\partial^2 u}{\partial n^2}\big)\big] + 2\nabla u \nabla_\Gamma(\xi.n)\,.$$

En effet, une dérivation directe donne

$$\mathcal{E}'(0)\,\xi = 2\int_\Omega \nabla u.\nabla u' + u\,u' + \int_\Gamma (\xi.n)[|\nabla u|^2 + u^2],$$

et la 1ère intégrale s'écrit après intégration par parties $2\int_\Gamma u\frac{\partial u'}{\partial n}$. On utilise alors (5.74) pour obtenir la formule.

- $E(\Omega) = \lambda_k(\Omega)$ la k-ème valeur propre de l'opérateur $-\Delta + I$ avec conditions de Neumann. On a (si λ_k est simple, voir (5.86))

$$\mathcal{E}'(0)\,\xi = \int_\Gamma [-\lambda_k u^2 + |\nabla u|^2](\xi.n) = \int_\Omega \operatorname{div}[(-\lambda_k u^2 + |\nabla u|^2).\xi].$$

- $E(\Omega) = -\frac{1}{2}\int_\Omega |\nabla u_\Omega|^2 + \tau P(\Omega) - \Lambda|\Omega|$: cet exemple correspond au problème de minimisation avec contrainte de volume que nous avons considéré au chapitre 4. Si Ω réalise le minimum, alors *l'équation d'Euler-Lagrange*[7] exprime qu'il existe Λ réel tel que la dérivée de cet $E(\cdot)$ soit nulle en Ω. Par combinaison linéaire des exemples précédents, on a donc

---

[7] Joseph Louis LAGRANGE, 1736-1813, né en Italie d'un père d'origine française, travaillant successivement à Turin, Berlin, puis Paris. Considéré comme le fondateur du calcul des variations avec Euler, on lui doit beaucoup de la théorie des fonctions, mais aussi sur les modèles physiques des ondes et de la mécanique céleste.

$$0 = \int_{\Gamma} (\xi.n)[-\frac{1}{2}|\nabla u|^2 + \tau H - \Lambda],$$

ou encore, puisque ξ est arbitraire dans $C^{1,\infty}$

$$-\frac{1}{2}|\nabla u|^2 + \tau H = \Lambda \text{ sur } \Gamma. \tag{5.100}$$

Dans tous ces exemples, on constate que $\mathcal{E}'(0)\,\xi = l(\xi.n)$ où l est une forme linéaire continue sur $C^1(\Gamma)$. Ceci est une propriété générale qu'on a d'ailleurs déjà plus ou moins mis en évidence dans la proposition 5.9.1. Nous allons le montrer par une autre approche qui va nous permettre d'expliciter aussi la *structure d'une dérivée seconde* d'une fonctionnelle de forme et même, si on le désire, la structure des dérivées d'ordre supérieur (voir (5.113) plus loin).

5.9.4 Le théorème de structure et ses corollaires

Nous reprenons le résultat de [210].
Théorème 5.9.2 *Soit $k \geq 1$ entier, $E : \mathcal{O}_k \to \mathbb{R}$, $\Omega \in \mathcal{O}_k$ et*

$$\forall \theta \in C^{k,\infty}, \quad \mathcal{E}(\theta) := E((I + \theta)(\Omega)).$$

(i) Supposons $\Omega \in \mathcal{O}_{k+1}$ et $\mathcal{E} : C^{k,\infty} \to \mathbb{R}$ différentiable en 0. Alors, il existe une forme linéaire l_1 continue sur $C^k(\Gamma)$ telle que

$$\forall \xi \in C^{k,\infty}, \quad \mathcal{E}'(0)\,\xi = l_1(\xi.n) \,.$$

(ii) Supposons $\Omega \in \mathcal{O}_{k+2}$ et $\mathcal{E} : C^{k,\infty} \to \mathbb{R}$ deux fois différentiable en 0. Alors, il existe une forme bilinéaire symétrique et continue l_2 sur $C^k(\Gamma) \times C^k(\Gamma)$ telle que $\forall \xi, \zeta \in C^{k+1,\infty}$,

$$\begin{cases} \mathcal{E}''(0)(\xi,\zeta) = l_2(\xi.n, \zeta.n) + l_1(Z) \\ \text{avec } Z = (D_{\Gamma}\, n\, \zeta_{\Gamma}).\xi_{\Gamma} - \nabla_{\Gamma}(\xi.n).\zeta_{\Gamma} - \nabla_{\Gamma}(\zeta.n).\xi_{\Gamma} \,. \end{cases} \tag{5.101}$$

Remarque On voit immédiatement que, si Ω est une *forme critique* pour la fonctionnelle E, c'est-à-dire si $\mathcal{E}'(0) \equiv 0$ et donc $l_1 \equiv 0$, alors la dérivée seconde $\mathcal{E}'(0)(\xi,\zeta) = l_2(\xi.n, \zeta.n)$ ne dépend que des composantes normales des traces de ξ, ζ. On a aussi la même formule quand ξ, ζ sont des déplacements normaux car le terme en l_1 s'annule lorsque les composantes tangentielles s'annulent. A l'inverse, la dérivée seconde n'est pas nulle pour des déplacements ξ, ζ tangentiels.

Stratégie pour le calcul de dérivées secondes: Le calcul de dérivées secondes de formes n'est pas chose aisée. Il peut être grandement facilité par la prise en compte de la structure donnée par la formule (5.101). En effet, il suffit d'identifier les fonctions l_1 et l_2 : pour cela, "tous les moyens sont bons" et on peut choisir de dériver suivant des chemins préférentiels selon le type de fonctionnelle qu'on a à dériver. On peut aussi choisir les déplacements ξ, ζ. Ainsi, pour connaître l_2, il suffit de calculer la forme quadratique

$$\xi_n \in C^k(\Gamma) \to \mathcal{E}''(0)(\xi_n n, \xi_n n),$$

qui n'est rien d'autre que *la dérivée seconde de* $t \to \mathcal{E}(t\,\xi)$ *avec* $\xi = \xi_n n$. On peut, en particulier, utiliser les corollaires suivants qui, d'une part, montrent que la connaissance de l_1, l_2 permet d'obtenir la dérivée seconde d'expressions du type $t \in [0, T[\to E(\Omega_t)$ *pour tout chemin* $t \to \Omega_t$, d'autre part et inversement, d'obtenir l'expression de l_1, l_2 à partir de dérivations "élémentaires" par rapport à la variable réelle t et le long de chemins bien adaptés à la fonctionnelle considérée.

On fait les hypothèses (ii) du théorème 5.9.2.

Corollaire 5.9.3 *Soit* $j(t) = \mathcal{E}(\Phi(t) - I)$ *où* $\Phi'(t) = V(t, \Phi(t)), \Phi(0) = I$ *avec* $V(\cdot, \cdot)$ *de classe* C^k. *On pose* $V = V(0), V' = \partial_t V(t, \cdot)_{|_{t=0}}$. *Alors,*

$$j'(0) = l_1(V.n), \quad j''(0) = l_2(V.n, V.n) + l_1(Z)$$

avec $Z = [V' + DV\,V].n + (D_\Gamma n\,V_\Gamma).V_\Gamma - 2\nabla_\Gamma (V.n).V_\Gamma$.

Corollaire 5.9.4 *Soit* $\xi \in \mathcal{O}_{k+1}$ *et* $e(t) = \mathcal{E}(t\xi)$. *Alors,*

$$e'(0) = l_1(\xi.n), \quad e''(0) = l_2(\xi.n, \xi.n) + l_1(Z)$$

avec $Z = (D_\Gamma n\,\xi_\Gamma).\xi_\Gamma - 2\nabla_\Gamma (\xi.n).\xi_\Gamma$.

Remarque On peut aussi calculer, comme dans [110], [61]

$$d^2 E(\Omega, V, W) := \frac{\partial^2}{\partial t \partial s}_{|_{s, t=0}} \left\{ E\big(\Phi(t+s) \circ \Phi(t)^{-1} \circ \Psi(t)(\Omega)\big) \right\},$$

où $\Psi'(t) = W(t, \Psi(t)), \Psi(0) = I$. Noter que, à t fixé, $X(s) := \Phi(t+s) \circ \Phi(t)^{-1}$ vérifie

$$X'(s) = V(t+s, X(s)), \quad X(0) = I.$$

On obtient $d^2 E(\Omega, V, W)$ immédiatement par composition en remarquant qu'il s'agit de la dérivée seconde croisée de $(s, t) \to \mathcal{E}(\Phi(t+s) \circ \Phi(t)^{-1} \circ \Psi(t) - I)$:

$$d^2 E(\Omega, V, W) = \partial_t \{ \mathcal{E}'(\Psi(t) - I)\,V(t, \Psi(t)) \} =$$

$$= \mathcal{E}''(0)(V(0), W(0)) + \mathcal{E}'(0)\,(V'(0) + DV(0)\,W(0)),$$

et il est facile de l'exprimer en fonction de l_1, l_2. Dans le cas *autonome* où $V(t), W(t)$ sont indépendants de t, on constate que

$$d^2 E(\Omega, V, W) = d^2 E(\Omega, W, V) \Leftrightarrow \mathcal{E}'(0)(DW\,V) = \mathcal{E}'(0)(DV\,W),$$

ce qui, compte-tenu de la structure de $\mathcal{E}'(0)$, se produit en particulier si $[DW\,V - DV\,W].n = 0$ sur Γ. On retrouve ainsi un résultat de [61],[110].

5.9.5 Les démonstrations

Montrons d'abord les corollaires en admettant le théorème.

Démonstration du corollaire 5.9.3: Par composition, on obtient que
$j'(t) = \mathcal{E}'(\Phi(t) - I) V(t, \Phi(t))$ et $j''(0) = \mathcal{E}''(0)(V, V) + \mathcal{E}'(0) \{V' + DV\,V\}$.
On applique ensuite (5.101). $\square$

Démonstration du corollaire 5.9.4: On se rappelle (voir (5.19)) que $t \to$
$\Phi(t) = I + t\xi$ est de la forme précédente avec $V(t, x) = \xi \circ (I + t\xi)^{-1}$ pour
lequel $V' = -D\xi\,\xi$ et donc $V' + DV\,V \equiv 0$. On en déduit l'expression du
corollaire. $\square$

La démonstration du théorème 5.9.2 repose sur deux idées:
- la 1ère est qu'une petite déformation régulière $(I + \theta)$ d'un ouvert régulier
Ω peut être représentée de façon unique par une déformation normale de son
bord (soit par $\Psi(\theta) \in C^1(\Gamma)$) et un glissement sur sa frontière. Cette représentation est exprimée de façon fonctionnelle ce qui permet de la dériver autant
de fois que voulu.
- la 2ème idée est que, comme un glissement sur le bord ne déforme pas Ω,
toute fonction $\mathcal{E}(\theta) = E((I + \theta)(\Omega))$ ne dépend en fait que de la seule déformation normale $\Psi(\theta)$. Elle s'écrit donc: $\mathcal{E}(\theta) = \mathcal{F}(\Psi(\theta))$. Ainsi $\mathcal{E}'(0)\,\xi =$
$\mathcal{F}'(0)(\Psi'(0)\,\xi)$. Et il ne reste plus qu'à exprimer la fonction purement géomé-
trique $\Psi'(0)\,\xi$ qui, en l'occurrence, est tout simplement égale à $\xi.n$. D'où
$\mathcal{E}'(0)\,\xi = l_1(\xi.n)$ où l_1 est une forme linéaire continue sur $C^1(\Gamma)$. La structure
de $\mathcal{E}''(0)$ s'obtient en dérivant deux fois $\mathcal{E}(\theta) = \mathcal{F}(\Psi(\theta))$.

Commençons par le lemme de représentation géométrique.

Notons $G^k(\Gamma, \Gamma)$ les applications de $C^k(\Gamma, \mathbb{R}^N)$ à valeurs dans Γ (c'est-à-
dire les "glissements" sur Γ).

Lemme 5.9.5 *Soit $\Omega \in \mathcal{O}_k$. Alors, pour tout $1 \le l \le k$*
(i) Il existe un voisinage ouvert $\mathcal{U}_k$ de 0 dans $C^{k,\infty}$ et

$$\theta \in \mathcal{U}_k \to (\Psi(\theta), G(\theta)) \in C^{k-l}(\Gamma) \times G^{k-l}(\Gamma, \Gamma)$$

de classe C^l unique tel que, pour tout $\theta \in \mathcal{U}_k$

$$(I + \theta) \circ G(\theta) = I + \Psi(\theta)\,n \quad \text{sur } \Gamma. \tag{5.102}$$

(ii) De plus, pour tout $\xi, \zeta \in C^{k,\infty}$, on a

$$\begin{cases} \Psi'(0)\,\xi = \xi.n & \text{pour } l \ge 1, \\ \Psi''(0)(\xi, \eta) = (D_\Gamma\,n\,\zeta_\Gamma).\xi_\Gamma - \nabla_\Gamma(\xi.n).\zeta_\Gamma - \nabla_\Gamma(\zeta.n).\xi_\Gamma & \text{pour } l \ge 2. \end{cases} \tag{5.103}$$

Ce lemme exprime donc que, modulo un (unique) glissement $G(\theta)$, toute
déformation de Ω en $(I+\theta)(\Omega)$ est entièrement représentée, et de façon unique,
par l'amplitude $\Psi(\theta)$ du déplacement de la frontière Γ.

Démonstration: Puisque Ω est de classe C^k, il existe $\delta \in C^k(\mathbb{R}^N, \mathbb{R})$ et ω un voisinage ouvert de Γ tels que

$$\Gamma = \{x \in \omega; \delta(x) = 0\}, \ \Omega \cap \omega = \{x \in \omega, \delta(x) < 0\},$$

$$\text{et sur } \Gamma : \nabla\delta \neq 0, \ n = \nabla\delta/|\nabla\delta|.$$

Indication: A partir de la représentation section 5.4.1 comme graphe des φ_i et de la partition de l'unité (ξ_i), on pose $\delta := \sum_i \xi_i G_i$ où G_i est défini en coordonnées locales par $G_i(x', x_N) = \varphi_i(x') - x_N$.

On introduit $Z^l := C^{k-l}(\Gamma, \mathbb{R}^N) \times C^{k-l}(\Gamma, \mathbb{R})$ et

$$F : \begin{cases} C^{k,\infty} \times Z^l \to Z^l \\ (\theta, (G, \Psi)) \to \left((I + \theta) \circ G - I - \Psi n, \delta \circ G\right). \end{cases}$$

On vérifie facilement que F est de classe C^l avec $F(0, (I, 0)) = (0, 0)$ et que pour $(g, \psi) \in Z^l$

$$D_{(G,\Psi)}(0, (I, 0))(g, \psi) = (g - \psi n, |\nabla\delta| \, n.g).$$

Ainsi, $D_{(G,\Psi)}(0, (I, 0))$ est un isomorphisme de Z^l sur lui-même puisque la solution de $D_{(G,\Psi)}(0, (I, 0))(g, \psi) = (\hat{g}, \hat{\psi})$ est unique et donnée par

$$\psi = \hat{\psi} |\nabla\delta|^{-1} - \hat{g}.n, \ g = \hat{g} + \psi n.$$

D'après le théorème des fonctions implicites, il existe un voisinage ouvert $\mathcal{U}_k$ de 0 dans $C^{k,\infty}$ et une fonction $\theta \in \mathcal{U}_k \to (\Psi(\theta), G(\theta)) \in Z^l$ de classe C^l tels que $F(\theta, \Psi(\theta), G(\theta)) \equiv 0$ soit

$$(I + \theta) \circ G(\theta) = I + \Psi(\theta) n, \ \delta(G(\theta)) = 0 \text{ sur } \Gamma. \tag{5.104}$$

Ceci signifie que (5.102) est vérifié et que $G(\theta)$ est à valeurs dans Γ. Reste à dériver (5.104): pour $\xi \in C^{k,\infty}$, on a sur Γ:

$$\begin{cases} \xi(G(\theta)) + (I + D\theta)(G(\theta)) G'(\theta)\xi = n\Psi'(\theta)\xi, \\ \delta'(G(\theta))G'(\theta)\xi = 0 = n(G(\theta)).G'(\theta)\xi. \end{cases} \tag{5.105}$$

On en déduit qu'en $\theta = 0$, $\xi + G'(0)\xi = \Psi'(0)\xi n$, $n.G'(0)\xi = 0$, et donc, en multipliant la 1ère relation par n:

$$\Psi'(0)\xi = \xi.n, \ G'(0)\xi = -\xi + (\xi.n)n = -\xi_r.$$

Redérivant (5.105) si $l \geq 2$, on obtient pour $\zeta \in C^{k,\infty}$ en utilisant la ligne précédente

$$-D\xi\,\zeta_r - D\zeta\,\xi_r + G''(0)(\xi, \zeta) = n\Psi''(0)(\xi, \zeta),$$

$$0 = (D_\Gamma n\,\zeta_r).\xi_r + n.G''(0)(\xi, \zeta).$$

On en déduit en multipliant la 1ère relation par n:

$$- (D\xi\,\zeta_\Gamma).n - (D\zeta\,\xi_\Gamma).n - (D_\Gamma\,n\,\zeta_\Gamma).\xi_\Gamma = \Psi''(0)(\xi,\zeta). \qquad (5.106)$$

Utilisant que $^tD_\Gamma\,n\,n = 0$ (puisque $|n| = 1$ sur Γ) et (5.95) ainsi que

$$^tD_\Gamma\xi\,n = \nabla_\Gamma(\xi.n) -^t D_\Gamma\,n\,\xi\nabla_\Gamma(\xi.n) -^t D_\Gamma\,n\,\xi_\Gamma,$$

on voit que

$$(D\xi\,\zeta_\Gamma).n = (D_\Gamma\xi\,\zeta_\Gamma).n = \zeta_\Gamma.(^tD_\Gamma\,\xi\,n) = \zeta_\Gamma.\nabla_\Gamma(\xi.n) - \xi_\Gamma.(D_\Gamma\,n\,\zeta_\Gamma),$$

et de même en échangeant les rôles de ξ et ζ. On en déduit l'expression (5.103). Noter qu'il peut aussi être intéressant de conserver l'expression (5.106). □

Démonstration du théorème 5.9.2: Montrons que $\mathcal{E}(\theta) = \mathcal{F}(\Psi(\theta))$ pour une fonction $\mathcal{F}$ bien choisie. En préliminaire, notons que, pour $\theta_1, \theta_2 \in C^{1,\infty}$ voisins de 0

$$[\Gamma_{\theta_1} = \Gamma_{\theta_2}] \Rightarrow [\Omega_{\theta_1} = \Omega_{\theta_2}]. \qquad (5.107)$$

En effet, si $\Phi := (I+\theta_2)^{-1}\circ(I+\theta_1)$, on a alors $\Phi(\Gamma) = \Gamma$ et donc $\Phi(\Omega) = \Omega$ par un raisonnement élémentaire de connexité. Supposons désormais que Ω est de classe C^{k+1}. Désignons par P un prolongement linéaire continu de $C^k(\Gamma, \mathbb{R}^N)$ à $C^k(\mathbb{R}^N, \mathbb{R}^N)$ (on peut par exemple utiliser la formule (5.39)) et posons

$$\forall \psi \in C^k(\Gamma, \mathbb{R}^N), \ \mathcal{F}(\psi) := \mathcal{E}(P(\psi\,n)) = E\big((I + P(\psi\,n))(\Omega)\big).$$

D'après (5.107), cette définition ne dépend pas du choix de P et, par composition, si $\mathcal{E}$ est une ou deux fois différentiable en 0 sur $C^{k,\infty}$, il en est de même de $\mathcal{F}$.

Pour la partie (i) du théorème, nous appliquons le lemme 5.9.5 avec k remplacé par $k + 1$ et $l = 1$: on obtient alors

$$\theta \in \mathcal{U}_{k+1} \to (\Psi(\theta), G(\theta)) \in C^k(\Gamma) \times G^k(\Gamma, \Gamma)), \qquad (5.108)$$

de classe C^1. Le point essentiel de la démonstration est que

$$\forall \theta \in \mathcal{U}_{k+1}, \ \mathcal{E}(\theta) = \mathcal{F}(\Psi(\theta))$$

ce qui est vrai puisque, d'après (5.107) et la relation (5.102), on a

$$\Gamma_\theta = (I + \theta)(\Gamma) = (I + \theta) \circ G(\theta)(\Gamma) = (I + \Psi(\theta)\,n)(\Gamma).$$

On en déduit par composition et à l'aide de (5.103)

$$\forall \xi \in C^{k+1,\infty}, \ \mathcal{E}'(0)\xi = \mathcal{F}'(0)(\Psi(0)\xi) = \mathcal{F}'(0)(\xi.n),$$

ce qui prouve (i) en posant $l_1 := \mathcal{F}'(0)$ et par densité de $C^{k+1,\infty}$ dans $C^{k,\infty}$.

Pour la partie (ii) du théorème, on applique le lemme 5.9.5 avec k remplacé par $k + 2$ et $l = 2$. Quitte à réduire les ouverts, on peut supposer que $\mathcal{U}_{k+2} = \mathcal{U}_{k+1}$ et l'application (5.108) est donc de classe C^2. Par dérivation, on a alors

$$\forall \xi, \zeta \in C^{k+2,\infty}, \; \mathcal{E}''(0)(\xi,\zeta) = \mathcal{F}''(0)(\Psi'(0)\xi, \Psi'(0)\zeta) + \mathcal{F}'(0)(\Psi''(0)(\xi,\zeta)),$$

ce qui, en posant $l_2 := \mathcal{F}''(0)$, donne (ii) par application de (5.103) et par densité de $C^{k+2,\infty}$ dans $C^{k+1,\infty}$. $\quad\square$

Remarque sur les hypothèses de régularité dans le théorème: la démonstration ci-dessus est élémentaire, la seule complication venant du suivi de la régularité des diverses applications en jeu. Il n'est pas vraiment possible d'améliorer les hypothèses de régularité pour ce théorème: on constate que, pour $k = 1$, l'hypothèse "Ω de classe C^1" ne serait pas suffisante pour l'énoncé même de la partie (i) du théorème puisque l_1 est seulement continu sur C^1 et qu'alors n serait seulement continu. On peut cerner la difficulté à l'aide de l'exemple $E(\Omega) = P(\Omega)$ où $\mathcal{E}$ est de classe C^∞ sur $C^{1,\infty}$ (voir corollaire 5.4.16): dans ce cas, $\mathcal{E}'(0)\xi = \int_\Gamma \operatorname{div}_\Gamma \xi$. Lorsque Ω est de classe C^2, on peut aussi écrire, $\mathcal{E}'(0)\xi = \int_\Gamma H\,\xi.n = l_1(\xi.n)$. Dire que l_1 admet une extension à $C^0(\Gamma)$ revient à dire que la courbure moyenne est une mesure bornée sur Γ ce qui n'est pas le cas si Ω est seulement C^1. De même, on a en général besoin de l'hypothèse Ω de classe C^3 dans (ii) lorsque $k = 1$. On peut s'en convaincre à l'aide de l'exemple $E(\Omega) = \int_\Omega |\nabla u_\Omega|^2$ calculé plus loin pour le problème de Dirichlet. En effet, l_2 fait intervenir la trace sur Γ de $D^2 u$ au bord et elle n'est pas définie si Ω est seulement de classe C^2. On peut cependant montrer que, si l_1 est prolongeable en une fonction continue sur C^{k-1} (comme c'est souvent le cas), alors $\Omega \in \mathcal{O}_{k+1}$ suffit et l'identité (5.101) s'étend à tous $\xi, \zeta \in C^{k,\infty}$. Ceci est prouvé dans [210].

5.9.6 Exemples de calculs de dérivées secondes

Décrivons l_2 dans chacun des cas suivants où on suppose Ω de classe C^2 ou C^3 selon les cas :

- $E(\Omega) = |\Omega|$: $l_2(\varphi, \hat{\varphi}) = \int_\Gamma H\,\varphi\hat{\varphi}$.
- $E(\Omega) = \int_\Omega f$ avec $f \in C^1(\mathbb{R}^N)$. Alors

$$l_2(\varphi, \hat{\varphi}) = \int_\Gamma \varphi\hat{\varphi}[H f + \frac{\partial f}{\partial n}].$$

- $E(\Omega) = P(\Omega)$:

$$l_2(\varphi, \hat{\varphi}) = \int_\Gamma \nabla_\Gamma \varphi . \nabla_\Gamma \hat{\varphi} + \varphi\hat{\varphi}[H^2 - trace({}^t D_\Gamma n\, D_\Gamma n)].$$

Dans le cas $N = 2$, on a tout simplement $l_2(\varphi, \hat{\varphi}) = \int_\Gamma \nabla_\Gamma \varphi . \nabla_\Gamma \hat{\varphi}$.

- $E(\Omega) = \int_\Omega |\nabla u_\Omega|^2$ où $u_\Omega = u$ est la solution du problème de Dirichlet avec Ω de classe C^3

$$l_2(\varphi, \hat{\varphi}) = \int_\Gamma -2V(\varphi)\frac{\partial V(\hat{\varphi})}{\partial n} - \varphi\hat{\varphi}\left[2 f \frac{\partial u}{\partial n} + H \left(\frac{\partial u}{\partial n}\right)^2\right],$$

où $V(\varphi)$ est la solution de

$$\Delta V(\varphi) = 0 \text{ dans } \Omega, \ V(\varphi) = -\varphi \frac{\partial u}{\partial n} \text{ sur } \Gamma. \qquad (5.109)$$

Noter que $\int_\Gamma V(\varphi) \frac{\partial V(\hat\varphi)}{\partial n} = \int_\Omega \nabla V(\varphi) \nabla V(\hat\varphi)$ est bien symétrique.

- $E(\Omega) = \lambda_k(\Omega)$, la k-ème valeur propre du Laplacien supposée simple, et Ω est de classe C^3.

$$l_2(\varphi, \hat\varphi) = \int_\Gamma 2V(\varphi) \frac{\partial V(\hat\varphi)}{\partial n} + \varphi\hat\varphi H \left(\frac{\partial u}{\partial n} \right)^2,$$

où $V(\varphi)$ est la solution de

$$-\Delta V(\varphi) = \lambda_k V(\varphi) - u \int_\Gamma \left(\frac{\partial u}{\partial n} \right)^2 \varphi \text{ dans } \Omega,$$

$$V(\varphi) = -\varphi \frac{\partial u}{\partial n} \text{ sur } \Gamma, \ \int_\Omega u V(\varphi) = 0.$$

- $E(\Omega) = -\frac{1}{2} \int_\Omega |\nabla u_\Omega|^2 + \tau P(\Omega) - \Lambda|\Omega|$: nous avons considéré en (5.100) les formes critiques pour cette fonctionnelle qui correspond au problème de minimisation avec contrainte de volume considéré au chapitre 4. Il est intéressant d'écrire la dérivée seconde de E en une forme critique en vue, en particulier, d'étudier sa positivité sur l'hyperplan tangent aux contraintes. On obtient, avec $\beta^2 = 2(\tau H - \Lambda)$ et $V = V(\xi_n)$ solution de (5.109)

$$\int_\Gamma V \frac{\partial V}{\partial n} + \xi_n^2 [f\beta + H(\tau H - 2\Lambda) - \tau \, trace\{^tD_\Gamma n D_\Gamma n\}] + \tau |\nabla_\Gamma \xi_n|^2.$$

Noter que $\int_\Gamma V \frac{\partial V}{\partial n} = \int_\Omega |\nabla V|^2$ contribue à la positivité de cette forme quadratique en ξ_n. Elle s'écrit aussi $< \xi_n, \mathcal{A}\xi_n >$ avec $\mathcal{A} = \beta\mathcal{D}(\beta\cdot) - \alpha I - \tau\Delta_\tau$ où $\alpha \in C^0(\Gamma, \mathbb{R})$ et $\mathcal{D}$ est l'opérateur pseudo-différentiel, dit de Steklov[8]-Poincaré (ou encore Dirichlet-to-Neumann) qui à ξ_n associe la trace de la dérivée normale du relèvement harmonique de ξ_n. Ceci est typique des structures des dérivées secondes de forme. Nous renvoyons à [102], [101], [163], [164], [124], [113] pour l'étude de la positivité de telles formes.

Le détail des exemples: Nous appliquons le principe de calcul énoncé plus haut, à savoir de calculer la dérivée seconde en 0 de $t \to e(t) = \mathcal{E}(t\xi)$ où $\xi \in C^{1,\infty}$ avec $\xi_\Gamma = n\xi_n, \xi_n \in C^1(\Gamma, \mathbb{R})$. La forme quadratique $\mathcal{E}(t\xi) = l_2(\xi_n, \xi_n)$ nous permet d'identifier la forme bilinéaire l_2.

Nous renvoyons aux études précédentes faites sur chaque exemple pour les notations et les propriétés utilisées. Rappelons la formule déduite de (5.17):

---

[8] Vladimir Andreevich STEKLOV, 1864-1926, russe; importantes contributions à l'étude des problèmes aux limites pour les équations aux dérivées partielles avec des applications en électrostatique et hydromécanique.

$$\frac{d}{dt}\int_{\Omega_t} f(t) = \int_{\Omega_t} \frac{\partial f}{\partial t}(t) + \text{div}[f(t)\,\xi \circ \Pi(t)], \quad \text{avec } \Pi(t) = (I + t\xi)^{-1} (5.110)$$

Par une 2ème application de cette formule, nous avons après intégration par parties (rappelons que $\Pi'(0) = -\xi$ et $(\xi \circ \Pi(t))'(0) = -D\xi\,\xi$)

$$\frac{d}{dt}_{|t=0}\int_{\Omega_t} \text{div}[f(t)\,\xi \circ \Pi(t)] = \int_{\Gamma}[f'(0) + \text{div}(f(0)\xi)]\xi_n - f(0)(D\xi\,\xi).n\ .$$

En utilisant que $\xi = n\,\xi_n$ et $\text{div}\,\xi - (D\xi\,n).n = \text{div}_\Gamma\xi = H\,\xi_n$, on obtient

$$\frac{d}{dt}_{|t=0}\int_{\Omega_t}\text{div}[f(t)\xi \circ \Pi(t)] = \int_{\Gamma}\xi_n f'(0) + \xi_n^2\left[H\,f(0) + \frac{\partial f(0)}{\partial n}\right].\ (5.111)$$

Pour $E(\Omega) = \int_{\Omega} f$, on obtient ainsi: $e''(0) = \int_{\Gamma}\xi_n^2(Hf + \frac{\partial f}{\partial n})$. On en déduit la forme bilinéaire l_2 associée.

Pour $E(\Omega) = P(\Omega)$, on choisit $f(t) = \text{div}\,n_t$ où n_t est unitaire. Ainsi, $\int_{\Omega_t}\frac{\partial f}{\partial t} = \int_{\Gamma_t}n_t.\frac{\partial n_t}{\partial t} = 0$ et $e''(0)$ est donné par la seule expression (5.111). Selon les calculs de la proposition 5.4.14 (voir (5.66)), si on a choisi $n = \nabla d$, alors, sur Γ

$$\frac{\partial n_t}{\partial t}_{|t=0} = -\nabla_\Gamma\xi_n,\ D\,n = D_\Gamma n,\ \frac{\partial(\text{div}\,n)}{\partial n} = -trace({}^tD_\Gamma n\,D_\Gamma n).$$

Pour cette dernière identité, on utilise par exemple

$$0 = \Delta(|\nabla d|^2)/2 = \nabla(\Delta d).\nabla d + trace[(D^2 d)^2]\nabla(\text{div}\,n).n + trace({}^tD_\Gamma nD_\Gamma n).$$

Puisque $\int_{\Gamma}-\xi_n\text{div}(\nabla_\Gamma\xi_n) = \int_{\Gamma}-\xi_n\text{div}_\Gamma(\nabla_\Gamma\xi_n) = \int_{\Gamma}|\nabla_\Gamma\xi_n|^2$, on en déduit

$$e''(0) = \int_{\Gamma}|\nabla_\Gamma\xi_n|^2 + \xi_n^2[H^2 - trace({}^tD_\Gamma nD_\Gamma n)].$$

D'où la forme bilinéaire associée l_2. En dimension 2, on remarque que

$$D n\,n = 0 \Rightarrow 0 = 2\det Dn = (\Delta d)^2 - trace[(D^2 d)^2] = H^2 - trace({}^tD_\Gamma nD_\Gamma n).$$

Pour $E(\Omega) = \int_{\Omega}|\nabla u_\Omega|^2$, on choisit $f(t) = |\nabla u_t|^2$ et on remarque d'abord que $\int_{\Omega_t}\nabla u_t\nabla u'(t) = -\int_{\Omega_t}u_t\Delta u'(t) = 0$. A nouveau $e''(0)$ est donc donné par (5.111), soit puisque $u'(0) = V(\xi_n)$:

$$e''(0) = \int_{\Gamma}2\xi_n\nabla u\nabla V(\xi_n) + \xi_n^2[H|\nabla u|^2 + \nabla|\nabla u|^2.n].\qquad (5.112)$$

On termine en utilisant la définition de $V(\xi_n)$ et

$$\nabla u = n\left(\frac{\partial u}{\partial n}\right),\ \nabla|\nabla u|^2.n = 2\frac{\partial u}{\partial n}\frac{\partial^2 u}{\partial n^2} = -2(H\frac{\partial u}{\partial n} + f)\frac{\partial u}{\partial n},$$

puisque sur Γ, $-f = \Delta u = \Delta_\Gamma u + H\frac{\partial u}{\partial n} + \frac{\partial^2 u}{\partial n^2}$ et $\Delta_\Gamma u = 0$.

Enfin, pour $E(\Omega) = \lambda_k(\Omega)$, on choisit $f(t) = |\nabla u_t|^2$. On remarque, en utilisant (5.83) que $\int_{\Omega_t} \nabla u_t \nabla u'(t) = -\int_{\Omega_t} u_t \Delta u'(t) = \lambda'_k(t)$. Ainsi, l'application de la formule (5.110) nous dit que $\lambda''(t)$ est donné par l'opposé de l'expression (5.112), soit:

$$e''(0) = -\int_\Gamma \xi_n 2\nabla u \nabla u' + \xi_n^2 [H|\nabla u|^2 + \nabla|\nabla u|^2.n].$$

On en déduit l'expression de l_2 comme à l'exemple précédent (ici $0 = H\frac{\partial u}{\partial n} + \frac{\partial^2 u}{\partial n^2}$ sur Γ).

Le dernier exemple s'obtient par combinaison linéaire des exemples précédents.

5.9.7 Trois remarques finales

Remarque sur le cas de Ω non régulier: Le théorème de structure requiert un peu de régularité sur Ω puisque les calculs se font au bord. Pourtant, nous avons vu plusieurs exemples de fonction de formes qui sont C^∞ autour d'un ensemble Ω seulement mesurable (ou quasi-ouvert). C'est le cas de

$$\theta \in C^{1,\infty} \to |\Omega_\theta|, \int_{\Omega_\theta} |\nabla u_{\Omega_\theta}|^2, \lambda_k(\Omega_\theta).$$

On peut se demander comment écrire les différentielles successives. Faisons-le pour $\mathcal{E}(\theta) = |\Omega_\theta|$. Par (5.20),

$$\mathcal{E}'(\theta)\xi = (\mathcal{E}(\theta + t\,\xi))'_{t=0} = \int_{\Omega_\theta} \text{div}(\xi \circ (I + \theta)^{-1}).$$

Mais, comme la fonction à intégrer est seulement continue, il est difficile de continuer. Il est alors préférable de revenir à une intégrale sur Ω, soit $\mathcal{E}(\theta) = \int_\Omega \det(I + D\theta)$. Alors, en notant $tr = trace$

$$\mathcal{E}'(\theta)\xi = \int_\Omega \det(I + D\theta)\, tr((I + D\theta)^{-1} D\xi).$$

On utilise ensuite $\mathcal{E}''(\theta)(\xi, \zeta) = (\mathcal{E}'(\theta + s\zeta)\,\xi)'_{s=0}$ pour obtenir, en notant $U_\theta := (I + D\theta)^{-1}$:

$$\mathcal{E}''(\theta)(\xi, \zeta) = \int_\Omega \det(I + D\theta)\,\{tr(U_\theta\, D\zeta)tr(U_\theta\, D\xi) - tr(U_\theta\, D\zeta\, U_\theta\, D\xi)\}.$$

Il n'est pas difficile de continuer, mais évidemment un peu long. Écrivons au moins la dérivée 3ème en 0.

$$\mathcal{E}^{(3)}(0)(\xi,\zeta,\eta) = \int_\Omega (trD\xi)(trD\zeta)(trD\eta) - (trD\xi)tr(D\zeta D\eta)$$
$$-(trD\zeta)tr(D\eta D\xi) - (trD\eta)tr(D\xi D\zeta) + tr(D\eta D\zeta D\xi + D\zeta D\eta D\xi).$$

Remarque sur les dérivées d'ordre supérieur Lorsque Ω est régulier, il est possible d'écrire les dérivées successives sur le bord. Le théorème de structure peut être en fait étendu à ces dérivées. En effet, l'identité de base est que $\mathcal{E}(\theta) = \mathcal{F}(\Psi(\theta))$ et on peut la dériver 3 fois. Il apparaît donc une nouvelle forme trilinéaire $l_3 = \mathcal{F}^{(3)}(0)$. Il suffit ensuite d'identifier $\Psi^{(3)}(0)$ ce qui se fait en dérivant (5.105) en tout θ et en dérivant une autre fois en 0. La formule est un peu longue mais facile à obtenir. On montre en tous cas que, si $\xi_\Gamma = \zeta_\Gamma = \eta_\Gamma = 0$, alors les dérivées 2èmes et 3èmes de Ψ dans ces directions sont nulles. Ainsi

$$\mathcal{E}^{(3)}(0)(\xi,\zeta,\eta) = -\mathcal{F}^{(3)}(0)(\xi.n,\zeta.n,\eta.n). \tag{5.113}$$

Ceci peut permettre le calcul de l_3 comme pour l_2. L'expression complète de la dérivée 3ème s'en déduit. Nous renvoyons aussi à [133], [134] pour d'autres résultats sur les dérivées d'ordre supérieur.

Remarque sur les fonctionnelles E à valeurs dans un espace de Banach Le théorème de structure reste valable pour une fonctionnelle E à valeurs dans un espace de Banach et pas seulement dans $\mathbb{R}$. En effet, par application du résultat géométrique du lemme 5.9.5, on peut encore écrire $E((I+\theta)(\Omega)) = \mathcal{F}(\Psi(\theta))$ où $\mathcal{F}$ est défini de la même façon, mais est à valeurs dans X. Le même résultat s'en déduit avec des applications linéaires l_1, l_2 à valeurs dans X.

On peut le vérifier sur l'exemple de la dérivée de $\theta \in C^{1,\infty} \to u_\theta \in L^2(\mathbb{R}^N)$ solution du problème de Dirichlet sur Ω_θ. Si Ω est de classe C^2, on sait que $u' = u'(0)\xi$ est solution de

$$-\Delta u' = 0 \text{ dans } \Omega, \quad u' = -(\xi.n)\frac{\partial u}{\partial n} \text{ sur } \Gamma,$$

et $l_1 : \xi.n \in C^{1,\infty} \to u' \in L^2(\mathbb{R}^N)$ est bien une application linéaire continue.

5.9.8 Conclusion

Nous n'avons pas abordé ici toutes les questions relatives à la différentiation par rapport au domaine. Citons-en quelques autres.
- le cas des inéquations variationnelles ou plus généralement d'un problème aux limites avec contraintes d'appartenance à un convexe. Ceci conduit généralement à des problèmes non différentiables au sens classique, mais pour lequel une notion de "dérivabilité directionnelle" ou "conique" peut être définie.
- la dérivation de problèmes d'évolution posés sur un domaine variable.
- la dérivation dans l'approche par courbes ou surfaces de niveau

- l'utilisation des dérivées de formes et leur discrétisation pour le calcul numérique de formes optimales.

- et tout le travail encore en pleine évolution sur *la dérivée topologique*: elle permet d'analyser les perturbations d'un problème posé sur un ouvert Ω lorsqu'on enlève un petit trou de taille ϵ à l'intérieur. Il s'agit alors de décrire le comportement de la perturbation par rapport à ϵ petit. Bien sûr, on sort alors du contexte adopté ici, car on ne peut plus représenter le problème perturbé sous la forme $(I + \theta)(\Omega)$ où $(I + \theta)$ est un homéomorphisme. Pourtant, il est important pour les problèmes de minimisation de voir si une fonctionnelle est diminuée ou augmentée par de telles excisions. Cela correspond à faire des variations infinitésimales de la fonction caractéristique comme dans [71]. Voir une introduction à la dérivée topologique dans [241] et les articles [72], [125].

Exercices

Exercice 5.1 Soit $\Omega =]0,1[$ et $f \equiv 1$. Calculer, pour tout $\theta \in W^{1,\infty}(\mathbb{R})$ tel que $\theta(0) = 0$, la solution u_θ sur $\Omega_\theta = (I + \theta)(\Omega)$ de

$$-u'' = f \text{ sur } \Omega_\theta \text{ avec } u(0) = 0, u((I + \theta)(1)) = 0.$$

Ecrire $v_\theta = u_\theta \circ (I+\theta)$. Calculer les dérivées successives de $t \to u_{\theta+t\xi}$ où $\xi \in W^{1,\infty}(\mathbb{R})$ avec $\xi(0) = 0$.

Faire le même calcul en prenant $f = \chi_{]0,1/2[}$.

Exercice 5.2 Montrer que $\theta \in W^{1,\infty} \to \Psi(\theta) = (I + \theta)^{-1} \in L^\infty$ est différentiable au voisinage de 0 et que

$$\forall \xi \in W^{1,\infty}, \ \Psi'(\theta)\xi = -D\Psi(\theta)\,[\xi \circ \Psi(\theta)],$$

où $D\Psi(\theta) = (I + D\theta)^{-1} \circ (I + \theta)^{-1} \in L^\infty(\mathbb{R}^N, \mathcal{M}_N)$. Vérifier que Ψ est de classe C^1 de $W^{1,\infty} \cap C^1$ dans L^∞, mais pas de $W^{1,\infty}$ dans L^∞.

Soit $\theta \in C^{m,\infty} \to v_\theta \in H^m(\Omega), m \geq 1$ de classe C^1 sur un voisinage de 0 et $u_\theta = v_\theta \circ (I + \theta)^{-1}$. Vérifier que pour tout $\xi \in C^{m,\infty}$

$$v'(\theta)\xi = (u'(\theta)\xi) \circ (I + \theta) + \nabla u_\theta \circ (I + \theta).\xi, \ \nabla u_\theta = ({}^t(I + D\theta)^{-1}\nabla v_\theta) \circ (I + \theta)^{-1}.$$

En déduire la régularité de $\theta \to u_\theta$ en fonction de celle de $\theta \to v_\theta$.

Exercice 5.3 On se place sous les hypothèses et avec les notations du théorème 5.3.1. On suppose que Ω est quasi-ouvert. Écrire une équation satisfaite par u'.

Exercice 5.4 Soit Φ une application lipschitzienne de $\mathbb{R}^N$ dans $\mathbb{R}^N$ et $K \subset \mathbb{R}^N$. Montrer que $\text{cap}(K) = 0$ implique $\text{cap}(\Phi(K)) = 0$. Montrer que, si Ω est quasi-ouvert, alors $\Phi(\Omega)$ est quasi-ouvert.

On suppose que Φ est un homéomorphisme bi-lipschitzien et Ω mesurable. Montrer que $v \in H_0^1(\Phi(\Omega))$ équivaut à $v \circ \Phi \in H_0^1(\Omega)$.

Exercice 5.5 1. Soit $(x_n) \subset]0,1[$ une suite décroissant strictement vers 0. On désigne par δ_{x_n} la masse de Dirac en 0. Montrer que la série $G = \sum_{n \geq 1} (-1)^n \delta_{x_n}$ est convergente dans $H^{-1}(0,1)$. Vérifier que $G = \frac{d}{dx}(\chi_\omega)$ où ω est un ouvert de $]0,1[$ qu'on précisera.

2. Soit $\theta \in W^{1,\infty}(\mathbb{R},\mathbb{R})$ avec θ' continu sur $\mathbb{R} \setminus \{0\}$ et

$$\forall p \geq 1,\ \theta'(1/2p) = t,\ \theta'(1/(2p+1)) = 0 \ (t > 0 \text{ petit donné}).$$

Montrer que la série $\sum_{n \geq 1}(-1)^n \delta_{1/n}/(1+\theta'(1/n))$ est divergente dans $H^{-1}(0,1)$. La comparer avec $G \circ (I + \theta)$ où on pose $\forall n \geq 1, x_n = (I+\theta)(1/n)$.

Exercice 5.6 Soit $\Omega :=]0,1[\times]0,1[$ le carré unité de $\mathbb{R}^2$. Montrer que $\theta \in C^{1,\infty} \to p(\theta) = P(\Omega_\theta)$ est de classe C^∞ et que

$$\forall \xi \in C^{1,\infty},\ p'(0).\xi = \int_\Gamma \text{div}\,\xi - (D\xi.n).n.$$

Montrer que la différentiabilité s'étend à $W^{1,\infty}$. Vérifier que si $\xi = (\xi_1,\xi_2)$ est à support au voisinage de 0, on a $p'(0).\xi = -(\xi_1(0,0) + \xi_2(0,0))$.

Exercice 5.7 Montrer, en faisant un calcul explicite en dimension 1, que l'hypothèse $v_0 \in H^2_{loc}(\mathbb{R}^N)$ est indispensable pour prouver la dérivabilité de la fonctionnelle J définie en (5.23) (vérifier que si v_0 est seulement dans H^1, J n'est pas nécessairement dérivable).

Exercice 5.8 Calculer la courbure moyenne en tout point d'un ellipsoïde de $\mathbb{R}^3$.

Exercice 5.9 Enoncer un résultat de dérivation pour la fonctionnelle J définie par

$$J(\Omega) = \int_\Omega |\nabla u_\Omega|^2\,dx + \int_\Omega (u - u_0)^2\,dx$$

où u_Ω est la solution du problème aux limites

$$\begin{cases} -\Delta u = f & \text{dans } \Omega \\ \frac{\partial u}{\partial n} + \alpha u = g & \text{sur } \Gamma \end{cases}$$

et u_0 une fonction de $L^2_{loc}(\mathbb{R}^N)$ donnée.

Exercice 5.10 Trouver le problème adjoint correspondant à l'exercice 5.9 et en déduire une autre expression de la dérivée de la fonctionnelle J.

Exercice 5.11 On se place sous les hypothèses du corollaire 5.2.3. Il s'agit de montrer que, s'il existe deux extensions $t \to \tilde{f}(t), \overline{f}(t) \in L^1(\mathbb{R}^N)$ de f qui sont dérivables en 0, alors

$$\forall x \in \Omega,\ \frac{\partial \tilde{f}}{\partial t}(0,x) = \frac{\partial \overline{f}}{\partial t}(0,x). \tag{5.114}$$

1. Montrer que, pour tout $\varphi \in \mathcal{C}_0^\infty(\mathbb{R}^N)$, $\int_{\Omega_t} \varphi$ converge vers $\int_\Omega \varphi$ quand $t \to 0$. En déduire que χ_{Ω_t} converge p.p. vers χ_Ω et que $|\Omega_t \cap \Omega| \to |\Omega|$ quand $t \to 0$.

2. Vérifier qu'il existe une suite (t_n) décroissant vers 0 telle que $t_n^{-1}[\tilde{f}(t_n) - \tilde{f}(0)]$ (resp.

$t_n^{-1}[\overline{f}(t_n) - \overline{f}(0)])$ converge p.p. vers $\frac{\partial \tilde{f}}{\partial t}(0)$ (resp. $\frac{\partial \overline{f}}{\partial t}(0)$) et vérifiant $|\Omega \setminus \Omega_{t_n}| \leq 2^{-n}$. On introduit

$$E_n = \cap_{k \geq n}\left(\Omega_{t_k} \cap \Omega\right).$$

Montrer que $|\Omega \setminus E_n| \to 0$ quand $n \to +\infty$. On pose $E = \cup_{n \geq 1} E_n$.

3. Montrer que, p.p.$z \in E$, il existe $n_z > 0$ tel que

$$\forall k \geq n_z, \; f(t_k, z) = \tilde{f}(t_k, z) = \overline{f}(t_k, z).$$

En déduire (5.114).

6

Propriétés géométriques de l'optimum

Dans ce chapitre, nous allons nous intéresser aux propriétés géométriques éventuelles de la solution d'un problème d'optimisation de forme. On suppose qu'on a su prouver que le problème possédait une solution Ω^*, il s'agit de savoir si cette solution a des propriétés de **symétrie**, si elle est **étoilée** ou **convexe**, ou même plus simplement **connexe**. Ces questions sont en fait difficiles et les situations favorables dans lesquelles on sera capable d'y répondre ne sont pas si fréquentes.

Dans ce chapitre nous utiliserons, le plus souvent, deux types de méthodes bien distinctes: l'une consistera à travailler directement sur la fonctionnelle pour montrer, par exemple, que les ouverts symétriques sont "meilleurs" que les non symétriques (voir ci-dessous). L'autre méthode consistera à travailler sur des équations satisfaites par l'optimum, comme par exemple les équations d'Euler obtenues via la dérivation par rapport au domaine.

6.1 Symétrie

6.1.1 Introduction

Dans ce paragraphe, nous allons donner plusieurs méthodes pour prouver que la solution d'un problème d'optimisation de forme possède une certaine symétrie. Bien sûr, il est nécessaire que les données contiennent elles-mêmes (au moins intrinsèquement) la symétrie en question. Nous allons donner ici trois méthodes différentes pour prouver la symétrie et nous donnerons également, sur un exemple concret, des techniques pour prouver la non-symétrie.

Les deux premières méthodes que nous allons envisager sont directement inspirées de questions similaires dans le domaine, plus classique, du calcul des variations. Considérons, en effet une fonction u solution du problème de minimisation générique:
$$J(u) = \min_{v \in V} J(v).$$

Si nous souhaitons prouver que cette fonction u a une certaine propriété de symétrie, nous pouvons envisager deux stratégies:

- nous introduisons une fonction *symétrisée* ou *réarrangée* u^* définie à partir de u et qui possède la propriété de symétrie qu'on espère, puis nous montrons que $J(u^*) \leq J(u)$. Cela prouve déjà que u^* est aussi solution. Si on veut prouver que toutes les solutions sont symétriques, il faut ou bien utiliser un résultat d'unicité ou bien prouver que $J(u^*) < J(u)$ si $u^* \neq u$.
- nous exprimons les conditions d'optimalité (ou équations d'Euler) du problème, puis nous travaillons directement sur ce système d'équations différentielles ou aux dérivées partielles, souvent à l'aide du principe du maximum pour prouver que la solution u possède une symétrie.

Dans les problèmes d'optimisation de forme, ces deux idées peuvent également être adaptées. Dans le paragraphe suivant, nous introduisons deux types de réarrangements: la symétrisation de Schwarz (ou réarrangement radial décroissant) et la symétrisation de Steiner. Cette dernière est particulièrement utile dans les problèmes d'optimisation de forme puisque, parmi tous les types de réarrangements, c'est elle qui permet de prouver la symétrie par rapport à un hyperplan. La précédente est utile quand on veut montrer que la solution du problème d'optimisation est une boule. Les idées développées dans cette section sont essentiellement dues à G. Polya et G. Szegö, cf [221] et [219].

Dans le troisième paragraphe, après avoir explicité les conditions d'optimalité grâce à la dérivée par rapport au domaine, nous obtiendrons un problème aux limites surdéterminé et nous prouverons la symétrie à l'aide de la méthode des hyperplans mobiles due à Alexandroff[1] ([10]) et popularisée par Gidas, Ni, Nirenberg ([127]) et, dans ce type de situation, J. Serrin ([237]).

Dans le quatrième paragraphe, nous présenterons une méthode originale. Elle consiste à introduire un nouveau problème d'optimisation de forme dont les minima sont justement les solutions du problème surdéterminé obtenu dans le paragraphe précédent. En explicitant une fois de plus les conditions d'optimalité pour ce nouveau problème, nous obtiendrons suffisamment d'informations sur les domaines minimaux pour pouvoir conclure.

Enfin, dans le dernier paragraphe, nous montrerons comment des techniques de perturbation peuvent permettre de prouver que le minimum radial d'un problème d'optimisation de forme intervenant en aérodynamisme n'est pas minimum absolu, ce qui prouvera le caractère non symétrique du minimum.

Nous nous concentrerons dans cette section sur le problème modèle (4.30) dont l'existence est discutée dans le théorème 4.5.2, soit, pour $f \in L^2_{loc}(\mathbb{R}^N)$ donné

$$J(\Omega) = \min\{J(\omega); \ \omega \text{ quasi} - \text{ouvert}, \ |\omega| = m\}, \qquad (6.1)$$

---

[1] Alexandr Danilovic ALEXANDROFF, 1912-1999, russe, un des grands géomètres du 20ème siècle.

où $J(\omega) = j(u_\omega)$ avec $j(v) = \int_{\mathbb{R}^N} \frac{1}{2}|\nabla v|^2 - f\,v$ et $u_\omega = u_\omega^f$ est la solution du problème de Dirichlet sur ω avec second membre f. Rappelons que $j(u_\omega) = -\frac{1}{2}\int_\omega |\nabla u_\omega|^2$.

Nous nous intéressons au cas où f est symétrique par rapport à un hyperplan. Nous verrons à l'aide d'exemples simples que ceci n'implique pas que toute forme optimale $\widetilde{\Omega}$ soit elle-même symétrique, ni même qu'il existe une forme optimale qui soit symétrique. En revanche, si f est *symétrique au sens de Steiner*, il en sera de même au moins pour une des formes optimales. Nous allons donner ici trois méthodes différentes pour le prouver.

6.1.2 Utiliser la symétrisation de Steiner

Nous présentons ici la symétrisation de Steiner. Pour des prolongements sur les différents types de symétrisations et réarrangements et les démonstrations, nous renvoyons à [27], [178], [202].

Rappelons tout d'abord la définition de la symétrisation de Steiner pour les ensembles et les fonctions. Nous continuons à noter $|M|$ la mesure de Lebesgue d'un ensemble (mesurable) M, sans préciser la dimension ambiante lorsqu'aucune confusion ne sera à craindre (nous travaillerons en effet avec des ensembles de dimension 1, comme avec des ensembles de dimension N).

Soit $N \geq 2$ et $\Omega \subset \mathbb{R}^N$ mesurable. On note Ω' la projection de Ω sur $\mathbb{R}^{N-1}$, soit

$$\Omega' := \{x' \in \mathbb{R}^{N-1} \text{ tel qu'il existe } x_N \text{ avec } (x', x_N) \in \Omega\},$$

et, pour $x' \in \mathbb{R}^{N-1}$, on note $\Omega(x')$ l'intersection de Ω avec $\{x'\} \times \mathbb{R}$, soit

$$\Omega(x') := \{x_N \in \mathbb{R} \text{ tel que } (x', x_N) \in \Omega\}, \ x' \in \Omega' \ .$$

Notons que, si Ω est ouvert, les ensembles $\Omega(x')$ le sont aussi et $x' \to |\Omega(x')|$ est s.c.i..

Définition 6.1.1 *Soit $\Omega \subset \mathbb{R}^N$ mesurable. Alors l'ensemble*

$$\Omega^\star := \left\{ x = (x', x_N) \text{ tel que } -\frac{1}{2}|\Omega(x')| < x_N < \frac{1}{2}|\Omega(x')|, \ x' \in \Omega' \right\}$$

s'appelle le symétrisé de Steiner de Ω par rapport à l'hyperplan $x_N = 0$.
On vérifie que $\Omega^\star$ est ouvert si Ω l'est.

Remarquons que, même dans le cas où Ω est lui-même symétrique par rapport à $x_N = 0$, il peut ne pas coïncider avec son symétrisé de Steiner puisque celui-ci est, par construction, convexe dans la direction x_N. Plus précisément on a

$$\Omega = \Omega^\star \iff \begin{cases} \Omega \text{ est symétrique par rapport à } x_N = 0 \\ \Omega \text{ est convexe dans la direction } x_N. \end{cases}$$

Considérons maintenant une fonction mesurable positive u définie sur Ω et qui a la propriété suivante:

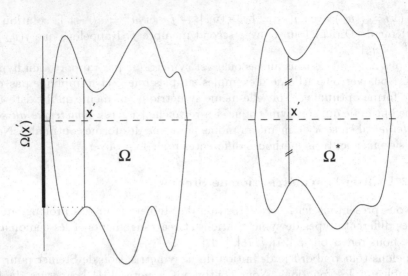

FIG. 6.1 –. *La symétrisation de Steiner: à gauche l'ouvert Ω, à droite son symétrisé $\Omega^\star$.*

$$\begin{cases} \text{pour tout } c > 0, \text{ les ensembles de niveau } \{x_N \in \mathbb{R}, \ u(x', x_N) > c\} \\ \text{ont une mesure de Lebesgue finie.} \end{cases} \qquad (6.2)$$

On peut alors définir, pour presque tout $x' \in \mathbb{R}^{N-1}$, la fonction distribution de u par

$$m_u(x', c) := |\{x_N \in \mathbb{R}; \ u(x', x_N) > c\}|, \qquad c > 0 \qquad (6.3)$$

C'est une fonction croissante et continue à droite par rapport à c.

Définition 6.1.2 *Soit u satisfaisant (6.2) et $m_u(x', c)$ définie par (6.3). On considère la fonction $y = Y(x', c) := \frac{1}{2} m_u(x', c)$. Alors sa fonction inverse continue à droite, notée $u^\star(x', \cdot)$, vérifie*

$$c = u^\star(x', y) = u^\star(x', -y),$$

est définie sur $\Omega^\star$ et est appelée la symétrisée de Steiner de u par rapport à l'hyperplan $x_N = 0$.

Remarque 6.1.3 Une définition équivalente consiste à poser

$$\forall x \in R^N, \ u^\star(x) := \sup\{c \in \mathbb{R} : \ x \in \Omega_c^\star\}$$

où Ω_c est l'ensemble de niveau $\{u > c\}$ et $\Omega_c^\star$ son symétrisé de Steiner. On visualise ainsi mieux la Définition 6.1.2 en imaginant le graphe de la fonction u comme une colline au-dessus de l'hyperplan $x_N = 0$. Le graphe de $u^\star$ est alors obtenu en réarrangeant chaque ensemble de niveau $\{u > c\}$ par le procédé de la définition 6.1.1.

On peut remarquer que, comme pour $\Omega^\star$, les ensembles de niveau de $u^\star$ sont convexes dans la direction x_N et symétriques. On a, là aussi, la propriété: si f est une fonction positive définie sur $\mathbb{R}^N$ et vérifiant (6.2), alors

$$f = f^\star \iff \begin{cases} \forall x' \in \mathbb{R}^{N-1}, \forall x_N \in \mathbb{R} \quad f(x', x_N) = f(x', -x_N) \\ \forall c > 0, \ \{f > c\} \text{ est convexe dans la direction } x_N. \end{cases} \quad (6.4)$$

Rassemblons à présent dans un seul théorème les principaux résultats et propriétés de la symétrisation de Steiner. Pour les démonstrations, nous renvoyons par exemple à [178], [221].

Théorème 6.1.4 *Soit $\Omega \subset \mathbb{R}^N$ mesurable, u, v deux fonctions positives définies sur Ω et vérifiant (6.2). Soit $\Omega^\star$, $u^\star$ et $v^\star$ leurs symétrisés de Steiner respectifs, alors*

(i) $|\Omega| = |\Omega^\star|$

(ii) Si F est continue de $\mathbb{R}_+^\star$ dans $\mathbb{R}$, alors

$$\int_\Omega F(u)(x)\,dx = \int_{\Omega^\star} F(u^\star)(x)\,dx \qquad (\text{équimesurabilité})$$

(iii) (**inégalité de Hardy** [2]-**Littlewood** [3])

$$\int_\Omega uv(x)\,dx \leq \int_{\Omega^\star} u^\star v^\star(x)\,dx$$

(iv) Si u appartient à l'espace de Sobolev $W_0^{1,p}(\Omega)$, avec $p \geq 1$, alors $u^\star \in W_0^{1,p}(\Omega^\star)$ et

$$\int_\Omega |\nabla u(x)|^p\,dx \geq \int_{\Omega^\star} |\nabla u^\star(x)|^p\,dx \qquad (\text{inégalité de Pólya}).$$

Revenons à notre problème (6.1) où Ω minimise, parmi les quasi-ouverts de mesure m donnée, la fonctionnelle $J(\omega) = j(u_\omega)$ avec $j(v) := \int_{\mathbb{R}^N} \frac{1}{2}|\nabla v|^2 - f\,v$.

Théorème 6.1.5 *Soit $f \in L^2_{\text{loc}}(\mathbb{R}^N)$ telle que $f \geq 0$ et $f = f^\star$. Alors, pour toute solution Ω de (6.1), on a $J(\Omega^\star) = J(\Omega)$. Ainsi, parmi les ensembles optimaux, il en existe un qui est symétrique par rapport à l'hyperplan $\{x_N = 0\}$.*

---

[2] Godfrey Harold HARDY, 1877-1947, anglais, professeur à Cambridge, puis Oxford. Particulièrement créatif dans plusieurs domaines comme l'analyse diophantienne, la répartition des nombres premiers, la fonction ζ de Riemann, la sommation des séries divergentes,...

[3] John Edensor LITTLEWOOD, 1885, 1977, anglais, étroit collaborateur de G. H. Hardy avec qui il a partagé le même intérêt pour la théorie des nombres et son approche analytique.

Démonstration: Soit Ω un ensemble minimal pour le problème (6.1) et $\Omega^\star$ son symétrisé de Steiner. Soit $u_{\Omega^\star}$ la solution du problème de Dirichlet sur $\Omega^\star$ avec la donnée $f^\star$ et soit enfin $u^\star$ le symétrisé de Steiner de u_Ω. D'après le théorème 6.1.4, $|\Omega^\star| = |\Omega|$ et

$$J(\Omega) = \int_\Omega \frac{1}{2}|\nabla u_\Omega|^2 - f\, u_\Omega \geq \int_{\Omega^\star} \frac{1}{2}|\nabla u^\star|^2 - f^\star u^\star.$$

Puisque $f = f^\star$, cette deuxième intégrale est encore égale à $j(u^\star)$. Par définition de $u_{\Omega^\star}$, elle est supérieure à $j(u_{\Omega^\star}) = J(\Omega^\star)$. $\square$

Remarque 6.1.6 Il n'est pas certain que tous les domaines qui minimisent la fonctionnelle J soient symétriques. On peut s'en convaincre en regardant l'exemple mono-dimensionnel suivant: on prend

$$f(x) = \begin{cases} 1 & \text{si } x \in [-1,1] \\ 1/|x| \text{ si } x \notin [-1,1] \end{cases}$$

et avec une contrainte de volume égale à 1. Il est facile de vérifier que les solutions sont données par tous les intervalles de la forme $]a, a+1[$ contenus dans $[-1,1]$.

(Indication: d'après le théorème 6.1.5, on sait que l'intervalle $]-1/2, 1/2[$ est optimal. On constate l'énergie est la même pour tous les autres intervalles indiqués.)

Néanmoins, on peut se demander s'il existe des cas où on peut donner une conclusion un peu plus précise affirmant que tous les maxima sont symétriques. En dehors du cas où on sait que le maximum est unique -pour lequel la conclusion est évidente-, on peut l'obtenir sous des hypothèse de régularité plus forte sur f. Par exemple, si f est analytique, on déduit des résultats de [178], section II.7, que l'égalité $\int_{\Omega^\star} |\nabla u^\star(x)|^2 = \int_\Omega |\nabla u_\Omega(x)|^2$ entraîne $u_\Omega(z + \cdot) = u^*$ où z est un vecteur orthogonal au plan $x_N = 0$ et donc $\Omega = z + \Omega^*$.

Remarque 6.1.7 L'hypothèse (6.4) faite sur la fonction f pourrait apparaître comme purement technique, mais elle est, en fait, absolument essentielle. En effet, le résultat de symétrie peut être faux si f est symétrique mais ne satisfait pas (6.4). Donnons un exemple mono-dimensionnel: soit f la fonction (symétrique) définie par

$$f(x) = \begin{cases} 1 & \text{si } x \in]-\infty, -4] \cup [-2, 2] \cup [4, +\infty[\\ -\frac{1}{2}x^2 - 3x - 3 \text{ si} & x \in]-4, -2[\\ -\frac{1}{2}x^2 + 3x - 3 \text{ si} & x \in]2, 4[\end{cases}$$

Alors, pour $m = 1$, "le" domaine optimal Ω de J est l'intervalle $]5/2, 7/2[$ (ou son symétrique $]-7/2, -5/2[$).

(Indication: En effet, étant donné un domaine optimal, soit I^+ la réunion de ses composantes connexes qui sont plus proches de 3 que de -3 et soit $\tilde{f}$ la fonction égale à f sur $[2, 4]$ et égale à 1 ailleurs. On voit, en symétrisant autour du point

3 et en appliquant le théorème 6.1.5 à $\tilde{f}$, qu'on obtient une énergie plus basse en remplaçant I^+ par un intervalle de même longueur centré en 3. Même chose autour de -3 avec la réunion des composantes connexes plus proche de -3. Il suffit alors de vérifier qu'on fait mieux en remplaçant la réunion de deux intervalles respectivement centrés en 3 et -3 par un seul intervalle centré en 3. Pour cela, on remarque que l'énergie de l'intervalle $3 - a, 3 + a$ est donnée par $\varphi(2a) = -2\int_0^a g(x)$ où $g(x) = \frac{x^2}{4}(1 - \frac{x^2}{3})^2$ et, puisque g est croissante sur $[0, 1]$, on vérifie que, pour $\alpha \in [0, 1]$, $\varphi(1) \leq \varphi(\alpha) + \varphi(1 - \alpha)$.)

Remarque 6.1.8 Si f est radiale décroissante, on peut de la même façon prouver qu'il existe une boule solution. Pour cela, on peut utiliser la *symétrisation ou réarrangement radial décroissant de Schwarz*. Il consiste à définir, pour tout ensemble mesurable ω, son symétrisé ω^* comme étant la boule de même volume. On réarrange ensuite les fonctions suivant le même principe: les ensembles de niveau sont réarrangés en des boules de même volume. Si f est radiale décroissante, on a $f = f^*$. L'ensemble des résultats du théorème 6.1.4 reste valable (voir [178],[27],[202]).

Le même raisonnement que pour le théorème 6.1.5, appliqué avec cette symétrisation permet alors de montrer que $J(\Omega^*) \leq J(\Omega)$, et Ω^* est ici une boule.

Comme corollaire, on obtient que, dans le cas $f \equiv 1$, la boule est domaine optimal. C'était une vieille conjecture de Saint-Venant[4] qui recherchait la forme de la section d'une poutre qui maximise la rigidité torsionnelle de cette poutre. On verra un peu plus loin que seule la boule est optimale, au moins parmi les ouverts réguliers.

On prouve l'inégalité de Rayleigh-Faber-Krahn, par la même technique: elle permet de résoudre le problème de minimisation de la première valeur propre du Laplacien avec condition de Dirichlet, sous une contrainte de volume (voir chapitre 4):

Théorème 6.1.9 *Si $\lambda_1(\Omega)$ désigne la première valeur propre du Laplacien avec condition de Dirichlet sur Ω et si B est une boule de même volume que Ω, on a*

$$\lambda_1(B) = \min\{\lambda_1(\Omega), \Omega \text{ mesurable}, |\Omega| = |B|\}.$$

De plus, si Ω est un quasi-ouvert non égal quasi-partout à une boule avec $|\Omega| = |B|$, on a $\lambda_1(\Omega) > \lambda_1(B)$.

Pour prouver ce résultat, on utilise la définition variationnelle de $\lambda_1(\Omega)$ comme étant

---

[4] Adhémar Jean Claude Barré de SAINT-VENANT, 1797-1886, français, élève de l'École Polytechnique, puis ingénieur des Ponts et Chaussées. Ses travaux relèvent de la mécanique, de l'élasticité, de l'hydrostatique et de l'hydrodynamique. On lui attribue, avec Stokes, l'établissement correct des équations, dites de Navier-Stokes.

$$\lambda_1(\Omega) = \inf_{v \in H_0^1(\Omega), v \neq 0} \frac{\int_\Omega |\nabla v(x)|^2 \, dx}{\int_\Omega v^2(x) \, dx}$$

et on raisonne comme ci-dessus en introduisant u^*, la fonction réarrangée de Schwarz de u, première fonction propre du Laplacien-Dirichlet sur Ω. Pour l'analyse du cas d'égalité, on renvoie par exemple à la discussion dans [178] ou à l'article plus récent [84]. Il en résulte, en particulier que la boule est l'unique minimiseur de λ_1 parmi les ouverts, modulo les ensembles de capacité nulle (qui ne modifient pas la valeur de λ_1), et on sait d'après [49] qu'un quasi-ouvert optimal est au moins ouvert.

Nous reviendrons sur le cas des deux valeurs propres suivantes λ_2 et λ_3 un peu plus loin dans ce chapitre.

6.1.3 Utilisation des conditions d'optimalité et du principe du maximum

Dans ce paragraphe, nous supposerons que Ω est un ouvert borné et régulier (au moins C^2) qui réalise le minimum pour notre même problème (6.1). D'après les conditions d'optimalité écrites au chapitre 5 et, en particulier d'après (5.100), nous avons (ici c n'est autre qu'un multiplicateur de Lagrange):

Proposition 6.1.10 *Soit Ω un ouvert de classe C^2 solution de (6.1). Alors il existe une constante c telle que $|\nabla u_\Omega| = |\frac{\partial u_\Omega}{\partial n}| = c$ sur $\partial\Omega$.*

Nous allons montrer que, si $f = f^*$, une forme optimale de (6.1), et même une forme "critique" au sens de la proposition ci-dessus, admet un plan de symétrie. D'après la remarque 6.1.6, on sait qu'en général, ce n'est pas précisément le plan $x_N = 0$, mais on va voir que c'est toujours vrai pour un plan parallèle. Nous allons utiliser la méthode classique des hyperplans mobiles introduite par Alexandroff (cf [10]) qui cherchait à prouver qu'une surface de courbure moyenne constante était une boule. Nous adoptons l'approche de J. Serrin dans [237].

Théorème 6.1.11 *On suppose que f est positive, continue et vérifie $f = f^*$. On suppose que Ω est un ouvert de classe C^2 avec $-\frac{\partial u_\Omega}{\partial n} = c$ sur $\partial\Omega$. Alors, pour toute composante connexe ω de Ω, il existe un réel λ tel que ω soit symétrique par rapport à l'hyperplan $x_N = \lambda$.*

Démonstration: Remarque préliminaire: si $\tilde{\Omega}$ est le symétrique de Ω par rapport au plan $x_N = 0$, puisque f est symétrique, $u_{\tilde{\Omega}}$ est le symétrique de u_Ω et donc $\tilde{\Omega}$ est aussi solution. Bien sûr, tant qu'on ne sait rien sur l'unicité de la solution optimale, on ne peut rien conclure quant à la symétrie de Ω.

Soit ω une composante connexe (donc ouverte) de Ω. Notons T_λ l'hyperplan $x_N = \lambda$. Quand λ est assez grand, T_λ n'intersecte pas ω (puisqu'il est borné). Quand on fait décroître λ, à un certain moment, T_λ commence à intersecter ω, et à partir de ce moment T_λ découpe sur ω une "calotte" $\Sigma(T_\lambda) = \{x \in \omega;\ x_N > \lambda\}$. Nous noterons $\Sigma'(T_\lambda)$, le symétrique de $\Sigma(T_\lambda)$ par rapport à T_λ. Au tout début du processus, d'après la régularité de Ω (et donc de ω), $\Sigma'(T_\lambda)$ reste entièrement contenu dans ω, jusqu'à ce que l'un des deux événements suivants survienne:

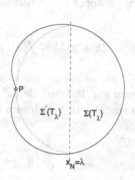 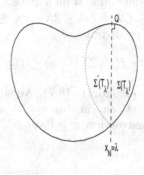

Fig. 6.2 –. *La méthode des hyperplans mobiles: cas 1 (à gauche), cas 2 (à droite)*

1. $\Sigma'(T_\lambda)$ devient tangent intérieurement au bord de ω en un point P n'appartenant pas à T_λ
2. T_λ atteint une position où il est orthogonal au bord de ω en un certain point Q.

Nous noterons encore T_λ l'hyperplan quand il atteint l'une des deux positions décrites ci-dessus et, pour simplifier, $\Sigma \equiv \Sigma(T_\lambda)$ et $\Sigma' \equiv \Sigma'(T_\lambda)$. On définit maintenant une nouvelle fonction v sur Σ' par réflexion (ou symétrie):

$$v(x', x_N) := u_\Omega(x', 2\lambda - x_N).$$

Par construction et propriété du Laplacien, v vérifie

$$\begin{cases} -\Delta v(x', x_N) = f(x', 2\lambda - x_N) & \text{dans } \Sigma' \\ v = u & \text{sur } \partial\Sigma' \cap T_\lambda \\ v = 0, \quad -\frac{\partial v}{\partial n} = c & \text{sur } \partial\Sigma' \cap T_\lambda^c. \end{cases} \tag{6.5}$$

Puisque Σ' est contenu dans ω par construction, on peut considérer la fonction $w = u - v$ dans Σ'. Elle vérifie

$$\Delta w(x', x_N) = f(x', x_N) - f(x', 2\lambda - x_N). \tag{6.6}$$

Montrons que

$$\forall (x', x_N) \in \Sigma' \quad f(x', x_N) - f(x', 2\lambda - x_N) \geq 0. \tag{6.7}$$

C'est vrai pour $\lambda = 0$ par symétrie de f. Sinon, on peut toujours supposer $\lambda > 0$. En effet, d'après la remarque préliminaire, nous pourrions travailler avec le domaine symétrique $\widetilde{\Omega}$ pour lequel nous aurions évidemment $\lambda > 0$.

Rappelons que $x_N \in [0, +\infty[\to f(x', x_N)$ est décroissante. Sur Σ', on a $x_N < \lambda$, c'est-à-dire $x_N < 2\lambda - x_N$, et donc si $\lambda > x_N \geq 0$, le fait que $f(x', x_N) - f(x', 2\lambda - x_N) \geq 0$ est une conséquence de la décroissance de f. Maintenant, si on suppose $-(2k+2)\lambda \leq x_N \leq -2k\lambda \leq 0$, avec $k \geq 0$, on a $0 \leq (2k+2)\lambda \leq 2\lambda - x_N \leq (2k+4)\lambda$, et donc, d'après la décroissance de f, on en déduit

$$f(x', 2\lambda - x_N) \leq f(x', (2k+2)\lambda) = f(x', -(2k+2)\lambda) \leq f(x', x_N),$$

ce qui montre (6.7). Ainsi, il résulte de (6.6) que w est surharmonique sur Σ' et, en conséquence w atteint son minimum sur le bord de Σ'. Or, par construction $w \geq 0$ sur $\partial \Sigma'$, donc d'après le principe du maximum fort, on a ou bien

$$u - v > 0 \quad \text{dans } \Sigma', \tag{6.8}$$

ou bien $u \equiv v$ dans au moins une composante connexe C de Σ'. Dans ce dernier cas, comme u ne peut pas s'annuler dans ω et que $u = v = 0$ sur $\partial C \cap [x_N < \lambda]$, C doit coïncider avec la partie de ω qui se trouve à la gauche de T_λ, ce qui signifie que ω est symétrique par rapport à T_λ, d'où le théorème.

Il nous reste donc à prouver que (6.8) ne peut pas survenir. Supposons tout d'abord que nous soyons dans le cas 1., c'est-à-dire que Σ' est tangent intérieurement au bord de ω en un point P. Alors $u - v = 0$ au point P, et par conséquent, grâce à (6.8) et au principe du maximum de Hopf[5] en un point du bord, on devrait avoir

$$\frac{\partial (u-v)}{\partial n} > 0 \quad \text{en } P.$$

Mais ceci contredirait le fait que $\dfrac{\partial u}{\partial n} = \dfrac{\partial v}{\partial n} = -c$ en P, et donc (6.8) est impossible dans le cas 1.

Dans le cas 2., la situation est un peu plus compliquée puisqu'on ne peut plus utiliser le principe du maximum de Hopf au point Q où Σ' a un angle droit et n'a donc plus la régularité requise. On doit procéder différemment. On peut prouver en fait que la fonction $u - v$ possède un zéro d'ordre 2 au point Q. On obtiendra alors la contradiction grâce à une variante du principe du maximum en un point du bord due à J. Serrin (on renvoie à [237] pour davantage de détails):

---

[5] Heinz HOPF, 1894-1971, allemand, puis Suisse. Après une thèse remarquée en géométrie riemannienne, il se distingue par de profondes contributions en géométrie algébrique.

Lemme 6.1.12 (Serrin) *Soit $D^\star$ un ouvert de classe C^2 et T un hyperplan contenant la normale à $\partial D^\star$ en un point Q. On note D l'une des portions de $D^\star$ qui est située d'un même côté de T.*

Soit w une fonction surharmonique de classe C^2 dans l'adhérence de D, telle que $w > 0$ dans D et $w = 0$ au point Q. Soit s un vecteur unitaire qui rentre dans D au point Q non tangentiellement. Alors,

$$\frac{\partial w}{\partial s} > 0 \quad \text{ou} \quad \frac{\partial^2 w}{\partial s^2} > 0 \quad \text{au point } Q.$$

Pour achever la démonstration du théorème, on applique ce lemme à notre situation: si $w = u - v > 0$ dans Σ', comme $w = 0$ au point Q, on a alors

$$\frac{\partial(u-v)}{\partial s} > 0 \quad \text{ou} \quad \frac{\partial^2(u-v)}{\partial s^2} > 0 \quad \text{en } Q,$$

ce qui contredit le fait que u et v ont les mêmes dérivées partielles premières et secondes au point Q: en effet, puisque $u = v$ et $\partial u/\partial n = \partial v/\partial n$ sur $\partial \Sigma'$, leurs dérivées tangentielles coïncident hors de Q, et donc aussi en Q par continuité; d'autre part, les dérivées normales sont égales puisque $u = v$ sur T_λ qui est normal à $\partial \omega$ en Q. On obtient ainsi toutes les dérivées premières et secondes.
$\square$

6.1.4 Utilisation d'un autre problème d'optimisation de forme

Dans ce paragraphe, nous allons nous restreindre au cas $f \equiv 1$ et nous supposons que Ω est une forme critique régulière pour notre problème, c'est-à-dire que

$$(6.9) \quad \begin{cases} -\Delta u = 1 & \text{dans } \Omega \\ u = 0 & \text{sur } \partial\Omega \\ \frac{\partial u}{\partial n} = \text{constante} = -c & \text{sur } \partial\Omega. \end{cases}$$

L'idée nouvelle que nous allons développer ici est la suivante: nous allons introduire une nouvelle fonctionnelle $J_1 = J_1(\omega)$ définie pour tout ouvert ω borné régulier de $\mathbb{R}^N$ et nous allons montrer que les solutions du problème (6.9) sont exactement les minima de la fonctionnelle J_1. En explicitant alors les conditions d'optimalité pour la fonctionnelle J_1, nous allons pouvoir montrer que la courbure moyenne du bord est constante pour chaque minimum de J_1. Autrement dit nous utilisons un nouveau problème d'optimisation de forme pour prouver le résultat de symétrie voulu. Cette méthode a été présentée dans [83].

Nous retrouvons ainsi le résultat suivant.

Théorème 6.1.13 (Serrin) *Soit Ω un ouvert borné et connexe de classe C^2. Alors le système (6.9) possède une solution avec $c > 0$ si et seulement si Ω est une boule.*

Remarquons que la condition $c > 0$ est nécessaire d'après le principe de Hopf.

Notons $\mathcal{O}$ l'ensemble de tous les ouverts bornés et connexes de classe C^2 de $\mathbb{R}^N$. A chaque $\omega \in \mathcal{O}$, on associe $u_\omega = u_\omega^1$, la solution du problème de Dirichlet avec second membre $f \equiv 1$. Grâce aux théorèmes de régularité classiques (voir par exemple [7], [128],[45]), $u_\omega \in C^1(\overline{\omega}) \cap H^2(\Omega)$. La nouvelle fonctionnelle J_1 que nous voulons minimiser est

$$J_1(\omega) = N \int_{\partial\omega} |\nabla u_\omega|^3 - (N+2) \int_\omega |\nabla u_\omega|^2, \quad \omega \in \mathcal{O}.$$

Lemme 6.1.14 $J_1(\omega) \geq 0$ *pour tout ω dans $\mathcal{O}$ et $J_1(\Omega) = 0$ si Ω est une solution du problème (6.9).*

Démonstration: On commence par une simple inégalité (utilisée aussi dans [252]): pour tout $\omega \in \mathcal{O}$, on a

$$1 = (\Delta u_\omega)^2 \leq N \sum_{i=1}^N (\frac{\partial^2 u_\omega}{\partial x_i^2})^2 \leq N \sum_{i,j=1}^N (\frac{\partial^2 u_\omega}{\partial x_i \partial x_j})^2. \qquad (6.10)$$

Mais

$$2 \sum_{i,j=1}^N (\frac{\partial^2 u_\omega}{\partial x_i \partial x_j})^2 = \Delta(|\nabla u_\omega|^2) - 2\nabla(\Delta u_\omega).\nabla u_\omega = \Delta(|\nabla u_\omega|^2).$$

En multipliant (6.10) par $u_\omega \geq 0$ et en intégrant sur ω, on obtient donc

$$\int_\omega u_\omega \leq \frac{N}{2} \int_\omega u_\omega \Delta(|\nabla u_\omega|^2),$$

et, par intégration par parties, puisque par positivité de u_ω, $\frac{\partial u_\omega}{\partial n} = -|\nabla u_\omega|$ sur $\partial\omega$, il s'en suit:

$$\int_\omega u_\omega \leq \frac{N}{2}[\int_{\partial\omega} |\nabla u_\omega|^3 + \int_\omega |\nabla u_\omega|^2 \Delta u_\omega].$$

Utilisant $-\Delta u_\omega = 1$ et $\int_\omega |\nabla u_\omega|^2 dx = \int_\omega u_\omega dx$, on obtient bien $J_1(\omega) \geq 0$.

Pour montrer $J_1(\Omega) = 0$, notons d'abord que

$$J_1(\Omega) = Nc^3|\partial\Omega| - (N+2)\int_\Omega |\nabla u_\Omega|^2. \qquad (6.11)$$

Pour évaluer la dernière intégrale, nous utilisons la formule classique dite de Rellich, valable pour tout $v \in C^1(\overline{\Omega}) \cap H^2(\Omega)$, et qui s'obtient facilement par deux intégrations par parties (voir, par exemple [225])

$$2\int_{\partial\Omega}(x.\nabla v)\frac{\partial v}{\partial n} - \int_{\partial\Omega}(x.n)|\nabla v|^2 = 2\int_{\Omega}(x.\nabla v)\Delta v + (2-N)\int_{\Omega}|\nabla v|^2.$$

En l'appliquant à $v = u_\Omega$ et en utilisant $\nabla u_\Omega = -|\nabla u_\Omega|n = -c\,n$ sur $\partial\Omega$, il vient

$$c^2\int_{\partial\Omega}(x.n) = -2\int_{\Omega}(x.\nabla u_\Omega) + (2-N)\int_{\Omega}|\nabla u_\Omega|^2.$$

Comme, par intégration par parties

$$\int_{\Omega}x.\nabla u_\Omega = -N\int_{\Omega}u_\Omega = -N\int_{\Omega}|\nabla u_\Omega|^2, \quad \int_{\partial\Omega}(x.n) = \int_{\Omega}\operatorname{div}x = N|\Omega|,$$

on obtient donc $c^2 N\,|\Omega| = c^2\int_{\partial\Omega}(x.n) = (2+N)\int_{\Omega}|\nabla u_\Omega|^2$. Puisque, par ailleurs,

$$|\Omega| = \int_{\Omega}dx = -\int_{\Omega}\Delta u_\Omega = -\int_{\partial\Omega}\frac{\partial u_\Omega}{\partial n} = c|\partial\Omega|, \tag{6.12}$$

en utilisant (6.11), on en déduit $J_1(\Omega) = 0$. $\quad\square$

Utilisons maintenant la dérivée par rapport au domaine pour exprimer la condition d'optimalité qui va permettre d'obtenir des informations sur les minima de J_1. Etant donné $V \in C^1(\mathbb{R}^N, \mathbb{R}^N), \omega \in \mathcal{O}$ et $\omega_t = (I + t\,V)(\omega)$, on a, en notant H la courbure moyenne de $\partial\omega$ comme au chapitre 5:

Lemme 6.1.15 *La dérivée de $t \to j(t) = J_1(\omega_t)$ est donnée par:*

$$j'(0) = \int_{\partial\omega}([(2N-2)|\nabla u_\omega|^2 - 2NH|\nabla u_\omega|^3]V.n - 3N|\nabla u_\omega|^2\frac{\partial u'_\omega}{\partial n}) \tag{6.13}$$

où u'_ω est solution de

$$\begin{cases} \Delta u'_\omega = 0 & in \quad \omega, \\ u'_\omega = -\dfrac{\partial u_\omega}{\partial n}V.n & on \quad \partial\omega. \end{cases} \tag{6.14}$$

Démonstration: On a déjà calculé la dérivée de $t \to \int_{\omega_t}|\nabla u_{\omega_t}|^2$ (voir (5.98) au chapitre 5 et elle vaut $\int_{\partial\omega}|\nabla u_\omega|^2(V.n)$. La proposition 5.4.18 nous donne une expression de la dérivée de $t \to h(t) = \int_{\partial\omega_t}|\nabla u_{\omega_t}|^3$, soit

$$h'(0) = \int_{\partial\omega}3|\nabla u_\omega|\nabla u_\omega.\nabla u'_\omega + (V.n)[\frac{\partial|\nabla u_\omega|^3}{\partial n} + H\,|\nabla u_\omega|^3].$$

D'après $\nabla u_\omega = -|\nabla u_\omega|n$, le premier terme vaut encore

$$\int_{\partial\omega}|\nabla u_\omega|\nabla u_\omega.\nabla u'_\omega = -\int_{\partial\omega}|\nabla u_\omega|^2 n.\nabla u'_\omega = -\int_{\partial\omega}|\nabla u_\omega|^2\frac{\partial u'_\omega}{\partial n}.$$

Pour le 2ème terme, on se rappelle que $H = \operatorname{div}\left(\frac{\nabla u_\omega}{|\nabla u_\omega|}\right)$ d'après la proposition 5.4.8, et donc

$$H = \frac{1}{|\nabla u_\omega|} + \frac{1}{|\nabla u_\omega|^2}\nabla(|\nabla u_\omega|).\nabla u_\omega \ .$$

Ainsi

$$\frac{\partial |\nabla u_\omega|^3}{\partial n} = 3|\nabla u_\omega|^2 \nabla(|\nabla u_\omega|).n = -3|\nabla u_\omega|\nabla(|\nabla u_\omega|).\nabla u_\omega$$
$$= -3|\nabla u_\omega|^3 (H - \tfrac{1}{|\nabla u_\omega|}).$$

On obtient la formule (6.13) en rassemblant les expressions voulues ci-dessus.

Démonstration du théorème 6.1.13: Soit Ω une solution du problème (6.9). D'après le lemme 6.1.14, Ω est aussi un minimum de la fonctionnelle J_1 et l'expression de $-j'(0)$ dans le lemme 6.1.15 est donc nulle. On y remplace $|\nabla u_\Omega|$ par $c = |\Omega|/|\partial\Omega|$ et on obtient:

$$0 = 2c^2 \int_{\partial\Omega} [N-1-NHc]\,(V.n) - 3Nc^2 \int_{\partial\Omega} \frac{\partial u'_\Omega}{\partial n}.$$

Mais $\int_{\partial\Omega} \frac{\partial u'_\Omega}{\partial n} = \int_{\Omega} \Delta u'_\Omega = 0$ et donc

$$0 = \int_{\partial\Omega} [N-1-NHc]\,V.n = 0, \text{ pour tout } V \in C^2(\mathbb{R}^N, \mathbb{R}^N).$$

Ainsi la courbure moyenne de $\partial\Omega$ doit être constante et donc Ω est nécesssairement une boule d'après le résultat classique d'Alexandroff (cf [36] ou [243]).

Pour la partie suffisante, si Ω est une boule, on construit facilement une solution radiale de (6.9): en effet, si u_1 est solution du problème sur la boule unité avec $c = 1$, alors $u(x) = c^2 u_1(x/c)$ est solution du problème avec la donnée c sur la boule de rayon c.

Remarque: Le souhait de trouver une démonstration alternative à celle des hyperplans mobiles de Serrin était motivée par d'autres problèmes surdéterminés du même type que (6.9) pour lesquels le principe du maximum ne s'applique pas. Un exemple classique est celui des conjectures de Schiffer[6] encore ouvertes à l'heure actuelle.

Il s'agit de montrer que les seuls domaines pour lesquels existe une fonction propre du Laplacien-Dirichlet solution du problème surdéterminé

$$\begin{cases} -\Delta u = \lambda u & \text{dans } \Omega \\ u = 0 & \text{sur } \partial\Omega \\ |\nabla u| = \text{constante} & \text{sur } \partial\Omega \end{cases} \tag{6.15}$$

sont les boules. On peut se poser la même question pour les valeurs propres du Laplacien-Neumann: les domaines Ω tels qu'il existe u solution de

---

[6] Menahem Max SCHIFFER, 1911-1997, né à Berlin, est venu à l'Université de Jérusalem en 1938. Ses contributions concernent le calcul des variations et son application à des questions géométriques d'analyse complexe.

$$\begin{cases} -\Delta u = \lambda u \quad \text{dans } \Omega \\ \frac{\partial u}{\partial n} = 0 \quad \text{sur } \partial\Omega \\ u = \text{constante} \quad \text{sur } \partial\Omega \end{cases} \tag{6.16}$$

(avec $\lambda > 0$) sont-ils des boules? Dans le cas du système (6.16), on retrouve le célèbre problème de Pompeiu [7] qui a conduit à de nombreux travaux dans des branches très diverses de l'analyse, cf [256] pour une bibliographie complète.

6.1.5 Un cas de non symétrie: le problème de Newton

Dans les "Principia Mathematica", Newton [8] a étudié l'aérodynamisme (ou la résistance) d'un corps en mouvement dans un fluide très peu dense. Si on visualise le corps comme le graphe d'une fonction concave u positive définie sur un ouvert plan D, une modélisation simplifiée du problème conduit à définir la résistance de ce corps comme étant la quantité

$$R(u) := \int_D \frac{1}{1 + |\nabla u(x)|^2} \, dx. \tag{6.17}$$

Le problème technologique consistant à chercher le corps, de hauteur donnée, le plus aérodynamique se traduit donc mathématiquement par
Trouver une fonction $u \in W^{1,\infty}(D)$, u concave, $0 \le u \le M$ qui minimise la fonctionnelle R définie en (6.17). Cette formulation entre plutôt dans le cadre du calcul des variations, mais c'est simplement parce que la forme optimale est recherchée sous la forme d'un graphe. L'existence d'une solution à ce problème a été prouvée dans [65], voir aussi [66] pour une présentation plus complète de ce problème.

Newton s'était restreint au cas où D est le disque unité et il avait calculé explicitement le minimum radial. Le problème devient alors mono-dimensionnel: la fonction minimale $u = u(r)$ doit annuler la dérivée en $t = 0$ de

$$t \to \int_0^1 r[1 + \{u'(r) + tv'(r)\}^2]^{-1} \text{ pour tout } v = v(r),$$

ce qui donne l'équation d'Euler-Lagrange:

$$\frac{ru'(r)}{\left(1 + (u'(r))^2\right)^2} = constante. \tag{6.18}$$

---

[7] Dimitri POMPEIU, 1873-1954, mathématicien roumain, a soutenu sa thèse à Paris en 1905 et a été professeur à Iasi, Bucarest, Cluj. Contributions remarquées en théorie des fonctions de la variable complexe et en mécanique rationnelle.

[8] Sir Isaac NEWTON, 1643-1727, anglais. Bien sûr, son oeuvre va bien au-delà des seules mathématiques qui lui doivent, entre autres, les fondements du calcul infinitésimal et de l'analyse moderne.

L'équation (6.18) a une unique solution u^* illustrée par la figure 6.3 (dans le cas $M = 1$) et donnée par $u^*(r) = M$ pour $r \in [0, r_0]$, et, pour $r \in [r_0, 1]$, sous forme paramétrée par

$$\forall t \in [1, T], \ r(t) = \frac{r_0}{4}\frac{\left(1 + t^2\right)^2}{t}, \ u^*(t) = M - r(t)f(t), \qquad (6.19)$$

$$f(t) = \frac{t}{(1 + t^2)^2}\left(-\frac{7}{4} + \frac{3}{4}t^4 + t^2 - \log t\right), \ T = f^{-1}(M), \ r_0 = 4T/(1 + T^2)^2.$$

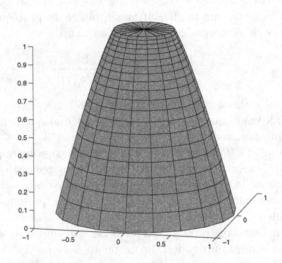

FIG. 6.3 −. *La forme radiale optimale pour le problème de Newton*

L'existence d'une zone plate semble a priori contredire l'intuition selon laquelle un corps avec un très bon aérodynamisme doit avoir une pointe effilée. Mais cette intuition est valable pour un corps se déplaçant dans un fluide classique, alors qu'ici le fluide est rare au sens où il a très peu de particules.

Une question de symétrie naturelle qui se pose maintenant: si D est le disque unité de $\mathbb{R}^2$, le minimum de la fonctionnelle R est-il radial, autrement dit le minimum absolu de R sur la classe $\mathcal{C}_M = \{u \in W^{1,\infty}(\Omega), u$ concave, $0 \leq u \leq M\}$ est-il la fonction u^* définie en (6.19)?

Curieusement cette question est restée ouverte assez longtemps, sans doute car tout le monde imaginait que la réponse à cette question était positive. Il s'avère au contraire qu'elle est négative: cela a été prouvé pour la première fois dans [50] et c'est cette démonstration que nous allons donner ci-dessous.

De manière plus générale, on peut se demander quelle peut-être la stratégie pour prouver que l'optimum d'une fonctionnelle **n'est pas symétrique**, par exemple n'est pas à symétrie radiale. Des voies possibles sont les suivantes: si $\widetilde{\Omega}$ désigne le minimum parmi les ensembles à symétrie radiale, on peut

- Trouver des conditions nécessaires d'optimalité (du premier ou du second ordre) qui ne sont pas satisfaites par $\widetilde{\Omega}$.

- Montrer qu'on peut améliorer $\widetilde{\Omega}$, grâce à de petites perturbations non radiales.

- Exhiber un exemple explicite (non radial) meilleur que $\widetilde{\Omega}$.

Pour le problème de Newton, on peut énoncer

Théorème 6.1.16 *La fonction u^* définie en (6.19) ne minimise pas R dans la classe $\mathcal{C}_M$. Autrement dit, le minimum de R dans la classe $\mathcal{C}_M$ n'est pas à symétrie radiale.*

Démonstration du théorème 6.1.16:

Nous adoptons la démonstration proposée par Brock, Ferone et Kawohl dans [50]. Les dérivées 1ère et 2ème en u^* de la fonctionnelle R sont données par

$$R'(u^*)\varphi = -2\int_D \frac{\nabla u^*.\nabla\varphi}{(1+|\nabla u^*|^2)^2}. \qquad (6.20)$$

$$R''(u^*)(\varphi,\varphi) = \int_D \frac{2}{(1+|\nabla u^*|^2)^3}\left[-(1+|\nabla u^*|^2)|\nabla\varphi|^2 + 4(\nabla u^*.\nabla\varphi)^2\right].$$
$$(6.21)$$

Si u^* était un minimum local de R sur $\mathcal{C}_M$, on devrait avoir $R''(u^*)(\varphi,\varphi) \geq 0$ pour tout φ régulier tel que $\forall r \in [0,r_0], \varphi(r) = 0 = \varphi(1)$ (on utilise ici la stricte concavité de u^* sur $[r_0,1]$ qui assure que $u^* + \epsilon\varphi \in \mathcal{C}_M$ pour ϵ petit). Or, si on choisit $\varphi(r,\theta) = \eta(r)\sin(k\theta)$ avec $supp\,\eta \subset]r_0,1[$, puisque $|\nabla\varphi|^2 = (\eta'(r)\sin(k\theta))^2 + \frac{k^2}{r^2}(\eta(r)\cos(k\theta))^2$, le terme entre crochets dans (6.21) devient

$$[] = -(1+|u_r^*|^2)\left[(\eta'(r)\sin(k\theta))^2 + \frac{k^2}{r^2}(\eta(r)\cos(k\theta))^2\right] + 4(u_r^*.\varphi_r)^2 \quad (6.22)$$

Ainsi, on s'aperçoit que l'expression (6.21) devient négative pour un choix de k suffisamment grand. $\quad\square$

6.2 Convexité

6.2.1 Introduction

Une autre question géométrique très naturelle qu'on peut se poser en optimisation de forme est de savoir si la solution du problème est convexe. C'est *a priori* une question plus difficile que la question de la symétrie, car s'il est généralement facile de constater que les données d'un problème possèdent une certaine symétrie, la convexité n'est pas toujours aussi lisible dans les données. En fait dans les exemples que nous allons traiter, il y aura toujours, dans les données du problème, un domaine fixe K qui est convexe et le domaine recherché dépendant de K héritera de ses propriétés de convexité.

Pour répondre à cette question de convexité, il semble difficile d'utiliser, comme dans le paragraphe précédent une technique de réarrangement. En effet, le réarrangement qui ramènerait naturellement à des ensembles convexes consisterait pour des domaines ω à prendre leur enveloppe convexe, mettons $\tilde{\omega}$, et pour les fonctions u définies sur ω à définir $\tilde{u}$ dont les ensembles de niveau sont les enveloppes convexes des ensembles de niveau de u. Malheureusement, il apparaît difficile d'estimer des quantités comme l'intégrale de $\tilde{u}$ ou encore plus celle de son gradient en fonction de celles de u. C'est pourquoi cette méthode semble inopérante. Nous allons donc, dans tous les cas, travailler directement sur le système surdéterminé obtenu à partir des conditions d'optimalité. Dans un premier temps, nous montrerons la convexité de la solution en montrant, grâce à une utilisation astucieuse du principe du maximum, qu'elle ne peut pas être strictement incluse dans son enveloppe convexe. Nous donnerons ensuite deux autres techniques, valable uniquement en dimension 2 consistant à prouver que la courbure doit être positive. Ces deux résultats sont tirés de [166] et de [179].

Pour simplifier, nous allons considérer dans cette partie le problème modèle consistant à minimiser la capacité sous une contrainte de volume. Plus précisément, nous nous donnons un compact convexe K de $\mathbb{R}^N$ et une constante positive $m > |K|$ et nous considérons un domaine Ω contenant K, de mesure m, qui minimise $\mathrm{cap}_\Omega(K)$, la capacité de K relative à Ω. On sait qu'il y a existence dans la famille des quasi-ouverts (cf. exercice 4.12 du chapitre 4). On notera u_Ω le potentiel capacitaire de K relatif à Ω. Si Ω est ouvert, ce potentiel capacitaire est la solution de (cf chapitre 2)

$$\begin{cases} \Delta u_\Omega = 0 & \text{dans } \Omega \setminus K \\ u_\Omega = 0 & \text{sur } \partial\Omega \\ u_\Omega = 1 & \text{sur } K, \end{cases} \tag{6.23}$$

et on a $\mathrm{cap}_\Omega K := J(\Omega) = \displaystyle\int_{\Omega \setminus K} |\nabla u_\Omega|^2.$ (6.24)

Pour obtenir la condition d'optimalité, nous introduisons la fonction $j(t) = J((I + t\,V)(\Omega))$ où $V \in C^1(\mathbb{R}^N, \mathbb{R}^N)$. Pourvu que le minimum Ω soit suffisamment régulier, on peut écrire qu'il existe une constante c telle que

$$c \int_{\partial\Omega} V.n = j'(0) = 2 \int_{\Omega \setminus K} \nabla u_\Omega . \nabla u' + \int_{\partial\Omega} |\nabla u_\Omega|^2 V.n,$$

où u' est la solution du problème

$$\begin{cases} \Delta u' = 0 & \text{dans } \Omega \setminus K \\ u' = -\frac{\partial u_\Omega}{\partial n} V.n & \text{sur } \partial\Omega \\ u' = 0 & \text{sur } K \end{cases} \tag{6.25}$$

On en déduit

$$c \int_{\partial\Omega} V.n = 2 \int_{\partial\Omega} u' \frac{\partial u_\Omega}{\partial n} V.n + \int_{\partial\Omega} |\nabla u_\Omega|^2 V.n = - \int_{\partial\Omega} |\nabla u_\Omega|^2 V.n ,$$

et donc

Proposition 6.2.1 *Les ouverts Ω réguliers contenant K qui minimisent la capacité de K sous contrainte volumique sont tels que le potentiel capacitaire u_Ω de K relatif à Ω vérifie la condition surdéterminée:*

$$|\nabla u_\Omega| = \text{constante} = c \qquad \text{sur } \partial\Omega. \tag{6.26}$$

6.2.2 Comparaison avec l'enveloppe convexe

Nous allons démontrer le résultat suivant qui concerne à la fois la géométrie de l'optimum et aussi l'unicité pour le problème surdéterminé (6.23), (6.26) (et donc pour le problème d'optimisation de forme sous-jacent).

Théorème 6.2.2 *Soit K un convexe compact et (u, Ω) une solution du système (6.23), (6.26). Alors Ω est convexe et il n'y a pas d'autres solutions.*

Démonstration: On introduit $\Omega^\star$ l'enveloppe convexe de Ω et $u^\star$ le potentiel capacitaire de K relatif à $\Omega^\star$, solution de (6.23) avec $\Omega^\star$ au lieu de Ω. Il s'agit de montrer qu'il n'est pas possible que Ω soit strictement inclus dans $\Omega^\star$. Pour cela, nous montrons tout d'abord

Lemme 6.2.3
$$|\nabla u^\star(x)| \geq c \qquad \forall x \in \Omega^\star \setminus K.$$

Admettons provisoirement le lemme, et continuons la démonstration. Nous allons utiliser ce qu'on appelle parfois le principe de Lavrentiev. [9]

On peut supposer, sans restreindre la généralité, que K contient l'origine. Dans le domaine convexe $\Omega_t^\star := \{x : x/t \in \Omega^\star\}$, on définit la fonction

$$v_t(x) = u^\star(\frac{x}{t}) \qquad \text{où } 0 < t < 1.$$

Supposons, par l'absurde, que $\Omega^\star \setminus \Omega \neq \emptyset$. Dans ce cas

$$t_0 = \sup\{t : \Omega_t^\star \subset \Omega\} < 1. \tag{6.27}$$

On a aussi, à cause de l'hypothèse de convexité de K que $K_{t_0} = \{x : x/t_0 \in K\} \subset K$. Puisque $v_{t_0} - u_\Omega$ est harmonique dans $\Omega_{t_0}^\star \setminus K$ et prend des valeurs négatives sur $\partial(\Omega_{t_0}^\star \setminus K)$, on peut appliquer le principe du maximum qui indique que $v_{t_0} \leq u_\Omega$ dans $\Omega_{t_0}^\star \setminus K$.

Soit maintenant $x_0 \in \partial\Omega_{t_0}^\star \cap \partial\Omega$ ($\neq \emptyset$ par hypothèse). Alors, en utilisant le lemme 6.2.3 et (6.26), il vient que

[9] Mikhail Alekseevich LAVRENTIEV, 1900-1980, Moscou, Kiev, Novossibirsk, puis Moscou. Contributions sur les applications conformes et leur utilisation géométrique pour les équations aux dérivées partielles.

$$\frac{c}{t_0} \le \frac{1}{t_0} \lim_{\substack{y/t_0 \to x_0 \\ y/t_0 \in \Omega^\star \setminus K}} |\nabla u^\star(y/t_0)| = \lim_{\substack{y \to x_0 \\ y \in \Omega^\star_{t_0} \setminus K}} |\nabla v_{t_0}(y)| \le \lim_{\substack{y \to x_0 \\ y \in \Omega^\star_{t_0} \setminus K}} |\nabla u_\Omega(y)| = c,$$

ce qui contredit (6.27) et achève la preuve de la première partie du théorème.

Pour la seconde partie, soit Ω_1, Ω_2 deux solutions. Alors le même argument que ci-dessus (principe de Lavrentiev) peut être appliqué à Ω_1 et Ω_2 pour prouver que $\Omega_1 \subset \Omega_2 \subset \Omega_1$. □

Démonstration du lemme 6.2.3: Pour $0 < s < 1$ notons $\mathcal{L}_s$ les ensembles de niveau de $u^\star$, i.e.

$$\mathcal{L}_s = \{x \in \Omega^\star : u^\star(x) > s\}.$$

Par un résultat de Lewis [192] (cf. aussi [68]) ces ensembles de niveau sont convexes. Soit y un point fixé de $\partial\mathcal{L}_s$. Quitte à changer de repère, on peut toujours supposer que y est l'origine et que $e_1 = (1, 0, ..., 0)$ est le vecteur normal extérieur à $\partial\mathcal{L}_s$ au point y de sorte que $\{x_1 = 0\}$ est un hyperplan d'appui de $\mathcal{L}_s$ au point y et $K \subset [x_1 < 0]$.

Choisissons maintenant un point $z \in \partial\Omega^\star \cap \{x_1 > 0\}$ qui soit le plus éloigné de l'hyperplan $\{x_1 = 0\}$ (voir Figure 6.4). Par propriétés géométriques de

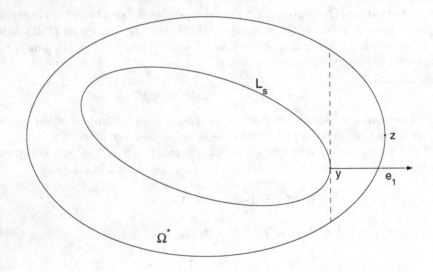

FIG. 6.4 –.

l'enveloppe convexe, on peut toujours supposer que z appartienne à $\partial\Omega \cap \partial\Omega^\star$. Considérons maintenant la fonction harmonique définie par

$$v(x) = u^\star(x) + ax_1$$

où $0 < a < c$, sur l'ouvert $\Omega^\star \cap \{x_1 > 0\}$. Puisque v est harmonique dans $\Omega^\star \cap \{x_1 > 0\}$, son maximum est atteint sur le bord, et plus précisément, soit en z, soit à l'origine.

Supposons un instant que ce soit en z. Rappelons que, par le principe du maximum, puisque $\Omega \subset \Omega^\star$, on a $u^\star \geq u$ sur $\Omega \setminus K$ et donc

$$|\nabla u^\star(z)| = -\frac{\partial u^\star}{\partial n}(z) \geq -\frac{\partial u}{\partial n}(z) = |\nabla u(z)|.$$

Ainsi, si z était un point de maximum pour v, on devrait avoir

$$0 \leq \frac{\partial v}{\partial n}(z) = \frac{\partial u^\star}{\partial n}(z) + a \leq \frac{\partial u}{\partial n}(z) + a = -c + a \qquad (6.28)$$

ce qui constituerait une contradiction avec le fait que $a < c$. Donc, le maximum de v est atteint à l'origine, ce qui se traduit par

$$-\frac{\partial v}{\partial x_1}(0) \geq 0,$$

i.e.

$$|\nabla u^\star(0)| \geq a.$$

comme $a \in (0, c)$ est arbitraire, on a démontré le lemme 6.2.3.   □

Nous allons présenter, sans rentrer dans les détails pour lesquels nous renvoyons à [178] et [68], une autre façon de prouver la convexité en montrant directement que le domaine minimal coïncide avec son enveloppe convexe. On choisit un problème du même type que ci-dessus, un peu plus général cependant.

On se donne une fonction F de classe $C^{2,\alpha}$ sur l'intervalle $[0,1]$, convexe, positive et croissante avec $F'(0) = 0$. On note f la dérivée de F qu'on prolonge par 0 pour les t négatifs. On se fixe par ailleurs un convexe K et on veut minimiser la fonctionnelle

$$J(\Omega) = \frac{1}{2}\int_\Omega |\nabla u|^2 \, dx + \int_\Omega F(u)\, dx$$

parmi tous les ouverts Ω contenant K où u est la solution du problème aux limites semi-linéaire suivant:

$$\begin{cases} \Delta u = f(u) & \text{dans } \Omega \setminus K \\ u = 0 & \text{sur } \partial\Omega \\ u = 1 & \text{sur } K \end{cases} \qquad (6.29)$$

D'après le principe du maximum et la croissance de f, on a $0 < u \leq 1$ dans Ω. La fonction u sera naturellement prolongée par 0 en dehors de Ω.

Théorème 6.2.4 *Soit Ω un ouvert régulier qui minimise la fonctionnelle J. Alors si K est convexe, Ω est convexe.*

Donnons simplement le **principe de la démonstration**. Si $\Omega^\star$ désigne l'enveloppe convexe du minimum Ω, elle consiste à prouver l'inégalité suivante:

$$Q(x_1, x_2) := u(\tfrac{1}{2}(x_1 + x_2)) - \min(u(x_1), u(x_2)) \geq 0 \quad \forall x_1, x_2 \in \mathbb{R}^N. \quad (6.30)$$

En effet cette inégalité entraîne, par récurrence et par densité des nombres de la forme $\frac{k}{2^n}$ dans l'intervalle $[0, 1]$, que pour tout $x_1, x_2 \in \mathbb{R}^N$ et tout $t \in [0, 1]$

$$u(tx_1 + (1 - t)x_2) \geq \min(u(x_1), u(x_2))$$

ce qui se traduit exactement par la convexité des ensembles de niveau $\{x \in \mathbb{R}^N, \ u(x) > c\}$ et donc, en particulier, de Ω qui correspond au niveau $c = 0$.

Pour prouver (6.30), on raisonne par l'absurde: on suppose qu'il existe deux points x_1, x_2 tels que Q atteigne un minimum strictement négatif:

$$u(\tfrac{1}{2}(x_1 + x_2)) < \min(u(x_1), u(x_2)). \tag{6.31}$$

Puisque $u \geq 0$ dans $\Omega^\star$ avec $u = 0$ sur le complémentaire de Ω, on voit déjà que (6.31) entraîne que les points x_1, x_2 sont tous deux dans Ω. On a donc aussi $\frac{1}{2}(x_1 + x_2) \in \Omega^\star$.

On montre ensuite successivement (essentiellement par l'absurde en jouant sur la minimalité du couple (x_1, x_2)):

– $u(x_1) = u(x_2) > 0$
– $x_1 \in \Omega \setminus K$, $x_2 \in \Omega \setminus K$ et $\frac{1}{2}(x_1 + x_2) \in \Omega^\star \setminus K$.
– $\nabla u(x_1)$ est colinéaire et de même sens que $\nabla u(x_2)$.
– $\nabla u(\frac{1}{2}(x_1 + x_2))$ est non nul, colinéaire et de même sens que $\nabla u(x_1)$ ou $\nabla u(x_2)$.
– $\frac{1}{2}(x_1 + x_2) \in \Omega \setminus K$.
– On introduit les 3 nombres positifs:
  $a := \left|\nabla u(\frac{1}{2}(x_1 + x_2))\right|$, $b := |\nabla u(x_1)|$ et $c := |\nabla u(x_2)|$ et on note $\mu = \frac{c}{b+c}$.
  Alors

$$\begin{aligned} \tfrac{1}{a} &= \tfrac{1}{2}\left(\tfrac{1}{b} + \tfrac{1}{c}\right) \\ \tfrac{1}{a^2}\Delta u(\tfrac{1}{2}(x_1 + x_2)) &\geq \tfrac{\mu}{b^2}\Delta u(x_1) + \tfrac{1-\mu}{c^2}\Delta u(x_2). \end{aligned} \tag{6.32}$$

On conclut alors en utilisant (6.32), la relation $\Delta u = f(u)$ et la monotonie de f pour aboutir à la contradiction cherchée.

6.2.3 Courbure positive

Dans cette partie, nous allons indiquer une autre idée intéressante pour montrer que le domaine Ω solution de (6.23), (6.26) a nécessairement une courbure moyenne positive (on le suppose bien sûr ici de classe C^2), ce qui est une autre façon de prouver la convexité **en dimension 2**. Nous présentons ce résultat avec des hypothèses assez forte pour concentrer la démonstration sur la partie nouvelle qui est de portée très générale.

On se place en dimension 2. La définition d'ouvert étoilé est rappelée au début de la section suivante (Définition 6.3.1). Nous allons montrer:

Proposition 6.2.5 *Soit $K \subset \Omega \subset \mathbb{R}^2$ avec K compact, convexe, à bord de classe C^2, Ω ouvert, de classe C^2, étoilé par rapport à un point de K et tel que le potentiel capacitaire u_Ω de K relatif à Ω soit solution du problème (6.23), (6.26) avec $c \neq 0$. Alors, $\partial\Omega$ a une courbure positive et Ω est donc convexe.*

Nous utilisons le

Lemme 6.2.6 *Soit u une fonction harmonique sur un ouvert ω de $\mathbb{R}^2$, on suppose que $|\nabla u(x)|^2$ ne s'annule pas sur ω. Alors la fonction $\log(|\nabla u(x)|^2)$ est harmonique sur ω.*

Démonstration: On peut évidemment prouver ce résultat en dérivant deux fois la fonction $\log(u_x^2 + u_y^2)$ et en utilisant le fait que $u, u_x, u_y, \ldots$ sont harmoniques, mais le calcul est un peu fastidieux et il est plus agréable d'utiliser l'analyse complexe.

Puisque u est harmonique, elle s'écrit localement (par exemple sur toute boule incluse dans ω) comme la partie réelle d'une fonction holomorphe f. Les relations de Cauchy entraînent alors que $|\nabla u(x)|^2 = |f'(z)|^2$ (x et z se correspondent dans l'identification entre $\mathbb{R}^2$ et $\mathbb{C}$). Ainsi

$$\log(|\nabla u(x)|^2) = \log(|f'(z)|^2) = 2\Re(\log(f'(z)))$$

et comme on peut toujours choisir une détermination du logarithme complexe (au moins localement) pour que $\log(f'(z))$ soit holomorphe, le résultat s'en déduit. $\square$

Démonstration de la proposition 6.2.5: Montrons d'abord que $v(x) = |\nabla u_\Omega(x)|^2$ ne s'annule pas sur $\Omega \setminus K$. Sans restreindre la généralité, on peut supposer que K contient l'origine O et que Ω est étoilé par rapport à O. La fonction $w(z) = w(x,y) = \nabla u_\Omega.z = x(u_\Omega)_x + y(u_\Omega)_y$ est harmonique dans $\Omega \setminus K$. Comme u est constante sur le bord de cet ouvert ($= \partial K \cup \partial \Omega$) et que K et Ω sont étoilés par rapport à O, on a $w = (\nabla u_\Omega.n)\,n.z < 0$ (voir proposition 6.3.2). Par principe du maximum, on a donc $w < 0$ sur $\Omega \setminus K$ ce qui implique que v ne s'annule pas sur cet ouvert (ni sur son bord).

D'après le lemme 6.2.6, la fonction $\log(|\nabla u_\Omega(x)|^2)$ est harmonique sur $\Omega \setminus K$ et continue sur son adhérence. Elle atteint donc son minimum sur le bord, c'est-à-dire soit sur ∂K soit sur $\partial \Omega$. Montrons qu'il ne peut pas être atteint sur ∂K. En effet, si c'était le cas, on aurait d'après le principe du maximum de Hopf (on note ν la normale "extérieure" à ∂K, donc dirigée vers $\Omega \setminus K$):

$$-\frac{\partial}{\partial \nu}\left(|\nabla u_\Omega|^2\right) = -2\frac{\partial u_\Omega}{\partial \nu}\frac{\partial^2 u_\Omega}{\partial \nu^2} < 0 \quad \text{en un point de } \partial K,$$

ce qui est incompatible avec la relation sur ∂K, donnée par la proposition 5.4.12:

$$\Delta u_\Omega = H\frac{\partial u_\Omega}{\partial \nu} + \frac{\partial^2 u_\Omega}{\partial \nu^2} = 0 \tag{6.33}$$

(où $H \geq 0$ est la courbure de ∂K). Il en résulte que le minimum de $|\nabla u_\Omega(x)|^2$ est atteint sur le bord extérieur, et donc en tout point de ce bord puisque $|\nabla u_\Omega|$ y est égal à c. Ainsi,

$$2\frac{\partial u_\Omega}{\partial n}\frac{\partial^2 u_\Omega}{\partial n^2} < 0 \quad \text{sur } \partial \Omega$$

ce qui, avec (6.33) appliqué cette fois sur $\partial\Omega$ entraîne

$$\left(\frac{\partial u_\Omega}{\partial n}\right)^2 H(x) \geq 0 \quad \text{sur } \partial\Omega$$

et qui montre que la courbure de $\partial\Omega$ est positive.   □

6.3 Caractère étoilé

Rappelons tout d'abord la définition d'un ensemble étoilé:

Définition 6.3.1 *On dit qu'un ensemble Ω est étoilé par rapport à l'un de ses points x_0 si pour tout x dans Ω, le segment $[x_0, x]$ est entièrement contenu dans Ω.*

Si $x_0 = 0$ (ce qu'on supposera souvent), ceci équivaut encore à dire que $t\,\Omega \subset \Omega$ pour tout $t \in [0, 1]$ (où $t\,\Omega$ désigne l'image de Ω par l'homothétie de centre 0 et de rapport t). On utilisera aussi la caractérisation suivante, facile à vérifier:

Proposition 6.3.2 *Si Ω est un ouvert lipschitzien, alors Ω est étoilé par rapport à l'origine si et seulement si $x.n \geq 0$ pour presque tout $x \in \partial\Omega$ (n désigne la normale extérieure à $\partial\Omega$ au point x).*

6.3.1 Utilisation de sous-solutions et sur-solutions

Reprenons le problème de la minimisation de la capacité avec contrainte de volume envisagé dans la partie précédente. Ici, on se donne un compact K étoilé par rapport à l'origine. On a vu, en (6.26) que tout ouvert régulier Ω qui minimise $\text{cap}_\Omega(K)$ avec volume donné est tel que le potentiel capacitaire associé est solution du problème surdéterminé:

$$\begin{cases} \Delta u = 0 & \text{dans } \Omega \setminus K \\ u = 0 & \text{sur } \partial\Omega \\ u = 1 & \text{sur } K \\ |\nabla u| = c > 0 & \text{sur } \partial\Omega. \end{cases} \tag{6.34}$$

Pour prouver l'existence d'une solution à ce problème surdéterminé, la méthode variationnelle consistant à minimiser la capacité avec contrainte de volume est la plus naturelle. Il existe également une autre méthode inspirée des techniques de sous-solutions et sur-solutions pour les équations aux dérivées partielles et due à A. Beurling dans [37]. Pour tout ouvert ω contenant K, on note u_ω le potentiel capacitaire de K relatif à ω. Convenons alors d'appeler sous-solution (respectivement sur-solution) du problème (6.34), tout ouvert ω tel que, pour tout $x \in \partial\omega$

$$\liminf_{y \to x, y \in \omega} |\nabla u_\omega(y)| \geq c \quad (\text{respectivement } \limsup_{y \to x, y \in \omega} |\nabla u_\omega(y)| \leq c).$$

On a alors le résultat suivant dû à A. Beurling [37] pour la dimension 2, et généralisé dans [165] pour la dimension N:

Théorème 6.3.3 *Supposons qu'il existe une sous-solution Ω_0 et une sur-solution Ω_1 du problème (6.34) avec $\Omega_0 \subset \Omega_1$, alors il existe une solution (Ω, u_Ω) au problème (6.34) avec $\Omega_0 \subset \Omega \subset \Omega_1$.*

Remarque 6.3.4 Il est facile, dans la pratique, d'exhiber des sous-solutions et des sur-solutions. Pour une sur-solution, on peut prendre une boule de rayon R très grand. On montre qu'il s'agit d'une sur-solution en comparant le potentiel capacitaire associé avec celui d'une couronne qui se calcule explicitement. Pour la sous-solution, on choisit au contraire un domaine très proche de K, comme par exemple un ensemble de niveau $\{x ; u(x) > 1 - \varepsilon\}$ où u est un potentiel capacitaire fixé. Nous allons appliquer ces techniques au cas où le domaine K est étoilé. De plus, là encore, on peut prouver en utilisant un argument similaire à celui utilisé dans le cas de la convexité, l'unicité de la solution du problème (6.34). On a donc

Théorème 6.3.5 *Si K est étoilé, il existe une solution Ω et une seule au problème surdéterminé (6.34). La fonctionnelle $\omega \to \mathrm{cap}_\omega(K)$ n'a donc qu'un minimum régulier (i.e. pour lesquels les calculs de dérivée par rapport au domaine sont justifiés). De plus, Ω est étoilé.*

Démonstration: L'existence résulte du théorème 6.3.3 et de la remarque 6.3.4. Montrons à présent l'unicité. S'il existe deux solutions Ω_1 et Ω_2, on note u_1 et u_2 les potentiels capacitaires respectivement associés. D'après le principe du maximum, $\Omega_1 \cap \Omega_2$ est une sur-solution: en effet, le potentiel capacitaire $u_{1,2}$ de $\Omega_1 \cap \Omega_2$ est tel que $u_{1,2} \leq \min(u_1, u_2)$ et donc par exemple sur les parties communes du bord de Ω_1 et $\Omega_1 \cap \Omega_2$, on a $u_{1,2} = u_1 = 0$ d'où $|\nabla u_{1,2}| \leq |\nabla u_1| = c$. Comme on peut trouver une sous-solution proche de K (cf. remarque 6.3.4), d'après le théorème 6.3.3, il existe une solution Ω_3 incluse dans $\Omega_1 \cap \Omega_2$. Autrement dit, on peut toujours supposer que les deux solutions Ω_1 et Ω_2 sont telles que $\Omega_1 \subset \Omega_2$.

Appliquons là aussi le principe de Lavrentiev. Soit t le plus grand réel (inférieur à 1) tel que $t\Omega_2 \subset \Omega_1$ (on a $t > 0$). Soit u_t le potentiel capacitaire correspondant à l'anneau dont la frontière intérieure est $\partial(tK)$ (qui est inclus dans K car celui-ci est étoilé) et de frontière extérieure $\partial(t\Omega_2)$. On a évidemment, grâce aux propriétés du Laplacien $u_t(x) = u_2(x/t)$. D'après le principe du maximum, on a $u_t \leq u_1$ dans $t\Omega_2$. Or, par maximalité de t, il existe un point, disons x_0, commun à $\partial\Omega_1$ et $\partial(t\Omega_2)$. En ce point, par comparaison des gradients

$$|\nabla u_t(x_0)| = \frac{|\nabla u_2(x_0/t)|}{t} \leq |\nabla u_1(x_0)| = c. \qquad (6.35)$$

Mais comme le point x_0/t est un point de $\partial\Omega_2$, le premier membre de (6.35) doit être égal à c/t, ce qui montre que t est nécessairement égal à 1 et donc $\Omega_1 = \Omega_2$.

Prouvons maintenant que Ω est étoilé (cette démonstration est tirée de [250]). Notons Ω l'unique solution du problème. Soit t un réel fixé, $0 < t < 1$. Introduisons, là encore la couronne de frontière intérieure $\partial(tK)(\subset K)$ et de frontière extérieure $\partial(t\Omega)$ et notons u_t le potentiel capacitaire correspondant. On a bien sûr $u_t(x) = u(x/t)$. Pour t assez voisin de 1 pour que $K \subset t\Omega_2$, nous introduisons également la couronne de frontière intérieure ∂K et de frontière extérieure $\partial(t\Omega)$ et notons u' le potentiel capacitaire associé. Par principe du maximum, on a $u_t \leq u'$ dans $t\Omega$ et donc sur la frontière extérieure où les deux fonctions s'annulent, on aura

$$|\nabla u_t(x)| = \frac{|\nabla u(x/t)|}{t} = \frac{c}{t} \leq |\nabla u'(x)|. \tag{6.36}$$

Ainsi, $|\nabla u'| \geq c$ sur $\partial(t\Omega)$, ce qui signifie que $t\Omega$ est une sous-solution. D'après la remarque 6.3.4, qui assure l'existence d'une "grande" sur-solution, et d'après le théorème 6.3.3 et l'unicité prouvée ci-dessus, on en déduit que $t\Omega \subset \Omega$ pour tout $t < 1$, ce qui prouve le résultat d'après la proposition 6.3.2 □

6.3.2 Utilisation de réarrangement étoilé

Comme nous l'avons fait pour la symétrie, nous pouvons aussi utiliser une technique de réarrangement pour prouver que la solution d'un problème d'optimisation est étoilée.

Pour alléger les notations, nous allons nous placer en dimension 2 et travailler avec les coordonnées polaires. L'adaptation à la dimension 3 ne pose aucun problème. Nous suivons ici la présentation proposée par B. Kawohl dans [178] auquel nous renvoyons également pour les démonstrations que nous ne ferons pas.

Soit Ω un ouvert qui contient l'origine. Pour réarranger Ω en un ouvert étoilé par rapport à 0, l'idée la plus naturelle consiste à placer dans toute direction issue de l'origine, un segment dont la longueur représente la "quantité de matière" contenue par Ω dans cette direction:

$$\Omega^* = \{(r, \theta); 0 \leq r \leq r(\theta), \ \theta \in [0, 2\pi[\}$$

où $r(\theta)$ représente la longueur ou mesure de Lebesgue unidimensionnelle de l'intersection de Ω avec la demi-droite d'angle θ. Cependant, quand on utilise cette définition pour réarranger ensuite les lignes de niveau des fonctions, il se trouve que la fonction réarrangée n'a pas les bonnes propriétés qui nous avait permis de conclure dans le cas de la symétrisation de Steiner ou de Schwarz. C'est pourquoi nous allons être obligés d'étendre un peu cette définition, en introduisant un "poids" sous la forme d'une fonction g qui pondèrera de façon différente les points des ouverts.

Dans toute la suite du paragraphe, nous supposerons que les ouverts avec lesquels nous travaillons contiennent tous une boule B_ε de centre 0 et de rayon fixe ε. La raison en est que le passage en coordonnées polaires étant singulier à l'origine, il est nécessaire de prendre un peu de marge. On se fixe maintenant $g :]0, +\infty[\to]0, +\infty[$ et G l'une de ses primitives. Pour $\theta \in [0, 2\pi[$ fixé, on définit successivement

$$\Omega(\theta) := \{r \geq \varepsilon \text{ tels que } (r, \theta) \in \Omega\}$$
$$l(\theta) := \int_{\Omega(\theta)} g(r)\, dr,\ h(\theta) := l(\theta) + G(\varepsilon),\ R(\theta) := G^{-1}(h(\theta)).$$

On peut remarquer que, par construction, $R(\theta)$ ne dépend pas de ε (si $\epsilon_1 < \epsilon$, on a $l_1(\theta) = G(\epsilon) - G(\epsilon_1) + l(\theta)$). On définit alors le réarrangement étoilé de Ω comme étant l'ouvert

$$\Omega^* := \{x = (|x| \cos\theta, |x| \sin\theta) \in \mathbb{R}^2, 0 \leq |x| < R(\theta)\}, \qquad \theta \in [0, 2\pi[.$$

De même, on va définir le réarrangé d'une fonction u en réarrangeant par le même procédé ses ensembles de niveau. Pour celà, nous avons besoin d'une hypothèse qui assure que tous les ensembles de niveau contiennent la boule B_ε :

$$\begin{cases} u : \Omega \to [0, +\infty[\text{ lipschitzienne}, u = 0 \text{ sur } \partial\Omega, \\ u \text{ atteint son maximum en tous les points de } B(0, \epsilon). \end{cases} \qquad (6.37)$$

La fonction réarrangée étoilée u^* est alors définie sur Ω^* par

$$u^*(x) := \sup\{c \in \mathbb{R}^+ : x \in \Omega_c^*\}$$

où Ω_c désigne l'ensemble de niveau $\Omega_c = \{x : u(x) > c\}$ et Ω_c^* est son réarrangé étoilé.

Dans la pratique, nous allons travailler surtout avec les fonctions g définies par

$$g(r) := r^{1-p} \quad \text{où } p \text{ est un réel supérieur ou égal à 0.}$$

(En dimension 3, ce serait avec les fonctions $g(r) := r^{2-p}$). Le cas $p = 1$ étant le cas "naturel" décrit plus haut. Quand nous utiliserons la fonction $g(r) := r^{1-p}$, nous noterons $\Omega^{*(p)}$ (resp. $u^{*(p)}$) le réarrangé étoilé de Ω (resp. u). Une question naturelle qui se pose est: ces réarrangements sont-ils équimesurables? Du fait des formules de changement de variable (passage en coordonnées polaires), en fait seul le réarrangement correspondant à $p = 0$ est équimesurable:

Proposition 6.3.6 *Pour $p = 0$, la surface de Ω est égale à celle de son réarrangé $\Omega^{*(0)}$.*

Démonstration: Par définition de $l(\theta)$, on a immédiatement

$$|\Omega| = \pi\varepsilon^2 + \int_0^{2\pi} l(\theta)\, d\theta$$

tandis que

$$|\Omega^{*(0)}| = \pi\varepsilon^2 + \int_0^{2\pi}\int_\varepsilon^{R(\theta)} r\,dr d\theta = \pi\varepsilon^2 + \int_0^{2\pi}\frac{R^2(\theta)-\varepsilon^2}{2}\,d\theta.$$

Or, par définition de $R(\theta)$ on a $\dfrac{R^2(\theta)-\varepsilon^2}{2} = h(\theta) - \varepsilon^2/2 = l(\theta)$ d'où le résultat.

Pour $p \neq 0$, le résultat précédent n'est plus vrai mais on a néanmoins une inégalité dans un sens (voir [178]):

Proposition 6.3.7 *Si Ω est un ouvert lipschitzien, alors pour tout $p \geq 1$ on a*

$$\Omega^{*(p)} \subset \Omega^{*(0)} \quad \text{et donc} \quad |\Omega^{*(p)}| \leq |\Omega| = |\Omega^{*(0)}|.$$

Donnons enfin un résultat analogue à celui du théorème 6.1.4 récapitulant les principales propriétés liant u à son réarrangement étoilé $u^{*(p)}$:

Théorème 6.3.8 *Soit $p > 1$ et $u \in W^{1,p}(\Omega)$ vérifiant (6.37) et soit F une fonction continue croissante de $\mathbb{R}_+^*$ dans $\mathbb{R}$. Alors on a les inégalités suivantes:*

- $u^{*(0)}(x) \geq u^{*(p)}(x)$ *pour tout* $x \in \Omega^{*(p)}$
- $\int_\Omega F(u) \geq \int_{\Omega^{*(p)}} F(u^{*(p)})$
- $\int_\Omega |\nabla u|^p \geq \int_{\Omega^{*(p)}} |\nabla u^{*(p)}|^p$.

Voyons à présent une application de ces propriétés similaire à celle envisagée dans le paragraphe précédent. On se donne un compact $K \subset \mathbb{R}^N$, $N \geq 2$ *étoilé par rapport à tous les points d'une boule B_ε centrée à l'origine et de rayon ε.*

Considérons la fonctionnelle J définie par

$$J(\Omega) := \int_\Omega |\nabla u_\Omega|^2 + c^2|\Omega| \tag{6.38}$$

où u_Ω est le potentiel capacitaire de K dans Ω. Nous allons d'abord montrer un résultat sur les minima de J, qui utilise la propriété de K d'être étoilé, et qui a d'intéressant d'être généralisable à d'autres fonctionnelles du même type. Ce théorème peut être aussi un premier pas pour prouver un résultat d'unicité pour un problème d'optimisation de forme.

Théorème 6.3.9 *Soit Ω_1 et Ω_2 deux ouverts minimisant la fonctionnelle J définie par (6.38). Alors ou bien $\Omega_1 \subset \Omega_2$ ou bien $\Omega_2 \subset \Omega_1$.*

Pour prouver ce théorème, nous adaptons une idée de Friedman et Phillips (cf [122]). Nous avons tout d'abord besoin du lemme suivant qui lui aussi a son intérêt propre.

Lemme 6.3.10 *Si Ω_1 et Ω_2 sont deux minima de la fonctionnelle J, alors il en est de même de $\Omega_1 \cap \Omega_2$ et $\Omega_1 \cup \Omega_2$.*

Démonstration: Notons u_1, u_2, v et w les potentiels capacitaires de K associés respectivement à Ω_1, Ω_2, $\Omega_1 \cap \Omega_2$ et $\Omega_1 \cup \Omega_2$. Introduisons les fonctions $v_1 = \min(u_1, u_2) \in H_0^1(\Omega_1 \cap \Omega_2)$ et $w_1 = \max(u_1, u_2) \in H_0^1(\Omega_1 \cup \Omega_2)$. Comme Ω_1 et Ω_2 sont des minima, nous savons déjà que

$$J(\Omega_1) = J(\Omega_2) \le J(\Omega_1 \cap \Omega_2) \tag{6.39}$$

et

$$J(\Omega_1) = J(\Omega_2) \le J(\Omega_1 \cup \Omega_2). \tag{6.40}$$

Maintenant, par définition de la capacité, on a

$$\int_{\Omega_1 \cap \Omega_2} |\nabla v|^2 \le \int_{\Omega_1 \cap \Omega_2} |\nabla v_1|^2, \quad \int_{\Omega_1 \cup \Omega_2} |\nabla w|^2 \le \int_{\Omega_1 \cup \Omega_2} |\nabla w_1|^2. \tag{6.41}$$

Or il est classique de vérifier (en décomposant $\Omega_1 \cup \Omega_2$ en la réunion de sous-ensembles où $u_1 < u_2$, $u_1 > u_2$ et $u_1 = u_2$) que

$$\int_{\Omega_1} |\nabla u_1|^2 + \int_{\Omega_2} |\nabla u_2|^2 = \int_{\Omega_1 \cup \Omega_2} |\nabla w_1|^2 + \int_{\Omega_1 \cap \Omega_2} |\nabla v_1|^2. \tag{6.42}$$

D'où, en sommant les inégalités (6.41):

$$\int_{\Omega_1 \cap \Omega_2} |\nabla v|^2 + \int_{\Omega_1 \cup \Omega_2} |\nabla w|^2 \le \int_{\Omega_1} |\nabla u_1|^2 + \int_{\Omega_2} |\nabla u_2|^2. \tag{6.43}$$

Comme, de plus

$$c^2 \left(|\Omega_1 \cup \Omega_2| + |\Omega_1 \cap \Omega_2| \right) = c^2 \left(|\Omega_1| + |\Omega_2| \right) \tag{6.44}$$

on obtient, en sommant (6.43) et (6.44):

$$J(\Omega_1 \cup \Omega_2) + J(\Omega_1 \cap \Omega_2) \le J(\Omega_1) + J(\Omega_2). \tag{6.45}$$

Mais (6.45) avec (6.39) et (6.40) montre qu'en fait on doit avoir l'égalité partout

$$J(\Omega_1 \cup \Omega_2) = J(\Omega_1 \cap \Omega_2) = J(\Omega_1) = J(\Omega_2). \tag{6.46}$$

Ce qui prouve le lemme. Au passage, on en déduit aussi qu'on a l'égalité dans les inégalités (6.41), c'est-à-dire que $v = v_1$ et $w = w_1$ par unicité du potentiel capacitaire. $\square$

Démonstration du théorème 6.3.9: Comme K est étoilé par rapport à tous les points de la boule B_ε, chaque rayon issu de l'origine rencontre la frontière de K en un seul point et on construit facilement (comme dans [35] section 11.3) un homéomorphisme de ∂K sur la sphère de centre O et de rayon ε, ce qui prouve, en particulier, que ∂K est connexe en dimension $N \ge 2$.

On considère maintenant l'ouvert $\Omega_1 \cap \Omega_2 \setminus K$. Comme ∂K est connexe, cet ouvert n'a qu'une seule composante connexe qui possède ∂K en son bord. Montrons qu'il n'a aucune autre composante connexe. Si ω est une telle composante connexe, son bord est contenu dans $\partial \Omega_1 \cup \partial \Omega_2$. Ainsi la fonction $v = \min(u_1, u_2)$ qui est harmonique, d'après la démonstration du lemme précédent, et nulle sur $\partial \omega$ serait identiquement nulle, ce qui est impossible car u_1 et u_2 sont strictement positives dans $\Omega_1 \cap \Omega_2$.

Donc l'ouvert $\Omega = \Omega_1 \cap \Omega_2 \setminus K$ est connexe. La fonction $w = \max(u_1, u_2)$ est également harmonique sur Ω, toujours d'après la démonstration du lemme précédent. En conséquence, la fonction harmonique $u_1 - w$ qui est négative sur $\partial \Omega$ est soit strictement négative dans Ω, soit identiquement nulle. Le premier cas signifie que $u_1 < u_2$ dans Ω ce qui n'est possible que si $\Omega_1 \subset \Omega_2$ (car si Ω_1 contient une partie du bord de Ω_2, l'inégalité $u_1 < u_2$ ne peut survenir). Le second cas entraîne $u_2 \leq u_1$, mais en raisonnant de même avec $u_2 - w$, on montre que soit $\Omega_2 \subset \Omega_1$, soit $u_1 = u_2$, c'est-à-dire $\Omega_1 = \Omega_2$. □

Revenons à la question initiale qui était de montrer que les minima de J sont étoilés. Plus précisément, on a

Théorème 6.3.11 *On suppose que K est étoilé par rapport à une boule B_ϵ centrée à l'origine. S'il existe un ouvert Ω lipschitzien qui minimise la fonctionnelle J, alors celui-ci est unique et il est étoilé par rapport à l'origine.*

Démonstration: Notons u le potentiel capacitaire de l'ouvert Ω minimum de la fonctionnelle J. Introduisant alors $u^{*(2)}$ le réarrangé étoilé de u, on déduit de la proposition 6.3.7 et du théorème 6.3.8 que

$$J(\Omega^{*(2)}) = \int_{\Omega^{*(2)}} |\nabla u^{*(2)}(x)|^2 + c^2 |\Omega^{*(2)}| \leq \int_{\Omega} |\nabla u(x)|^2 + c^2 |\Omega| = J(\Omega),$$
$$(6.47)$$

ce qui signifie que $\Omega^{*(2)}$ est également un minimum de J puisque, grâce à l'hypothèse, il contient K. En particulier $|\Omega^{*(2)}| = |\Omega|$ sinon l'inégalité ci-dessus serait stricte. De plus, d'après le théorème 6.3.9, l'un des deux minima est inclus dans l'autre. Ils sont donc égaux (puisque lipschitziens).

6.4 Autres propriétés géométrico-topologiques

6.4.1 Connexité

Chercher à savoir si la solution d'un problème d'optimisation de forme est connexe ou non est *a priori* difficile. C'est une question à rapprocher de l'optimisation topologique dont il sera question au chapitre suivant. Dans ce paragraphe, nous allons simplement donner deux exemples concernant les valeurs propres du Laplacien-Dirichlet. Dans le premier (cas de λ_2), nous prouverons que le minimum est nécessairement disconnexe puisqu'il est formé de la réunion de deux boules. Pour le deuxième exemple (cas de λ_3), nous serons seulement capable de montrer que le minimum est connexe sans être capable de le déterminer. Nous allons également donner un exemple de situation où on peut prouver la non-connexité de la solution par un argument de passage à la limite.

Valeurs propres du Laplacien

Commençons par le cas de la deuxième valeur propre du Laplacien avec condition de Dirichlet. Nous allons bien sûr utiliser l'inégalité de Rayleigh-Faber-Krahn prouvée au théorème 6.1.6.

Théorème 6.4.1 *Le minimum de $\lambda_2(\Omega)$ (deuxième valeur propre du Laplacien-Dirichlet) parmi les quasi-ouverts de volume m donné est atteint pour la réunion de deux boules identiques de volume $m/2$ et seulement dans ce cas-là.*

Démonstration: Soit Ω un quasi-ouvert quelconque. Soit $\varphi \in H_0^1(\Omega)$ une fonction propre associée à $\lambda_2(\Omega)$ vérifiant

$$\forall v \in H_0^1(\Omega), \int_\Omega \nabla\varphi\nabla v = \lambda_2(\Omega)\int_\Omega \varphi v, \quad \int_\Omega \varphi^2 = 1, \quad \int_\Omega \varphi\varphi_1 = 0, \quad (6.48)$$

où φ_1 est une fonction propre associée à la 1ère valeur propre de Ω. D'après la caractérisation variationnelle, quitte à la remplacer par $|\varphi_1|$, on sait qu'on peut supposer $\varphi_1 \geq 0$ sur Ω.

Notons $\omega_1 = [\varphi > 0]$. Quitte à changer le signe de φ, on peut toujours supposer $|\omega_1| > 0$. Alors, $\psi := \varphi_{|\omega_1} = \varphi^+ \in H_0^1(\omega_1)$ et, en appliquant (6.48) aux $v \in H_0^1(\omega_1)$, on voit que ψ est fonction propre sur ω_1 associée à la valeur propre $\lambda_2(\Omega)$. En particulier, $\lambda_2(\Omega) \geq \lambda_1(\omega_1)$.

Soit maintenant $\omega_2 = \Omega \setminus \overline{\omega}_1$ et $\zeta := \varphi_{|\omega_2} = -\varphi^- \in H_0^1(\omega_2)$. Si $\zeta \equiv 0$, comme $0 = \int_\Omega \varphi\varphi_1 = \int_{\omega_1} \psi\varphi_1$, cela implique $\varphi_1 \equiv 0$ sur ω_1 et donc $\varphi_1 \in H_0^1(\omega_2), \varphi_1 \not\equiv 0$. Ainsi, $\lambda_1(\Omega)$ est aussi valeur propre de ω_2 et donc $\lambda_2(\Omega) \geq \lambda_1(\Omega) \geq \lambda_1(\omega_2)$. Si $\zeta \not\equiv 0$, en appliquant (6.48) à tout $v \in H_0^1(\omega_2)$, on voit que $\lambda_2(\Omega)$ est aussi valeur propre de ω_2 et, en particulier, $\lambda_2(\Omega) \geq \lambda_1(\omega_2)$. Ainsi, dans tous les cas

$$\lambda_2(\Omega) \geq \max\{\lambda_1(\omega_1), \lambda_1(\omega_2)\}.$$

Introduisons alors le domaine Ω^* formé de la réunion de deux boules disjointes ω_1^* et ω_2^*, de même volume que ω_1 et ω_2 respectivement. Toute valeur propre de Ω^* est aussi valeur propre de ω_1^*, ω_2^*. Inversement, si u est une fonction propre de ω_1^*, la fonction $\tilde{u}$ égale à u sur ω_1^* et nulle sur ω_2^* est fonction propre de Ω pour la même valeur propre (et symétriquement en échangeant les rôles de ω_1^* et ω_2^*). En utilisant aussi la monotonie des valeurs propres pour l'inclusion, on en déduit que, si par exemple $|\omega_1^*| \geq |\omega_2^*|$, alors $\lambda_1(\Omega^*) = \lambda_1(\omega_1^*)$ et $\lambda_2(\Omega^*) \leq \lambda_1(\omega_2^*) = \max(\lambda_1(\omega_1^*), \lambda_1(\omega_2^*))$. Ainsi

$$\lambda_2(\Omega^*) \leq \max(\lambda_1(\omega_1^*), \lambda_1(\omega_2^*)) \leq \max(\lambda_1(\omega_1), \lambda_1(\omega_2)) \leq \lambda_2(\Omega), \quad (6.49)$$

la deuxième inégalité ci-dessus résultant du théorème 6.1.6 (et elle est stricte si Ω n'est pas une réunion de boules). La relation (6.49) montre que le minimum de λ_2 est à chercher parmi les réunions de deux boules et on vérifie qu'on fait mieux (strictement) en prenant deux boules égales. $\square$

Le cas des autres valeurs propres du Laplacien-Dirichlet est beaucoup plus compliqué et reste d'ailleurs largement ouvert à l'heure actuelle. Nous allons toutefois donner un résultat dû à Wolf et Keller [253] qui généralise en un certain sens le théorème précédent et qui nous permettra de réduire le nombre de possibilités pour la recherche du minimum. C'est ce résultat qui impliquera, en particulier, que le minimum de λ_3 est atteint par un ouvert connexe en dimension deux.

Rappelons tout d'abord que nous avons vu dans le chapitre 4 (corollaire 4.7.12) qu'il existe un domaine qui minimise λ_n parmi tous les (quasi-)ouverts de $\mathbb{R}^N$ de volume 1 inclus dans un ouvert fixe. Nous noterons D_n^* un domaine qui réalise le minimum et $\lambda_n^* = \lambda_n(D_n^*)$ la valeur minimum de λ_n. Comme d'habitude, nous noterons $t\Omega$ l'image du domaine Ω par une homothétie de rapport t. On a alors

Théorème 6.4.2 (Wolf-Keller) *Supposons que D_n^* soit la réunion (d'au moins) deux domaines disjoints, chacun de mesure strictement positive. Alors*

$$(\lambda_n^*)^{N/2} = \min_{1 \leq j \leq (n-1)/2} ((\lambda_j^*)^{N/2} + (\lambda_{n-j}^*)^{N/2}). \qquad (6.50)$$

Si i est une valeur de $j \leq (n-1)/2$ réalisant le minimum ci-dessus, on peut choisir

$$D_n^* = \left[\left(\frac{\lambda_i^*}{\lambda_n^*} \right)^{1/2} D_i^* \right] \bigcup \left[\left(\frac{\lambda_{n-i}^*}{\lambda_n^*} \right)^{1/2} D_{n-i}^* \right]. \qquad (6.51)$$

Démonstration: Écrivons $D_n^* = D_1 \cup D_2$ (réunion disjointe) avec $|D_1| > 0$, $|D_2| > 0$ et $|D_1| + |D_2| = 1$. Soit u_n^* une fonction propre du Laplacien sur D_n^*, correspondant à la valeur propre λ_n^*. Alors u_n^* est non identiquement nulle sur l'une des composantes de D_n^*, par exemple D_1. En particulier λ_n^* est une valeur propre de D_1: $\lambda_n^* = \lambda_i(D_1)$ pour un entier $i \leq n$ et on note i précisément le plus grand d'entre eux. Si on avait $i = n$, on pourrait faire décroître λ_n^* en dilatant D_1 jusqu'à atteindre le volume de D_n^*, contredisant ainsi la minimalité de λ_n^*. Donc $i \leq n - 1$. Comme λ_n^* est la n-ième valeur propre de D_n^*, il doit y avoir au moins $n - i$ valeurs propres de D_2 qui sont plus petites que λ_n^*, de sorte que $\lambda_{n-i}(D_2) \leq \lambda_n^*$. Si on avait $\lambda_{n-i}(D_2) < \lambda_n^*$, on pourrait faire décroître $\lambda_n^* = \max\{\lambda_i(D_1), \lambda_{n-i}(D_2)\}$ en dilatant D_1 et en rétractant D_2 tout en gardant le volume total égal à 1, ce qui contredirait de nouveau la minimalité de λ_n^*. Donc finalement $\lambda_{n-i}(D_2) = \lambda_i(D_1) = \lambda_n^*$.

Maintenant, on obtient encore un minimum pour λ_n^* en remplaçant D_1 par $|D_1|^{1/N} D_i^*$ (qui a même volume et, a priori, un meilleur λ_i) et en remplaçant D_2 par $|D_2|^{1/N} D_{n-i}^*$. En conséquence, on a

$$\lambda_i(D_1) = |D_1|^{-2/N} \lambda_n^* = \lambda_n^* = |D_2|^{-2/N} \lambda_{n-i}^* = \lambda_{n-i}(D_2).$$

Finalement la condition $|D_1| + |D_2| = 1$ fournit

$$(\lambda_n^*)^{N/2} = (\lambda_i^*)^{N/2} + (\lambda_{n-i}^*)^{N/2}.$$

Considérons le domaine $\widetilde{D}_j$ défini pour $j = 1, \ldots, n - 1$ par

$$
\widetilde{D}_j = \left[\left(\frac{(\lambda_j^*)^{N/2}}{(\lambda_j^*)^{N/2} + (\lambda_{n-j}^*)^{N/2}} \right)^{1/N} D_j^* \right] \bigcup \left[\left(\frac{(\lambda_{n-j}^*)^{N/2}}{(\lambda_j^*)^{N/2} + (\lambda_{n-j}^*)^{N/2}} \right)^{1/N} D_{n-j}^* \right].
$$

$$(6.52)$$

Chaque $\widetilde{D}_j$ a pour mesure 1 et la j-ième valeur propre de sa première composante ainsi que la $(n-j)$-ième valeur propre de sa deuxième composante sont égales à

$$
\left((\lambda_j^*)^{N/2} + (\lambda_{n-j}^*)^{N/2} \right)^{2/N}.
$$

Il en résulte que $\lambda_n(\widetilde{D}_j)$ est aussi donné par cette même valeur. Comme $\lambda_n^* \leq \lambda_n(\widetilde{D}_j)$ et $\lambda_n^* = \lambda_n(\widetilde{D}_i)$ pour un certain indice i, λ_n^* est la valeur minimum de $\lambda_n(\widetilde{D}_j)$. De plus, $\widetilde{D}_i$ est optimal pour tout indice i réalisant le minimum dans (6.50), ce qui achève la démonstration du théorème. $\square$

Remarque: La démonstration s'étend au cas de quasi-ouverts D_1, D_2 tels que $\mathrm{cap}(D_1 \cap D_2) = 0$. Pour cela, on utilise la propriété que $H_0^1(D_1 \cup D_2) = H_0^1(D_1) \cup H_0^1(D_2)$ (voir [55]).

En général la valeur de λ_n^* n'est pas connue sauf pour $n = 1$ ou 2. On peut néanmoins estimer cette quantité numériquement. On peut penser également à utiliser le théorème précédent pour montrer que le domaine optimal est connexe:

Corollaire 6.4.3 *L'ouvert du plan D_3^* de mesure 1 qui minimise la troisième valeur propre du Laplacien-Dirichlet est connexe.*

En effet s'il ne l'était pas, on aurait d'après le théorème de Wolf-Keller $\lambda_3^* = \lambda_1^* + \lambda_2^*$ ($i = 1$ est la seule valeur possible). Or $\lambda_1^* = \pi j_{01}^2 \simeq 18.168$ (j_{01} est le premier zéro de la fonction de Bessel J_0) tandis que, d'après le théorème 6.4.1, $\lambda_2^* = 2\lambda_1^* \simeq 36.336$. D'où $\lambda_1^* + \lambda_2^* \simeq 54.504$. Mais par ailleurs λ_3^* est, par définition, inférieur ou égal à la troisième valeur propre du disque d'aire 1 qui vaut $\lambda_3(D_1) = \pi j_{11}^2 \simeq 46.125$ ce qui montre bien qu'il ne peut être égal à $\lambda_1^* + \lambda_2^*$. $\square$

Remarque: On peut montrer que D_3^* est aussi connexe en dimension 3 (voir [56]). Une conjecture est que c'est la réunion de trois boules disjointes identiques à partir de la dimension 4.

On imagine que le domaine D_3^* est un disque. Dans leur article [253], Wolf et Keller donnent un peu de substance à cette conjecture en prouvant que le disque est un minimum local pour λ_3. Comme λ_3 est une valeur propre double du disque, on ne peut pas utiliser un argument de dérivation par rapport au domaine (une valeur propre double n'est pas dérivable, cf chapitre 5). Wolf et Keller font des calculs de perturbation sophistiqués pour montrer que la troisième valeur propre d'un domaine Ω_ε donné en coordonnées polaires par $r = R(\theta, \varepsilon)$ où R a pour développement

$$R(\theta, \varepsilon) = 1 + \varepsilon \sum_{n=-\infty}^{\infty} a_n e^{in\theta} + \varepsilon^2 \sum_{n=-\infty}^{\infty} b_n e^{in\theta} + O(\varepsilon^3) \qquad (6.53)$$

est donnée par

$$\lambda_3(\Omega_\varepsilon) = \pi j_{11}^2 (1 + 2|\varepsilon||a_2|) + O(\varepsilon^2).$$

Dans le cas où $a_2 \neq 0$, on a donc immédiatement le résultat. Quand $a_2 = 0$ il faut pousser le développement un peu plus loin, mais on arrive à la même conclusion.

Cas de non-connexité

Donnons à présent un exemple de non-connexité pour le problème de la minimisation de la capacité à volume fixé. Cet exemple est proposé dans [118]. On se donne un ouvert Ω de $\mathbb{R}^2$ et on cherche $K \subset \Omega$, de surface donnée, qui minimise la fonctionnelle $J(K) := \mathrm{cap}_\Omega K$ (voir exercice 4.11 au chapitre 4). Considérons le cas où l'ouvert Ω consiste en deux disques adjacents de rayon 1, connectés par un mince passage, cf Figure 6.5

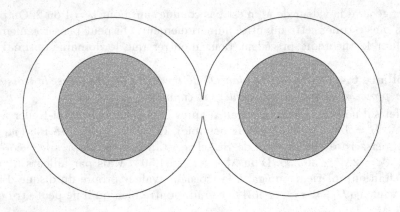

FIG. 6.5 –. *Un exemple de non connexité pour la minimisation de la capacité*

Quand la largeur du passage tend vers 0, Ω converge vers $\widetilde{\Omega} = B\left((-1,0);1\right) \cup B\left((1,0);1\right)$. Or, pour le domaine $\widetilde{\Omega}$, il est facile (par symétrisation de Schwarz) de vérifier que les minima de la capacité sont à choisir parmi

$$A_1 = B\left((-1,0); \rho\right), \ A_2 = B\left((1,0); \rho\right) \text{ ou } A_3 = B\left((-1,0); r\right) \cup B\left((1,0); r\right),$$

avec $2r^2 = \rho^2$. Or (voir (3.57) au chapitre 3),

$$\mathrm{cap}_{\widetilde{\Omega}}(A_1) = \mathrm{cap}_{\widetilde{\Omega}}(A_2) = -2\pi/\log\rho, \ \mathrm{cap}_{\widetilde{\Omega}}(A_3) = -4\pi/\log r.$$

Ainsi, pour $r > \frac{1}{2}$, on a $\mathrm{cap}_{\widetilde{\Omega}}(A_3) < \mathrm{cap}_{\widetilde{\Omega}}(A_1) = \mathrm{cap}_{\widetilde{\Omega}}(A_2)$. La solution pour $\widetilde{\Omega}$ est donc non connexe. Par continuité, on peut en déduire que la solution pour Ω est non connexe quand le passage qui relie les deux boules est suffisamment fin.

Notons que pour $r = \frac{1}{2}$, le problème posé sur $\widetilde{\Omega}$ a 3 minima distincts, dont 2 sont connexes.

6.4.2 Propriété géométrique de la normale

La méthode des hyperplans mobiles que nous avons rencontrée à la section 6.1.3 permet de montrer d'autres types de résultats que la symétrie. Considérons par exemple le problème d'optimisation de forme suivant.

On se donne une fonction $f \in L^2(\mathbb{R}^N)$ à support K compact et on note K^* l'enveloppe convexe de K. Pour tout ouvert ω contenant K, on considère la solution $u_\omega := u_\omega^f$ du problème de Dirichlet sur ω et on considère la fonctionnelle

$$J(\omega) := \int_\omega |\nabla u_\omega(x)|^2 - f u_\omega(x)\, dx + a^2 |\omega|.$$

Théorème 6.4.4 (Shahgholian) *Tout ouvert régulier Ω qui minimise la fonctionnelle J vérifie la propriété suivante dite* **propriété géométrique de la normale***: en tout point $x \in \partial\Omega$, la normale intérieure (quand elle existe) rencontre K^* l'enveloppe convexe de K.*

Démonstration: Nous en donnons les arguments essentiels (voir [238]). Supposons qu'il existe un point $x \in \partial\Omega \setminus K^*$ dont la normale intérieure $\nu(x)$ ne rencontre pas K^*. On peut trouver alors un hyperplan T contenant $\nu(x)$ et tel que $T \cap K^* = \emptyset$. On appelle η le vecteur unitaire orthogonal à T dirigé dans le sens opposé à K^*. L'hyperplan T s'écrit alors

$$T = \{y \in \mathbb{R}^N \; ; \; \eta \cdot y = t_0\}$$

pour un certain t_0 et on note dorénavant T_t l'hyperplan $\{y \in \mathbb{R}^N \; ; \; \eta \cdot y = t\}$ de sorte que $T = T_{t_0}$. On pose

$$\Omega_t = \{y \in \Omega \; ; \; \eta \cdot y > t\}$$

et $Ref(\Omega_t)$ le symétrique de Ω_t par rapport à T_t (voir figure 6.6). T_{t_0} est orthogonal à $\partial\Omega$ au point x puisqu'il contient la normale à $\partial\Omega$ en x. On peut toujours supposer que t_0 est le plus grand des réels t pour lequel cette situation apparaît (car sinon, on se décalerait dans le sens de η jusqu'à rencontrer un autre hyperplan T_t orthogonal à $\partial\Omega$).

Montrons tout d'abord le
Lemme 6.4.5 $Ref(\Omega_{t_0}) \subset \Omega.$
Démonstration: Supposons que $Ref(\Omega_{t_0}) \not\subset \Omega$. Soit

$$t' = sup\{t \; ; \; Ref(\Omega_t) \setminus \Omega \neq \emptyset\}.$$

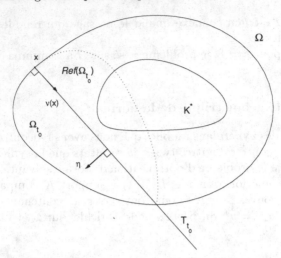

FIG. 6.6 –. *La propriété géométrique de la normale (l'hyperplan T_{t_0} devrait rencontrer K^*)*

Alors $Ref(\Omega_{t'})$ est dans Ω et son bord est intérieurement tangent à $\partial\Omega$ en un point $x^0 \notin T_{t'}$.

Définissons $\tilde{u}$ telle que $\tilde{u}(y) = u(y')$ (y' étant le symétrique de y par rapport à $T_{t'}$). Alors $v = u - \tilde{u}$ est surharmonique dans $Ref(\Omega_{t'})$ et positive sur $\partial(Ref(\Omega_{t'}))$. Par conséquent, ou bien $v = 0$ sur l'une des composantes connexes de $Ref(\Omega_{t'})$ (on vérifie que ce n'est pas possible), ou bien $v > 0$ sur $Ref(\Omega_{t'})$ et atteint son minimum en x^0. Mais alors, d'après le principe du maximum de Hopf

$$0 > \frac{\partial v}{\partial \nu}(x^0) = \frac{\partial u}{\partial \nu}(x^0) - \frac{\partial \tilde{u}}{\partial \nu}(x^0) = -1 + 1 = 0$$

où ν est la normale intérieure à Ω au point x^0. Aboutissant ainsi à une contradiction. □

On montre alors, comme le fait Serrin dans [237], que x est un zéro double de la fonction $v = u - \tilde{u}$ ($\tilde{u}$ étant la fonction définie par $\tilde{u}(y) = u(y')$ où y' est le symétrique de y par rapport à T_{t_0}) et on termine la démonstration en utilisant le lemme 6.1.12 de Serrin énoncé à la section 5.1.2. □

Remarque 6.4.6 Cette propriété géométrique peut être utilisée *a posteriori* pour prouver l'existence d'un minimum, comme il est présenté dans [29]. En effet, puisqu'on sait que le minimum doit vérifier la propriété géométrique de la normale, il est possible de chercher à minimiser J dans la classe des ouverts lipschitziens qui ont cette propriété. La contrainte géométrique qu'elle implique permet d'avoir à la fois assez de compacité pour qu'une suite d'ouverts possédant la propriété géométrique de la normale converge vers un ouvert la possédant aussi et permet également un résultat de continuité par rapport au domaine pour les solutions variables.

6.4.3 Autres propriétés en lien avec un domaine fixé

Nous indiquons ici sans démonstration un résultat montrant comment des propriétés géométriques assez précises des données peuvent être retrouvées au niveau de la solution. Reprenons pour cela le problème (voir (6.23), (6.26)) de la minimisation de la capacité d'un compact donné K relativement à des ouverts contenant K, avec pénalisation de la contrainte de volume, soit

$$J(\omega) = \int_\omega |\nabla u_\omega|^2 + c^2 |\omega|.$$

On note Ω un minimum de J qu'on suppose régulier. Le théorème que nous allons donner maintenant est dû à Acker, cf [2] et [3], voir aussi [188] pour des résultats analogues. Grosso-modo, il signifie que Ω ne peut pas avoir une forme plus compliquée que K, cf Figure 6.7.

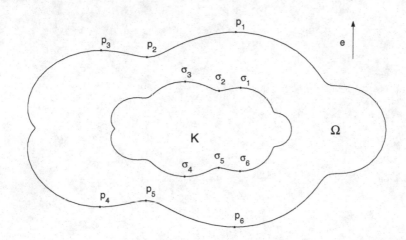

FIG. 6.7 –. *Le domaine extérieur Ω est plus simple que la donnée K*

Théorème 6.4.7 *Soit e un vecteur unitaire fixé. On suppose que le bord de K est une courbe de classe C^2 et qu'il ne contient qu'un nombre fini q de segments σ (éventuellement réduits à un point) où la normale à ∂K est $\pm e$. Soit $p_1, p_2, \ldots, p_n$ l'ensemble de tous les points de $\partial \Omega$ rangés dans l'ordre direct sur la courbe $\partial \Omega$ possédant e comme normale (intérieure ou extérieure).*

Alors, $n \leq q$ et, à chaque point p_i, peut être associé un segment σ_i de ∂K tels que

– *les segments $\sigma_1, \sigma_2, \ldots, \sigma_n$ sont distincts et rangés dans l'ordre croissant sur ∂K,*

– *si p_i est un maximum (resp. minimum) local dans la direction e, σ_i est un maximum (resp. minimum) local sur ∂K dans la direction e.*
De plus, si K est convexe dans une direction, il en est de même de Ω.

La démonstration utilise fortement la dimension 2 via l'utilisation de transformations conformes (voir les références citées ci-dessus).

Relaxation, homogénéisation

7.1 Introduction

Dans ce chapitre, nous présentons les techniques de relaxation et d'homogénéisation souvent utilisées dans les problèmes d'optimisation de forme et nous faisons le lien entre elles. Nous avons vu au chapitre 4 que de nombreux problèmes n'admettaient pas de formes optimales. Il est alors utile de chercher une solution hors du seul cadre des domaines de $\mathbb{R}^N$.

L'extension de la notion de solution et le recours à une classe plus large d'objets sur laquelle on cherche à minimiser une fonctionnelle est le principe même de la *relaxation*. C'est un principe général qui permet à la fois de trouver un objet optimal de substitution, lorsque la forme optimale n'existe pas, ou également d'attaquer le problème d'existence d'une forme optimale: on profite du cadre de la relaxation où l'existence d'un objet optimal est assuré et on essaie, à l'aide de conditions d'optimalité ou autre, de prouver que cet objet est en fait un domaine classique. Nous donnerons deux exemples dans ce sens dans le paragraphe 7.2.3. On peut aussi essayer de réinterpréter l'objet optimal pour retrouver une solution optimale ou quasi-optimale. C'est ce qui est fait, par exemple, en mécanique des structures (voir par exemple [12], [31], [33] et les nombreuses références qui y figurent) où le domaine est obtenu à partir de la solution homogénéisée grâce à une technique de pénalisation (nous y reviendrons un peu plus loin). Nous renvoyons aussi aux notes de cours de L. Tartar sur l'homogénéisation [248].

Avant de parler de relaxation, nous faisons le point dans cette introduction sur les notions de γ-convergence, Γ-convergence, G-convergence et convergence au sens de Mosco qui sont apparues ces trente dernières années, souvent de manière indépendantes, et qui ont des interconnexions. Nous les retrouverons dans les paragraphes suivants. Rappelons que la γ-convergence a été introduite au chapitre 3.

Une fois de plus, nous faisons le choix de nous placer dans le cadre de conditions de Dirichlet homogènes, car la situation est beaucoup plus simple que pour les autres types de conditions au bord. Néanmoins, nous tâcherons d'expliquer ce qui peut s'adapter aux autres cas.

7.1.1 La Γ-convergence

Définition et propriétés

Il s'agit d'une notion introduite par E. De Giorgi vers 1975 pour répondre à la question générale suivante: étant donnée une suite de problèmes de minimisation associés à des fonctionnelles J_n, quelle topologie mettre sur les fonctionnelles pour que la convergence de J_n vers J assure la convergence des minima de J_n vers les minima de J?

Définition 7.1.1 *Soit* $(J, (J_n))$ *une suite de fonctionnelles définies sur un espace métrique* X. *On dit que* J_n Γ*-converge vers* J *et on note* $J_n \xrightarrow{\Gamma} J$ *si pour tout* $x \in X$:

(i) $\forall x_n \to x \quad J(x) \leq \liminf J_n(x_n)$

(ii) $\exists x_n \to x \quad J(x) \geq \limsup J_n(x_n)$

On rencontre également d'autres terminologies pour la même notion (voir [25] pour l'épiconvergence). On a alors le résultat fondamental suivant qui est en fait plus fort que la simple convergence des minima (voir par exemple [97], cor. 7.20)

Théorème 7.1.2 (De Giorgi) *Soit* J_n *une suite de fonctionnelles minorées qui* Γ*-converge vers une fonctionnelle* J. *Supposons qu'il existe une suite* ε_n *de réels positifs, tendant vers 0 et une suite* x_n *relativement compacte telles que*

$$J_n(x_n) \leq \inf J_n + \varepsilon_n.$$

Alors

1. J admet un minimum et $\min J = \lim_{n \to \infty} \inf J_n$.

2. Toute valeur d'adhérence de la suite x_n *réalise le minimum de* J.

Pour la preuve de ce théorème et des autres résultats énoncés ci-dessous, nous renvoyons à la littérature sur le sujet, [97] ou [25]. Notons que, par construction, toute Γ-limite est semi-continue inférieurement.

Un autre résultat fondamental concerne la compacité de la Γ-convergence:

Théorème 7.1.3 *Si* X *est séparable, la* Γ*-convergence est séquentiellement compacte: de toute suite de fonctionnelles* J_n *définies sur* X *et à valeurs dans* $\overline{\mathbb{R}}$, *on peut extraire une sous-suite qui* Γ*-converge.*

Citons enfin un résultat utile de "stabilité": si J_n Γ-converge vers J et si K est une fonctionnelle continue, alors $J_n + K$ Γ-converge vers $J + K$.

Lien avec la γ-convergence

Reprenons l'exemple du problème de Dirichlet sur un ouvert $\Omega \subset D$ avec $f \in L^2(D)$:

$$\begin{cases} -\Delta u_\Omega = f & \text{dans } \Omega \\ u_\Omega \in H_0^1(\Omega) \end{cases} \tag{7.1}$$

Nous savons que u_Ω peut être caractérisé comme l'unique minimum de la fonctionnelle $\tilde{J}_\Omega$ définie sur $H_0^1(\Omega)$ par

$$\tilde{J}_\Omega(v) = \frac{1}{2}\int_\Omega |\nabla v(x)|^2\, dx - \int_\Omega fv(x)\, dx.$$

Maintenant, si on considère une suite de domaines Ω_n, on ne peut pas directement parler de la Γ-convergence de la suite de fonctionnelles $\tilde{J}_{\Omega_n}$ car celles-ci ne sont pas définies sur le même espace. On ne peut pas non plus regarder directement les fonctionnelles $\tilde{J}_\Omega$ sur $H_0^1(D)$ car on perd alors l'information que le minimum est à chercher dans $H_0^1(\Omega)$. L'idée consiste à introduire cette information en "pénalisant" les fonctions qui ne sont pas dans $H_0^1(\Omega)$ via la fonction indicatrice de $H_0^1(\Omega)$: on introduit

$$I_\Omega(v) = \begin{cases} 0 & \text{si } v \in H_0^1(\Omega) \\ +\infty & \text{sinon} \end{cases}$$

On considère alors la nouvelle fonctionnelle J_Ω définie sur $H_0^1(D)$ par

$$J_\Omega(v) = \frac{1}{2}\int_D |\nabla v(x)|^2\, dx - \int_D fv(x)\, dx + I_\Omega(v). \tag{7.2}$$

Par construction, u_Ω solution de (7.1) est l'unique minimum de J_Ω sur $H_0^1(D)$ (car $\tilde{J}_\Omega(v) = J_\Omega(v)$ si $v \in H_0^1(\Omega)$ et $+\infty$ sinon).

Le lien entre γ-convergence et Γ-convergence tient alors en:

Proposition 7.1.4 *Une suite d'ouverts Ω_n γ-converge vers Ω si et seulement si, pour toute $f \in L^2(D)$, J_{Ω_n} Γ-converge vers J_Ω.*

Démonstration: La condition suffisante est une simple application du théorème de De Giorgi rappelé ci-dessus et de la caractérisation de $u_{\Omega,f}$ comme minimum de la fonctionnelle J_Ω.

Pour prouver la condition nécessaire, nous allons utiliser la caractérisation de la γ-convergence en terme de Mosco-convergence des espaces de Sobolev correspondants (cf proposition 3.5.4).

On veut prouver (ii) de la définition de la Γ-convergence. Soit $v \in H_0^1(D)$, ou bien $v \notin H_0^1(\Omega)$ et alors, le résultat est évident puisque le membre de gauche de l'inégalité est $+\infty$, ou bien $v \in H_0^1(\Omega)$ et alors, d'après (M1) de la Mosco-convergence, il existe une suite $v_n \in H_0^1(\Omega_n)$ qui converge fortement vers v dans $H_0^1(D)$. Mais pour v_n et v on a $J_\Omega(v) = \tilde{J}_\Omega(v)$ et $J_{\Omega_n}(v_n) = \tilde{J}_{\Omega_n}(v_n)$. En passant à la limite grâce à la convergence forte de v_n vers v, on en déduit $\lim J_{\Omega_n}(v_n) = J_\Omega(v)$ et (ii) s'en déduit.

Prouvons à présent (i). Soit v_n une suite tendant vers v (fortement dans $H_0^1(D)$). Si $v_n \notin H_0^1(\Omega_n)$, sauf pour un nombre fini d'entiers n, le membre de droite de l'inégalité de (i) est $+\infty$ et le résultat et évident. Sinon, c'est qu'on peut trouver une sous-suite $v_{n_k} \in H_0^1(\Omega_{n_k})$ qui converge vers v. On utilise alors (M2) de la Mosco-convergence: $v \in H_0^1(\Omega)$ et on conclut comme ci-dessus en passant à la limite dans l'expression de $J_{\Omega_{n_k}}(v_{n_k}) = \tilde{J}_{\Omega_{n_k}}(v_{n_k})$. $\square$

On a vu un peu plus haut que, par compacité de la Γ-convergence on peut toujours extraire de la suite J_{Ω_n} une sous-suite Γ-convergente. Peut-on identifier la limite et que se passe-t-il si cette limite n'est pas de la forme J_Ω? C'est évidemment la question de fond de la relaxation et cela fera l'objet de la section 7.2.2 de ce chapitre.

7.1.2 La G-convergence

En homogénéisation, on rencontre la notion très semblable de G-convergence. Par exemple en thermique, si le milieu considéré Ω est un mélange de différents matériaux, on notera $a_\varepsilon(x)$ sa conductivité (fonction de x) qu'on suppose dépendre d'un (petit) paramètre ε. Maintenant, si Ω est soumis à une source de chaleur f et que son bord est maintenu dans la glace, la température du corps s'obtient en résolvant l'équation de la chaleur stationnaire

$$\begin{cases} -\operatorname{div}(a_\varepsilon(x)\nabla u_\varepsilon) = f \text{ dans } \Omega \\ u_\varepsilon = 0 \qquad \text{ sur } \partial\Omega \end{cases} \tag{7.3}$$

On introduit alors:

Définition 7.1.5 *On dira que la suite de conductivités $a_\varepsilon(x)$ G-converge vers une conductivité homogénéisée A^* (qui est une matrice dans ce cas), si pour toute $f \in H^{-1}(\Omega)$, la solution u_ε de (7.3) converge faiblement dans $H_0^1(\Omega)$ vers u^* solution de*

$$\begin{cases} -div(A^*\nabla u^*) = f \text{ dans } \Omega \\ u^* = 0 \qquad \text{ sur } \partial\Omega. \end{cases} \tag{7.4}$$

On peut, bien entendu, dans la définition ci-dessus remplacer les conductivités $a_\varepsilon(x)$ par des matrices A_ε uniformément elliptiques. C'est le cas, par exemple, quand on utilise cette notion de G-convergence dans d'autres contextes comme l'elasticité linéaire. Il existe également une notion plus forte introduite par Murat-Tartar (voir [207] ou [208]) de H-convergence. Dans ce cas, on suppose non seulement que u_ε converge faiblement vers u^* mais aussi que $A_\varepsilon \nabla u_\varepsilon$ converge faiblement vers $A^* \nabla u^*$. Remarquons que dans le cas où les matrices A_ε (et A^*) sont symétriques, la G-convergence et la H-convergence sont équivalentes. Nous ne développerons pas plus loin cette notion de H-convergence pour laquelle nous renvoyons à la littérature.

Lien avec la Γ-convergence

Examinons à présent le lien de la G-convergence avec la Γ-convergence. Le domaine Ω restant fixe, le choix des fonctionnelles est plus simple puisqu'il suffit de prendre la fonctionnelle naturellement asociée au problème (7.3) ou (7.4). Nous noterons J_ε^f la fonctionnelle définie sur $H_0^1(\Omega)$ par

$$J_\varepsilon^f(v) = \frac{1}{2} \int_\Omega a_\varepsilon(x) |\nabla v(x)|^2 \, dx - \int_\Omega f v(x) \, dx \qquad (7.5)$$

tandis que J_*^f désignera la fonctionnelle définie sur $H_0^1(\Omega)$ par

$$J_*^f(v) = \frac{1}{2} \int_\Omega (A^* \nabla v(x)) . \nabla v(x) \, dx - \int_\Omega f v(x) \, dx \qquad (7.6)$$

(bien entendu, si $f \in H^{-1}(\Omega)$, il faut remplacer $\int_\Omega f v(x) \, dx$ par le crochet de dualité $< f, v >$). On peut alors énoncer:

Proposition 7.1.6 *La conductivité $a_\varepsilon(x)$ G-converge vers A^* si et seulement si, pour toute $f \in H^{-1}(\Omega)$, la fonctionnelle J_ε^f (7.5) Γ-converge pour la topologie faible sur $H_0^1(\Omega)$ vers J_*^f (7.6).*

Démonstration: La condition suffisante ($\Longleftarrow$) est là encore une conséquence immédiate du théorème de De Giorgi énoncé plus haut et de la caractérisation de u_ε et u^* comme (uniques) minima de J_ε^f et J_*^f respectivement.

Prouvons à présent la condition nécessaire. Notons tout d'abord que le résultat est indépendant de la fonction (ou distribution) f. En effet, puisque

$$J_\varepsilon^f(v) - J_\varepsilon^g(v) = < g - f, v >$$

est indépendant de ε, il est immédiat de vérifier que la Γ-convergence pour un f particulier entraînera la Γ-convergence pour tous les f.

Le résultat clé est la simple observation suivante: si $a_\varepsilon(x)$ G-converge vers A^*, alors on a convergence des énergies:

$$\int_\Omega a_\varepsilon(x) |\nabla u_\varepsilon(x)|^2 \, dx \longrightarrow \int_\Omega (A^* \nabla u^*(x)) . \nabla u^*(x) \, dx \qquad (7.7)$$

qu'on obtient immédiatement en intégrant par parties les équations (7.3) et (7.4) après les avoir multipliées respectivement par u_ε et u^*.

Reprenons la démonstration de la Γ-convergence. Soit $v \in H_0^1(\Omega)$ fixé dans toute la suite. Posons $f = -\operatorname{div}(A^* \nabla v)$ (de sorte que $v = u^*$ pour ce f particulier) et introduisons la suite de fonctions u_ε solutions de (7.3) avec le second membre f. Par G-convergence u_ε converge faiblement vers u^* dans $H_0^1(\Omega)$ et donc on a à la fois convergence de $< f, u_\varepsilon >$ vers $< f, u^* >$ et de $\int_\Omega a_\varepsilon(x) |\nabla u_\varepsilon(x)|^2 \, dx$ vers $\int_\Omega (A^* \nabla u^*(x)) . \nabla u^*(x) \, dx$. On a donc pu exhiber une suite de fonctions u_ε convergeant vers v et telle que $J_\varepsilon^f(u_\varepsilon) \longrightarrow J_*^f(v)$ ce qui est (ii) de la Γ-convergence.

Pour prouver (i), on considère une suite quelconque v_ε convergeant faiblement vers v et on réutilise la suite u_ε introduite ci-dessus. Par caractérisation de u_ε comme minimum de J_ε^f, on a

$$J_\varepsilon^f(u_\varepsilon) \leq J_\varepsilon^f(v_\varepsilon).$$

Mais puisque $J_\varepsilon^f(u_\varepsilon) \to J_*^f(v)$, on a le résultat en passant à la limite inf dans l'inégalité ci-dessus. $\quad\square$

On peut montrer qu'une Γ-limite de J_ε^f est de la forme J_*^f (voir [97], Th. 22.1). Ainsi, grâce à la compacité de la Γ-convergence (théorème 7.1.3), on peut déduire de la proposition précédente (voir par exemple [97], Th. 22.2):

Corollaire 7.1.7 *De toute suite de conductivités a_ε vérifiant $0 < \alpha \leq a_\varepsilon \leq M$, on peut extraire une sous-suite qui G-converge vers une matrice A^*.*

Autres propriétés de la G-convergence

La question centrale, dans le cadre de la G-convergence, va être d'identifier les G-limites possibles pour les conductivités a_ε, c'est-à-dire d'identifier la G-fermeture de l'ensemble des a_ε admissibles. Cela peut être fait dans certains cas, comme nous le verrons dans le paragraphe 3, mais il y a aussi de nombreux problèmes (comme par exemple en élasticité) pour lesquels cette identification n'est pas encore faite. Enonçons un dernier résultat sur la G-convergence qui aura son utilité au paragraphe 3, mais qui est aussi intéressant en soi.

Proposition 7.1.8 *Soit A_ε une suite de matrices symétriques qui G-converge vers une matrice A^*. On suppose que*

$$\begin{cases} A_\varepsilon \rightharpoonup A_+ & \text{dans } (L^\infty(\Omega))^{N^2} \text{faible} - * \text{ coefficients par coefficients} \\ A_\varepsilon^{-1} \rightharpoonup A_-^{-1} & \text{dans } (L^\infty(\Omega))^{N^2} \text{faible} - * \text{ coefficients par coefficients.} \end{cases}$$
$$(7.8)$$

Alors

$$A_-(x) \leq A^*(x) \leq A_+(x) \quad \text{presque partout sur } \Omega.$$

On rappelle que si A et B sont deux matrices symétriques, $A \leq B$ signifie que $B - A$ est positive, autrement dit $(Bx, x) \geq (Ax, x)$ pour tout vecteur x. Pour la démonstration de cette proposition, nous renvoyons par exemple à [207]. On en déduit une conséquence importante pour les valeurs propres de A^*, G-limite d'une suite de conductivités $a_\varepsilon(x)Id$ pour un matériau formé de deux constituants de conductivités respectives α et β. Cet aspect sera plus longuement développé au paragraphe 7.3.

Corollaire 7.1.9 *Soit ω_n une suite de sous-ensembles de Ω. On considère des matériaux formés du constituant ω_n avec une conductivité $\alpha > 0$ et $\Omega \setminus \omega_n$ avec une conductivité $\beta > 0$. On note $a_n = \alpha\chi_{\omega_n} + \beta(1 - \chi_{\omega_n})$ la suite des conductivités associées. On suppose que la suite des fonctions caractéristiques χ_{ω_n} converge *-faiblement dans $L^\infty(\Omega)$ vers une fonction θ et que les conductivités a_n G-convergent vers une matrice A^*.*

Alors les valeurs propres de la matrice A^* sont comprises entre la moyenne harmonique et la moyenne arithmétique de α et β:

$$\frac{1}{\frac{\theta}{\alpha} + \frac{1-\theta}{\beta}} \leq \lambda(A^*) \leq \theta\alpha + (1-\theta)\beta.$$

Démonstration: On veut appliquer la Proposition 7.1.8 à la suite de matrices $a_n Id$. Puisque $a_n \rightharpoonup (\alpha\theta + \beta(1-\theta))$ dans $L^\infty(\Omega)$ faible-*, on a ici $A_+ = (\alpha\theta + \beta(1-\theta))Id$. De même, puisque

$$\frac{1}{a_n} = \frac{1}{\alpha}\chi_{\omega_n} + \frac{1}{\beta}(1 - \chi_{\omega_n}) \rightharpoonup \frac{1}{\alpha}\theta + \frac{1}{\beta}(1-\theta)$$

on a $A_-^{-1} = \frac{1}{\alpha}\theta + \frac{1}{\beta}(1-\theta)Id$. Comme les valeurs propres des matrices (positives) $A_+ - A^*$ et $A^* - A_-$ sont respectivement $\alpha\theta + \beta(1-\theta) - \lambda(A^*)$ et $\lambda(A^*) - \dfrac{1}{\frac{\theta}{\alpha} + \frac{1-\theta}{\beta}}$ le résultat s'en déduit. $\square$

7.2 Relaxation pour le problème de Dirichlet

7.2.1 Introduction

L'idée de la relaxation peut être présentée schématiquement de la façon suivante. On doit résoudre un problème d'optimisation du type:

$$\inf_{x \in X} J(x) \tag{7.9}$$

pour lequel on n'arrive pas à prouver l'existence d'une solution (par exemple parce qu'il n'existe pas de solution!). On cherche alors à plonger X dans un ensemble X^* plus gros et on introduit une fonctionnelle J^* définie sur X^* qui prolonge J (au sens où elle coïncide avec J sur X) afin de satisfaire les conditions suivantes

1. le problème dit *relaxé* $\min_{x^* \in X^*} J^*(x^*)$ possède une solution
2. $\inf_X J = \min_{X^*} J^*$
3. les suites minimisantes du problème (7.9) ont pour points d'accumulation les solutions du problème relaxé
4. si le problème initial (7.9) a une solution, celle-ci est également solution du problème relaxé.

En général, on construit l'espace relaxé X^* en complétant d'une certaine façon l'espace X de sorte que celui-ci soit dense dans X^*. Comme on cherche à construire X^* *le plus petit possible*, l'important est de bien comprendre le comportement des suites minimisantes du problème (7.9). Toute la difficulté est d'identifier convenablement le complété X^*. Nous allons voir plusieurs exemples dans ce chapitre où cette identification est possible.

Pour obtenir la condition 1 ci-dessus, on souhaite en général que X^* soit compact et J^* s.c.i.. Une façon d'obtenir alors les conditions 2, 3 et 4 est d'imposer de surcroit (c'est immédiat à vérifier)

$$\text{si } (x_n) \subset X \text{ converge vers } x^* \in X^* \text{ alors } J^*(x^*) \leq \liminf J(x_n) \qquad (7.10)$$

$$\text{pour tout } x^* \in X^*, \text{ il existe une suite } x_n \text{ de } X \text{ qui converge vers } x^* \\ \text{et telle que } J^*(x^*) = \liminf J(x_n). \qquad (7.11)$$

Remarque : Dans la pratique, on n'impose pas forcément à J^* de coïncider avec J sur X (c'est naturel, mais pas indispensable). Ceci permet en particulier de prendre pour fonctionnelle relaxée J^* l'enveloppe inférieure s.c.i. de J définie par :

$$J^*(x^*) := \inf\{\liminf J(x_n), \quad x_n \to x^*\} \qquad (7.12)$$

Dans ce cas, il est immédiat que les conditions (7.10) et (7.11) sont remplies.

7.2.2 Complétion pour la γ-convergence

Position du problème

Reprenons le cadre classique du problème de Dirichlet tel que nous l'avons déjà envisagé à de nombreuses reprises. On se donne un ouvert borné régulier D qui contiendra tous les domaines considérés dans ce paragraphe, et une fonction $f \in H^{-1}(D)$ fixée dans tout le paragraphe. Pour chaque quasi-ouvert $\omega \subset D$, on introduit $u_\omega = u_\omega^f$ la solution du problème de Dirichlet

$$\begin{cases} u_\omega \in H_0^1(\omega), \\ \forall \varphi \in H_0^1(\omega), \ \int_\omega \nabla u_\omega \nabla \varphi = \int_\omega \varphi f. \end{cases} \qquad (7.13)$$

Ici, X est donc l'ensemble de tous les quasi-ouverts ω contenus dans D. Si on le souhaite, on peut rajouter une contrainte portant par exemple sur le volume de ω, mais cela ne change rien à notre propos. Nous envisagerons d'ailleurs les différentes situations un peu plus loin.

Dans ce paragraphe, on sera amené à considérer deux types de fonctionnelles à minimiser. La première, plus simple, aura pour domaine d'intégration l'ouvert D tout entier, pour la seconde, on intègrera sur ω. Plus précisément, donnons nous une fonction

$$\begin{cases} j : D \times \mathbb{R} \longrightarrow \mathbb{R} \\ j \text{ est mesurable, continue en } s \in \mathbb{R}, \ p.p. \ x \\ \forall (x, s) \in D \times \mathbb{R} \ |j(x, s)| \leq a(x) + b|s|^q \end{cases} \qquad (7.14)$$

où $a \in L^1(D)$, $b \in [0, +\infty[$, $q \in [1, 2N/(N-2)[$. On se donne également un vecteur fixé p de $\mathbb{R}^N$. On a alors :

Lemme 7.2.1 *Les fonctionnelles définies sur $H_0^1(D)$ et pour $\omega \subset D$ mesurable par*

$$v \mapsto \int_\omega j(x, v(x))dx, \quad v \mapsto \int_\omega |\nabla v - p|^2$$

sont respectivement continue et semi-continue inférieurement pour la topologie faible de $H_0^1(D)$.

C'est un résultat classique qu'on a déjà utilisé à plusieurs reprises. Pour prouver la continuité de la première fonctionnelle, on utilise l'injection compacte de $H_0^1(D)$ dans $L^q(D)$ et le théorème de convergence dominée. Pour la seconde, on utilise que la norme est s.c.i. pour la topologie faible.

Nous introduisons à présent les deux fonctionnelles:

$$J_1(\omega) := \int_D j(x, u_\omega(x)) \, dx + \alpha \int_D |\nabla u_\omega(x) - p|^2 \, dx \qquad (7.15)$$

$$J_2(\omega) := \int_\omega j(x, u_\omega(x)) \, dx + \alpha \int_\omega |\nabla u_\omega(x) - p|^2 \, dx \qquad (7.16)$$

où u_ω est la solution de (7.13). Nous allons nous attacher à la description du problème relaxé associé à la minimisation des fonctionnelles J_1 ou J_2 sur l'ensemble $X = \mathcal{A}(D)$ des quasi-ouverts inclus dans D. Nous allons commencer par le cas sans contrainte de volume sur ω, puis nous donnerons également les résultats dans le cas d'une contrainte de volume.

Complété de l'ensemble $\mathcal{A}(D)$

La caractérisation du complété de $\mathcal{A}(D)$ va nous conduire à considérer des équations aux dérivées partielles du type

$$\begin{cases} -\Delta u + u\mu = f & \text{dans } D \\ \quad u \in H_0^1(D) \end{cases} \qquad (7.17)$$

avec $\mu \in \mathcal{M}_0(D)$ où on pose (voir chapitre 3):

Définition 7.2.2 *On note $\mathcal{M}_0(D)$ l'ensemble des mesures de Borel[1] positives qui s'annulent sur les ensembles de H^1-capacité nulle.*

Tout d'abord quel sens faut-il donner à ce problème (7.17) et comment est définie sa solution? Par analogie au cas classique, nous appelerons solution de (7.17), l'unique fonction $u_\mu \in H_0^1(D)$ qui minimise la fonctionnelle (strictement convexe)

$$F(v) = \frac{1}{2} \int_D |\nabla v|^2 + \frac{1}{2} \int_D v^2 d\mu - \int_D f v \leq +\infty.$$

---

[1] Félix Edouard Justin **Emile BOREL**, 1871-1956, français, élève, puis professeur à l'Ecole Normale Supérieure de Paris. Un des pionniers de la théorie de la mesure et du traitement moderne des fonctions, on lui doit aussi des travaux sur les séries divergentes et en théorie des jeux, ainsi que des ouvrages de vulgarisation scientifique et de philosophie.

Notons que l'expression de la fonctionnelle F montre que le minimum est à chercher en réalité dans le sous-espace $H_0^1(D) \cap L_\mu^2(D)$ où $L_\mu^2(D)$ désigne l'espace des fonctions mesurables de carré intégrable vis-à-vis de la mesure μ. Ici, et dans toute la suite, on doit comprendre que $\int_D v^2 d\mu = \int_D \tilde{v}^2 d\mu$ où $\tilde{v}$ est le représentant quasi-continu de v et ceci a bien un sens lorsque $\mu \in \mathcal{M}_0(D)$.

On a également une caractérisation variationnelle de type classique pour la solution u_μ du problème (7.17), à savoir:

$$u_\mu \in H_0^1(D),\ \forall v \in H_0^1(D) \cap L_\mu^2(D),\ \int_D \nabla u_\mu . \nabla v + \int_D u_\mu\, v\, d\mu = \int_D f \quad (7.18)$$

Remarquons que le principe du maximum et le principe de comparaison usuels restent valables pour un problème du type (7.17): si $f \geq 0$ dans D, alors $u \geq 0$ dans D et si $f_1 \leq f_2$, alors $u_1 \leq u_2$.

Pour des raisons qui apparaîtront un peu plus loin, on identifie tout ouvert ω avec la mesure de Borel positive μ_ω définie par

$$\mu_\omega(A) = \begin{cases} 0 & \text{si } \operatorname{cap}_D(A \setminus \omega) = 0 \\ +\infty & \text{si } \operatorname{cap}_D(A \setminus \omega) > 0. \end{cases} \quad (7.19)$$

Compte-tenu de la caractérisation de $H_0^1(\omega)$ donnée dans le théorème 3.3.42, on a

$$\begin{cases} v \in H_0^1(\omega) & \Longrightarrow \int_D v^2 d\mu_\omega = 0 \\ v \in H_0^1(D) \setminus H_0^1(\omega) & \Longrightarrow \int_D v^2 d\mu_\omega = +\infty. \end{cases} \quad (7.20)$$

Noter en effet que, dans le 2ème cas, $\operatorname{cap}_D([v \neq 0] \setminus \omega) > 0$.

On vérifie facilement que $u_{\mu_\omega} = u_\omega$: en effet, si $v \notin H_0^1(\omega)$, $F(v) = +\infty$ et si $v \in H_0^1(\omega)$, la fonctionnelle F coïncide avec celle du problème (7.13). Cette propriété justifie de plonger $\mathcal{A}(D)$ dans $\mathcal{M}_0(D)$ par l'application $\omega \to \mu_\omega$ et on va voir que $\mathcal{M}_0(D)$ représente le complété de $\mathcal{A}(D)$ pour la γ-convergence. Notons tout d'abord que cette notion de γ-convergence s'étend de façon tout à fait naturelle à $\mathcal{M}_0(D)$:

Définition 7.2.3 *On dira qu'une suite de mesures μ_n de $\mathcal{M}_0(D)$ γ-converge vers une mesure $\mu \in \mathcal{M}_0(D)$ si, pour toute $f \in H^{-1}(D)$, la solution u_{μ_n} du problème (7.17) associé à μ_n converge faiblement dans $H_0^1(D)$ vers u_μ.*

On peut montrer, cf [97], que la topologie de la γ-convergence est métrisable. Il est donc licite de parler du complété de $\mathcal{A}(D)$ (ou plutôt de l'ensemble des mesures μ_ω) pour la γ-convergence.

On peut maintenant énoncer le résultat clé de ce paragraphe:

Théorème 7.2.4 (DalMaso-Mosco) *L'espace $\mathcal{M}_0(D)$ est une réalisation du complété de $\mathcal{A}(D)$ pour la γ-convergence. De plus $\mathcal{M}_0(D)$ est compact pour la γ-convergence*

Nous n'allons pas démontrer ce théorème ici. Notons cependant que la compacité résulte de l'équivalence entre γ-convergence et Γ-convergence prouvée plus haut, ainsi que du théorème 7.1.3. Expliquons également comment est construite, à partir d'une suite d'ouverts ω_n, une mesure μ point d'accumulation de ω_n (ou plus précisément de μ_{ω_n}) pour la γ-convergence.

Comme dans le cas de la proposition 3.2.5, on fait jouer un rôle clé au second membre $f \equiv 1$ dans le problème (7.13). Notons $w_n = w^1_{\omega_n}$ la solution de

$$w_n \in H^1_0(\omega_n), \ \forall \varphi \in H^1_0(\omega_n), \ \int_{\omega_n} \nabla w_n \nabla \varphi = \int_\omega \varphi. \qquad (7.21)$$

Remarquons d'abord:

Lemme 7.2.5 $1 + \Delta w_n \in \mathcal{M}_0(D)$.

Démonstration: Notons $w_n = w$ et introduisons $p_k : \mathbb{R} \to \mathbb{R}$ définie par

$$\forall r \leq 0, \ p_k(r) = 0; \ \forall r \in [0, 1/k], \ p_k(r) = kr; \ \forall r \geq 1, \ p_k(r) = 1.$$

On a $p_k(w) \in H^1_0(\omega)$. D'après (7.21), pour tout $\psi \in C^\infty_0(D)^+$, on a

$$\int_D \psi p_k(w) = \int_D \nabla[\psi p_k(w)] \nabla w \geq \int_D p_k(w) \nabla \psi \nabla w.$$

Faisant tendre k vers l'infini, on en déduit

$$\int_D \psi \geq \int_{[w>0]} \psi \geq \int_D \nabla \psi \nabla w,$$

c'est-à-dire que $1 + \Delta w$ est une distribution positive. C'est donc une mesure positive qui, d'après la proposition 3.3.35, appartient à $\mathcal{M}_0(D)$: en effet, $1 + \Delta w = -\Delta(z - w) \geq 0$ où on choisit $z := u^1_{\mathcal{O}}$ avec $\mathcal{O}$ ouvert borné contenant $\overline{D}$, sur lequel la fonction z est donc C^∞. $\square$

Reprenons la suite w_n définie en (7.21). Nous savons, grâce à l'inégalité de Poincaré, que cette suite est bornée dans $H^1_0(D)$ et qu'on peut donc en extraire une sous-suite (encore notée w_n) qui converge faiblement dans $H^1_0(D)$ vers une fonction w. Compte-tenu du lemme précédent, on sait également que $\nu := 1 + \Delta w$ est une mesure positive sur D. Si on s'attend à ce que la suite ω_n γ-converge vers une mesure μ, on devrait avoir à la limite

$$-\Delta w + w\mu = 1.$$

Autrement dit, formellement, la mesure μ peut être définie comme ν/w au moins là où w est strictement positive. Plus précisément, on peut montrer:

Proposition 7.2.6 *Selon les notations précédentes, la suite de mesures μ_{ω_n} (ou la suite d'ouverts ω_n) γ-converge vers la mesure $\mu \in \mathcal{M}_0(D)$ définie par:*

$$\mu(B) = \begin{cases} \int_B \frac{d\nu}{w} & \text{si } \operatorname{cap}_D(B \cap \{w = 0\}) = 0 \\ +\infty & \text{si } \operatorname{cap}_D(B \cap \{w = 0\}) > 0. \end{cases} \qquad (7.22)$$

Contentons nous ici de montrer que si μ est définie par (7.22), alors w est solution de (7.17) (avec le second membre $f = 1$). Pour davantage de détails, nous renvoyons à l'importante littérature sur le sujet, [99], [25], [26], voir aussi [100] pour le cas non linéaire.

Remarquons tout d'abord que $w\,d\mu = d\nu$. Ainsi

$$\int_D w^2 d\mu = \int_D w\,d\nu = \; < 1 + \Delta w, w >_{H^{-1} \times H_0^1} < +\infty,$$

la dernière égalité résultant de la proposition 3.3.35. En conséquence $w \in L_\mu^2(D)$.

Soit alors $v \in H_0^1(D) \cap L_\mu^2(D)$. On a (à nouveau via la proposition 3.3.35)

$$\int_D \nabla w \nabla v + \int_D wv\,d\mu = \; < -\Delta w, v > + \int_D v\,d\nu = \int_D v \,,$$

ce qui montre que w est solution variaionnelle de $-\Delta w + w\mu = 1$.

Relaxation des fonctionnelles

Commençons par le cas, plus simple, où la fonctionnelle à minimiser est donnée par

$$J_1(\omega) := \int_D j(x, u_\omega(x))\,dx + \alpha \int_D |\nabla u_\omega - p|^2 \,. \qquad (7.23)$$

On aurait envie de définir $J_1^*(\mu)$, quand μ est une mesure dans $\mathcal{M}_0(D)$, par

$$J_1^*(\mu) := \int_D j(x, u_\mu(x))\,dx + \alpha \int_D |\nabla u_\mu - p|^2 \,.$$

Mais, cela ne marche pas à cause du terme en gradient. On est obligé d'avoir recours à une petite astuce consistant à remarquer que

$$J_1(\omega) = J_1(\omega) + \alpha \int_D u_\omega^2 \, d\mu_\omega$$

puisque cette dernière intégrale est nulle par définition de la mesure μ_ω. On est donc conduit à introduire la fonctionnelle relaxée suivante:

$$J_1^*(\mu) := \int_D j(x, u_\mu(x))\,dx + \alpha \left(\int_D |\nabla u_\mu - p|^2 + \int_D u_\mu^2 \, d\mu \right). \qquad (7.24)$$

Proposition 7.2.7 *La fonctionnelle J_1^* définie par (7.24) est la relaxée de J_1 pour la γ-convergence: si ω_n γ-converge vers μ, alors $J_1(\omega_n) \longrightarrow J_1^*(\mu)$. En particulier les conditions (7.10) et (7.11) sont vérifiées.*

Démonstration: Soit ω_n une suite d'ouverts qui γ-converge vers une mesure μ. Cela signifie que u_{ω_n} solution de (7.13) converge faiblement dans $H_0^1(D)$ vers u_μ solution de (7.17). Grâce au lemme 7.2.1, on en déduit que

$$\int_D j(x, u_{\omega_n}(x))\, dx \longrightarrow \int_D j(x, u_\mu(x))\, dx.$$

Examinons à présent l'autre intégrale. On a

$$\int_D |\nabla u_{\omega_n} - p|^2 = \int_D |\nabla u_{\omega_n}|^2 - 2\int_D \nabla u_{\omega_n}.p + |p|^2|D|.$$

Soit, en utilisant l'équation (7.13)

$$\int_D |\nabla u_{\omega_n} - p|^2 = \int_D f u_{\omega_n} - 2\int_D \nabla u_{\omega_n}.p + |p|^2|D|.$$

Par convergence faible de u_{ω_n} vers u_μ dans $H_0^1(D)$, on en déduit

$$\int_D |\nabla u_{\omega_n} - p|^2 \longrightarrow \int_D f u_\mu - 2\int_D \nabla u_\mu.p + |p|^2|D|.$$

Enfin, en utilisant l'équation (7.17), on voit que

$$\int_D |\nabla u_\mu|^2 + \int_D u_\mu^2\, d\mu = \int_D f u_\mu$$

si bien que

$$\int_D |\nabla u_{\omega_n} - p|^2 \longrightarrow \int_D |\nabla u_\mu|^2 - 2\int_D \nabla u_\mu.p + |p|^2|D| + \int_D u_\mu^2\, d\mu$$

ce qui prouve le résultat annoncé.   □

Envisageons maintenant le cas de la fonctionnelle J_2 définie par

$$J_2(\omega) := \int_\omega j(x, u_\omega(x))\, dx + \alpha \int_\omega |\nabla u_\omega - p|^2. \tag{7.25}$$

Là encore, nous ne considérons pas, pour l'instant, de contrainte de volume sur les ouverts ω considérés. Remarquons que l'on peut écrire:

$$J_2(\omega) = \int_D j(x, u_\omega(x))\, dx - \int_{D\setminus\omega} j(x, u_\omega(x))\, dx +$$

$$+\alpha \left(\int_D |\nabla u_\omega - p|^2 - \int_{D\setminus\omega} |\nabla u_\omega - p|^2 \right)$$

$$= \int_D j(x, u_\omega(x))\, dx - \int_{D\setminus\omega} j(x, 0)\, dx + \alpha \left(\int_D |\nabla u_\omega - p|^2 - \int_{D\setminus\omega} |p|^2 \right)$$

ou encore

$$J_2(\omega) = \int_D j(x, u_\omega(x))\, dx + \alpha \int_D |\nabla u_\omega - p|^2$$

$$- \int_D \left(j(x,0) + \alpha|p|^2 \right)\, dx + \int_\omega \left(j(x,0) + \alpha|p|^2 \right)\, dx.$$

Sur l'écriture ci-dessus, on s'aperçoit que pour les trois premières intégrales, on va pouvoir utiliser les résultats précédents puisque le domaine d'intégration est D. Il reste donc à traiter le cas de la dernière intégrale qui est du type $J_0(\omega) = \int_\omega g(x)\, dx$ avec g fonction intégrable sur D. Pour relaxer cette intégrale, nous choisissons de prendre son enveloppe semi-continue inférieurement qui est définie, rappelons-le, par

$$J_0^*(\mu) = \inf\{\liminf J_0(\omega_n),\ \omega_n \text{ qui } \gamma\text{-converge vers } \mu\}.$$

Pour exprimer différemment cette fonctionnelle relaxée J_0^*, nous avons besoin d'une définition supplémentaire. Notons w_μ la solution du problème

$$\begin{cases} -\Delta w_\mu + w_\mu \mu = 1 & \text{dans } D \\ \qquad w_\mu \in H_0^1(D) \end{cases} \qquad (7.26)$$

et introduisons l'ensemble de positivité de w_μ:

$$A_\mu = \{x \in D,\ w_\mu(x) > 0\}. \qquad (7.27)$$

Comme w_μ est quasi-continue (cf chapitre 3), A_μ est un quasi-ouvert. Remarquons par ailleurs que si u_μ est solution du problème (7.17) avec un second membre f quelconque, alors $u_\mu = 0$ sur $D \setminus A_\mu$. Pour le prouver, on commence par le faire dans le cas f positive et bornée $0 \leq f \leq M$: dans ce cas, le principe de comparaison fournit $0 \leq u_\mu \leq M w_\mu$ et donc u_μ s'annule sur l'ensemble où w_μ est nulle. Le cas $f \in L^\infty(D)$, s'en déduit en décomposant f sous la forme $f = f^+ - f^-$ et on conclut pour le cas général par un argument de troncature.

Nous sommes maintenant en mesure d'énoncer une proposition qui fournit une autre expression de la fonctionnelle relaxée quand J_0 est du type décrit ci-dessus.

Proposition 7.2.8 *Soit g une fonction de $L^1(D)$ et J_0 la fonctionnelle définie par*

$$J_0(\omega) := \int_\omega g(x)\, dx. \qquad (7.28)$$

Alors l'enveloppe s.c.i. pour la γ-convergence de la fonctionnelle J_0 est

$$J_0^*(\mu) := \inf\left\{ \int_B g(x)\, dx,\ B \text{ Borélien},\ A_\mu \subset B \right\}. \qquad (7.29)$$

Pour la preuve, qui est basée sur des arguments de théorie de la mesure, nous renvoyons à [64].

Si $g(x)$ est une fonction positive, il est clair que l'infimum dans (7.29) est atteint pour $B = A_\mu$. Plus généralement, si on décompose g sous la forme $g = g^+ - g^-$, on a évidemment pour tout borélien B contenant A_μ:

$$\int_B g(x)\,dx = \int_B g^+(x) - g^-(x)\,dx \geq \int_{A_\mu} g^+(x)\,dx - \int_B g^-(x)\,dx$$

d'où, en passant à l'infimum:

$$\inf_{B, A_\mu \subset B} \int_B g(x)\,dx \geq \int_{A_\mu} g^+(x)\,dx - \sup_{B, A_\mu \subset B} \int_B g^-(x)\,dx.$$

Maintenant, en prenant pour ensemble B particulier, le borélien $B = A_\mu \cup \{x \in D, g(x) \leq 0\}$, on voit facilement qu'on a l'égalité dans l'inégalité ci-dessus. Si on n'a aucune contrainte sur le volume, le supremum ci-dessus est évidemment atteint quand on prend $B = D$. On peut donc énoncer:

Corollaire 7.2.9 *La fonctionnelle relaxée J_0^* est également donnée par*

$$J_0^*(\mu) := \int_{A_\mu} g^+(x)\,dx - \int_D g^-(x)\,dx = \int_{A_\mu} g(x)\,dx - \int_{D \setminus A_\mu} g^-(x)\,dx \quad (7.30)$$

où g^+ et g^- désignent respectivement la partie positive et la partie négative de g.

Revenons au problème initial. Nous pouvons synthétiser tout ce qui précède dans le théorème suivant (nous avons rassemblé dans l'expression finale de J_2^* les intégrales sur D et sur A_μ de façon à simplifier au maximum).

Théorème 7.2.10 *Avec les notations précédentes, la fonctionnelle relaxée J_2^* est définie sur $\mathcal{M}_0(D)$ par:*

$$J_2^*(\mu) = \int_{A_\mu} j(\cdot, u_\mu) + \alpha|\nabla u_\mu - p|^2 + \alpha \int_D u_\mu^2\,d\mu - \int_{D \setminus A_\mu} j^-(\cdot, 0), \quad (7.31)$$

c'est-à-dire que J_2^* n'est autre que l'enveloppe s.c.i. de J_2 pour la γ-convergence. En particulier les conditions (7.10) et (7.11) sont vérifiées.

Cas avec contrainte de volume

Donnons pour terminer ce paragraphe les résultats analogues, mais dans le cas où des contraintes de volume sur l'ensemble des ouverts admissibles étaient mises au départ. Pour traiter tous les types de contraintes en une seule fois, adoptons comme dans [64] la notation suivante: on désigne par T un sous-intervalle fermé de l'intervalle $[0, |D|]$ et on écrit la contrainte sous la forme $|\omega| \in T$. Les cas les plus fréquents correspondent par exemple à

- $T = \{c\}$: on cherche un domaine de mesure égale à c
- $T = [0, c]$: on cherche un domaine de mesure inférieure ou égale à c

$- \quad T = [c, |D|]$: on cherche un domaine de mesure supérieure ou égale à c.

La première question qu'on peut se poser est: comment se comporte la contrainte vis-à-vis de la γ-convergence? Plus précisément, on a vu que dans le cas sans contrainte la fermeture de $\mathcal{A}(D)$ est $\mathcal{M}_0(D)$. Qu'en est-il ici?

Proposition 7.2.11 *Soit $T = [m, M] \subset [0, |D|]$ un intervalle et $\mathcal{A}_T$ l'ensemble des quasi-ouverts de D dont le volume est dans T. Alors la fermeture de $\mathcal{A}_T$ pour la γ-convergence est le sous-ensemble de $\mathcal{M}_0(D)$:*

$$X_T^* = \{\mu \in \mathcal{M}_0(D), \ |A_\mu| \leq M\}.$$

Démonstration: nous ne démontrons ici qu'une inclusion, renvoyant pour l'inclusion inverse à l'article [64].

Soit $\mu \in \mathcal{M}_0(D)$ et ω_n une suite de quasi-ouverts qui γ-convergent vers μ. Considérons la fonction f définie sur $D \times \mathbb{R}$ par:

$$f(x, s) = \begin{cases} 1 \text{ si } s > 0 \\ 0 \text{ si } s \leq 0. \end{cases}$$

Cette fonction est manifestement s.c.i. sur $D \times \mathbb{R}$. Par définition de A_μ, on a alors $|A_\mu| = \int_D f(x, w_\mu(x)) \, dx$ (w_μ est la solution de (7.26)).

Par définition de la γ-convergence, on sait que w_n (solution de (7.21)) converge faiblement dans $H_0^1(D)$ vers w_μ et fortement dans $L^2(D)$ par compacité de l'injection de $H_0^1(D)$ dans $L^2(D)$. Quitte à extraire une sous-suite, on peut également supposer que w_n converge presque partout vers w_μ sur D. En utilisant alors le lemme de Fatou et la s.c.i. de f, on en déduit:

$$|A_\mu| = \int_D f(x, w_\mu(x)) \, dx \leq \liminf \int_D f(x, w_n(x)) \, dx = |\omega_n| \leq M.$$

Ceci montre que toute γ-limite d'éléments de $\mathcal{A}_T$ est dans X_T^*. $\square$

La relaxation de la fonctionnelle J_1 dans le cas avec contrainte est exactement la même que dans le cas sans contrainte. Le problème relaxé est donc, dans le cas $X = \mathcal{A}_T$ et $J = J_1$:

$$\begin{cases} \text{Minimiser} J_1^*(\mu) := \int_D j(\cdot, u_\mu) + \alpha|\nabla u_\mu - p|^2 + \alpha \int_D u_\mu^2 \, d\mu \\ \text{avec } \mu \in \mathcal{M}_0(D) \quad |A_\mu| \leq \sup T. \end{cases}$$

Pour J_2, c'est un peu plus compliqué. Tout d'abord, il faut inclure la contrainte de volume quand on prend l'infimum sur les boréliens B qui contiennent A_μ. Et puis là, on ne peut pas prendre $B = D$ pour réaliser l'infimum. Nous redonnons donc ci-dessous l'expression générale de J_2^* (qui peut souvent être simplifiée).

Proposition 7.2.12 *On a*

$$J_2^*(\mu) := \int_{A_\mu} j(\cdot, u_\mu) + \alpha|\nabla u_\mu - p|^2 + \alpha \int_D u_\mu^2 \, d\mu + \\ + \inf\{\int_{B \setminus A_\mu} j(x, 0) \, dx, \ B \text{ Borélien}, \ A_\mu \subset B, \ |B| \in T\}. \tag{7.32}$$

Remarque: Là encore, si j est positive et si l'intervalle T est de la forme $T = [0, M]$, il est clair que l'inf dans l'expression ci-dessus est atteint pour $B = A_\mu$ et il vaut alors 0.

7.2.3 Un autre exemple

Introduction

Nous allons maintenant étudier un autre exemple de relaxation pour un problème de Dirichlet. Cet exemple est destiné à illustrer la possibilité de prouver l'existence de solutions classiques pour un problème d'optimisation de forme via le passage à la formulation relaxée.

Le problème que nous allons considérer ici peut être vu comme la version stationnaire d'un problème de contrôle optimal où l'on cherche à stabiliser une structure vibrante grâce à des actionneurs positionnés à l'intérieur de la structure. Nous noterons Ω le corps à stabiliser, ω le sous-domaine, $\omega \subset \Omega$, support des actionneurs (χ_ω désignant, comme d'habitude la fonction caractéristique de ω) et u l'état du système (censé modéliser les vibrations). En notant f la force agissant sur le système, (que nous supposerons positive) l'état u doit être solution d'une équation du type

$$\begin{cases} -\Delta u + \chi_\omega u = f & \text{dans } \Omega \\ u = 0 & \text{sur } \partial\Omega. \end{cases} \tag{7.33}$$

Comme fonctionnelle à minimiser, nous choisissons la somme de l'énergie et du coût:

$$J(\omega) = \int_\Omega |\nabla u|^2 + \int_\Omega \chi_\omega u^2. \tag{7.34}$$

Remarquons que, quand on multiplie l'équation (7.33) par u et qu'on intègre sur Ω, on obtient une autre expression de la fonctionnelle: $J(\omega) = \int_\Omega fu$.

Bien entendu, il convient de mettre une contrainte sur les domaines que l'on recherche, sinon il est clair que la solution évidente sera Ω, voir ci-dessous (quitte à contrôler sur un sous-domaine autant contrôler sur Ω tout entier!). La contrainte la plus naturelle ici est de supposer le volume de ω limité, car il représente grosso-modo le coût des actionneurs.

Pour une motivation physique plus complète de ce système et, en particulier, pour comprendre pourquoi le contrôle optimal qui a pour support ω et qui agit pour stabiliser doit être ici u, nous renvoyons à l'article dont est tiré cet exemple [158].

Pour résumer, le problème d'optimisation de forme que nous voulons résoudre consiste à chercher un domaine ω, de volume $|\omega| \leq C$ qui minimise la fonctionnelle (7.34) avec une fonction état u solution de (7.33). Remarquons que l'inconnue ω n'apparaît que dans le terme sans dérivée de l'équation d'état.

Remarque: Deux domaines ω_1 et ω_2 qui coïncident presque partout (au sens où leurs fonctions caractéristiques χ_{ω_1} et χ_{ω_2} sont égales p.p.) définissent la même fonction d'état u et la même énergie. La classe des domaines admissibles est donc à comprendre modulo la relation d'équivalence

$$\omega_1 \simeq \omega_2 \quad \Longleftrightarrow \quad \chi_{\omega_1} = \chi_{\omega_2} \ p.p.$$

Dans la suite, on ne fera plus la distinction entre un domaine et sa classe d'équivalence.

Au lieu de considérer la contrainte $|\omega| \leq C$, on peut en fait la saturer, c'est-à-dire supposer $|\omega| = C$, car la fonctionnelle J est décroissante vis à vis de l'inclusion:

Proposition 7.2.13 *La fonctionnelle J définie en (7.34) est décroissante pour l'inclusion: si $\omega_1 \subset \omega_2$ alors $J(\omega_1) \geq J(\omega_2)$. En conséquence,*

$$\inf\{J(\omega), \ |\omega| \leq C\} = \inf\{J(\omega), \ |\omega| = C\}.$$

Démonstration: Soit u_i, $i = 1, 2$, la solution de (7.33) relativement à ω_i. Par différence, on a

$$\begin{cases} -\Delta(u_1 - u_2) + \chi_{\omega_1}(u_1 - u_2) = \chi_{\omega_2 - \omega_1} u_2 & \text{dans } \Omega, \\ \quad\quad\quad u_1 - u_2 \quad\quad\quad = \quad 0 & \text{sur } \partial\Omega. \end{cases} \tag{7.35}$$

Maintenant, comme f est positive, u_2 l'est également par le principe du maximum, et donc le même principe de comparaison assure que $u_1 - u_2 \geq 0$ dans Ω. Le résultat s'en déduit immédiatement du fait que

$$J(\omega_1) - J(\omega_2) = \int_\Omega f(u_1 - u_2) \ dx. \tag{7.36}$$

$\square$

Nous avons déjà rencontré le cas d'une fonctionnelle décroissante pour l'inclusion. C'était à l'occasion du théorème de Buttazzo-DalMaso (Théorème 4.7.6 du chapitre 4). Nous avions vu que l'hypothèse supplémentaire de semi-continuité inférieure de la fonctionnelle pour la γ-convergence assurait alors l'existence de solutions pour le problème d'optimisation de forme. Est-on ici dans les conditions d'application de ce théorème? Autrement dit, la fonctionnelle J définie par (7.33), (7.34) est-elle s.c.i. pour la γ-convergence? Malheureusement non! Il y a deux façons de le voir.

– Une preuve indirecte en montrant que le théorème de Buttazzo DalMaso ne s'applique pas. Pour cela, on peut considérer l'analyse qui va suivre (le passage par le problème relaxé) et exhiber un exemple de minimum de la fonctionnelle qui soit effectivement relaxé et qui soit meilleur que tous les domaines. Dans le cas radial, ou en dimension 1, où les calculs peuvent être menés presque explicitement jusqu'au bout, c'est effectivement possible.

– Une preuve directe en exhibant une suite de domaines ω_n qui γ-converge vers un ω, mais tel que $J(\omega) > \liminf J(\omega_n)$. C'est ce que nous montrerons, à la remarque 7.2.16, en choisissant pour ω_n la partie (plane) située sous le graphe de la fonction $2 + \sin(nx)$:

$$\omega_n = \{(x, y) \in \mathbb{R}^2;\ 0 < x < \pi,\ 0 < y < 2 + \sin(nx)\}$$

(c'est un contre-exemple qu'on a déjà utilisé au chapitre 2).

Relaxation

L'ensemble X sur lequel on cherche à minimiser J peut être identifié ici, via les fonctions caractéristiques, à un sous-ensemble de $L^\infty(\Omega)$:

$$X = \{l \in L^\infty(\Omega),\ 0 \le l \le 1,\ l(l-1) = 0 \ p.p.,\ \int_\Omega l(x)\ dx = C\}, \qquad (7.37)$$

où on suppose $C \in]0, |\Omega|[$. Cet ensemble n'est évidemment pas fermé pour la topologie naturellement associée au problème qui est la topologie de la convergence faible-* dans $L^\infty(\Omega)$. Sa fermeture n'est autre que son enveloppe convexe fermée:

Proposition 7.2.14 *La fermeture de l'ensemble X des fonctions caractéristiques, pour la topologie de la convergence faible-* L^∞ est:*

$$X^* = \overline{conv(X)} = \{l \in L^\infty(\Omega),\ 0 \le l \le 1,\ \int_\Omega l(x)\ dx = C\}, \qquad (7.38)$$

*c'est-à-dire que X^* est l'enveloppe convexe *-faible fermée de X dans $L^\infty(\Omega)$ et X représente exactement l'ensemble des points extrémaux du convexe *-faiblement compact X^*.*

Démonstration: Soit $X^* = \{l \in L^\infty(\Omega),\ 0 \le l \le 1,\ \int_\Omega l(x)\ dx = C\}$. Alors on a facilement

- $X \subset X^*$ et X^* convexe, donc $conv(X) \subset X^*$.
- X^* fermé pour la topologie faible-*. Attention, on ne peut pas invoquer la convexité ici: un convexe fortement fermé n'est pas nécessairement fermé pour la topologie faible-*, cf [45]. On utilise seulement que, si $l \in L^\infty(\Omega)$ est telle que $\int_\Omega l\varphi(x)\ dx \ge 0$, pour toute fonction φ de $L^1(\Omega)$ positive, alors $l \ge 0$ presque partout. Donc $\overline{X} \subset \overline{conv(X)} \subset X^*$.
- Tout élément de X est point extrémal du convexe X^* et il n'y en a pas d'autres.

Pour prouver l'égalité $\overline{X} = \overline{conv(X)} = X^*$, il faut donc montrer que $X^* \subset \overline{X}$. C'est-à dire que toute fonction l telle que $0 \le l(x) \le 1$, $\int_\Omega l(x)\ dx = C$ est limite faible-* d'une suite de fonctions caractéristiques χ_{ω_n} telles que $\int_\Omega \chi_{\omega_n}(x)\ dx = C$. Nous allons procéder en plusieurs étapes.

1ère étape Ω est un cube $\Omega = Q = [0, L]^N$ et l est une fonction constante $l(x) = \alpha \in]0, 1[$ (le cas $\alpha = 0$ ou 1 étant trivial).

2ème étape Ω est un ouvert quelconque, l est toujours une fonction constante $l(x) = \alpha \in]0, 1[$ et on ne suppose pas de contrainte sur $\int_\Omega l(x)\, dx$.

3ème étape Ω est un ouvert quelconque, l est maintenant quelconque $0 \leq l(x) \leq 1$ et on ne suppose toujours pas de contrainte sur $\int_\Omega l(x)\, dx$.

4ème étape Ω est un ouvert quelconque, l est quelconque $0 \leq l(x) \leq 1$ et on introduit la contrainte sur $\int_\Omega l(x)\, dx = C$.

1ère étape: Soit $l(x) = \alpha$ une constante, $\alpha \in]0, 1[$. On subdivise le cube $Q = [0, L]^N$ en petites cellules cubiques et sur chacune d'entre elles on prend un sous-cube dont le volume est en proportion α du volume total. Plus précisément, introduisons $a = (\alpha)^{1/N}$ et posons

$$\omega_n^Q = \left[\bigcup_{k=0}^{n-1} [\, L\frac{k}{n}\,,\, L\frac{k+a}{n}\,]\, \right]^N .$$

Le volume de ω_n^Q vaut exactement αL^N. Il est alors très classique de montrer

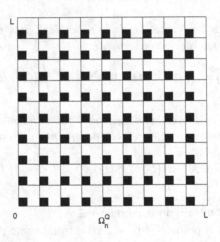

FIG. 7.1 –. *Une suite d'ouverts dont la fonction caractéristique converge faiblement vers α*

que pour toute fonction φ de $L^1(Q)$, on a

$$\int_Q \chi_{\omega_n^Q} \varphi(x)\, dx = \int_{\omega_n^Q} \varphi(x)\, dx \longrightarrow \alpha \int_Q \varphi(x)\, dx$$

(on commence par le prouver pour une fonction φ continue, pour laquelle c'est de la théorie de l'intégration standard, puis on conclut par densité). Autrement dit, on a bien

$$\chi_{\omega_n^Q} \rightharpoonup \alpha \quad \text{dans } L^\infty(Q) \text{ faible} - *. \tag{7.39}$$

2ème étape : Pour Ω ouvert borné quelconque, on prend un cube Q contenant Ω et on pose $\omega_n = \omega_n^Q \cap \Omega$ de sorte que $\chi_{\omega_n} = \chi_{\omega_n^Q} \cdot \chi_\Omega$. Si bien que pour toute fonction $\varphi \in L^1(\Omega)$, on a

$$\int_{\omega_n} \varphi(x)\, dx = \int_Q \chi_{\omega_n^Q}(\chi_\Omega \varphi(x))\, dx \longrightarrow \alpha \int_Q (\chi_\Omega \varphi(x))\, dx = \alpha \int_\Omega \varphi(x)\, dx.$$

3ème étape : On commence par approcher les fonctions étagées. Si $s = \sum_{i \in I} \alpha_i \chi_{A_i}$ est une fonction étagée (avec les A_i disjoints), pour chaque i fixé, on choisit une suite $\chi_{\omega_n^i}$ qui converge faiblement-* vers α_i. On a alors

$$\chi_{\{\cup_{i \in I}(\omega_n^i \cap A_i)\}} = \sum_{i \in I} \chi_{\omega_n^i \cap A_i} \overset{*}{\rightharpoonup} \sum_{i \in I} \alpha_i \chi_{A_i} = s$$

(dans l'expression ci-dessus, on a utilisé que $\chi_{A \cap B} = \chi_A \chi_B$ et que $\chi_{A \cup B} = \chi_A + \chi_B$ si A et B sont disjoints).
Ainsi toute fonction étagée de X^* est dans $\overline{X}$. il en résulte que toute fonction de X^* est dans $\overline{X}$, car elle peut être approchée par une suite de fonctions étagées.

4ème étape : Prenons en compte maintenant la contrainte $\int_\Omega l(x)\, dx = C$. Pour la suite de fonctions caractéristiques χ_{ω_n} que nous avons construite, on a $\int_\Omega \chi_{\omega_n}(x)\, dx \longrightarrow C$. Posons $\varepsilon_n = C - \int_\Omega \chi_{\omega_n}(x)\, dx$. Si $\epsilon_{n_k} < 0$ pour une sous-suite, on enlève à ω_{n_k} un ensemble o_k de mesure $-\epsilon_{n_k}$ et on a $\chi_{\omega_{n_k} \backslash o_k} \overset{*}{\rightharpoonup} l$ puisque χ_{o_k} converge vers 0 dans L^1. Sinon, on ajoute à ω_n un ensemble o_n disjoint et de mesure ϵ_n et $\chi_{\omega_n \cup o_n} = \chi_{\omega_n} + \chi_{o_n} \overset{*}{\rightharpoonup} l$, ce qui termine la démonstration. $\square$

La définition de la fonctionnelle relaxée J^* vient maintenant de façon très naturelle. A tout élément $l \in X^*$, on associe la fonction u_l solution du problème :

$$\begin{cases} -\Delta u_l + l u_l = f & \text{dans } \Omega, \\ u_l = 0 & \text{sur } \partial\Omega, \end{cases} \tag{7.40}$$

et la fonctionnelle J^* est alors définie sur X^* par

$$J^*(l) = \int_\Omega |\nabla u_l|^2 + l u_l^2 = \int_\Omega f u_l. \tag{7.41}$$

Les propriétés (7.10) et (7.11) résultent alors de la continuité de J^* pour la topologie faible-* (voir le théorème 7.2.15 ci-dessous).

Propriétés de J^*

L'ensemble X^* étant compact pour la topologie faible-*, il reste à prouver que J^* est continue pour assurer l'existence d'une solution pour le problème de minimisation relaxé.

Théorème 7.2.15 *La fonctionnelle J^* est continue sur $L^\infty(\Omega)$ pour la topologie faible-*. En particulier, il existe $l^* \in X^*$ qui réalise le minimum de J^*. De plus:*

$$\inf_{\omega \in X} J(\omega) = \min_{l \in X^*} J^*(l) = J^*(l^*). \tag{7.42}$$

Démonstration: Soit l_n une suite dans $L^\infty(\Omega)$ qui converge faible-* vers une fonction l. Notons u_n la solution de (7.40) associée à l_n et par u la solution associée à l. Par différence, $v_n = u_n - u$ vérifie

$$\begin{cases} -\Delta v_n + l_n v_n = (l - l_n)u & \text{dans } \Omega, \\ v_n = 0 & \text{sur } \partial\Omega. \end{cases} \tag{7.43}$$

En particulier, la formulation variationnelle de (7.43) implique:

$$\int_\Omega |\nabla v_n|^2 + \int_\Omega l_n v_n^2 = \int_\Omega (l - l_n)u v_n. \tag{7.44}$$

Comme l_n est bornée dans $L^\infty(\Omega)$, on a immédiatement d'après (7.44) que v_n est bornée dans $H_0^1(\Omega)$. Grâce au théorème de Rellich, on en déduit l'existence d'une sous-suite v_{n_k} et d'une fonction $v \in H_0^1(\Omega)$ telles que v_{n_k} converge fortement vers v dans $L^2(\Omega)$. Par conséquent, $u v_{n_k}$ converge fortement vers uv dans $L^1(\Omega)$ et puisque $l - l_n \overset{*}{\rightharpoonup} 0$ dans $L^\infty(\Omega)$, le membre de droite de (7.44) tend vers 0. Maintenant, puisque $\int_\Omega l_n v_n^2 \geq 0$, ceci implique que v_{n_k} converge (fortement) vers 0 dans $H_0^1(\Omega)$. Enfin, puisque 0 est le seul point d'accumulation de la suite v_n, toute la suite tend vers 0 dans $H_0^1(\Omega)$. La continuité de J^* en résulte immédiatement.

L'existence d'un minimum résulte de la compacité de X^* pour la topologie faible-*. Quant à l'égalité entre l'inf sur X et le min sur X^* elle provient du fait que X^* est l'adhérence de X et que J^* coïncide avec J sur X. □

Remarque 7.2.16 Comme annoncé, nous allons déduire du résultat ci-dessus que la fonctionnelle J n'est pas semi-continue inférieurement pour la γ-convergence. Soit ω_n la partie (plane) située sous le graphe de la fonction $2 + \sin(nx)$:

$$\omega_n = \{(x,y) \in \mathbb{R}^2; \ 0 < x < \pi, \ 0 < y < 2 + \sin(nx)\}.$$

Alors, ω_n converge au sens de Hausdorff vers le rectangle $\omega =]0, \pi[\times]0, 1[$ et, puisqu'on est en dimension 2, le théorème de Sverak (3.4.14 du chapitre 4) assure que ω_n γ-converge vers ω. Maintenant, il est classique de vérifier que la suite des fonctions caractéristiques χ_{ω_n} converge dans L^∞ faible-* vers la fonction l définie par

$$l(x,y) = \begin{cases} 1 & \text{si } (x,y) \in \omega =]0, \pi[\times]0, 1[\\ \frac{1}{2} & \text{si } (x,y) \in]0, \pi[\times]1, 3[\\ 0 & \text{si } (x,y) \notin]0, \pi[\times]0, 3[\end{cases}$$

D'après le théorème 7.2.15 ci-dessus, il en résulte que u_{ω_n} solution de (7.33), converge fortement dans $H_0^1(\Omega)$ vers u_l solution de (7.40) pour la fonction l définie ci-dessus. Donc

$$J(\omega_n) = \int_\Omega f u_{\omega_n} \longrightarrow \int_\Omega f u_l \,.$$

Or puisque $l > \chi_\omega$, le principe du maximum indique (par soustraction) que $u_\omega > u_l$ dans Ω. Donc

$$J(\omega) = \int_\Omega f u_\omega > J^*(l) = \int_\Omega f u_l = \lim J(\omega_n)$$

ce qui prouve bien que J n'est pas s.c.i. pour la γ-convergence.

Voici maintenant une autre propriété de la fonctionnelle J^* qu'il est toujours intéressant de mettre en évidence dans les problèmes de minimisation: la convexité. Reconnaissons que c'est une propriété assez rare dans le cadre de l'optimisation de forme.

Proposition 7.2.17 *La fonctionnelle J^* est convexe sur $L^\infty(\Omega)$.*

Démonstration: Cela résulte de la formulation variationnelle du problème (7.40). Puisque u_l réalise le minimum sur $H_0^1(\Omega)$ de $\frac{1}{2}\int_\Omega |\nabla v|^2 + lv^2 - \int_\Omega fv$ qui est une fonction affine en l, on a

$$-\frac{1}{2}J^*(l) = -\frac{1}{2}\int_\Omega |\nabla u_l|^2 + lu_l^2 = \min_{v \in H_0^1(\Omega)} \left(\frac{1}{2}\int_\Omega |\nabla v|^2 + lv^2 - \int_\Omega fv\right)$$

qui est concave comme infimum de fonctions affines. Donc J^* est convexe. □

Parmi les conséquences de cette convexité, nous utiliserons plus loin
- le fait que la condition d'optimalité portant sur la dérivée première est nécessaire et suffisante,
- le fait que si J^* possède deux minima l_1 et l_2, tous les points du segment $[l_1, l_2]$ sont également des minima.

Remarque: Imaginons qu'au lieu de minimiser la fonctionnelle J, nous avions voulu la **maximiser** (ce qui n'a guère d'intérêt physique, mais la question n'est pas là). De la même façon, le passage par la formulation relaxée prouve l'existence d'un maximum dans X^* pour la fonctionnelle J^* (qui est continue sur le convexe compact X^*). Or il est bien connu qu'une fonction convexe sur un convexe compact atteint son maximum **en un point extrémal**. Comme les points extrémaux de X^* sont précisément les fonctions caractéristiques (cf Proposition 7.2.14), nous venons de prouver que J possède un maximum classique. C'est un premier exemple où le passage par la formulation relaxée permet de prouver l'existence d'une solution classique. Pour un autre exemple dans un contexte analogue, on peut voir [94].

Condition d'optimalité

Nous allons maintenant nous intéresser à la caractérisation des minima, en écrivant et en interprétant les conditions d'optimalité. Donnons tout d'abord l'expression de la dérivée de J^*.

Proposition 7.2.18 *La fonctionnelle J^* est Fréchet-différentiable en tout point $l \in L^\infty(\Omega)$ et*

$$< J^{*'}(l), h >= -\int_\Omega hu_l^2 \qquad (7.45)$$

où u_l est la solution de (7.40).

Démonstration:. Soit h un élément fixé dans $L^\infty(\Omega)$. En soustrayant les équations (7.40) pour $l + h$ et l, on obtient :

$$- \Delta(u_{l+h} - u_l) + l(u_{l+h} - u_l) = -hu_{l+h}. \qquad (7.46)$$

En multipliant (7.46) par $(u_{l+h} + u_l)$ et en intégrant sur Ω on a:

$$\int_\Omega |\nabla u_{l+h}|^2 - |\nabla u_l|^2 + lu_{l+h}^2 - lu_l^2 = -\int_\Omega hu_{l+h}(u_{l+h} + u_l). \qquad (7.47)$$

Nous pouvons donc écrire

$$J^*(l + h) - J^*(l) + \int_\Omega hu_l^2 = -\int_\Omega hu_l(u_{l+h} - u_l). \qquad (7.48)$$

ce qui entraîne

$$|J^*(l + h) - J^*(l) + \int_\Omega hu_l^2 \, dx| \leq \|h\|_\infty \|u_{l+h} - u_l\|_2 \|u_l\|_2. \qquad (7.49)$$

Maintenant, grâce à (7.46) et l'inégalité de Poincaré, on a

$$\|u_{l+h} - u_l\|_2 \leq C\|hu_{l+h}\|_2 \leq 2C\|h\|_\infty\|u_l\|_2,$$

et le résultat se déduit de (7.49). $\square$

Fixons à présent un minimum de J^* que nous noterons l^*. Introduisons les trois sous-ensembles suivants de Ω qui vont jouer un grand rôle dans la discussion qui va suivre:

Définition 7.2.19 *Soit l^* un élément de X^*, on définit les trois ensembles suivants, dépendant de l^*:*

$$\begin{cases} \Omega_0 = & \{x \in \Omega, \ l^*(x) = 0\} \\ \Omega^* = \{x \in \Omega, \ 0 < l^*(x) < 1\} \\ \Omega_1 = & \{x \in \Omega, \ l^*(x) = 1\} \end{cases}$$

Bien sûr ces ensembles ne sont définis qu'à un ensemble de mesure nulle près puisque l^* est seulement dans $L^\infty(\Omega)$. Les égalités et inégalités ci-dessus sont à comprendre presque partout. Comme nous cherchons à écrire les conditions d'optimalité satisfaites par l^*, il nous faut caractériser le cône tangent $T'(l^*)$ à X^* au point l^* dans $L^\infty(\Omega)$. Rappelons qu'il est classiquement défini comme suit. Un élément $h \in T'(l^*)$ si, pour toute suite t_n décroissant vers 0, il existe une suite $h_n \in L^\infty(\Omega)$ convergeant (uniformément) vers h telle que, pour tout n, $l^* + t_n h_n \in X^*$.

Lemme 7.2.20 *Le cône tangent $T'(l^*)$ au convexe X^* au point l^* est l'ensemble des fonctions h de $L^\infty(\Omega)$ telles que*
(i) $\int_\Omega h(x)\, dx = 0$,

(ii) $\|\chi_{Q_n^0} h^-\|_\infty \to 0$ *quand* $n \to \infty$, *où* $Q_n^0 = \{x \in \Omega,\ l^*(x) \le 1/n\}$

(iii) $\|\chi_{Q_n^1} h^+\|_\infty \to 0$ *quand* $n \to \infty$, *où* $Q_n^1 = \{x \in \Omega,\ l^*(x) \ge 1 - 1/n\}$.

Remarque 7.2.21 Pour la démonstration, nous renvoyons à [30] ou [87]. La condition

$$h(x) \ge 0 \text{ dans } \Omega_0 \text{ et } h(x) \le 1 \text{ dans } \Omega_1, \int_\Omega h = 0, \qquad (7.50)$$

est clairement nécessaire pour qu'un élément h soit dans le cône tangent $T'(l^*)$, mais elle n'est pas suffisante comme le montre l'exemple suivant: on prend $\Omega =] -1, 1[$ et

$$l^*(x) = \begin{cases} 0 \text{ sur }]-1, 0] \\ x \text{ sur }]0, 1[\end{cases} \text{ et } h(x) = \begin{cases} 0 & \text{sur }]-1, 0] \\ (-1)^n & \text{sur }]\frac{1}{n+1}, \frac{1}{n}[,\ n \ge 2 \\ \theta & \text{sur }]\frac{1}{2}, 1[, \end{cases}$$

où θ est tel que $\int_\Omega h = 0$. Alors, on vérifie aisément que la condition $x + t_n h_n(x) \ge 0$ sur $[0, 1]$ empêche toute suite h_n de converger uniformément vers h et donc h ne peut être dans le cône tangent à l^* bien que (7.50) soit vérifiée.

La condition d'optimalité du premier ordre s'écrit donc

$$\forall h \in T'(l^*),\ < J'(l), h > \ge 0. \qquad (7.51)$$

Puisque J^* est convexe ainsi que X^*, la condition nécessaire est aussi une condition suffisante et (7.51) est donc une caractérisation des minima de J^*.

Nous allons maintenant la traduire en faisant intervenir les ensembles Ω_0, Ω^* et Ω_1 introduits un peu plus haut.

Théorème 7.2.22 *Soit l^* un élément de X^* et u^* la solution du problème (7.40) correspondant à l^*. Soit Ω_0, Ω_1, Ω^* définis ci-dessus. Alors l^* est un minimum de la fonctionnelle J^* si et seulement si:*
(i) u^* est constant sur Ω^*.
(ii) $\forall (x_0, x^*, x_1) \in \Omega_0 \times \Omega^* \times \Omega_1$, on a $u^*(x_0) \le u^*(x^*) \le u^*(x_1)$.

Dans toute la suite, on notera c^* la valeur prise par u^* sur Ω^*.

Démonstration:. Supposons que l^* soit un minimum de J^* et notons

$$\Omega_n^* = \{x \in \Omega,\ 1/n \leq l^* \leq 1 - 1/n\}.$$

Nous allons montrer que u^* est constant sur Ω_n^*. Puisque $\Omega^* = \bigcup_{n>0} \Omega_n^*$ (réunion croissante), cela prouvera le premier point. Supposons, par l'absurde, que u^* ne soit pas constant sur Ω_n^*. Il est alors possible de trouver deux sous-ensembles mesurables ω_1 et ω_2 dans Ω_n^* tels que

$$|\omega_1| = |\omega_2| \text{ et } \int_{\omega_1} {u^*}^2 < \int_{\omega_2} {u^*}^2. \tag{7.52}$$

Choisissons h définie par

$$h(x) = \begin{cases} -1 \text{ dans } \omega_1 \\ +1 \text{ dans } \omega_2 \\ 0 \ \text{ ailleurs} \end{cases}$$

En utilisant le lemme 7.2.20, on voit que h appartient au cône tangent $T'(l^*)$, mais on a par (7.52)

$$< J'(l^*), h > = -\int_\Omega h{u^*}^2 = -\int_{\omega_2} {u^*}^2 + \int_{\omega_1} {u^*}^2 < 0$$

ce qui contredit la condition d'optimalité (7.51).

Le second point se prouve de manière analogue, en supposant qu'il existe un ensemble de mesure positive ω_0 dans Ω_0 tel que

$$u^*_{/\omega_0} > u^*_{/\Omega^*} = cst.$$

On choisit alors ω^* dans Ω_n^*, avec $|\omega_0| = |\omega^*|$ et on conclut en utilisant une fonction h qui satisfait $h = 1$ dans ω_0, $h = -1$ dans ω^*.

Réciproquement, supposons que le couple (l^*, u^*) vérifie les points (i) et (ii) du théorème. Soit h un élément du cône tangent $T'(l^*)$. D'après la remarque 7.2.21, h est positive sur Ω_0 et négative sur Ω_1, donc

$$-\int_\Omega h{u^*}^2 = -\int_{\Omega_0} h{u^*}^2 - \int_{\Omega^*} h{u^*}^2 - \int_{\Omega_1} h{u^*}^2$$

$$\geq -\int_{\Omega_0} h{c^*}^2 - \int_{\Omega^*} h{c^*}^2 - \int_{\Omega_1} h{c^*}^2 = -{c^*}^2 \int_\Omega h = 0.$$

En conséquence, l^* satisfait la condition d'optimalité (7.51) et, compte-tenu de la convexité de J^*, l^* est bien un minimum de J^*. $\square$

Remarque: Grâce aux résultats classiques de régularité pour les problèmes aux limites du type (7.40) ($f \in L^2(\Omega)$), la fonction u^* solution de (7.40) est dans l'espace de Sobolev $H^2(\Omega)$, et donc u^* est continue en dimension $N = 1, 2, 3$ (en vertu des injections de Sobolev $H^2 \hookrightarrow C^0$). Par la condition de Dirichlet homogène au bord, l'ensemble Ω_0 est non vide et il contient un voisinage du bord de Ω: en effet, sinon $c^* = 0$; comme u^* ne peut pas être nul sur un ensemble de mesure nulle ($f \not\equiv 0$), il en résulte $|\Omega^*| = 0$, c'est-à-dire que l est une fonction caractéristique. Puisque $C \in]0, |\Omega|[)$, nécessairement $|\Omega_0| > 0$.

On a aussi $c^* = \sup_{x \in \Omega_0} u^*(x)$ et, si Ω_1 est non vide, $c^* = \inf_{x \in \Omega_1} u^*(x)$. Enfin, l'ouvert $[u^* < c^*] \subset \Omega_0$ est connexe si $\partial\Omega$ est lui-même connexe. En effet, si ω était une composante connexe de cet ouvert ne rencontrant pas un voisinage de $\partial\Omega$, on aurait $u^* = c^*$ sur $\partial\omega$; mais $-\Delta u^* = f \geq 0$ dans ω (puisque $l^* = 0$ dans Ω_0) et par le principe du maximum, ceci impliquerait $u^* \geq c^*$ dans ω, ce qui est impossible.

Retour à une solution classique

Nous allons maintenant voir comment on peut, dans certains cas, exploiter les conditions d'optimalité décrites dans le théorème 7.2.22 pour prouver que le minimum l^* *a priori* relaxé est en fait un minimum classique. C'est-à-dire que sous certaines hypothèses que nous allons décrire, on peut montrer que l^* est nécessairement une fonction caractéristique. Compte-tenu de la définition des ensembles Ω_0, Ω^* et Ω_1, cela revient très exactement à montrer que l'ensemble Ω^* est vide (ou de mesure nulle ce qui revient au même dans notre cas). On a alors, par définition $l^* = \chi_{\Omega_1}$. Énonçons un résultat dans ce sens. Il s'agit d'une condition suffisante qui porte sur les données f et Ω. On peut en imaginer d'autres.

Théorème 7.2.23 *Soit $u_0 = u_\Omega^f$ la solution du problème de Dirichlet dans Ω. Alors, il existe une unique solution au problème de minimisation $\min_{\chi^*} J^*$ et cette solution est une solution classique (l^* est une fonction caractéristique) dès que l'une des trois conditions suivantes est satisfaite.*
(i) $u_0 \leq f$ dans Ω.
(ii) $f \leq -\Delta f$ dans Ω.
(iii) $C > |\{x \in \Omega, \ u_0(x) > \alpha\}|$ où $\alpha = \inf\{f(x), \ x$ tel que $u_0(x) > f(x)\}$.

Remarque: Rappelons que $C = \int_\Omega l^*$ est la contrainte du problème. Ces conditions sont seulement des conditions suffisantes. La deuxième est très facile à vérifier. Les deux autres nécessitent la résolution d'une e.d.p. simple sur Ω. Bien entendu, (iii) peut être vue comme une généralisation de (i).

Par exemple, dans le cas du disque $\Omega = D(0, R)$ de $\mathbb{R}^2$, si on choisit pour f la fonction constante égale à m on a , en coordonnées polaires, $u_0(r, \theta) = m\dfrac{R^2 - r^2}{4}$. Ainsi

– si $R \leq 2$, (i) est satisfaite et ce pour toute contrainte de volume
– tandis que si $R > 2$, (i) n'est plus satisfaite, mais (iii) est satisfaite dès que $C > \pi(R^2 - 4)$.

En fait dans le cas radial, les calculs peuvent être menés presque explicitement et on prouve (cf théorème 7.2.24 ci-dessous) que le minimum l^* est une fonction caractéristique quand f est une fonction décroissante de r.

Démonstration du théorème 7.2.23: Il s'agit de montrer que, sous les hypothèses ci-dessus, l'ensemble Ω^* associé aux minima l^* est nécessairement vide: cela prouvera que tous les minima sont des fonctions caractéristiques. Maintenant, puisque J^* est convexe, on sait que si l_1^* et l_2^* sont des minimum, alors $tl_1^* + (1-t)l_2^*$ est aussi un minimum de J^* pour tout $t \in]0,1[$. Comme les fonctions caractéristiques sont des points extrémaux de l'ensemble X^*, l'unicité de la solution en résultera.

Soit l^* un minimum et supposons que l'ensemble correspondant Ω^* soit non vide. On a alors $u^* = c^* = constant$ sur Ω^*. Puisque u^* est dans $H^2(\Omega)$, cela entraîne que $u^*_{x_i} = 0$ p.p. sur l'ensemble $\{u^* = c^*\}$ (voir lemme 3.1.8 et remarque 3.1.10). En utilisant le même argument, on voit que $u^*_{x_i x_i}$ s'annule p. p. sur l'ensemble $\{u^*_{x_i} = 0\}$ et donc aussi sur l'ensemble $\{u^* = c^*\}$. Il s'ensuit que $-\Delta u^* = 0$ p. p. dans Ω^*. Mais d'après l'équation satisfaite par u^*, il vient

$$l^* u^* = l^* c^* = f \ dans \ \Omega^*. \tag{7.53}$$

Maintenant, grâce au principe du maximum, on sait que $u^* \leq u_0$ dans Ω, et donc (7.53) fournit

$$l^* = \frac{f}{c^*} \geq \frac{f}{u_0} \ dans \ \Omega^*.$$

Si on suppose (i), on a $l^* \geq 1$ dans Ω^* ce qui contredit la définition de Ω^*.

Si on suppose maintenant (ii), notons v la fonction $f - u_0$. On a

$$-\Delta v = -\Delta f + \Delta u_0 = -\Delta f - f \geq 0 \ dans \ \Omega,$$

$$v = f \geq 0 \ sur \ \partial\Omega.$$

Donc, puisque v est superharmonique, $v = f - u_0 \geq 0$ dans Ω et on peut appliquer le point (i).

Enfin, si Ω^* est non vide, on a vu en (7.53) que $l^* = \frac{f}{c^*}$ dans Ω^*. Mais puisque, par définition, $l^* < 1$ dans Ω^*, on doit avoir $f < c^*$. Ainsi, Ω^* est nécessairement inclus dans l'ensemble $\{x \in \Omega, \ f(x) < u_0\}$ puisque $u^* \leq u_0$ par le principe du maximum. Il en résulte que, sur Ω^*:

$$1 > l^* = \frac{f}{c^*} \geq \frac{\inf\{f(x), \ x \ tel \ que \ u_0(x) > f(x)\}}{c^*} = \frac{\alpha}{c^*}$$

ce qui signifie $c^* > \alpha$. En conséquence, $\Omega^* \cup \Omega_1$ qui est inclus dans l'ensemble $\{x \in \Omega, \ u^* \geq c^*\}$ doit vérifier

$$\Omega^* \cup \Omega_1 \subset [u^* \geq c^*] \subset [u^* > \alpha] \subset [u_0(x) > \alpha]. \tag{7.54}$$

Maintenant, puisque $C = \int_\Omega l^* = |\Omega_1| + \int_{\Omega^*} l^* \leq |\Omega^* \cup \Omega_1|$, l'hypothèse (iii) est incompatible avec l'inclusion (7.54), ce qui prouve que Ω^* doit être vide dès que (iii) est satisfaite. □

Remarques: Les conditions d'optimalité données dans le théorème 7.2.22 peuvent être également utilisées dans d'autres contextes:

- le calcul numérique de la solution. Un algorithme basé sur la recherche directe d'ensembles Ω_0, Ω^* et Ω_1 qui satisfont les conditions requises est présenté dans [158] et s'avère particulièrement efficace.

- dans le cas radial, on peut aussi les utiliser pour chercher explicitement la solution en résolvant un système simple d'équations différentielles. Dans cet esprit, on a le théorème suivant, pour lequel on renvoie également à [158].

Théorème 7.2.24 *On suppose que Ω est la boule unité et $f = f(r)$ est une fonction radiale décroissante et positive de $L^2(\Omega)$. Alors,*

(i) Il existe une solution classique $l^* = \chi_{\Omega_1}$

(ii) Toute solution classique est radiale (Ω_1 est la boule centrée à l'origine de volume C).

(iii) Il n'existe pas d'autres solutions à symétrie radiale.

7.3 Relaxation par homogénéisation

7.3.1 Présentation du problème

Nous allons considérer un problème modèle très classique en conduction que l'on peut trouver sous une forme plus ou moins équivalente à différents endroits dans la littérature, cf par exemple [207], [248], [11], [67].

Supposons que l'on dispose de 2 matériaux différents, de conductivité respectives α et β avec $0 < \alpha < \beta < +\infty$. On veut remplir un volume donné Ω avec un mélange de ces deux matériaux. On notera A (resp. $\Omega \setminus A$) la partie du corps occupée par du matériau de conductivité α (resp. β). La conductivité de Ω peut donc s'écrire

$$a(x) = \alpha \chi_A(x) + \beta(1 - \chi_A(x)). \tag{7.55}$$

La quantité disponible de chacun des matériaux étant imposée, cela revient à introduire la contrainte

$$|A| = \int_\Omega \chi_A(x)\,dx = c. \tag{7.56}$$

On suppose que le corps Ω est soumis à une source de chaleur f et que son bord est plongé dans la glace de sorte que la température u à l'intérieur de Ω s'obtient en résolvant l'équation

$$\begin{cases} -\mathrm{div}(a(x)\nabla u) = f & \text{dans } \Omega \\ \qquad\quad u = 0 & \text{sur } \partial\Omega. \end{cases} \tag{7.57}$$

Il s'agit alors de minimiser une fonctionnelle du type

$$J(A) := \int_A g(x, u(x))\, dx + \int_{\Omega \setminus A} h(x, u(x))\, dx \qquad (7.58)$$

où nous supposerons que les fonctions g et h sont de Carathéodory (voir (7.14)) et vérifient les conditions habituelles:

$$|g(x, s)| + |h(x, s)| \leq a_0(x) + b_0 |s|^2 \text{ avec } a_0 \in L^1(\Omega), b_0 \in [0, +\infty[. \qquad (7.59)$$

Comme dans l'exemple précédent, une suite minimisante χ_{A_n} converge *-faiblement dans $L^\infty(\Omega)$ vers une fonction θ, comprise entre 0 et 1 et vérifiant $\int_\Omega \theta(x)dx = c$. Mais, si dans la situation du paragraphe précédent, la convergence de u_n vers le u limite s'en déduisait aisément (la perturbation portant sur les termes d'ordre 0 de l'équation), ici nous sommes naturellement conduits à utiliser la notion de G-convergence introduite dans le paragraphe 7.1.2.

Ainsi, si $\chi_{A_n} \overset{*}{\rightharpoonup} \theta$, on a

$$a_n(x) = \alpha \chi_{A_n}(x) + \beta(1 - \chi_{A_n}(x)) \overset{*}{\rightharpoonup} \alpha\theta(x) + \beta(1 - \theta(x)) \quad \text{dans } L^\infty(\Omega).$$

Du fait de la compacité de la G-convergence (voir le Corollaire 7.1.7), il en résulte qu'on peut extraire de la suite a_n une sous-suite, encore notée a_n, telle que $a_n Id$ G-converge vers une certaine matrice A^*. Ceci signifie, par définition, que u_n converge faiblement vers u^* solution de

$$\begin{cases} -\mathrm{div}(A^* \nabla u^*) = f & \text{dans } \Omega \\ u^* = 0 & \text{sur } \partial\Omega. \end{cases} \qquad (7.60)$$

On va aussi avoir, grâce aux hypothèses mises sur g et h:

Proposition 7.3.1 *Si χ_{A_n} converge *-faiblement dans $L^\infty(\Omega)$ vers θ, alors $J(A_n)$ (défini en (7.58)) converge dans $\mathbb{R}$ vers $J^*(\theta)$ défini par*

$$J^*(\theta) := \int_\Omega [\theta(x)g(x, u^*(x)) + (1 - \theta(x))h(x, u^*(x))]\, dx \qquad (7.61)$$

où u^* est solution de (7.60).

Démonstration: Du fait des hypothèses sur les fonctions g et h, les fonctions $g(x, u_n(x))$ et $h(x, u_n(x))$ convergent fortement dans $L^1(\Omega)$, respectivement vers $g(x, u^*(x))$ et $h(x, u^*(x))$.

Or $J(A_n)$ peut s'écrire:

$$J(A_n) = \int_\Omega \chi_{A_n}(x)g(x, u_n(x)) + (1 - \chi_{A_n}(x))h(x, u_n(x))\, dx$$

Puisque χ_{A_n} converge *-faiblement dans $L^\infty(\Omega)$ vers θ, le résultat s'en déduit. $\square$

7.3.2 Relaxation

Le problème relaxé consiste donc à chercher un θ dans

$$\mathcal{X} = \{\theta \in L^\infty(\Omega),\ 0 \le \theta(x) \le 1\ p.p.,\ \int_\Omega \theta(x)dx = c\}$$

qui minimise la fonctionnelle J^* définie en (7.61). Enoncé sous cette forme, le problème n'est pas très satisfaisant. En particulier, on aimerait décrire plus précisément ce que peuvent être les G-limites des matrices $a_n Id$, un peu comme on l'a fait au paragraphe 7.2.2 pour le problème de Dirichlet. C'est pourquoi nous sommes conduits à introduire l'ensemble:

$$M_\theta := \{G - \text{limites de } a_n Id, \quad \text{avec } \chi_{A_n} \overset{*}{\rightharpoonup} \theta\}. \tag{7.62}$$

Le problème relaxé se pose alors sur l'ensemble X^* défini par:

$$X^* = \{(\theta, A^*);\ \theta \in L^\infty(\Omega),\ A^* \in M_\theta,\ 0 \le \theta(x) \le 1\ p.p.,\ \int_\Omega \theta(x)dx = c\}$$

sur lequel il s'agit de minimiser la fonctionnelle

$$J^*(\theta, A^*) = \int_\Omega [\theta(x)g(x, u^*(x)) + (1 - \theta(x))h(x, u^*(x))]\ dx$$

où $u^*(x)$ est la fonction de $H_0^1(\Omega)$ solution de $-\text{div}\,(A^* \nabla u^*) = f$.

Naturellement, X^* est muni de la topologie faible-$*$ pour la première composante en θ et la topologie de la G-convergence pour la deuxième composante. Comme nous l'avons dit ci-dessus, X^* muni de cette topologie est séquentiellement compact et J^* est continue, donc le problème de minimum a bien une solution.

Attachons-nous maintenant à décrire plus précisément M_θ. Le résultat suivant est dû à Lurie-Cherkaev pour la dimension 2 et Murat-Tartar pour le cas général.

Théorème 7.3.2 *Introduisons les moyennes arithmétiques et harmoniques de α et β relativement à θ:*

$$a^+(\theta) = \theta\alpha + (1 - \theta)\beta \qquad a^-(\theta) = \left(\frac{\theta}{\alpha} + \frac{(1 - \theta)}{\beta}\right)^{-1}.$$

Alors M_θ est constitué des matrices symétriques $A^*(x)$ dont les valeurs propres en chaque point $(\lambda_1(x), \lambda_2(x), \ldots, \lambda_N(x))$ satisfont

$$a^-(\theta) \le \lambda_i(x) \le a^+(\theta) \quad i = 1 \ldots N \tag{7.63}$$

$$\begin{cases} \sum_{i=1}^N \frac{1}{\lambda_i - \alpha} \le \frac{1}{a^-(\theta) - \alpha} + \frac{N-1}{a^+(\theta) - \alpha} \\ \sum_{i=1}^N \frac{1}{\beta - \lambda_i} \le \frac{1}{\beta - a^-(\theta)} + \frac{N-1}{\beta - a^+(\theta)} \end{cases} \tag{7.64}$$

Nous n'allons pas démontrer ce théorème ici. Rappelons néanmoins que les inégalités (7.63) ont été prouvées au Corollaire 7.1.9. Remarquons qu'une caractérisation aussi précise de l'ensemble M_θ des G-limites reste assez exceptionnelle. Ce qui est très difficile à obtenir, en général, est la réciproque: à savoir qu'une matrice A^* dont les valeurs propres vérifient (7.63) et (7.64) peut effectivement être obtenue comme G-limite d'une suite de matrices du type $a_n Id$. Elle nécessite des calculs compliqués, qui ont néanmoins l'intérêt (cf les travaux de Murat-Tartar) de fournir une construction concrète de la suite approximante par divers procédés explicites.

Nous représentons dans le plan, à la Figure 7.2, l'ensemble possible pour $\lambda_1(x), \lambda_2(x)$. Remarquons que l'ensemble dessiné est convexe. Cette propriété

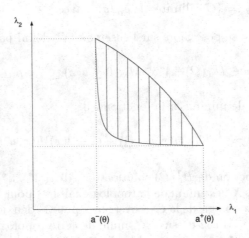

FIG. 7.2 –. *Le convexe du plan de tous les couples de valeurs propres* $(\lambda_1(x), \lambda_2(x))$ *possibles (en hachuré).*

va en fait se transmettre à M_θ. Nous suivons à présent la présentation de Murat-Tartar [207].

Proposition 7.3.3 *Pour tout θ fixé dans $[0, 1]$, l'ensemble M_θ est un ensemble convexe de matrices symétriques.*

Démonstration: Elle repose sur le lemme algébrique suivant:

Lemme 7.3.4 *Soit φ une fonction convexe de $\mathbb{R}$ dans $\overline{\mathbb{R}}$ et c un réel. L'ensemble des matrices symétriques $N \times N$ qui vérifient $\sum_{i=1}^{N} \varphi(\mu_i) \leq c$, où $\mu_1, \mu_2, \ldots, \mu_N$ sont les valeurs propres de la matrice, est un convexe de l'ensemble des matrices $\mathcal{M}_N(\mathbb{R})$.*

En effet, identifions toute matrice à l'application linéaire qui lui est associée dans la base canonique de $\mathbb{R}^N$. On passe de la base orthonormée des vecteurs propres à toute autre base orthonormée par une matrice de passage P orthogonale. Ainsi, dans toute base orthonormée, si A_{ii} désigne le i – ème terme diagonal de la matrice représentant l'application linéaire dans la base en question, on a:

$$A_{ii} = \sum_{k=1}^{N} p_{ik} \mu_k p_{ik} = \sum_{k=1}^{N} p_{ik}^2 \mu_k$$

qui est une combinaison convexe des μ_k puisque P est une matrice orthogonale. En conséquence $\varphi(A_{ii}) \le \sum_{k=1}^{N} p_{ik}^2 \varphi(\mu_k)$ et en sommant

$$\sum_{i=1}^{N} \varphi(A_{ii}) \le \sum_{k=1}^{N} \sum_{i=1}^{N} p_{ik}^2 \varphi(\mu_k) = \sum_{k=1}^{N} \varphi(\mu_k). \qquad (7.65)$$

L'inégalité (7.65) étant valable pour la matrice A exprimée dans n'importe quelle base orthonormée, on en déduit l'équivalence:

$$\left\{ \sum_{k=1}^{N} \varphi(\mu_k) \le c \right\} \iff \left\{ \sum_{i=1}^{N} \varphi(A_{ii}) \le c \text{ dans toute base orthonormée} \right\}.$$

Maintenant puisque la fonction définie sur $\mathcal{M}_N(\mathbb{R})$ par $A \mapsto \sum_{i=1}^{N} \varphi(A_{ii})$ est évidemment convexe et que l'image réciproque de $]-\infty, c]$ par cette application est un convexe de $\mathcal{M}_N(\mathbb{R})$, le lemme est démontré. □

On en déduit la Proposition 7.3.3 en introduisant les deux fonctions convexes définies par

$$\varphi_1(t) = \begin{cases} \frac{1}{t-\alpha} & \text{si } t \in]\alpha, a^+(\theta)] \\ +\infty & \text{sinon} \end{cases} \qquad \varphi_2(t) = \begin{cases} \frac{1}{\beta-t} & \text{si } t \in [a^-(\theta), \beta[\\ +\infty & \text{sinon} \end{cases}$$

(de façon à ce que si l'une des valeurs propres μ_i sort de l'intervalle $[a^-(\theta), a^+(\theta)]$, on ait $\varphi_1(\mu_i)$ ou $\varphi_2(\mu_i)$ qui prenne la valeur $+\infty$). On pose alors

$$c_1 = \frac{1}{a^-(\theta) - \alpha} + \frac{N-1}{a^+(\theta) - \alpha} \qquad c_2 = \frac{1}{\beta - a^-(\theta)} + \frac{N-1}{\beta - a^+(\theta)}$$

et il ne reste plus qu'à observer que M_θ peut être défini comme l'intersection des deux convexes $\left\{ \sum_{k=1}^{N} \varphi_1(\mu_k) \le c_1 \right\}$ et $\left\{ \sum_{k=1}^{N} \varphi_2(\mu_k) \le c_2 \right\}$.

7.3.3 Conditions d'optimalité

A présent, nous allons exprimer les conditions d'optimalité satisfaites par le couple optimal (θ^*, A^*). Nous allons voir que l'analyse présente des similarités avec celle faite dans le paragraphe 7.2.3. Nous allons d'abord écrire les conditions dans le cas général, puis nous verrons sur un exemple significatif comment les utiliser pour en tirer des renseignements qualitatifs sur la solution. En particulier, nous verrons un cas où on peut prouver qu'il n'existe aucune solution classique.

Afin de pouvoir dériver la fonctionnelle, il faut faire davantage d'hypothèses sur les données g et h. Nous supposerons que $u \mapsto g(x, u)$ et $u \mapsto h(x, u)$ sont Gâteaux[2]-dérivables sur $H_0^1(\Omega)$, ce qui est en particulier vérifié si l'on impose (cf [177]):

$$\begin{cases} \frac{\partial g}{\partial t} \quad \text{et} \quad \frac{\partial h}{\partial t} \text{ fonctions de Carathéodory (voir (7.14))} \\ |\frac{\partial g}{\partial t}(x,t)| + |\frac{\partial h}{\partial t}(x,t)| \le a_1(x) + b_1|t| \text{ avec } a_1 \in L^1(\Omega). \end{cases}$$

On peut alors énoncer:

Proposition 7.3.5 *La fonctionnelle J^* est Gâteaux-dérivable en tout point (θ, A) et sa dérivée est donnée par:*

$$dJ^*_{(\theta,A)}(\sigma, B) = \int_\Omega \left(\sigma[g(\cdot, u) - h(\cdot, u)] - (B\nabla u, \nabla p) \right), \qquad (7.66)$$

où u est l'état associé à A, solution de

$$-\operatorname{div}(A\nabla u) = f, \qquad u \in H_0^1(\Omega) \qquad\qquad (7.67)$$

et p l'état adjoint, solution de

$$-\operatorname{div}(A\nabla p) = \theta\frac{\partial g}{\partial t}(\cdot, u) + (1 - \theta)\frac{\partial h}{\partial t}(\cdot, u), \qquad p \in H_0^1(\Omega). \qquad (7.68)$$

Démonstration: Elle est sans surprise. Contentons nous de faire un calcul formel. Un développement à l'ordre 1 de $J^*(\theta + t\sigma, A + tB)$ fournit

$$dJ^*_{(\theta,A)}(\sigma, B) = \lim_{t \to 0} \frac{J^*(\theta + t\sigma, A + tB) - J^*(\theta, A)}{t} =$$

$$= \int_\Omega \sigma[g(\cdot, u) - h(\cdot, u)] + [\theta\frac{\partial g}{\partial t}(\cdot, u) + (1 - \theta)\frac{\partial h}{\partial t}(\cdot, u)]v,$$

où v est la solution du problème

$$-\operatorname{div}(A\nabla v) = \operatorname{div} B\nabla u, \qquad v \in H_0^1(\Omega). \qquad (7.69)$$

Pour éliminer v dans l'expression de dJ^*, on multiplie l'équation (7.69) par p, l'équation (7.68) par v et, en identifiant, on obtient ainsi (7.66). $\square$

Les conditions d'optimalité s'obtiennent maintenant en exprimant que $dJ^* \ge 0$ au point (θ^*, A^*), pour tout accroissement (σ, B) dans le cône des directions admissibles. Fixons dans un premier temps $\sigma = 0$ en ne faisant varier que B. La convexité de l'ensemble M_θ (Proposition 7.3.3) montre que

---

[2] René Eugène GÂTEAUX, 1889-1914, français et parmi les premiers "morts pour la France" en 1914. Malgré ses trop brèves recherches, il a laissé son nom en calcul différentiel.

$B = C - A^*$ est un accroissement admissible pour toute matrice $C \in M_\theta$. En remplaçant dans (7.66), on obtient:

$$\forall C \in M_{\theta(x)} \quad \int_\Omega (C(x)\nabla u, \nabla p)\, dx \leq \int_\Omega (A^*(x)\nabla u, \nabla p)\, dx. \qquad (7.70)$$

Soit ω un sous-ouvert quelconque de Ω. Si on remplace la matrice C par la matrice $\tilde{C}$ définie par

$$\tilde{C}(x) = \begin{cases} C(x) & \text{sur } \omega \\ A^*(x) & \text{sur } \Omega \setminus \omega \end{cases}$$

qui est encore clairement dans $M_{\theta(x)}$, la relation (7.70) reste valable. Ceci montre que cette relation (7.70) se localise, c'est-à-dire:

$$p.p.\ x \in \Omega,\ \forall C \in M_{\theta(x)} \quad (C(x)\nabla u, \nabla p) \leq (A^*(x)\nabla u, \nabla p). \qquad (7.71)$$

Autrement dit, $A^*(x)$ est solution d'un problème de maximisation ponctuel faisant intervenir les deux vecteurs $\nabla u(x)$ et $\nabla p(x)$. Ce problème se résout aisément grâce au lemme géométrique suivant:

Lemme 7.3.6 *Soit C_θ l'ensemble des matrices $N \times N$ symétriques dont les valeurs propres sont comprises entre les deux nombres $a^-(\theta)$ et $a^+(\theta)$ et soient e et e' deux vecteurs unitaires de $\mathbb{R}^N$. Alors les 3 propriétés suivantes sont équivalentes*

(i)

$$A \in C_\theta \text{ et } \forall C \in C_\theta \quad (Ce, e') \leq (Ae, e'). \qquad (7.72)$$

(ii)

$$Ae = \frac{1}{2}(a^+(\theta) + a^-(\theta))e + \frac{1}{2}(a^+(\theta) - a^-(\theta))e' \qquad (7.73)$$

(iii)

$$A(e + e') = a^+(\theta)(e + e') \quad \text{et} \quad A(e - e') = a^-(\theta)(e - e') \qquad (7.74)$$

Démonstration: Observons la figure 7.3. Pour toute matrice $C \in C_\theta$, l'extrémité du vecteur Ce reste à l'intérieur du cercle représenté (de centre $\frac{1}{2}(a^+(\theta) + a^-(\theta))e$ et de rayon $\frac{1}{2}(a^+(\theta) - a^-(\theta))$). En effet, on a

$$\left| Ce - \frac{1}{2}(a^+(\theta) + a^-(\theta))e \right| \leq \left\| C - \frac{1}{2}(a^+(\theta) + a^-(\theta))Id \right\|_2.$$

Mais la matrice $C - \frac{1}{2}(a^+(\theta) + a^-(\theta))Id$ étant symétrique, sa norme (subordonnée à la norme euclidienne, voir par exemple [85]) est égale à son rayon spectral qui, compte-tenu de l'hypothèse sur les valeurs propres de C est majoré par

$$\max\{|a^-(\theta) - \frac{1}{2}(a^+(\theta) + a^-(\theta))|, |a^+(\theta) - \frac{1}{2}(a^+(\theta) + a^-(\theta))|$$

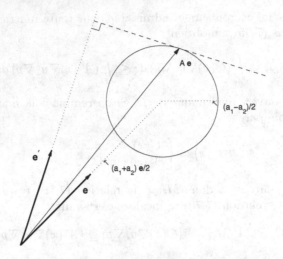

$$\text{Fig. 7.3 –.}$$

soit

$$\|C - \frac{1}{2}\left(a^+(\theta) + a^-(\theta)\right)Id\|_2 \leq \frac{1}{2}\left(a^+(\theta) - a^-(\theta)\right)$$

ce qui prouve l'affirmation.

Maintenant, parmi toutes les matrices $C \in C_\theta$ possibles, il est clair que celles qui maximisent le produit scalaire (Ae, e') seront celles pour lesquelles l'extrémité du vecteur Ae prendra la position représentée sur la Figure (la tangente au cercle est, en ce point, orthogonale au vecteur e'). L'expression de Ae est alors donnée par (7.73). Puisque A est symétrique, elle est aussi solution du problème de maximum obtenu en échangeant le rôle de e et e'. Autrement dit, on obtient Ae' en échangeant dans la formule (7.73) le rôle de e et e'. La formule (7.74) s'en déduit immédiatement et le lemme 7.3.6 est prouvé.   □

Notons que le lemme ci-dessus fournit une caractérisation des matrices vérifiant la propriété de maximum non dans l'ensemble M_θ mais dans l'ensemble plus gros C_θ. Pour pouvoir l'appliquer à notre situation, encore faut-il prouver l'existence d'une matrice $A \in M_\theta$ qui vérifie les conditions (7.73) ou (7.74).

Plaçons-nous tout d'abord dans le cas où $e \neq e'$. Les relations (7.74) indiquent que $e + e'$ et $e - e'$ (qui sont orthogonaux) doivent être vecteurs propres de A associés respectivement aux valeurs propres $a^+(\theta)$ et $a^-(\theta)$. En complétant alors la base de vecteurs propres dans le sous-espace orthogonal de sorte que $a^+(\theta)$ soit l'unique valeur propre pour tous ces autres vecteurs propres, on obtient clairement une matrice qui satisfait les conditions (7.63) et (7.64) et est donc dans M_θ. Remarquons que la matrice que nous venons de construire correspond en fait à un matériau feuilleté perpendiculairement à un vecteur $\tilde{e}$ où $\tilde{e}$ est colinéaire à $e - e'$ et orthogonal à $e + e'$.

Dans le cas où $e = e'$, on fait une construction analogue en imposant simplement $Ae = a^+(\theta)e$, la deuxième relation de (7.74) n'ayant plus d'intérêt.

Remarque: Il est important de noter que l'analyse faite ci-dessus n'a utilisé comme propriété de l'ensemble M_θ que:

– Les matrices de M_θ ont des valeurs propres comprises entre $a^-(\theta)$ et $a^+(\theta)$.
– Il existe une matrice de M_θ dont les deux premières valeurs propres sont $a^+(\theta)$ et $a^-(\theta)$.

Cette remarque peut être utile pour traiter des problèmes plus complexes dans lesquels la connaissance de l'ensemble M_θ sera moins précise qu'ici.

Revenons à nos conditions d'optimalité satisfaites par le couple (θ^*, A^*). Le lemme 7.3.6 va s'appliquer quand les deux vecteurs ∇u (qui, une fois normé, joue le rôle de e) et ∇p (qui, une fois normé, joue le rôle de e') seront non nuls. Quand c'est le cas, introduisons leur angle φ défini par $\nabla u.\nabla p = |\nabla u||\nabla p|\cos\varphi$. On peut alors résumer les résultats précédents:

Proposition 7.3.7 *Si (θ^*, A^*) est un minimum de la fonctionnelle J^* alors, en dehors de l'ensemble où $|\nabla u||\nabla p| = 0$, on a*

$$\begin{cases} A^* \dfrac{\nabla u}{|\nabla u|} = \frac{1}{2}\left(a^+(\theta) + a^-(\theta)\right)\dfrac{\nabla u}{|\nabla u|} + \frac{1}{2}\left(a^+(\theta) - a^-(\theta)\right)\dfrac{\nabla p}{|\nabla p|} \\[2mm] A^* \dfrac{\nabla p}{|\nabla p|} = \frac{1}{2}\left(a^+(\theta) + a^-(\theta)\right)\dfrac{\nabla p}{|\nabla p|} + \frac{1}{2}\left(a^+(\theta) - a^-(\theta)\right)\dfrac{\nabla u}{|\nabla u|} \qquad (7.75) \\[2mm] (A^*\nabla u, \nabla p) = |\nabla u||\nabla p|(a^+(\theta)\cos^2\frac{\varphi}{2} - a^-(\theta)\sin^2\frac{\varphi}{2}). \end{cases}$$

Remarque: La proposition ci-dessus ne donne pas d'information dans le cas où ∇u ou ∇p s'annulent. En fait, comme il est expliqué dans [207], voir aussi [222], on peut toujours trouver une solution optimale qui n'utilise que des matériaux feuilletés. C'est-à-dire qu'on peut se ramener au cas où la matrice A^* possède $a^-(\theta)$ comme valeur propre simple et $a^+(\theta)$ comme valeur propre d'ordre $N-1$.

A présent faisons varier θ. Nous introduisons pour cela une courbe $(\theta(x,t); A(x,t))$ définie pour $x \in \Omega$ et $t \in [0,1]$ telle que $\theta(x,0) = \theta^*$ et $A(x,t)$ qui vérifie:

$$\begin{cases} A(x,t) = A^*(x) \qquad \text{si } |\nabla u(x)||\nabla p(x)| = 0, \\ \text{et sinon} \\ (A(x,t)\nabla u(x), \nabla p(x)) = \\ \qquad |\nabla u(x)||\nabla p(x)|(a^+(\theta(x,t))\cos^2\frac{\varphi}{2} - a^-(\theta(x,t))\sin^2\frac{\varphi}{2}). \end{cases}$$

(On peut construire un tel $A(x,t)$ en suivant le même procédé que celui décrit dans la preuve du lemme 7.3.6). Dans l'expression ci-dessus u et p désignent l'état et l'état adjoint associé au couple optimal (θ^*, A^*).

On va maintenant dériver $J^*(\theta(t), A(t))$ par rapport à t en $t = 0$. Compte-tenu de (7.66) et de l'expression de $A(x,t)$, il vient:

$$\frac{d}{dt}_{|t=0} J^*(\theta(t), A(t)) = \int_\Omega \theta'(0)[g(\cdot, u) - h(\cdot, u)] - (A'(0)\nabla u, \nabla p),$$

ou encore

$$\frac{d}{dt}_{|t=0} J^*(\theta(t), A(t)) = \int_\Omega \theta'(0)[g(\cdot, u) - h(\cdot, u)]$$

$$- \int_\Omega |\nabla u||\nabla p| \left(\frac{d}{dt}_{|t=0} a^+(\theta(t)) \cos^2 \frac{\varphi}{2} - \frac{d}{dt}_{|t=0} a^-(\theta(t)) \sin^2 \frac{\varphi}{2} \right). \tag{7.76}$$

En utilisant l'expression de la moyenne harmonique et de la moyenne arithmétique et en introduisant la fonction $Q = Q(x)$ définie par

$$Q = g(\cdot, u) - h(\cdot, u) + \frac{\beta - \alpha}{\alpha\beta} |\nabla u||\nabla p|(\alpha\beta \cos^2 \frac{\varphi}{2} - (a^-(\theta))^2 \sin^2 \frac{\varphi}{2}), \tag{7.77}$$

on peut énoncer

Proposition 7.3.8 *Pour tout accroissement $\delta\theta = \frac{d\theta}{dt}|_{t=0}$ admissible (i.e. tel que $\int_\Omega \delta\theta = 0$ et que la courbe reste dans le convexe $0 \leq \theta \leq 1$), on a*

$$\int_\Omega \delta\theta Q(x) \, dx \geq 0 \tag{7.78}$$

où $Q(x)$ est définie par (7.77).

En utilisant la même discussion que celle faite dans le paragraphe 7.2.3 au théorème 7.2.22, on déduit de (7.78) l'existence d'un multiplicateur de Lagrange c^* tel que:

Corollaire 7.3.9 *Si (θ^*, A^*) est un minimum de J^*, il existe une constante c^* telle que*

$$\begin{cases} \theta^*(x) = 0 & \implies Q(x) \geq c^* \\ 0 < \theta^*(x) < 1 \implies Q(x) = c^* \\ \theta^*(x) = 1 & \implies Q(x) \leq c^* \end{cases} \tag{7.79}$$

où $Q(x)$ est définie par (7.77).

7.3.4 Un exemple d'application

Pour montrer comment se servir des conditions d'optimalité, nous allons nous placer dans le cas où nous cherchons à minimiser sur l'ensemble des parties ω de $\Omega \subset \mathbb{R}^2$, mesurables de mesure c, la fonctionnelle J donnée par

$$J(\omega) = \int_\Omega f(x)u(x) \, dx \tag{7.80}$$

où u est la solution de

$$\begin{cases} -\text{div}(\alpha\chi_\omega(x) + \beta(1 - \chi_\omega(x))\nabla u) = f & \text{dans } \Omega \\ u = 0 & \text{sur } \partial\Omega. \end{cases} \tag{7.81}$$

Autrement dit, on choisit ici $g(x,s) = h(x,s) = f(x)s$.

D'après l'étude précédente, le problème relaxé s'écrit ici: on cherche un couple optimal (θ^*, A^*) dans

$$X^* = \{(\theta, A); \ \theta \in L^\infty(\Omega), \ A \in M_\theta, \ 0 \le \theta(x) \le 1 \ p.p., \ \int_\Omega \theta(x)dx = c\}$$

où M_θ est défini en (7.62) qui minimise la fonctionnelle

$$J^*(\theta, A) = \int_\Omega f(x)u(x)\, dx$$

où $u(x)$ est la fonction de $H_0^1(\Omega)$ solution de

$$\begin{cases} -\mathrm{div}(A\nabla u) = f & \text{dans } \Omega \\ \qquad u = 0 & \text{sur } \partial\Omega. \end{cases} \qquad (7.82)$$

L'état adjoint est donné par la résolution de l'équation (7.68) dont le second membre est, dans ce cas $f(x)$. On retrouve exactement l'équation (7.82), autrement dit on a ici $u = p$.

Cherchons les conditions vérifiées par un couple optimal (θ^*, A^*). D'après la Proposition 7.3.7, aux points où $\nabla u^* \neq 0$, on doit avoir

$$A^*\nabla u^* = a^+(\theta^*)\nabla u^*. \qquad (7.83)$$

Bien entendu, cette relation (7.83) est encore vraie quand $\nabla u(x) = 0$. L'équation (7.82) s'écrit donc plus simplement

$$\begin{cases} -\mathrm{div}(a^+(\theta^*)\nabla u^*) = f & \text{dans } \Omega \\ \qquad u = 0 & \text{sur } \partial\Omega. \end{cases} \qquad (7.84)$$

Dans la formule (7.77), on doit prendre l'angle $\varphi = 0$, d'où $Q(x)$ est donnée par:

$$Q(x) = (\beta - \alpha)|\nabla u^*(x)|^2 \qquad (7.85)$$

et le corollaire 7.3.9 fournit l'existence d'une constante c_1^* telle que:

$$\begin{cases} \theta^*(x) = 0 & \implies |\nabla u^*(x)| \ge c_1^* \\ 0 < \theta^*(x) < 1 & \implies |\nabla u^*(x)| = c_1^* \\ \theta^*(x) = 1 & \implies |\nabla u^*(x)| \le c_1^*. \end{cases} \qquad (7.86)$$

Nous allons maintenant montrer que si on met l'hypothèse supplémentaire

$$p.p.\ x, \ f(x) \neq 0, \qquad (7.87)$$

alors il ne peut exister de solution classique (i.e. θ^* ne peut être une fonction caractéristique du type χ_{ω^*} tout au moins avec un ω^* régulier).

Supposons, par l'absurde, qu'il existe une solution classique $\theta^* = \chi_{\omega^*}$ avec ω^* régulier (par exemple de classe C^2). Notons ω une composante connexe de ω^* et γ la partie de son bord contenue dans Ω. De part et d'autre de l'interface γ on a deux régions:

- sur l'une (ω), on a $\theta^* = 1$ et on notera u_1 la solution de l'équation dans cette région. De plus on a ici $a^+(\theta^*) = \alpha$;
- sur l'autre, on a $\theta^* = 0$ et on notera u_0 la solution de l'équation dans cette région. De plus on a ici $a^+(\theta^*) = \beta$

Du fait de l'équation (7.84) satisfaite dans Ω, on a continuité de u^* à travers l'interface:

$$u_0 = u_1 \quad \text{sur } \gamma \tag{7.88}$$

et continuité du saut de la dérivée normale:

$$\beta \frac{\partial u_0}{\partial n} = \alpha \frac{\partial u_1}{\partial n} \quad \text{sur } \gamma. \tag{7.89}$$

La relation (7.88) entraîne l'égalité des dérivées tangentielles sur γ: $\partial_\gamma u_0 = \partial_\gamma u_1$. Par ailleurs les conditions d'optimalité (7.86) montrent que $|\nabla u_0| \geq c_1^* \geq |\nabla u_1|$ quand on se rapproche de l'interface. Donc, du fait de l'égalité des composantes tangentielles, on doit avoir sur γ: $\frac{\partial u_0}{\partial n} \geq \frac{\partial u_1}{\partial n}$. Mais, puisque $\beta > \alpha$, la conjonction de l'inégalité précédente avec l'égalité (7.89) montre que, nécessairement:

$$\frac{\partial u_0}{\partial n} = \frac{\partial u_1}{\partial n} = 0 \quad \text{et} \quad \partial_\gamma u_0 = \partial_\gamma u_1 = c_1^* \quad \text{sur } \gamma. \tag{7.90}$$

Remarquons que c_1^* ne peut être nul, car sinon, d'après (7.86), on aurait $|\nabla u_1| = 0$ dans ω et, en revenant à (7.84), $f = 0$ dans ω ce qui contredirait l'hypothèse (7.87).

Maintenant deux cas peuvent se présenter:

- ou bien ω est strictement contenue dans Ω, c'est-à-dire que γ est une courbe fermée. Alors $\partial_\gamma u_1 = c_1^*$ sur tout $\partial\omega$
- ou bien le bord de ω a une partie commune avec le bord de Ω, c'est-à-dire que γ rejoint le bord de Ω. Dans ce cas $\partial_\gamma u_1 = c_1^*$ sur γ et $\partial_\gamma u_1 = 0$ sur $\partial\omega \setminus \gamma$ (car $u_1 = 0$ sur $\partial\omega \setminus \gamma$).

Dans les deux cas, on en déduit

$$0 = \int_{\partial\omega} \partial_\gamma u_1 = c_1^* |\gamma|$$

ce qui implique que γ est de longueur nulle et fournit la contradiction attendue.

Remarque : Dans le cas où on cherche à maximiser la fonctionnelle J définie en (7.80) (ce qui revient à minimiser $-J$), il faut faire les modifications suivantes dans l'étude précédente. On a maintenant

- $p = -u^*$
- $\varphi = \pi$
- $Q(x) = -\frac{(\beta-\alpha)}{\alpha\beta} \left(a^-(\theta^*)\right)^2 |\nabla u^*(x)|^2$

et les conditions d'optimalité s'écrivent ici: il existe une constante c_1^* telle que:

$$\begin{cases} \theta^*(x) = 0 \quad \Longrightarrow \quad \beta|\nabla u^*(x)| \leq c_1^* \\ 0 < \theta^*(x) < 1 \Longrightarrow a^-(\theta^*)|\nabla u^*(x)| = c_1^* \\ \theta^*(x) = 1 \quad \Longrightarrow \quad \alpha|\nabla u^*(x)| \geq c_1^*. \end{cases} \qquad (7.91)$$

On n'aboutit plus alors à une contradiction quand on suppose l'existence d'une solution classique du type $\theta^* = \chi_{\omega^*}$, mais on a le renseignement que c'est cette fois la dérivée tangentielle qui doit s'annuler sur l'interface γ séparant la zone $\theta^* = 0$ de la zone $\theta^* = 1$. Cela implique, en particulier, que u_1 et la dérivée normale $\frac{\partial u_1}{\partial n}$ doivent être constante sur γ. Ceci a une conséquence amusante dans le cas particulier $f = 1$: si on recherche une composante connexe de la solution optimale $\omega \subset\subset \Omega$ entièrement contenue dans Ω, les relations précédentes avec le théorème de Serrin 6.1.11 du chapitre 6, montrent que ω est nécessairement une boule. Par suite, grâce au principe d'unique continuation analytique, on doit avoir $u^* = C(A - r^2)$ dans Ω tout entier. Ce qui signifie que Ω ne peut être qu'une boule.

Références

1. E. ACERBI, G. BUTTAZZO, *Reinforcement problems in the calculus of variations*, Ann. Inst. H. Poincaré Anal. Non Linéaire, **3** no. 4 (1986), 273–284.

2. A. ACKER, *On the geometric form of free boundaries satisfying a Bernoulli condition*, Math. Meth. in the Appl. Sci., **6** (1984), 449-456.

3. A. ACKER, *On the geometric form of free boundaries satisfying a Bernoulli condition II*, Math. Meth. in the Appl. Sci., **8** (1986), 387-404.

4. R.A. ADAMS, Sobolev Spaces, Academic Press, New York, London, 1975.

5. D.R. ADAMS, L.I. HEDBERG, Function Spaces and Potential Theory, Springer 1996.

6. S. AGMON, Lectures on Elliptic Boundary Value Problems, Van Nostrand Math Studies, 1965.

7. S. AGMON, A. DOUGLIS, L. NIRENBERG, *Estimates near the boundary for solutions of elliptic partial differential equations satisfying general boundary conditions I*, Comm. Pure Appl. Math., **12** (1959), 623-727.

8. G. ALBERTI, G. BOUCHITTÉ, G. DAL MASO, *The calibration method for the Mumford-Shah functional*, C. R. Acad. Sci. Paris Sér. I Math., **329** no. 3 (1999), 249-254.

9. G. ALESSANDRINI, E. ROSSET, *The inverse conductivity problem with one measurement: bounds on the size of the unknown object*, SIAM J. Appl. Math., **58** no. 4 (1998), 1060-1071.

10. A.D. ALEXANDROFF, *A characteristic property of spheres*, Ann. Mat. Pura Appl., **58** (1962), 303-315.

11. G. ALLAIRE, *An introduction to homogenization and bounds on effective properties applied to optimal shape design*, School on Homogenization, ICTP Trieste, 1993.

12. G. ALLAIRE, Shape optimization by the homogenization method, Applied Mathematical Sciences, **146**, Springer-Verlag, New York, 2002.

13. G. ALLAIRE, Conception optimale de structures, Cours Ecole Polytechnique, 2004.

14. G. ALLAIRE, E. BONNETIER, G. FRANCFORT, F. JOUVE, *Shape optimization by the homogenization method*, Numerische Mathematik, **76** (1997), 27-68.

15. G. ALLAIRE, R.V. KOHN, *Optimal design for minimum weight and compliance in plane stress using extremal microstructures,* Europ. J. Mech. A/Solids, **12**, 6 (1993), 839-878.

16. G. ALLAIRE, A. HENROT, *On some recent advances in shape optimization,* C. R. Acad. Sci. Paris Sér. IIb Mécanique (*le point sur /Concise review paper*), **329** (2001), 383-396.

17. F. ALMGREN, E.H. LIEB, *Symmetric rearrangement is sometimes continuous,* J. Amer. Math. Soc., **2** (1989), 683-773.

18. F. ALMGREN, J. TAYLOR, *The geometry of soap films and soap bubbles,* Scientific American, **235** 82 (1976).

19. L. AMBROSIO, G. BUTTAZZO, *An optimal design problem with perimeter penalization,* Calc. Var. Partial Differential Equations, **1** n°1 (1993), 55-69.

20. A. ANCONA, *Théorie du potentiel dans les espaces fonctionnels à forme coercive,* Cours de 3ème cycle, Université de Paris 6, 1973.

21. S. ANDRIEUX, A. BEN ABDA, M. JAOUA, *On the inverse emergent plane crack problem,* Math. Methods Appl. Sci., **21** no. 10 (1998), 895-906.

22. M.S. ASHBAUGH, *Open problems on eigenvalues of the Laplacian,* in *Analytic and Geometric Inequalities and Their Applications,* T. M. Rassias and H. M. Srivastava (editors), vol. 4787, Kluwer 1999.

23. M.S. ASHBAUGH, R. BENGURIA, *Proof of the Payne-Pólya-Weinberger conjecture,* Bull. Amer. Math. Soc., **25** n°1 (1991), 19–29.

24. M.S. ASHBAUGH, R. BENGURIA, *On Rayleigh's conjecture for the clamped plate and its generalization to three dimensions,* Duke Math. J., **78** (1995), 1-17.

25. H. ATTOUCH, Variational convergence for functions and operators, *Applicable Math. series,* Pitman, London, 1984.

26. H. ATTOUCH, C. PICARD, *Variational inequalities with varying obstacles: the general form of the limit problem,* J. Funct. Anal., **50** n°3 (1983), 329-386.

27. C. BANDLE, Isoperimetric inequalities and applications, Pitman, London 1980.

28. N. BANICHUK, Introduction to optimization of structures, Springer-Verlag, New York, 1990.

29. M. BARKATOU, A. HENROT, *Un résultat d'existence en optimisation de forme en utilisant une propriété géométrique de la normale,* ESAIM COCV, **vol. 2**, 1997, 105-123.

30. E. BEDNARCZUK, M. PIERRE, E. ROUY, J. SOKOLOWSKI, *Tangent sets in some functional spaces,* Nonlinear Anal. **42** (2000), no. 5, Ser. A: Theory Methods, 871-886.

31. M. BENDSOE, Methods for optimization of structural topology, shape and material, Springer Verlag (1995).

32. M. BENDSOE, N. KIKUCHI, *Generating Optimal Topologies in Structural Design Using a Homogenization Method,* Comp. Meth. Appl. Mech. Eng., **71** (1988), 197-224.

33. M. BENDSOE, C. MOTA SOARES, Topology optimization of structures, Kluwer Academic Press, Dordrechts 1993.

34. M. BENDSOE, O. SIGMUND, Topology Optimization, Theory, Methods and Applications, Springer Verlag (2003).

35. M. BERGER, Convexes et polytopes, polyèdres réguliers, aires et volumes, CE-DIC, Paris; Nathan Information, Paris, (1977).

36. M. BERGER, B. GOSTIAUX, Differential geometry: manifolds, curves and surfaces, *Graduate Texts in Mathematics* **115**, Springer-Verlag, 1988.

37. A. BEURLING, *On free boundary problems for the Laplace equation*, Seminars on analytic functions I, Institute Advance Studies Seminars (1957), Princeton, 248-263.

38. W. BLASCHKE, Kreis und Kugel, Leipzig 1916.

39. A. BONNET, *Caractérisation des minima globaux de la fonctionnelle de Mumford-Shah en segmentation d'images*, C. R. Acad. Sci. Paris Sér. I Math., **321** no. 8 (1995), 1121-1126.

40. M. BONNET, *Shape identification using acoustic measurements: a numerical investigation using BIE and shape differentiation*, Inverse problems in engineering mechanics (Tokyo, 1992), 191-200, Springer, Berlin, 1993.

41. M.H. BOSSEL, *Membranes élastiquement liées: extension du théorème de Rayleigh-Faber-Krahn et de l'inégalité de Cheeger*, C. R. Acad. Sci. Paris Sér. I Math., **302** (1986), no. 1, 47-50.

42. B. BOURDIN, A. CHAMBOLLE, *Implementation of an adaptive finite-element approximation of the Mumford-Shah functional*, Numer. Math., **85** 4 (2000), 609-646.

43. M. BOUTKRIDA, J. MOSSINO, G. MOUSSA, *On nonhomogeneous reinforcements of varying shape and different exponents*, Boll. Unione Mat. Ital. Sez. B Artic. Ric. Mat. **8** 2 (1999), 517–536.

44. A. BRAIDES, G. DAL MASO, *Non-local approximation of the Mumford-Shah functional*, Calc. Var. Partial Differential Equations, **5** no. 4 (1997), 293-322.

45. H. BREZIS, Analyse Fonctionnelle, Masson, Paris 1983.

46. H. BREZIS, F. BROWDER, *Sur une propriété des espaces de Sobolev*, C.R.A.S., **287** (1978), 113-115.

47. T. BRIANÇON, *Regularity of optimal shapes for the Dirichlet's energy with volume constraint*, ESAIM COCV, **10** (2004), 99-122.

48. T. BRIANÇON, *Regularity of the optimal shapes for the first eigenvalue with both volume and inclusion constraints*, à paraître.

49. T. BRIANÇON, M. HAYOUNI, M. PIERRE, *Lipschitz Continuity of State Functions in Some Optimal Shaping*, à paraître dans dans Calc. Var. and PDE's.

50. F. BROCK, V. FERONE, B. KAWOHL *A symmetry problem in the calculus of variations*, Calc. Var. and PDE's, **4** n°6 (1996), 593–599.

51. K. BRYAN, L.F. CAUDILL, *Stability and reconstruction for an inverse problem for the heat equation*, Inverse Problems, **14** no. 6 (1998), 1429-1453.

52. D. BUCUR, *Characterization for the Kuratowski Limits of a sequence of Sobolev Spaces*, J. Differential Equations, **151** (1999), 1-19.

53. D. BUCUR, G. BUTTAZZO, *Variational methods in some shape optimization problems*, Appunti dei Corsi Tenuti da Docenti della Scuola, Scuola Normale Superiore, Pisa, 2002 and Birkhäuser Progress in Nonlinear Differential Equations and Their Applications 2005.

54. D. BUCUR, G. BUTTAZZO, A. HENROT, *Existence results for some optimal partition problems*, Adv. Math. Sci. Appl., **8** n°2 (1998) 571-579.

55. D. Bucur, G. Buttazzo, I. Figueiredo, *On the attainable eigenvalues of the Laplace operator*, SIAM J. Math. Ana., 30 (1999), 527-536.

56. D. Bucur, A. Henrot, *Minimization of the third eigenvalue of the Dirichlet Laplacian*, Proc. Roy. Soc. London, **456** (2000), 985-996.

57. D. Bucur, A. Henrot, J. Sokolowski, A. Zochowski, *Continuity of the elasticity system solutions with respect to the geometrical domain variations*, Adv. Math. Sci. Appl., 11 (2001), no. 1, 57-73.

58. D. Bucur, N. Varchon, *Boundary variation for a Neumann problem*, Ann. Scuola Norm. Sup. Pisa Cl. Sci., 4 29 (2000), 807-821.

59. D. Bucur, N. Varchon, *A duality approach for the boundary variation of Neumann problems*, SIAM J. Math. Ana., **34** (2002), 460-477 .

60. D. Bucur, J.P. Zolésio, *N-dimensional shape optimization under capacitary constraints*, J. of Diff. Eq.,**123** n°2 (1995), 504-522.

61. D. Bucur, J.P. Zolésio, *Anatomy of the Shape Hessian via Lie Brackets*, Ann. di Mat. Pura ed Appl. (IV), vol. CLXXIII (1997), 127-143.

62. G. Buttazzo, *Thin insulating layers: the optimization point of view*. Material instabilities in continuum mechanics (Edinburgh, 1985–1986), 11–19, Oxford Sci. Publ., Oxford Univ. Press, New York, 1988.

63. G. Buttazzo, G. Dal Maso, *An Existence Result for a Class of Shape Optimization Problems*, Arch. Rational Mech. Anal., **122** (1993), 183-195.

64. G. Buttazzo, G. Dal Maso, A. Garroni, A. Malusa, *On the relaxed formulation of some shape optimization problems*, Adv. Math. Sci. Appl. **7** n°1 (1997), 1–24.

65. G. Buttazzo, V. Ferone, B. Kawohl, *Minimum problems over sets of concave functions and related questions*, Math. Nachr., **173** (1995), 71-89.

66. G. Buttazzo, B. Kawohl, *On Newton's problem of minimal resistance*, Math. Intelligencer, **15** n°4 (1993), 7-12.

67. E. Cabib, G. Dal Maso, *On a class of optimum problems in structural design*, J. Optim. Theory Appl., **56** (1988), 39-65.

68. L.A. Caffarelli, J. Spruck, *Convexity properties of solutions to some classical variational problems*, Comm. Part. Diff. Eq., **7** (1982), 1337-1379.

69. J. Céa, Optimisation, théorie et algorithmes, Dunod, Paris, 1971.

70. J. Céa, *Problems of Shape Optimal design*, in Haug and Céa (eds), Optimization of Distributed Parameters Structures, Part II, Sijthoff& Noordhoff, Alphen aan den Rijn, 51981, 1005-1048.

71. J. Céa, A.J. Gioan, J. Michel, *Quelques résultats sur l'identification de domaines*, Calcolo, **10** (1974), 207-232.

72. J. Céa, S. Garreau, Ph. Guillaume, M. Masmoudi, *The shape and topological optimizations connection*, Comput. Methods Appl. Mech. Engrg., **188** (2000), no. 4, 713-726.

73. A. Chambolle, G. Dal Maso, *Discrete approximation of the Mumford-Shah functional in dimension two*, M2AN Math. Model. Numer. Anal. **33** 4 (1999), 651-672.

74. A. Chambolle, F. Doveri, *Continuity of Neumann linear elliptic problems on varying two-dimensional bounded open sets*, Comm. Part. Diff. Eq., **22** (1997), 811-840.

75. A. CHAMBOLLE, C. LARSEN, C^∞ *regularity of the free boundary for a two-dimensional optimal compliance problem*, Calc. Var. Partial Differential Equations **18** (2003), no. 1, 77-94.

76. T. CHATELAIN, M. CHOULLI, *Clarke generalized gradient for eigenvalues*, Commun. Appl. Anal., **1** n°4 (1997), 443-454.

77. D. CHENAIS, *On the existence of a solution in a domain identification problem*, J. Math. Anal. Appl., **52** (1975), 189-289.

78. D. CHENAIS, *Sur une famille de variétés à bord lipschitziennes, application à un problème d'identification de domaine*, Ann. Inst. Fourier, **4** n°27 (1977), 201-231.

79. A. CHERKAEV, R.V. KOHN, Editors, Topics in the mathematical modelling of composite materials, Progress in Nonlinear Differential Equations and their Applications, 31, Birkhäuser, Boston (1997).

80. A. CHERKAEV, K. LURIE, *Effective characteristics of composite materials and the optimal design of structural elements*, Uspekhi Mekhaniki **9** (1986), 3-81 .

81. G. CHOQUET, *Theory of capacities*, Ann. Inst. Fourier, **5** (1953/54), 131-295.

82. G. CHOQUET, Lectures on Analysis, Vol. I, W.A. Benjamin, 1969.

83. M. CHOULLI, A. HENROT, *Use of the domain derivative to prove symmetry results in p.d.e.*, Math. Nach., **192** (1998), 91-104.

84. A. CIANCHI, N. FUSCO, *Functions of bounded variation and rearrangements*, Arch. Ration. Mech. Anal., **165** (2002), no. 1, 1-40.

85. P.G. CIARLET, Mathematical Elasticity: Three Dimensional Elasticity, Elsevier Science Publishers, 1988.

86. D. CIORANESCU, F. MURAT, *A strange term from outer space*, Proceedings of Seminars of Collège de France: nonlinear PDE and their applications, vol. 2, Research Notes in Math., H. Brezis and J.L. Lions (eds), **60**, Pitman, 1982.

87. R. COMINETTI, J.P. PENOT, *Tanget Sets to Unilateral Sets*, C. R. Acad. Sci. Paris, vol. 321 (1995), série I, 1631-1636.

88. G. CORTESANI, *Asymptotic behaviour of a sequence of Neumann problems*, Comm. Part. Diff. Eq., **22** (1997), 1691-1729.

89. O. COULAUD, A. HENROT, *Numerical approximation of a free boundary problem arising in electromagnetic shaping*, SIAM J. of Numerical Analysis, **31** (1994), 1109-1127.

90. S.J. COX , *The generalized gradient at a multiple eigenvalue*, J. Funct. Anal., **133** (1995), 30-40.

91. S.J. COX, B. KAWOHL, P.X. UHLIG, *On the optimal insulation of conductors*, J. Optim. Theory Appl., **100** no. 2 (1999), 253-263.

92. S.J. COX, M. ROSS, *Extremal eigenvalue problems for starlike planar domains*, J. Differential Equations **120** (1995), 174–197.

93. S.J. COX, M. ROSS, *The maximization of Neumann eigenvalues on convex domains*, prépublication.

94. S.J. COX, P.X. UHLIG, *Where best to hold a drum fast*, SIAM J. Optim., 9 (1999), n°4, 948–964.

95. R. COURANT, D. HILBERT, Methods of Mathematical Physics, vol. 1 et 2, Wiley, New York, 1953 et 1962.

96. M. CROUZEIX, *Variational approach of a magnetic shaping problem*, Eur. J. Mech. B Fluids, **10** (1991), 527-536.

97. G. DAL MASO, An introduction to Γ-convergence, Birkhäuser, Boston, 1993.

98. G. DAL MASO, A. DEFRANCESCHI, *Limits of Nonlinear Dirichlet Problems in Varying Domains*, Manuscripta Math., **61** (1988), 251-278.

99. G. DAL MASO, U. MOSCO, *Wiener's criterion and Γ-convergence*, Appl. Math. Optim., **15** (1987), 15-63.

100. G. DAL MASO, F. MURAT, *Asymptotic behaviour and correctors for Dirichlet problems in perforated domains with homogeneous monotone operators*, Ann. Scuola Norm. Sup. Pisa, Cl. Sci., 4 24 (1997), 239–290.

101. M. DAMBRINE, *On variations of the shape hessian and sufficient conditions for the stability of critical shapes*, Rev. R. Acad. Cien., Serie A Math., **96** (1), (2002), 95-121.

102. M. DAMBRINE, M. PIERRE, *About Stability of Equilibrium Shapes*, M2AN, **34** (4), (2000), 811-834.

103. R. DAUTRAY AND J. L. LIONS (ed), Analyse mathématique et calcul numérique, Vol. I and II, Masson, Paris, 1984.

104. G. DAVID, C^1-arcs for minimizers of the Mumford-Shah functional, SIAM J. Appl. Math., **56** no. 3 (1996), 783-888.

105. G. DAVID, *Global minimizers of the Mumford-Shah functional*, Current developments in mathematics, 1997 (Cambridge, MA), 219-224.

106. G. DAVID, Singular Sets of Minimizers for the Mumford-Shah Functional, à paraître.

107. G. DAVID, S. SEMMES, *On the singular sets of minimizers of the Mumford-Shah functional*, J. Math. Pures Appl., **9** no 75 (1996), 299-342.

108. M. DELFOUR, J.P. ZOLÉSIO, *Velocity Method and Lagrangian Formulation for the Computation of the Shape Hessian*, SIAM J. Control and Optimization, **29** (6) (1991), 1414-1442.

109. M. DELFOUR, J.P. ZOLÉSIO, *Shape Analysis via Oriented Distance Functions*, J. Func. Ana., **123** (1994), 120-201.

110. M. DELFOUR, J.P. ZOLÉSIO, Shapes and geometries. Analysis, Differential Calculus, and Optimization, Advances in Design and Control SIAM, Philadelphia, PA, 2001.

111. C. DELLACHERIE, Ensembles analytiques, capacités, mesures de Hausdorff, Lecture Notes in Mathematics, Vol. 295. Springer-Verlag, Berlin-New York, 1972.

112. N. DUNFORD, J.T. SCHWARTZ, Linear Operators, Pure and Applied Mathematics, Vol. 7 Interscience Publishers, Inc., New York, London 1958.

113. K. EPPLER, *Fréchet-Differentiability and Sufficient Optimality Conditions for Shape Functionals*, in Optimal Control of P.D.E., K.H. Hoffmann, G. Leugering, F. Tröltzsch ed., Birkhäuser, vol. 133 (1999) 133-143.

114. L.C. EVANS, R.F. GARIEPY, Measure Theory and Fine Properties of Functions, Studies in Advanced Math., CRC Press, 1992.

115. G. FABER, *Beweis, dass unter allen homogenen Membranen von gleicher Fläche und gleicher Spannung die kreisförmige den tiefsten Grundton gibt*, Sitz. Ber. Bayer. Akad. Wiss. (1923), 169-172.

116. H. FEDERER, Geometric measure theory, Grundlehren der mathematischen Wissenschaften, Band 153, Springer-Verlag, New York 1969.

117. R. FINN, Equilibrium capillary surfaces, Grundlehren der Mathematischen Wissenschaften, Band 284, Springer-Verlag, New York, 1986.

118. M. FLUCHER, M. RUMPF, *Bernoulli's free- boundary problem, qualitative theory and numerical approximation*, J. Reine Angew. Math., **486** (1997), 165-204.

119. J. FREHSE, *Capacity Methods in the Theory of Partial Differential Equations*, Jber. d. Dt. Math.- Verin., **84** (1982), 1-44.

120. G. FRÉMIOT, *Eulerian semiderivatives of the eigenvalues for Laplacian in domains with cracks*, Adv. Math. Sci. Appl., **12** (2002), no1, 115-134.

121. A. FRIEDMAN, B. GUSTAFSSON, *Identification of the conductivity coefficient in an elliptic equation*, SIAM J. Math. Anal., **18** no. 3 (1987), 777-787.

122. A. FRIEDMAN, D. PHILLIPS, *The free boundary of a semilinear elliptic equation*, Trans. Amer. Math. Soc., **282** (1984), 153–182.

123. A. FRIEDMAN, M. VOGELIUS, *Determining cracks by boundary measurements*, Indiana Univ. Math. J., **38** no. 3 (1989), 527-556.

124. N. FUJII, *Second order necessary conditions in a domain optimization problem*, J. Opt. Th. and Appl., **65**, No2 (1990), 223-245.

125. S. GARREAU, PH. GUILLAUME, M. MASMOUDI, *The topological asymptotic for PDE systems: the elasticity case*, SIAM J. Control Optim., **39** (2001), no. 6, 1756-1778.

126. P.R. GARABEDIAN, M. SCHIFFER, *Convexity of Domain Functionals*, J. Anal. Math., **2** (1953), 281-368.

127. B. GIDAS, W.M. NI, L. NIRENBERG, *Symmetry and related properties via the maximum principle*, Comm. in Math. Phys., **68** (1979), 209-243.

128. D. GILBARG, N.S. TRUDINGER, Elliptic partial differential equations of second order, Reprint of the 1998 edition, Classics in Mathematics, Springer-Verlag, Berlin, 2001.

129. E. GIUSTI, Minimal Surfaces and Functions of Bounded Variations, Monograph in Math., Birkhäuser vol. 80, 1984.

130. R.D. GRIGORIEFF, *Diskret kompakte Einbettungen in Sobolewschen Räumen*, Math. Ann., **197** (1972), 71-85.

131. P. GRISVARD, Elliptic problems in nonsmooth domains, Monographs and Studies in Mathematics, 24. Pitman, Boston, MA, 1985.

132. PH. GUILLAUME, *Intrinsic Expression of the Derivatives in Domain Optimization Problems*, Numer. Funct. Anal. Optim., **17** (1996), no. 1-2, 93–112.

133. PH. GUILLAUME, M. MASMOUDI, *Dérivées d'ordre supérieur en optimisation de domaines*, C.R.A.S. Paris, t. 315, Série 1 (1992), 859-862.

134. PH. GUILLAUME, M. MASMOUDI, *Computation of high order derivatives in optimal shape design*, Num. Math., **67** (1994), 231-250.

135. PH. GUILLAUME, M. MASMOUDI, *Calcul numérique des dérivées d'ordre supérieur en conception optimale de formes*, C.R.A.S. Paris, t. 316, Série I (1993), 1091-1096.

136. M. GRUN-REHOMME, *Caractérisation du sous-différentiel d'intégrandes convexes dans les espaces de Sobolev*, J. Math. Pures et Appl., **56** (1977), 149-156.

137. J. HADAMARD, *Mémoire sur le problème d'analyse relatif à l'équilibre des plaques élastiques encastrées*, (1907), dans Oeuvres de J. Hadamard, CNRS Paris 1968.

138. E.M. HARRELL, P. KRÖGER, K. KURATA, *On the placement of an obstacle or a well so as to optimize the fundamental eigenvalue*, SIAM J. Math. Anal., **33** (2001), no. 1, 240-259

139. J. HASLINGER, R.A.E. MÄKINEN, Introduction to shape optimization. Theory, approximation and computation, Advances in Design and Control SIAM, Philadelphia, PA, 2003.

140. J. HASLINGER, P. NEITAANMÄKI, Finite element approximation for optimal shape, material and topology design, Second edition, John Wiley & Sons, Ltd., Chichester, 1996.

141. J. HASS, M. HUTCHINGS, R. SCHLAFLY, *The double bubble conjecture*, Electron. Res. Announc. Amer. Math. Soc., **1** (1995), no. 3, 98-102.

142. J. HASS, R. SCHLAFLY, *Double bubbles minimize*, Ann. of Math., **151** no. 2 (2000), 459-515.

143. B. HAUCHECORNE, D. SURATTEAU, Des mathématiciens de A à Z, Ellipses 1996.

144. F. HAUSDORFF, Set Theorie, Chelsea, 1962.

145. V.P. HAVIN, V.G. MAZ'JA, *Nonlinear potential theory*, Uspehi Mat. Nauk, **27** (1972), 67-138.

146. M. HAYOUNI, *Existence et régularité pour des problèmes d'optimisation de formes*, Thèse de l'Université Henri Poincaré, 1997.

147. M. HAYOUNI, *Lipschitz Continuity of the State Function in a Shape Optimization Problem*, J. Conv. Anal., **6** (1999), no. 1, 71-90.

148. M. HAYOUNI, *Sur la minimisation de la première valeur propre du laplacien*, C. R. Acad. Sci. Paris Sér. I Math., **330** , no. 7 (2000), 551–556.

149. M. HAYOUNI, A. NOVRUZI, *Sufficient condition for the existence of solutions of a free boundary problem*, Quart. Appl. Math., **60** (2002), no. 3, 425-435.

150. M. HAYOUNI, M. PIERRE, *Domain Continuity for an Elliptic Operator of Fouth Order*, Comm. in Contemporary Math., **4**, No 1 (2002), 1-14.

151. L.I. HEDBERG, Spectral synthesis and stability in Sobolev spaces, *Euclidean Harmonic Analysis*, Lecture Notes in Mathematics, J.J. Benedetto ed., 779 , Springer, Berlin 1980.

152. J. HEINONEN, T. KILPELÄINEN, O. MARTIO, Nonlinear Potential Theory of Degenerate Elliptic Equations, Oxford Science Pub., 1993.

153. L.L. HELMS, Introduction to Potential Theory, R. Krieger Pub. Co. 1975.

154. A. HENROT *Continuity with respect to the domain for the Laplacian: A survey*, Control and Cybernetics, **23** (1994), no. 3, 427-443.

155. A. HENROT, *Subsolutions and supersolutions in a free boundary problem*, Ark. för Math., **32** (1994), no. 1, 79-98.

156. A. HENROT, *Minimization problems for eigenvalues of the Laplacian*, Journal of Evolution Equations, **3** (2003), 443-461.

157. A. HENROT, Extremum problems for eigenvalues of elliptic operators, à paraitre dans Frontiers in Mathematics, Birkhäuser.

158. A. HENROT, H. MAILLOT, *Optimization of the shape and the location of the actuators in an internal control problem*, Boll. Unione Mat. Ital. Sez. B Artic. Ric. Mat., **8** 4 (2001), no. 3, 737-757.

159. A. HENROT, E. OUDET, *Minimizing the second eigenvalue of the Laplace operator with Dirichlet boundary conditions*, Archive for Rational Mechanics and Analysis, **169** (2003), 73-87.

160. A. HENROT, M. PIERRE, *Un problème inverse en formage des métaux liquides*, Modél. Math. et Anal. Num. (M^2AN), **23** (1989), 155-177.

161. A. HENROT, M. PIERRE, *About existence of equilibria in electromagnetic casting*, Quarterly of Applied Math., **49** (1991), 563-575.

162. A. HENROT, M. PIERRE, *About Critical Points of the Energy in an Electromagnetic Shaping Problem*, Lect. Notes in Control and Inf.,Nr 178, J.P. Zolézio ed. (1992), 238-253.

163. A. HENROT, M. PIERRE, M. RIHANI, *Positivity of the Shape Hessian and Instability of some equilibrium Shapes*, Med. J. Math., **1** (2004), 195-214.

164. A. HENROT, M. PIERRE, M. RIHANI, *Finite Dimensional Reduction for the Positivity of some Second Shape Derivatives*, Methods and Appl. of Analysis, Vol. 10, No3, (2003), 1-20.

165. A. HENROT, D. SECK, *Retour à une ancienne approche pour un problème à frontière libre classique*, Publications Mathématiques de Besançon - Analyse non linéaire, **15** (1997), 29-40.

166. A. HENROT, H. SHAHGHOLIAN, *Convexity of free boundaries with Bernoulli type boundary condition*, Nonlinear Analysis T.M.A., **28** (1997), 815-823.

167. A. HENROT, G. VILLEMIN, *An Optimum Design Problem in Magnetostatics*, Mathematical Modelling and Numerical Analysis (M^2AN), vol. **36**, no. 2 (2002), 223-239.

168. J. HERSCH, *The method of interior parallels applied to polygonal or multiply connected membranes*, Pacific J. Math., **13** (1963), 1229-1238.

169. F. HIRSCH, G. LACOMBE, Éléments d'analyse fonctionnelle, Masson, Paris (1997).

170. L. HOLZLEITNER, *Convergence of domains and boundaries in shape optimization*, prépublication.

171. E.JA. HRUSLOV, *The method of orthogonal projections and the Dirichlet boundary value problem in domains with a "fine-grained" boundary*, (Russian) Mat. Sb. (N.S.) **88**(130) (1972), 38-60.

172. E.JA. HRUSLOV, *The first boundary value problem in domains with a complex boundary for higher order equations*, (Russian) Mat. Sb. (N.S.) **103**(145) (1977), 614-629, 632.

173. A. JAMESON, L. MARTINELLI, *Aerodynamic shape optimization techniques based on control theory*, Computational mathematics driven by industrial problems (Martina Franca, 1999), 151–221, Lecture Notes in Math., 1739, Springer, Berlin, 2000.

174. D.D. JOSEPH, *Parameter and domain dependence of eigenvalues of elliptic partial differential equations*, Arch. Rat. Mech. Analysis, **24** (1967), 325-401.

175. J.-P. KAHANE, P.-G. LEMARIÉ-RIEUSSET, Séries de Fourier et ondelettes, Cassini, 1998.

176. T. KATO, Perturbation Theory for Linear Operators, Springer-Verlag, 1966.

177. O. KAVIAN, Introduction à la théorie des points critiques, *Mathématiques et Applications*, vol. 13, Springer, 1993.

178. B. KAWOHL, Rearrangements and convexity of level sets in p.d.e., Springer Lecture Notes in Maths, 1150, 1985.

179. B. KAWOHL, *Some qualitative properties of nonlinear partial differential equations*. Nonlinear diffusion equations and their equilibrium states, II (Berkeley, CA, 1986), 19-31, Math. Sci. Res. Inst. Publ., 13, Springer, New York-Berlin, 1988.

180. B. KAWOHL, O. PIRONNEAU, L. TARTAR, J.P. ZOLÉSIO *Optimal shape design*, Lectures given at the Joint C.I.M./C.I.M.E. Summer School held in Tróia, June 1-6, 1998. Edited by A. Cellina and A. Ornelas. Lecture Notes in Mathematics, 1740, 2000.

181. M.V. KELDYŠ, *On the solvability and the stability of the Dirichlet problem*, Amer. Math. Soc. Trans., **2**-51 (1966), 1-73.

182. S. KESAVAN, *On two functionals connected to the Laplacian in a class of doubly connected domains*, Proc. Roy. Soc. Edinburgh Sect. A, **133** (2003), No3, 617-624.

183. O.D. KELLOG, Foundations of Potential Theory, Frederick Ungar Pub. Co., New York 1929.

184. D. KINDERLEHRER, G. STAMPACCHIA, Variational Inequalities and Applications, Academic Press, New York, 1980.

185. R.V. KOHN, G. STRANG, *Optimal Design and Relaxation of Variational Problems I-II-III*, Comm. Pure Appl. Math., **39** (1986), pp.113-137, 139-182, 353-377.

186. E. KRAHN, *Über eine von Rayleigh formulierte Minimaleigenschaft des Kreises*, Math. Ann., **94** (1924), 97-100.

187. E. KRAHN, *Über Minimaleigenschaften der Kugel in drei und mehr Dimensionen*, Acta Comm. Univ. Dorpat., **A9** (1926), 1-44.

188. K.E. LANCASTER, *Qualitative behavior of solutions of elliptic free boundary problems*, Pacific J. of Math., **154** (1992), 297-316.

189. N.S. LANDKOF, Foundations of Modern Potential Theory, Springer, Berlin 1972.

190. E. LAPORTE, P. LE TALLEC, Numerical methods in sensitivity analysis and shape optimization, Birkhäuser, 2003.

191. J.C. LEGER, *Flatness and finiteness in the Mumford-Shah problem*, J. Math. Pures Appl., **9** 78 (1999), 431-459.

192. J.L. LEWIS, *Capacitary functions in convex rings*, Arch. Rat. Mech. Anal., **66** (1977), 201- 224.

193. V.A. MARCENKO, E.JA. HRUSLOV, Boundary value problems in domains with a fine-grained boundary, Izdat. Naukova Dumka, Kiev, 1974.

194. V.G. MAZ'JA, Sobolev spaces, Springer, 1985.

195. N.G. MEYERS, *A theory of capacities for potentials of functions in Lebesgue classes*, Math. Scand., **26**, (1970), 255-292.

196. A.M. MICHELETTI, *Metrica par famiglie di domini limitati e proprietà generiche degli autovalori*, Ann. Sc. Norm. Pisa Ser., **3** 26 (1972), 683-694.

197. F. MIGNOT, F. MURAT, J.P. PUEL, *Variation d'un point de retournement par rapport au domaine*, Comm. in Partial Diff. Equ., **4** (1979), 1263-1297.

198. B. MOHAMMADI, *Mesh adaption and automatic differentiation for optimal shape design*, Int. J. Comput. Fluid Dyn., **10** no. 3 (1998), 199-211.

199. B. MOHAMMADI, O. PIRONNEAU, Applied shape optimization for fluids, Clarendon Press, Oxford 2001.

200. J.M. MOREL, *The Mumford-Shah conjecture in image processing*, Séminaire Bourbaki, Vol. 1995/96, Astérisque No. 241 (1997), Exp. No. 813, 4, 221-242.

201. F. MORGAN, Geometric Measure Theory, A Beginner's Guide, Academic Press, 1995.

202. J. MOSSINO, Inégalités isopérimétriques et applications en physique, Travaux en Cours, Hermann, Paris, 1984.

203. A. MUNNIER, Thèse de l'Université de Franche-Comté, Besançon, 2000.

204. F. MURAT, *The Neumann sieve*, Nonlinear variational problems (Isola d'Elba, 1983), 24–32, Res. Notes in Math., 127, Pitman, Boston Mass., London, 1985.

205. F. MURAT, J. SIMON, *Quelques résultats sur le contrôle par un domaine géométrique*, Publ. du labo. d'Anal. Num., Paris VI, (1974), 1-46.

206. F. MURAT, J. SIMON, *Sur le contrôle par un domaine géométrique*, Publication du Laboratoire d'Analyse Numérique de l'Université Paris 6, **189**, 1976.

207. F. MURAT, L. TARTAR, *Calcul des variations et homogénéisation*, Homogenization methods: theory and applications in physics 319–369, Collect. Dir. Études Rech. Elec. France, **57**, Eyrolles, Paris, 1985.

208. F. MURAT, L. TARTAR, *Calculus of variations and homogenization*, Topics in the mathematical modelling of composite materials, 139–173, Progr. Nonlinear Differential Equations Appl., 31, Birkhäuser Boston, Boston, MA, 1997.

209. N.S. NADIRASHVILI, *Rayleigh's conjecture on the principal frequency of the clamped plate*, Arch. Rational Mech. Anal., **129** (1995), 1-10.

210. A. NOVRUZI, M. PIERRE, *Structure of Shape Derivatives*, J. Evol. Equ., **2** (2002), 365-382.

211. Y.S. OSIPOV, A.P. SUETOV, *A problem of J.-L. Lions*, Dokl. Akad. Nauk SSSR, **276** (1984), no. 2, 288-291.

212. R. OSSERMAN, *Isoperimetric inequalities*, Bull. Amer. Math. Soc., **84** (1978), 1182-1238.

213. E. OUDET, *Numerical Minimization of eigenmodes of a membrane with respect to the domain*, ESAIM COCV, **10** no3 (2004), 315-330.

214. Z.O.M. OULD ZEIDANE, *Contributions théoriques en optimisation et modélisation des structures*, thèse Univ. Nice, 1995.

215. L.E. PAYNE, *Isoperimetric inequalities and their applications*, SIAM Rev., **9** (1967), 453-488.

216. L.E. PAYNE, *Some comments on the past fifty years of isoperimetric inequalities*, Inequalities (Birmingham, 1987), 143-161, Lecture Notes in Pure and Appl. Math., **129**, Dekker, New York, 1991.

217. M. PIERRE, J.R. ROCHE, *Numerical simulation of tridimensional electromagnetic shaping of liquid metals*, Numer. Math., **65** (1993), 203-217.

218. O. PIRONNEAU, Optimal shape design for elliptic systems, *Springer Series in Computational Physics*, Springer, New York 1984.

219. G. POLYA, *Torsional rigidity, principal frequency, electrostatic capacity and symmetrization*, Quart. Appl. Math., **6** (1948), 267-277.

220. G. POLYA, *On the characteristic frequencies of a symmetric membrane*, Math. Z., **63** (1955), 331-337.

221. G. POLYA, G. SZEGÖ, Isoperimetric inequalities in mathematical physics, Ann. Math. Studies, **27**, Princeton Univ. Press, 1951.

222. U.E. RAITUM, *Extension of extremal problems connected with linear elliptic equations*, Dokl. Akad. Nauk SSSR, **243** (1978), 281–283.

223. P.A. RAVIART, J.M. THOMAS, Introduction à l'analyse numérique des équations aux dérivées partielles, Masson, 1983.

224. J. RAUCH, M. TAYLOR, *Potential and Scattering on Wildly Perturbed Domain*, J. Funct. Analysis, **18** (1975), 27-59.

225. F. RELLICH, *Darstellung der eigenwerte $\Delta u + \lambda u$ durch ein randintegral*, Math. Z., **46** (1940), 635-646.

226. B. ROUSSELET, *Shape Design Sensitivity of a Membrane*, J. Opt. Theory and Appl., **40** (1983), 595-623.

227. W. RUDIN, Real and Complex Analysis, McGraw-Hill, 1974.

228. G. SALINETTI, R.J.-B. WETS, *On the convergence of sequences of convex sets in finite dimensions*, SIAM Rev., **21** (1979), 18–33.

229. G. SAVARÉ, G. SCHIMPERNA, *Domain perturbations and estimates for the solutions of second order elliptic equations*, J. Math. Pures Appl., **81** (2002), 1071-1112.

230. E. SANCHEZ-PALENCIA, Nonhomogeneous media and vibration theory, Lecture Notes in Physics, **127**, Springer-Verlag, Berlin-New York, 1980.

231. M. SCHIFFER, *Hadamard's formula and variations of domain functions*, Amer. J. Math., **68** (1946), 417-448.

232. E. SCHMIDT, *Ueber das isoperimetrische Problem in Raum von n dimensionen*, Math Z., **44** (1939), 689-788.

233. R. SCHOEN, S.-T. YAU, *Lectures on differential geometry*, Conference Proceedings and Lecture Notes in Geometry and Topology, I, International Press, Cambridge, MA, 1994.

234. L. SCHWARTZ, Théorie des distributions, Hermann, Paris, 1967.

235. L. SCHWARTZ, Cours d'analyse de l'Ecole Polytechnique, Hermann, Paris, 1967.

236. H.A. SCHWARZ, Gesammelte Mathematische Abhandlungen, vol 2, Springer-Verlag, Berlin 1890.

237. J. SERRIN, *A symmetry problem in potential theory*, Arch. Rational Mech. Anal., **43** (1971), 304-318.

238. H. SHAHGHOLIAN, *Quadrature surfaces as free boundaries*, Arkiv för Math., **32** (1994), 475-492.

239. J. SIMON, *Differentiation with respect to the domain in boundary value problems*, Num. Funct. Anal. Optimiz., **2** (1980), 649-687.

240. J. SIMON, *Variations with respect to domain for Neumann condition*, Proceedings of the 1986 IFAC Congress at Pasadena "Control of Distributed Parameter Systems".

241. J. SOKOLOWSKI, A. ZOCHOWSKI, *On the topological derivative in shape optimization*, SIAM J. Control Optim., 37 (1999), 1251-1272.

242. J. SOKOLOWSKI, J. P. ZOLESIO, Introduction to Shape Optimization Shape Sensitivity Analysis, Springer Series in Computational Mathematics, Vol. 16, Springer, Berlin 1992.

243. M. SPIVAK, Differential Geometry, vol. 4, 1975.

244. J. STEINER, Gesammelte Werke, vol. 2, Berlin 1882.

245. F. STUMMEL, *Perturbation theory for Sobolev spaces*, Proc. Roy. Soc. Edinburgh A, **1** (1974/75), 5-49.

246. V. ŠVERAK, *On optimal shape design*, J. Math. Pures Appl., **72-6** (1993), 537-551.

247. G. SZEGÖ, *Inequalities for certain eigenvalues of a membrane of given area*, J. Rational Mech. Anal., **3** (1954), 343-356.

248. L. TARTAR, *An introduction to the homogenization method in optimal design*, in *Optimal shape design*, Lectures given at the Joint C.I.M./C.I.M.E. Summer School held in Tróia, June 1–6, 1998. Edited by A. Cellina and A. Ornelas. Lecture Notes in Mathematics, 1740, (2000), 47-156.

249. D.E. TEPPER, *Free boundary problem*, SIAM J. Math. Anal., **5** (1974), 841-846.

250. D.E. TEPPER, *Free boundary problem - the starlike case*, SIAM J. Math. Analysis, **6** (1975), 503-505.

251. H. F. WEINBERGER, *An isoperimetric inequality for the N-dimensional free membrane problem*, J. Rational Mech. Anal., **5** (1956), 633–636.

252. H. F. WEINBERGER, *Remark on the preceding paper of Serrin*, Arch. Rational Mech. Anal., **43** (1971), 319-320.

253. S.A. WOLF, J.B. KELLER, *Range of the first two eigenvalues of the Laplacian*, Proc. R. Soc. London A, **447** (1994), 397-412.

254. S.-T. YAU, *Problem section*, Seminar on Differential Geometry, pp. 669–706, Ann. of Math. Stud., 102, Princeton Univ. Press, Princeton, N.J., 1982.

255. S.-T. YAU, *Open problems in geometry. Differential geometry: partial differential equations on manifolds*, (Los Angeles, CA, 1990), 1–28, Proc. Sympos. Pure Math., 54, Part 1, Amer. Math. Soc., Providence, RI, 1993.

256. L. ZALCMAN, *A bibliographical survey of the Pompeiu problem*, Approximation by solutions of p.d.e., B. Fuglede et al. eds., Kluwer. 1992.

257. W.P. ZIEMER, Weakly differentiable functions, *Graduate Texts in Mathematics*, Springer-Verlag, Berlin, 1989.

Index des notes bibliographiques

Index général

Déjà parus dans la même collection

Printing and Binding: Strauss GmbH, Mörlenbach